陈希孺文集

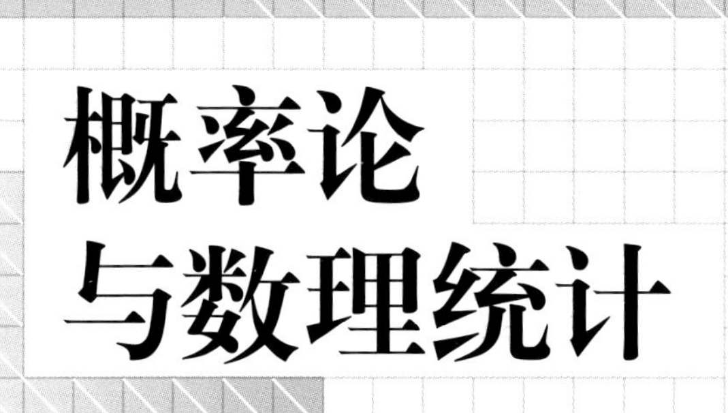

概率论与数理统计

陈希孺/编著

中国科学技术大学出版社

内 容 简 介

本书内容包括初等概率计算、随机变量及其分布、数字特征、多维随机向量、极限定理、统计学基本概念、点估计与区间估计、假设检验、回归相关分析、方差分析等.书中选入了部分在理论和应用上重要,但一般认为超出本课程范围的材料,以备教者和学者选择.

本书着重基本概念的阐释,同时,在设定的数学程度内,力求做到论述严谨.

书中精选了百余道习题,并在书末附有提示与解答.

本书可作为高等学校理工科非数学系的概率统计课程教材,也可供具有相当数学准备(初等微积分及少量矩阵知识)的读者自修之用.

图书在版编目(CIP)数据

概率论与数理统计/陈希孺编著.—合肥:中国科学技术大学出版社,2009.2(2024.4 重印)

(陈希孺文集)

ISBN 978-7-312-01838-1

Ⅰ.概… Ⅱ.陈… Ⅲ.① 概率论—高等学校—教材 ② 数理统计—高等学校—教材 Ⅳ.O21

中国版本图书馆 CIP 数据核字(2008)第 208043 号

出版 中国科学技术大学出版社
安徽省合肥市金寨路 96 号,邮编:230026
网址:http://press.ustc.edu.cn

印刷 安徽省瑞隆印务有限公司

发行 中国科学技术大学出版社

开本 710 mm×960 mm 1/16

印张 24.75

插页 1

字数 443 千

版次 2009 年 2 月第 1 版

印次 2024 年 4 月第 19 次印刷

定价 48.00 元

总　　序

陈希孺先生是我国杰出的数理统计学家和教育家,1934年2月出生于湖南望城,1956年毕业于武汉大学数学系,先后在中国科学院数学研究所、中国科学技术大学数学系和中国科学院研究生院工作,1980年晋升为教授,1997年当选为中国科学院院士,并先后当选为国际统计学会(ISI)的会员和国际数理统计学会(IMS)的会士.陈先生的毕生精力都贡献给了我国的科学事业和教育事业,取得了令人瞩目的成就,做出了若干具有国际影响的重要工作,这些基本上反映在他颇丰的著述中:出版专著和教科书14部,统计学科普读物3部.在陈先生的诸多著作中,教科书占据重要的位置,一直被广泛用作本科生和研究生的基础课教材,在青年教师和研究人员中也拥有众多读者,影响了我国统计学界几代人.

陈希孺先生多年来一直参与概率统计界的学术领导工作,尤其致力于人才培养和统计队伍的建设.在经过"文革"十年的停顿,我国统计队伍十分衰微的情况下,他多次主办全国性的统计讲习班,带领、培养和联系了一批人投入研究工作,这对于我国数理统计队伍的振兴和壮大起到了重要作用.陈先生在中国科学技术大学数学系任教长达26年之久,在教书育人和学科建设等方面做出了重要贡献.中国科学技术大学概率统计学科及其博士点能有今天这样的发展,毋庸置疑,是与陈先生奠基性的工作以及一贯的悉心指导和关怀完全分不开的.

陈希孺先生是我十分敬重的一位数学家.1983 年我国首批授予博士学位的 18 人中,就有 3 位出自他的门下,一时传为佳话.令人扼腕浩叹的是,陈先生已于 3 年前过早地离开了我们.我坚信,陈先生在逆境中奋发求学的坚强意志,敦厚的为人品格,严谨的治学态度,奖掖后学的高尚风范,连同他的大量著作,将会成为激励我们前行的一笔非常宝贵的精神财富.

这次出版的《陈希孺文集》,是在陈希孺先生的夫人朱锡纯先生授权下,由中国科学技术大学出版社编辑出版的.该文集收集了陈先生在各个时期已出版的著述和部分遗稿,迄今最为全面地反映了陈先生一生的科研和教学成果,一定会对学术界和教育界具有重要的参考价值.值得一提的是,中国科学技术大学出版社决定以该文集出版的经营收益设立"陈希孺统计学奖",我想,这应该可以看做我们全体中国科学技术大学师生员工对为学校的发展做出贡献的老一辈科学家和教育家的一种敬仰和感念吧!

中国科学技术大学校长
中国科学院院士

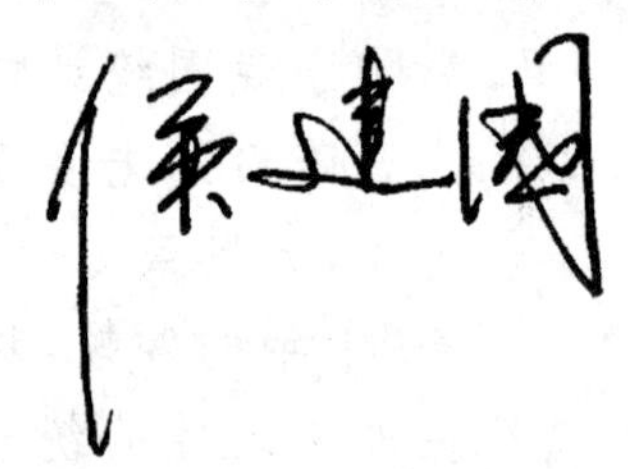

2008 年初冬于中国科学技术大学

序

本书的目的是作为高等学校理工科非数学系概率统计课程的教材，具有相当数学准备（初等微积分与少量矩阵知识）的读者，也可以作为自修本课程的读物.

书中部分材料，一般认为可能超出本课程的范围，如最小方差无偏估计、克拉美—劳不等式、一致最优检验、非中心 t 分布、截尾寿命检验、多元线性回归、偏复相关、随机区组与正交表设计、贝叶斯方法等.作者认为，这些内容有的在应用上很重要，之所以未在课堂上讲授，多是由于时间限制；有的虽偏于理论，但性质很基本，有助于学生对统计方法及其局限性的理解.这些内容并不一定要用高深的数学，写入教材，给学生一个提高和加深对本学科理解的机会，也给教师一种根据需要对讲授内容进行选择的余地，是有益的.

虽然学习这门课程的读者主要是着眼于其应用，但作者认为，把教材写成方法手册式的东西不一定可取，要用好统计方法，除了与问题有关的专业知识外，对统计概念的直观理解以及对方法的理论根据的认识（它关系到方法的应用条件及局限性）也很重要.基于这种考虑，本书花了较多的篇幅于统计概念的阐释，并在设定的数学程度上坚持叙述的严谨，能证明的，尽量给予证明，有的则放到附录或习题之中.当然，任课教师可根据需要做适当的选择.

本书在各章后都附有习题，它们大致可分为三类：一类对正文内容有所补充，例如证明正文中未予证明的某些结论；一类是纯练习性的较容易的题,这两类所占比例较小;更多的一类是作者称为“中等难度”的题,解这些题不需要特殊的技巧,但也不是直套公式即可得出结果的,而要求读者对所学内容有切实的掌握,并在一定程度上能灵活运用.希望学习这门课程的学生能尽可能多地独立做出一些习题,这对切实掌握一门数学课程至关重要.为了方便教和学,编写了“习题提示与解答”,附于书的末尾,但作者希望,学生们在未经深入的独立思考之前,不要轻易去翻看它.

本书分章、节、段,例如,“2.3.4”表示第2章第3节第4段.本书中的公式每一节从头编号,例如,1.3节,2.3节……中的公式,都从(3.1)排起,接着是(3.2),(3.3)……当提到本章内某公式时(包括在本章习题及其提示与解答中),则只提该公式的编号,否则另加章号.

方兆本和缪柏其同志对本书的编写给予了不少协助,朱荣同志代为绘制了插图,作者谨向他们表示衷心的感谢.书中不当乃至谬误之处,恐在所难免,请同行专家及读者不吝指教.

陈希孺

1991年6月23日于合肥

目　　次

第 1 章

事件的概率

1.1 概率是什么

概率,又称或然率、几率,是表示某种情况(事件)出现的可能性大小的一种数量指标,它介于0与1之间.

这个概念笼统地说起来很容易理解,但若从理论或者说从哲学的高度去分析,就可以提出一大堆的问题.虽然在本课程范围内我们不必去深入讨论这些问题的各个方面,但仍希望,通过下文的叙述,使读者对"什么是概率"这个问题有一个较为全面的理解.

1.1.1 主观概率

甲、乙、丙、丁四人一早进城去办事,要傍晚才能回来.为了决定是否带伞,各自在出发前,对

$$A = \{今天下午6时前不会下雨\}$$

这个情况或事件发生的可能性大小做个估计.设根据个人的经验和自信,甲、乙、丙、丁分别把这一可能性估计为0,0.2,0.7和1.这意味着甲认为事件A不可能出现,丁认为必然出现,乙认为A出现的可能性是有的,但很小,而丙认为A有相当大的可能性出现,但并非必然.这些数字反映了他们四个人对一种情况的主观估计,故称为主观概率.其实际后果是,例如,甲、乙决定带伞,而丙、丁则否.

主观概率可以理解为一种心态或倾向性.究其根由,大抵有二:一是根据其经验和知识.拿上例来说,若某人在该城市住了30年,又是一个有些气象知识的人,他在做出可能性大小的估计时,多半会使用这些经验和知识,这将会使他的估计较易为人所相信.从这一点来说,所谓主观概率也可有其客观背景,终究不同于信口雌黄.二是根据其利害关系.拿上例来说,若对某人而言下雨并不会造成多大问题,而带伞又增加不少麻烦,则其心态将倾向于把A的可能性高估一些.

主观概率的特点是:它不是在坚实的客观理由基础上为人们所公认的,因而看来应被科学所否定(科学是以探讨客观真理为任务的).本书作者说不清楚这个问题该如何全面地去理解,但不同意简单地全盘否定的态度.理由有三:① 这

个概念有广泛的生活基础.我们几乎无时不在估计种种情况出现的可能性,而不同的人很少能在“客观”的基础上达成一致.② 这可能反映认识主体的一种倾向性,而有其社会意义.例如,若问“三年后经济形势会得到根本改善”的可能性大小怎样,则不同经济状况、社会地位以至政治倾向的人,会做出有差异的估计.就个别估计而言,可能谈不上多大道理;但从总体而言,则反映了社会上广大群众对长远发展的信心如何.对社会学家乃至决策者来说,这是很有用的资料.③ 在涉及(经济和其他的)利益得失的决策问题中,处于不同地位和掌握信息多少不同的人,对某事件可能性的大小要参照这些情况及可能的后果去做衡量,适合于某人的决策,例如风险较小的决策,不必适合于另一个人,因对他而言,这一决策可能风险太大.因此,主观概率这个概念也有其实用基础.事实上,许多决策都难免要包含个人判断的成分,而这就是主观概率.

1.1.2 试验与事件

前面我们已经提到了“事件”这个名词.事件是什么?在通常的意义下,它往往是指一种已发生的情况,例如某某空难事件,1941 年日本偷袭珍珠港的事件之类.在概率论中则不然,事件不是指已发生了的情况,而是指某种(或某些)情况的“陈述”,它可能发生,也可能不发生,发生与否,要到有关的“试验”有了结果以后才能知晓.

拿前例而言,事件 A“陈述”了这样一种情况:下午 6 时前不会下雨.我们当然并未说这已经发生了.它是否发生,要等试验结果,这个试验,就是对到下午 6 时前的天气情况进行观察.

推而广之,我们就不难明白:在概率论中,“事件”一词的一般含义是这样的:

(1) 有一个明确界定的试验.“试验”一词,有人为、主动的意思,而像上例那样,人只处在被动地位,只是记录而并不干预气象过程.这类情况一般称为“观察”.在统计学中,这一分别有时有实际含义,但对目前的讨论不重要,可以把“试验”一词理解为包含了观察.

(2) 这个试验的全部可能结果,是在试验前就明确的.拿上例来说,试验的全部可能结果只有两个:其一是 A,另一是 $\bar{A}=\{$今天下午 6 时前会下雨$\}$.为此,可把这个试验写为$(A,\bar{A})$.不必等到试验完成(不必到下午 6 时)就知道:非 A 即$\bar{A}$,必居其一.又如,投掷一个赌博用的骰子这个试验,虽无法预卜其结果如何,但总不外乎是“出现 1 点”,……,“出现 6 点”这 6 个可能结果之一,因而不妨把这个试验简记为$(1,2,\cdots,6)$.

在不少情况下，我们不能确切知道一个试验的全部可能结果，但可以知道它不超出某个范围.这时，也可以用这个范围来作为该试验的全部可能结果.如在前例中，若我们感兴趣的不止在于下午6时前是否下雨，而需要记录下午6时前的降雨量(如以毫米为单位)，则试验结果将是非负实数 x.我们无法确定 x 的可能取值的确定范围，但可以把这个范围取为$[0,\infty)$.它总能包含一切可能的试验结果.尽管我们明知某些结果，如 $x>10\,000$，是不会出现的.我们甚至可以把这个范围取为$(-\infty,\infty)$也无妨.这里就有了一定的数学抽象，它可以带来很大的方便，这一点在以后会更清楚.

(3) 我们有一个明确的陈述，这个陈述界定了试验的全部可能结果中一个确定的部分.这个陈述，或者说一个确定的部分，就叫做一个事件.如在下雨的例中，A 是全部可能结果$(A,\bar{A})$中确定的一部分.在掷骰子的例中，我们可以定义许多事件，例如：

$$E_1=\{\text{掷出偶数点}\}=(2,4,6),$$

$$E_2=\{\text{掷出素数点}\}=(2,3,5),$$

$$E_3=\{\text{掷出 3 的倍数点}\}=(3,6),$$

等等，它们分别明确地界定了全部试验结果的集合$(1,2,\cdots,6)$中的一个相应的部分.

如果我们现在把试验做一次，即把这个骰子投掷一次，则当投掷结果为2，或为4，或为6时，我们说事件 E_1“发生了”，不然就说事件 E_1“不发生”.因此，我们也可以说：事件是与试验结果有关的一个命题，其正确与否取决于试验结果如何.

在概率论上，有时把单一的试验结果称为一个“基本事件”.这样，一个或一些基本事件并在一起，就构成一个事件，而基本事件本身也是事件.在掷骰子的例中，有$1,2,\cdots,6$等6个基本事件.事件 E_2 则由2,3,5这三个基本事件并成.

设想你处在这样一种情况：投掷一个骰子，若出现素数点，你将中奖，则在骰子投掷之前你会这样想：我能否中奖，取决于机遇.因此，在概率论中，常称事件为“随机事件”或“偶然事件”.“随机”的意思无非是说，事件是否在某次试验中发生，取决于机遇.其极端情况是“必然事件”(在试验中必然发生的事情，例如，{掷一个骰子，其出现点数不超过6})和“不可能事件”(在试验中不可能发生的事件).这两种情况已无机遇可言，但为方便计，不妨把它们视为随机事件的特例，正如在微积分中，常数可视为变量的特例.

可以把必然事件和不可能事件分别等同于概率为1和概率为0的事件.从严格的理论角度而言,这二者有所区别,但这种区别并无实际的重要性.

本段讲的概念虽很浅显,但是很重要.特别提醒读者区别“事件”一词的日常及在概率论中的不同含义.

1.1.3 古典概率

承接上一段,假定某个试验有有限个可能的结果 $e_1, e_2, \cdots, e_N$.假定从该试验的条件及实施方法上去分析,我们找不到任何理由认为其中某一个结果,例如 e_i,比任一其他结果,例如 e_j,更具有优势(即更倾向于易发生),则我们只好认为,所有结果 $e_1, \cdots, e_N$ 在试验中有同等可能的出现机会,即 $1/N$ 的出现机会.常常把这样的试验结果称为“等可能的”.

拿掷骰子的例子而言,如果:① 骰子质料绝对均匀;② 骰子是绝对的正六面体;③ 掷骰子时离地面有充分的高度,则一般人都会同意,其各面出现的机会应为等可能.当然,在现实生活中这只能是一种近似,何况,在骰子上刻上点数也会影响其对称性.

在“等可能性”概念的基础上,很自然地引进古典概率的定义.

定义 1.1 设一个试验有 N 个等可能的结果,而事件 E 恰包含其中的 M 个结果,则事件 E 的概率,记为 $P(E)$,定义为

$$P(E) = M/N. \tag{1.1}$$

本定义所根据的理由很显然.按前面的分析,由等可能性的含义,每个结果的概率同为 $1/N$.今事件 E 包含 M 个结果,其概率理应为 $1/N$ 的 M 倍,即 M/N.古典概率是“客观”的.因为,如果等可能性是基于客观事实(例如在骰子绝对均匀且为严格正六面体时)而非出于主观设想,则看来除按(1.1)式外,别无其他的合理定义法.因此,在等可能性的前提下,(1.1)式应为大家所公认.这样,关键就在于保证这个等可能性成立无误.在开奖时要设计适当的方法并设置公证人,这些措施都是为了保证所用方法导致等可能的结果.

设有一个坛子,其中包含 N 个大小和质地完全一样的球,M 个为白球,$N-M$ 个为黑球.将这 N 个球彻底扰乱,蒙上眼睛,从中抽出一个.则人们都能接受:“抽到白球”这个事件的概率,应取为 M/N.这个“坛子模型”看起来简单,却很有用:它是在一切概率的讨论中,唯一的一个易于用形象的方法加以体现的情况.日常习用的按“抽签”来保证机会均等的做法,就是基于这一模型.有了这

一模型，我们可以把一些难于理解的概率形象化起来而获得感性认识. 如在“下雨”那个例子中，说乙估计事件 A 的概率为 0.2，这听起来不甚了然和不好理解. 但如乙说“我认为 A 发生的机会，正如在 4 黑球 1 白球中，抽出白球的机会”，则人们就感到顿时领悟了他的意思.

古典概率的计算主要基于排列组合，将在下一节举一些例子来说明. 这个名称的来由是远自 16 世纪以来，就有一些学者研究了使用骰子等赌具进行赌博所引起的“机会大小”的问题，由此结晶出概率论的一些最基本的概念，如用(1.1)式定义的概率(赌博中各种结果自应公认为等可能的)及数学期望(见下一章)等. 其中一个著名的问题是“分赌本问题”. 在下面已简化了的例中，我们来看看，使用古典概率的概念，如何使这个问题达到一个公正的解决.

例 1.1　甲、乙两人赌技相同，各出赌注 500 元. 约定：谁先胜三局，则谁拿走全部 1 000 元. 现已赌了三局，甲二胜一负，而因故要中止赌博，问这 1 000 元要如何分，才算公平？

平均分对甲欠公平，全归甲则对乙欠公平. 合理的分法是按一定比例而甲拿大头. 一种看来可以接受的方法是按已胜局数分，即甲拿 2/3，乙拿 1/3. 仔细分析，发现这不合理，道理如下：设想继续赌两局，则结果无非以下四种情况之一：

$$\text{甲甲},\ \text{甲乙},\ \text{乙甲},\ \text{乙乙}, \tag{1.2}$$

其中“甲乙”表示第一局甲胜、第二局乙胜，其余类推. 把已赌过的三局与(1.2)中这四个结果结合(即甲、乙赌完五局)，我们看出：对前三个结果都是甲先胜三局，因而得 1 000 元，只在最后一个结果才由乙得 1 000 元. 在赌技相同的条件下，(1.2)中的四个结果应有等可能性. 因此，甲、乙最终获胜的可能性大小之比为 3∶1. 全部赌本应按这个比例分，即甲分 750 元，乙分 250 元，才算公正合理.

这个例子颇给人启发，即表面上看来简单自然的东西，经过深入一层的分析而揭示了其不合理之处. 这个例子还和重要的“数学期望”的概念相关，见第 2 章.

古典概率的局限性很显然：它只能用于全部试验结果为有限个，且等可能性成立的情况. 但在某些情况下，这个概念可稍稍引申到试验结果有无限多个的情况，这就是所谓“几何概率”. 举一个例子.

例 1.2　甲、乙二人约定 1 点到 2 点之间在某处碰头，约定先到者等候 10 分钟即离去. 设想甲、乙二人各自随意地在 1～2 点之间选一个时刻到达该处，问

“甲、乙二人能碰上”这个事件 E 的概率是多少？

以1点作原点，分钟为单位，把甲、乙到达时间 x,y 构成的点 (x,y) 标在直角坐标系上，则图1.1中的正方形 $OABC$ 内每个点都是一个可能的试验结果，而这个正方形就是全部可能的结果之集．“甲、乙二人各自随意地在1～2点之间选一个时刻到达该处”一语，可以理解为“这个正方形内任一点都是等可能的”．按约定，只有在点 (x,y) 落在图中的多边形 $OFGBHI$ 内时，事件 E 才发生．因正方形内包含无限多个点，古典概率定义的(1.1)式无法使用．于是，我们把“等可能性”这个概念按本问题的特点引申一下：正方形内同样的面积有同样的概率．全正方形的面积为 $60^2=3\,600$，而容易算出上述多边形的面积为1 100．按上述引申了的原则，算出事件 E 的概率为 $P(E)=1\,100/3\,600=11/36$.

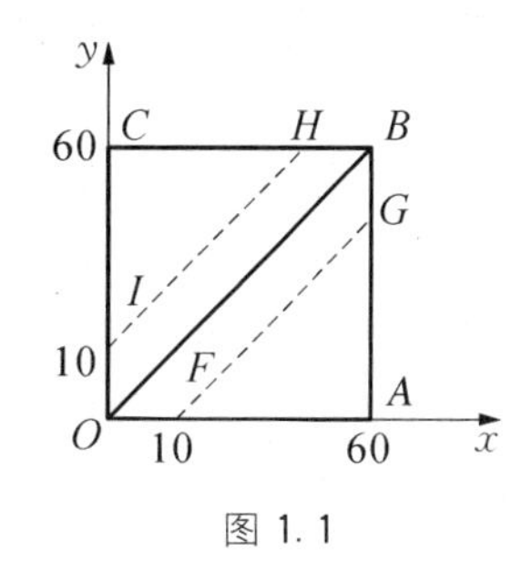

图 1.1

这样算出的概率称为“几何概率”，因它是基于几何图形的面积、体积、长度等而算出的．就本例而言，重要之点在于把等可能性解释或引申为“等面积，等概率”．其他一些可用几何概率处理的问题，都需要做类似的引申．在某些较复杂的问题中，几种引申看来都可接受，由此可算出不同的结果．这并无矛盾可言，因为每一种不同的引申，意味着对“等可能性”的含义做不同的解释，问题在于哪一种解释最符合你的问题的实际含义．

1.1.4 概率的统计定义

从实用的角度看，概率的统计定义无非是一种通过实验去估计事件概率的方法．拿“掷骰子”这个例子来说，若骰子并非质地均匀的正方体，则投掷时各面出现的概率不必相同．这时，“出现幺”这个事件 E_1 的概率有多大，已无法仅通过一种理论的考虑来确定．但我们可以做实验：反复地将这个骰子投掷大量的次数，例如 n 次，若在这 n 次投掷中幺共出现 m_1 次，则称 m_1/n 是 E_1 这个事件在这 n 次试验(每次投掷算作一次试验)中的“频率”．概率的统计定义的要旨是说，就拿这个频率 m_1/n 作为事件 E_1 的概率 $P(E_1)$ 的估计．这个概念的直观背景很简单：一个事件出现的可能性大小，应由在多次重复试验中其出现的频繁程度去刻画．

一般的情况与此毫无区别，只需在上文的叙述中，把“掷骰子”改换成某个一般的试验，而把“出现幺”这个事件 E_1 改换成某个指定的事件即可．要点在于：

该试验必须能在同样条件下大量次数重复施行,以便我们有可能观察该事件的频率.

读者恐怕已注意到上述定义中的不足之处,即频率只是概率的估计而非概率本身,形式上可以用下面的说法来解决这个困难.把事件 E 的概率定义为具有如下性质的一个数 p:当把试验重复时,E 的频率在 p 的附近摆动,且当重复次数增大时,这个摆动愈来愈小.或者干脆说:概率就是当试验次数无限增大时频率的极限.要这样做,就必须回答下述问题:你怎样去证明具有上述性质的数 p 存在,抑或 p 的存在只是一个假定?

依本书作者的观点,"概率的统计定义"的重要性,不在于它提供了一种定义概率的方法——它实际上没有提供这种方法,因为你永远不可能依据这个定义确切地定出任何一个事件的概率.其重要性在于两点:一是提供了一种估计概率的方法,这在上文已谈到了,这种应用很多.例如在人口的抽样调查中,根据抽样的一小部分人去估计全部人口的文盲比例;在工业生产中,依据抽取的一些产品的检验去估计产品的废品率;在医学上依据积累的资料去估计某种疾病的死亡率,等等.二是它提供了一种检验理论正确与否的准则.设想根据一定的理论、假定等等算出了某事件 A 的概率为 p,这个理论或假定是否与实际相符,我们并无把握.于是我们可诉诸试验,即进行大量重复的试验以观察事件 A 的频率 m/n.若 m/n 与 p 接近,则认为试验结果支持了有关理论;若相去较远,则认为理论可能有误.这类问题属于数理统计学的一个重要分支——假设检验,将在本书第5章中讨论.

1.1.5 概率的公理化定义

数学上所说的"公理",就是一些不加证明而承认的前提.这些前提规定了所讨论的对象的一些基本关系和所满足的条件,然后以之为基础,推演出所讨论的对象的进一步的内容.几何学就是一个典型的例子.

成功地将概率论实现公理化的是现代的前苏联大数学家柯尔莫哥洛夫,时间在1933年.值得赞赏的不止在于他实现了概率论的公理化,还在于他提出的公理为数很少且极为简单,而在这么一个基础上建立起了概率论的宏伟的大厦.

在第1.1.2段中我们曾指出:事件是与试验相连的,试验有许多可能的结果,每个结果叫做一个基本事件.与此相应,在柯氏的公理体系中引进一个抽象的集合 Ω,其元素 ω 称为基本事件.我们又曾指出:一个事件是由若干基本事件构成的,如在掷骰子的试验中,"掷出素数点"这个事件由2,3,5这三个基本事件构成.与此相应,在柯氏公理体系中考虑由 Ω 的子集(包括 Ω 本身及空集$\varnothing$)构成的一个集类 $\mathscr{F}$. $\mathscr{F}$不必包括 Ω 的一切可能的子集,且必须满足某种我们在此不必仔细说明的条件. $\mathscr{F}$中的每个成员就称为“事件”.事件有概率,其大小随事件而异,换句话说,概率是事件的函数.与此相应,在柯氏公理体系中,引进了一个定义在$\mathscr{F}$上的函数 P. 对$\mathscr{F}$中任一成员 A,$P(A)$的值理解为事件 A 的概率.柯氏公理体系对这个函数 P 加上了几条要求(即公理):① $0 \leqslant P(A) \leqslant 1$.对$\mathscr{F}$中任何成员 A,这相应于要求概率在 0 与 1 之间.② $P(\Omega)=1$,$P(\varnothing)=0$.这相应于说必然事件有概率 1,不可能事件有概率 0. ③ 加法公理.这一条将在 1.3 节中解释.

我们举一个简单例子来说明柯氏公理的实现,还是拿那个“掷骰子”的例子.在本例中,集合 $\Omega=\{1,2,3,4,5,6\}$,由 6 个元素构成,反映掷骰子试验的 6 个基本结果.作为$\mathscr{F}$,在本例中包含 Ω 的一切可能的子集,故$\mathscr{F}$一共有 64 个成员.至于概率函数 P 的定义,则要考虑骰子的具体情况,若骰子是均匀的正立方体,则 P 定义为

$$P(A) = A \text{ 中所含点数 } /6.$$

若骰子非均匀,则每面出现的概率 $p_1, \cdots, p_6$ 可不同.这时,先定出上面这 6 个数,然后对每个 A,把其中所含点相应的 p 值加起来作为$P(A)$.例如,若 $A=\{2,3,5\}$,则 $P(A)=p_2+p_3+p_5$.

由这个例子我们也看出:柯氏公理只是界定了概率这个概念所必须满足的一些一般性质,它没有也不可能解决在特定场合下如何定出概率的问题.拿后一例子而言,如何以足够的精确度定出 $p_1, \cdots, p_6$,那是要做大量艰苦的工作的.柯氏公理的意义在于它为一种普遍而严格的数学化概率理论奠定了基础.例如,刚才讨论过的这个例子可用于任何一个只有 6 个基本结果的试验,而无需过问这个试验是掷骰子或其他.这就是数学的抽象化.正如我们可说 $1+2=3$,而不必要去讨论一只牛加二只牛等于三只牛之类的东西.

1.2 古典概率计算

1.2.1 排列组合的几个简单公式

按公式(1.1),古典概率计算归结为计算两个数 M 和 N.这种计算大多涉及

排列组合.二者的区别在于,排列要计较次序而组合不计较:ab 和 ba 是不同的排列,但是是相同的组合.

(1) n 个相异物件取 r $(1\leqslant r\leqslant n)$个的不同排列总数,为

$$P_r^n = n(n-1)(n-2)\cdots(n-r+1). \tag{2.1}$$

因为,从 n 个中取出排列中的第1个,有 n 种取法;在剩下的 $n-1$ 个中取出一个,作为排列中的第2个,有 $n-1$ 种取法;……最后,在剩下的 $n-r+1$ 个中取出一个作为排列中的第 r 个,有 $n-r+1$ 种取法.因此,不同的取法数目为 $n,n-1,\cdots,n-r+1$ 这 r 个数之积,从而得出公式(2.1).

例如,从 a,b,c,d 这4个字母中取2个做排列,有 $4\times3=12$ 种:

$$ab,ba,ac,ca,ad,da,bc,cb,bd,db,cd,dc.$$

特别地,若 $n=r$,由(2.1)式得

$$P_r^r = r(r-1)\cdots1 = r!. \tag{2.2}$$

$r!$读为"r 阶乘",是前 r 个自然数之积.人们常约定把 $0!$ 作为1.当 r 不是非负整数时,记号 $r!$没有意义.

(2) n 个相异物件取 r $(1\leqslant r\leqslant n)$个的不同组合总数,为

$$C_r^n = \frac{P_r^n}{r!} = \frac{n!}{r!(n-r)!}. \tag{2.3}$$

因为每一个包含 r 个物件的组合,可以产生 $r!$个不同的排列,故排列数应为组合数的 $r!$ 倍,由此得出公式(2.3).C_r^n 常称为组合系数.

例如,从 a,b,c,d 这4个字母中取2个做组合,有 $4!/(2!\ 2!)=6$ 种,即 ab,ac,ad,bc,bd,cd.

在有些书籍中,把记号 C_r^n 写为 C_n^r.C_r^n 的一个更通用的记号是 $\binom{n}{r}$.我们今后将用 $\binom{n}{r}$ 取代 C_r^n.当 $r=0$ 时,按 $0!=1$ 的约定,由(2.3)式算出 $\binom{n}{0}=1$.这可看作一个约定.对组合系数,另一常用的约定是:按公式

$$\binom{n}{r} = n(n-1)\cdots(n-r+1)/r!,$$

只要 r 为非负整数,n 不论为任何实数,都有意义.故 n 可不必限制为自然数.例如,按上式,有

$$\binom{-1}{r} = (-1)(-2)\cdots(-r)/r! = (-1)^r.$$

(3) 与二项式展开的关系.组合系数$\binom{n}{r}$又常称为二项式系数,因为它出现在下面熟知的二项式展开的公式中:

$$(a+b)^n = \sum_{i=0}^{n}\binom{n}{i}a^i b^{n-i}. \tag{2.4}$$

这个公式的证明很简单:因为$(a+b)^n=(a+b)\cdot(a+b)\cdots(a+b)$,为了产生$a^ib^{n-i}$这一项,在这 n 个$a+b$ 中,要从其中的 i 个取出a,另 $n-i$ 个取出b.从 n 个中取出i 个的不同取法为$\binom{n}{i}$,这也就是 a^ib^{n-i}这一项的系数.

利用这个关系式(2.4),可得出许多有用的组合公式.例如,在(2.4)式中令$a=b=1$,得

$$\binom{n}{0}+\binom{n}{1}+\cdots+\binom{n}{n} = 2^n.$$

令 $a=-1,b=1$,则得

$$\binom{n}{0}-\binom{n}{1}+\binom{n}{2}-\cdots+(-1)^n\binom{n}{n} = 0.$$

另一个有用的公式是

$$\binom{m+n}{k} = \sum_{i=0}^{k}\binom{m}{i}\binom{n}{k-i}, \tag{2.5}$$

它是由恒等式$(1+x)^{m+n}=(1+x)^m(1+x)^n$ 即

$$\sum_{j=0}^{m+n}\binom{m+n}{j}x^j = \sum_{j=0}^{m}\binom{m}{j}x^j\sum_{j=0}^{n}\binom{n}{j}x^j$$

比较两边的 x^k 项的系数得到的.

(4) n 个相异物件分成k 堆,各堆物件数分别为 $r_1,\cdots,r_k$ 的分法是

$$n!/(r_1!\cdots r_k!). \tag{2.6}$$

此处，$r_1,\cdots,r_k$ 都是非负整数，其和为 n. 又这里要计较堆的次序，就是说，若有 5 个物体 a,b,c,d,e 分成 3 堆，则 $(ac),(d),(be)$ 和 $(be),(ac),(d)$ 应算做两种不同分法.

证明很简单：先从 n 个中取出 r_1 个作为第 1 堆，取法有 $\binom{n}{r_1}$ 种；在余下的 $n-r_1$ 个中取出 r_2 个作为第 2 堆，取法有 $\binom{n-r_1}{r_2}$ 种；以此类推，得到全部不同的分法为

$$\binom{n}{r_1}\binom{n-r_1}{r_2}\binom{n-r_1-r_2}{r_3}\cdots\binom{n-r_1-r_2-\cdots-r_{k-1}}{r_k}.$$

利用公式(2.3)，并注意 $n-r_1-\cdots-r_{k-1}=r_k$，即得(2.6)式.

(2.6)式常称为多项式系数，因为它是 $(x_1+\cdots+x_k)^n$ 的展开式中 $x_1^{r_1}\cdots x_k^{r_k}$ 这一项的系数.

1.2.2　古典概率计算举例

例 2.1　一批产品共 N 个，其中废品有 M 个. 现从中随机（或者说随意）取出 n 个，问“其中恰好有 m 个废品”这个事件 E 的概率是多少？

按 1.2.1 段所述，从 N 个产品中取出 n 个，不同的取法有 $\binom{N}{n}$ 种. 所谓“随机”或“随意”取，是指这 $\binom{N}{n}$ 种取法有等可能性. 这是古典概率定义可以使用的前提. 所以，从实际的角度而言，问题在于怎样保证抽取的方法能满足等可能性这个要求. 以下各例中，“随机”一词也都是作这种理解.

使事件 E 发生的取法，或者说“有利”于事件 E 的取法，计算如下：从 M 个废品中取 m 个，取法有 $\binom{M}{m}$ 种；从其余 $N-M$ 个合格品中取 $n-m$ 个，取法有 $\binom{N-M}{n-m}$ 种，故有利于事件 E 的取法共有 $\binom{M}{m}\binom{N-M}{n-m}$ 种. 按公式(1.1)，得事件 E 的概率为

$$P(E)=\binom{M}{m}\binom{N-M}{n-m}\Big/\binom{N}{n}. \tag{2.7}$$

这里要求 $m \leqslant M, n-m \leqslant N-M$,否则概率为0(因 E 为不可能事件).

例 2.2 n 双相异的鞋共 $2n$ 只,随机地分成 n 堆,每堆 2 只.问"各堆都自成一双鞋"这个事件 E 的概率是多少?

把 $2n$ 只鞋分成 n 堆、每堆 2 只的分法,按公式(2.6),有 $N=(2n)!/2^n$ 种.有利于事件 E 的分法可计算如下:把每双鞋各自绑在一起看成一个物件,然后把这相异的 n 个物体分成 n 堆,每堆 1 件.按公式(2.6),分法有 $M=n!$ 种.于是

$$P(E)=M/N=n!2^n/(2n)!=1/(2n-1)!!.$$

$a!!$这个记号对奇自然数定义:$a!!=1\cdot 3\cdot 5\cdots a$,即所有不超过 a 的奇数之积.

另一种算法如下:把这 $2n$ 只鞋自左至右排成一列(排法有$(2n)!$种),然后,把处在 1,2 位置的作为一堆,3,4 位置的作为一堆,等等.为计算使事件 E 发生的排列法,注意第 1 位置可以是这 $2n$ 只鞋中的任意一只,其取法有 $2n$ 种,第 1 位置取定后,第 2 位置只有一种取法,即必然取与第 1 位置的鞋配成一双的那一只.依此类推,知奇数位置依次有 $2n, 2n-2, 2n-4, \cdots, 2$ 种取法,而偶数位置则都只有 1 种取法.所以,有利于事件 E 的排列总数为 $2n(2n-2)\cdots 2=2^n n!$,而

$$P(E)=2^n n!/(2n)!.$$

与前面用另外的方法算出的结果相同.

例 2.3 n 个男孩,m 个女孩($m \leqslant n+1$)随机地排成一列.问"任意两个女孩都不相邻"这个事件 E 的概率是多少?

把 $n+m$ 个孩子随意排列,总共有 $N=(n+m)!$种不同的排法.有利于事件 E 发生的排法可计算如下:先把 n 个男孩子随意排成一列,总共有 $n!$种方法.排定以后,每两个相邻男孩之间有一个位置,共有 $n-1$ 个;加上头尾两个,共 $n+1$ 个位置(图 1.2 画出了 $n=3$ 的情况,"×"表示男孩,4 个"○"表示刚才所指出的 $n+1=4$ 个位置).为了使两个女孩都不相邻,必须从这 $n+1$ 个位置中取出 m 个放女孩,取法有$\binom{n+1}{m}$种.取定位置后,m 个女孩子尚可在这 m 个取定位置上随意排列,方法有 $m!$ 种.由此推出,有利于事件 E 发生的排列

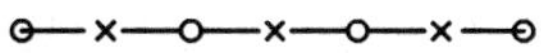

○—×—○—×—○—×—○

图 1.2

数为$M=n!\binom{n+1}{m}m!$,因此

$$P(E)=n!\binom{n+1}{m}m!/(n+m)!=\binom{n+1}{m}\Big/\binom{n+m}{m}.$$

如果这 $n+m$ 个孩子不是排成一条直线,而是排在一个圆圈上,则同一事件 E 的概率是多少($m\leqslant n$)? 初一看以为无所区别,其实不然.看图1.2,若以"×"和"○"分别表男孩、女孩,则在一条直线上首、尾两女孩并不相邻.但若把这条直线弯成一个圆圈,则首、尾两女孩就成为相邻了,因此算法略有不同.我们留给读者去证明:答案为$\binom{n}{m}\Big/\binom{n+m-1}{m}$.

例2.4 一个人在口袋里放2盒火柴,每盒 n 支,每次抽烟时从口袋中随机拿出一盒(即每次每盒有同等机会被拿出)并用掉一支,到某次他迟早会发现:取出的那一盒已空了.问"这时另一盒中恰好有 m 支火柴"的概率是多少?

解法1 我们来考察最初 $2n+1-m$ 次抽用的情况,每次抽用时有2种方法(抽出甲盒或乙盒),故总的不同抽法有 2^{2n+1-m} 种.有利于所述事件的抽法可计算如下:先看"最后一次(即第 $2n+1-m$ 次)抽出甲盒"的情况.为使所述事件发生,在前 $2n-m$ 次中,必须有 n 次抽用甲盒,实现这一点不同的抽法为$\binom{2n-m}{n}$.类似地,"最后一次抽出乙盒"的抽法也有这么多.故有利于所述事件的全部抽法为$2\binom{2n-m}{n}$,而事件的概率为

$$2\binom{2n-m}{n}\Big/2^{2n+1-m}=\binom{2n-m}{n}\Big/2^{2n-m}. \tag{2.8}$$

解法2 因每盒中只有 n 支,最晚到第 $2n+1$ 次抽取时,或在此之前,必发现抽出的盒子已空.故我们不管结果如何,总把试验做到抽完第 $2n+1$ 次为止,不同的抽法有 2^{2n+1} 种.

现在计算有利于所述事件的抽法.仍如前,先考虑"先发现甲盒为空"的抽法有多少.这必然是对某个 r ($r=0,1,\cdots,n-m$),以下情况同时出现:

1° 第 $n+r$ 次抽取时抽出甲盒,而这时甲盒已是第 n 次被抽出;

2° 前 $n+r-1$ 次抽取时,乙盒被抽出 r 次(其不同的抽法有

$\binom{n+r-1}{r}$种)；

3° 紧接着的 $n-m-r$ 次全是抽出乙盒；

4° 第 $2n-m+1$ 次抽取时抽出甲盒(这时发现它已空，且乙盒恰有 m 支)；

5° 最后 m 次抽取结果可以任意(其不同的抽法有 2^m 种).

综合上述，对固定的 r，抽法有 $\binom{n-1+r}{r}2^m$ 种. 因此，“有利于事件发生，且先发现甲盒为空”的抽法有

$$a=\sum_{r=0}^{n-m}\binom{n-1+r}{r}2^m$$

种. 类似地，“有利于事件发生，且先发现乙盒为空”的抽法也有 a 种. 故总数为 $2a$，概率为

$$2a/2^{2n+1}=\sum_{r=0}^{n-m}\binom{n-1+r}{r}\Big/2^{2n-m}. \tag{2.9}$$

两种方法算出的结果，只能有一个. 故比较(2.8)式和(2.9)式，我们得到一个组合恒等式

$$\sum_{r=0}^{n-m}\binom{n-1+r}{r}=\binom{2n-m}{n}.$$

当然，你也可以怀疑，这两个解法中有一个不对，因而上式也可能错了. 但此式可另行证明. 为方便计，将式中的 m 改为 $n-m$，而将该式写为

$$\sum_{r=0}^{m}\binom{n-1+r}{r}=\binom{n+m}{n}=\binom{n+m}{m},$$

而此式易用数学归纳法证明. 当 $m=0,1$ 时，直接计算可知其成立. 然后用易证的等式

$$\binom{n+m}{m}+\binom{n+m}{m+1}=\binom{n+m+1}{m+1}$$

去完成归纳证明.

这个例子给人的启发是：适当的考虑得出简洁的解法. 第2种解法，把试验

做到必然能见分晓的地步，较为自然易懂，但结果则较繁复.要不是有(2.8)式对照，我们可能停留在(2.9)式，而得出不理想的形式.前一解法抓住了这一点：要使所设事件发生，抽取必然是 $2n+1-m$ 次.正是这一简单的观察得出了极为简洁的解(2.8).

例 2.5 有21本不同的书，随机地分给17个人.问"有6人得0本，5人得1本，2人得2本，4人得3本"这个事件 E 的概率是多少？

因为每本书都有17种可能的分法，故总的不同分法有 17^{21} 种.为计算有利于事件 E 的分法，得分两步分析：① 按得书本数不同把17人分成4堆，各堆分别含6人(0本)、5人(1本)、2人(2本)、4人(3本).这不同的分法按公式(2.6)，有 $17!/(6!5!2!4!)$ 种.② 把21本书按17人得书数情况分为17堆，各堆数目依次为

$$0,0,0,0,0,0,1,1,1,1,1,2,2,3,3,3,3,$$

不同的分法有

$$21!/(0!^6 1!^5 2!^2 3!^4)=21!/(2!^2 3!^4)$$

种.二者相乘，得出有利于事件 E 的分法总数，进而得出 E 的概率为

$$17!21!/(17^{21}2!^3 3!^4 4!5!6!).$$

以上举的例子都有一定的代表性.古典概率计算实质上就是组合计算.但在分析问题时，怎样去选定一个适当的实现随机化的机制(如例2.4，例2.5)，怎样去正确计算公式(1.1)中的 M,N，以保证既不重算也不漏算，则需要细心.尤其是：你所设想的机制是否真的实现了等可能性？有时表面上看想当然对，其实是似是而非的.如例2.3中，圆圈的情况和直线有所不同——在直线上正确地体现了等可能的做法，在圆圈上却没有.再看下例.

例 2.6 n 本书随机分给甲、乙二人，问"甲、乙各至少得到1本"这个事件 E 的概率是多少？

n 本书随机地分给2人，甲得的本数无非是 $0,1,\cdots,n$，一共有 $n+1$ 种可能性，其中0和 n 两种是"全归一人"，剩下 $n-1$ 种有利于事件 E，故 $P(E)=(n-1)/(n+1)$.

这个解法是否对？不对.问题在于：$0,1,\cdots,n$ 这 $n+1$ 种结果不具有等可能性.凭常识可以推想：若 n 较大，则甲得 $n/2$ 本左右的机会，应比他全得或全不得的机会大一些.正确的解法如下：n 本书分给2人，不同的分法有 2^n 种.其中

仅有两种是使事件 E 不发生的，故 $P(E)$ 应为 $(2^n-2)/2^n=1-1/2^{n-1}$.

1.3 事件的运算、条件概率与独立性

在实用上和理论上，下述情况常见：问题中有许多比较简单的事件，其概率易于算出，或是有了理论上的假定值，或是根据以往的经验已对其值作了充分精确的估计．而我们感兴趣的是一个复杂的事件 E，它通过种种关系与上述简单事件联系起来，这时我们想设法利用这种联系，以便从这些简单事件的概率去算出 E 的概率．正如在微积分中，直接利用定义可算出若干简单函数的导数，但利用导数所满足的法则，可据此算出很复杂的函数的导数．

例如，向一架飞机射击，事件 E 是“击落这架飞机”．设这架飞机有一名驾驶员，两个发动机 G_1 和 G_2．又假定当击中驾驶员，或同时击中两个发动机时，飞机才被击落．记事件

$$E_0 = \text{击中驾驶员},$$
$$E_i = \text{击中 } G_i \quad (i = 1,2),$$

则 E 与 E_0,E_1,E_2 有关，确切地说，E 即由 E_0,E_1,E_2 决定．其关系可通过文字表达如下：

$$E=\{E_0 \text{ 发生或者 } E_1,E_2 \text{ 都发生}\}.$$

这种表述很累赘，我们希望通过一些符号来表达，这就是本节要讨论的事件的关系和运算．对事件进行运算，如同对数字做运算一样：对数字进行运算得出新的数字，而对事件做运算则得出新的事件．

1.3.1 事件的蕴含、包含及相等

在同一试验下的两个事件 A 和 B，如果当 A 发生时 B 必发生，则称 A 蕴含 B，或者说 B 包含 A，记为 $A\subset B$．若 A,B 互相蕴含，即 $A\subset B$ 且 $B\subset A$，则称 A,B 两事件相等，记为 $A=B$.

例如，掷两粒骰子．记

$$A = \{\text{掷出的点数之和大于 }10\},$$
$$B = \{\text{至少有一粒骰子掷出 }6\}.$$

若事件 A 发生，易见 B 非发生不可，故 A 蕴含 B. 一个形象的看法如图 1.3 所示. 向一个方形靶面射击，以 A, B 分别记"命中图中所标出的闭曲线内部"的事件，则命中 A 自意味着命中 B. 这个图形也说明了"B 包含 A"这个说法的来由. 因为从图中明白看出，B 这一块包含了 A 这一块.

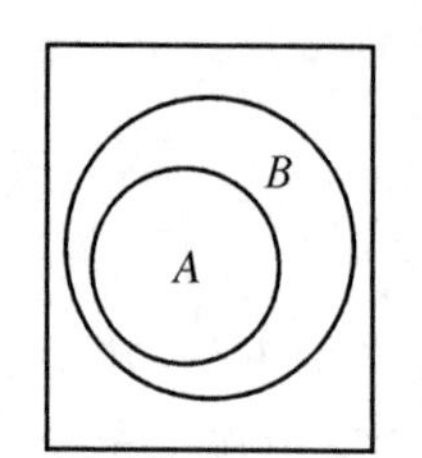

图 1.3

拿"事件是试验的一些结果"(见 1.1.2 段)这个观点去看，如果 A 蕴含 B，那只能是：A 中的试验结果必在 B 中，即 B 这个集合(作为试验结果的集合)要大一些，"包含"一词即由此而来. 实际含义是：若 $A \subset B$(也写为 $B \supset A$)，则 A 和 B 相比，更难发生一些，因而其概率就必然小于或至多等于 B 的概率. "两事件 A, B 相等"无非是说，A, B 由完全同一的一些试验结果构成，它不过是同一件事表面上看来不同的两个说法而已.

例如，掷两个骰子，以 A 记事件"两骰子掷出点数奇偶不同"，以 B 记事件"掷出点数之和为奇数". 这两个事件，说法不同，其实则一. 对复杂情况则未必如此一目了然. 证明两事件 A, B 相等的一般方法是：先设事件 A 发生，由此推出 B 发生；再反过来，由假定 B 发生推出 A 发生. 这将在后面举例说明.

1.3.2　事件的互斥和对立

若两事件 A, B 不能在同一次试验中都发生(但可以都不发生)，则称它们是互斥的. 如果一些事件中任意两个都互斥，则称这些事件是两两互斥的，或简称互斥的.

例如，考虑投掷一个骰子这个试验，记 E_i 为事件"掷出的点数为 i 的倍数"($i = 2,3,4$)，则 E_3 与 E_4 为互斥. 因若 E_4 发生，则只有掷出 4 点，而它非 3 的倍数，即 E_3 必不发生. 但是，E_2 和 E_3 并非互斥. 因若掷出 6 点，则二者同时发生. 简而言之，互斥事件即不两立之事件. 从"事件是由一些试验结果所构成的"这个观点看，互斥事件无非是说，构成这两个事件各自的试验结果中不能有公共的.

互斥事件的一个重要情况是"对立事件"，若 A 为一事件，则事件

$$B = \{A\text{ 不发生}\}$$

称为 A 的对立事件，多记为 $\bar{A}$(读作 A bar，也记为 A^c).

例如,投掷一个骰子,事件 $A=\{$掷出奇数点$\}=\{1,3,5\}$的对立事件是 $B=\{$掷出偶数点$\}=\{2,4,6\}$.对立事件也常称为"补事件".拿上例来说,事件 A 包含了三个试验结果:1,3 和 5,而对立事件 B 中所含的三个试验结果 2,4 和 6,正好补足了前面三个,以得到全部试验结果.

1.3.3 事件的和(或称并)

设有两个事件 A,B,定义一个新事件 C 如下:

$$C=\{A \text{ 发生,或 } B \text{ 发生}\}=\{A,B \text{ 至少发生一个}\}.$$

所谓定义一个事件,就是指出它何时发生,何时不发生.现在这个事件 C 在何时发生呢?只要 A 发生,或者 B 发生(或二者同时发生也可以),就算是 C 发生了,不然(即 A,B 都不发生)则算作 C 不发生.这样定义的事件 C 称为事件 A 与事件 B 的和,记为

$$C=A+B.$$

例如,投掷一个骰子,以 A 记事件$\{$掷出偶数点$\}=\{2,4,6\}$,以 B 记事件$\{$掷出 3 的倍数$\}=\{3,6\}$,则 $C=A+B=\{2,3,4,6\}$,即当掷出的点为 2,3,4 或 6 时,事件 C 发生,而掷出 1,5 时则不发生.我们注意到,两事件的和,即把构成各事件的那些试验结果并* 在一起所构成的事件.如把图 1.4 所示的正方形视为一个平面靶,A,B 两事件分别表示命中图中所指闭曲线内部,则 $C=A+B$ 表示"命中由 A,B 两闭曲线的外缘所围成的区域".这个区域比 A,B 都大,它由 A,B 两部分合并而成.当然,作为集合,重复的部分(图中斜线标出的部分)只需计入一次.

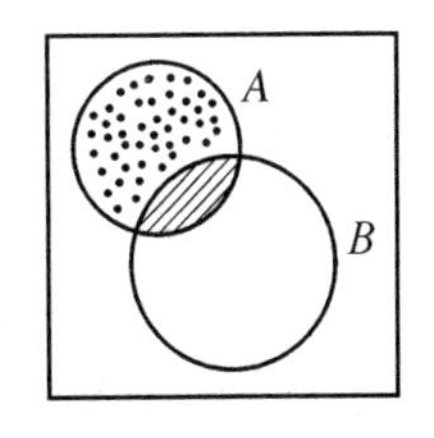

图 1.4

这样,若 $C=A+B$,则 A,B 都蕴含 C,C 包含 A 也包含 B.经过相加,事件变"大"了(含有更多的试验结果),因而更容易发生了.

事件的和很自然地推广到多个事件的情形.设有若干个事件 $A_1,A_2,\cdots,A_n$.它们的和 A,定义为事件

---

* 由于这个原因,事件的和也常称为事件的并,和 $A+B$ 也常被记为 $A\cup B$."$\cup$"这个记号有"合并"的含义.由于称呼和书写上的方便,本书中我们一直用"和"与"+"的说法,也有些著作在当 A,B 互斥时才把 $A\cup B$ 写成 $A+B$,本书不采用这个做法.

$$
\begin{aligned}
A &= \{A_1 \text{ 发生,或 } A_2 \text{ 发生},\cdots,\text{或 } A_n \text{ 发生}\} \\
&= \{A_1, A_2, \cdots, A_n \text{ 至少发生一个}\},
\end{aligned}
$$

且记为 $A_1 + A_2 + \cdots + A_n$ 或 $\sum_{i=1}^{n} A_i$(也常记为 $\bigcup_{i=1}^{n} A_i$,本书不用这个记号). A 是由把 $A_1,\cdots,A_n$ 所包含的全部试验结果并在一起得到的.和的定义显然地可推广到无限个事件的情形.

在此要不厌其烦地重复一点,有的初学者对事件的运算感到不易理解.比如,定义事件 A,B 之和为 $C=\{A,B$ 至少发生其一$\}$.他们问:既然已说 A,B 至少要发生一个,那岂不是对 A,B 做了限制?不然,我们不要忘记1.1节中所说的"事件不是指已发生了的情况,而是某种情况的陈述".定义 C 为"A,B 至少发生其一",当然不是说 A,B 已经或必然发生一个,而是在试验时,若 A,B 至少发生了一个,则算做 C 发生了.在任何一次特定的试验中,当然可能 A,B 都不发生,这时 C 也就不发生.理解了这一点就好办了,望读者多加留意.

1.3.4 概率的加法定理

定理 3.1 若干个互斥事件之和的概率,等于各事件的概率之和,即

$$
P(A_1 + A_2 + \cdots) = P(A_1) + P(A_2) + \cdots. \tag{3.1}
$$

事件个数可以是有限的或无限的,这个定理就称为(概率的)加法定理.其重要条件是各事件必须为两两互斥.

在概率的古典定义和统计定义之下,(3.1)式很容易证明.拿古典定义来说,设试验一共有 N 个等可能的结果,而有利于事件 $A_1,A_2,\cdots$ 发生的结果数分别为 $M_1,M_2,\cdots$,则由于互斥性,有利于事件 $A=A_1+A_2+\cdots$ 发生的结果数应为 $M=M_1+M_2+\cdots$.于是

$$
\begin{aligned}
P(A) &= (M_1 + M_2 + \cdots)/N \\
&= M_1/N + M_2/N + \cdots \\
&= P(A_1) + P(A_2) + \cdots.
\end{aligned}
$$

对统计定义也可完全类似地处理.

在概率论书籍中,加法定理往往被称为加法公理,即(3.1)式是不加证明而被接受的事实.这条公理就是我们在1.1.5段中提到而未加说明的柯氏公理体系中的第3条.

读者可能会问:既然在古典定义、统计定义这样在实用上重要的概率定义之下,(3.1)式是可以证明的,那么为什么要把它看作一条公理? 问题在于:你可以想像而且也确实可以建立一种概率理论,其中(3.1)式不成立.柯氏公理的意思是说,我只考虑那种满足(3.1)式的概率理论,而不及其他.正如在几何学中,你可以把"过不在直线 l 上的任一点只有一条与 l 平行的直线"作为公理,由此建立一套欧氏几何学,也可以废弃这条公理而建立非欧几何学,二者都符合形式逻辑.古典定义和统计定义之所以适合(3.1)式,不过是说明了:它们是柯氏公理体系中的东西.

加法定理(3.1)的一个重要推论如下:

系 3.1 以$\bar{A}$表 A 的对立事件,则

$$P(\bar{A}) = 1 - P(A). \tag{3.2}$$

证明很容易.以 Ω 记必然事件,则按对立事件的定义有 $A + \bar{A} = \Omega$,且 A 和 $\bar{A}$ 互斥.因 $P(\Omega) = 1$,由(3.1)式得 $1 = P(\Omega) = P(A + \bar{A}) = P(A) + P(\bar{A})$,即(3.2)式.

这个简单公式在概率计算上很有用.因为有时计算 $P(A)$不易,而 $P(\bar{A})$则容易处理一些.

1.3.5 事件的积(或称交)、事件的差

设有两个事件 A,B,则如下定义的事件 C:

$$C = \{A,B \text{ 都发生}\}$$

称为两事件 A,B 的积或乘积,并记为 AB.拿图 1.4 所示的例子来说,若分别以 A,B 表示"命中图中相应区域"的事件,则 AB 就是事件"命中图中斜线部分".又如骰子试验,分别以 A,B 记"掷出偶数点"和"掷出素数点"的事件,则 AB 就是事件"掷出 2 点".一般地,事件 A,B 各是一些试验结果的集合,而 AB 则由同属于这两个集合的那些试验结果组成,即这两个集合的交叉 * .按积的定义,两个事件 A,B 互斥,等于说 AB 是不可能事件.

多个事件 $A_1,A_2,\cdots$(有限或无限个都可以)的积的定义类似:$A = \{A_1,$

---

* 由于这个原因,事件的积也常称为事件的交,积 AB 也常记为 $A \cap B$,"$\cap$"这个记号有取交的含义.为书写方便,本书一直用 AB 这个记号.

$A_2,\cdots$都发生},记为 $A=A_1A_2\cdots$,或 $\prod_{i=1}^{n}A_i$(事件个数有限)或 $\prod_{i=1}^{\infty}A_i$(事件个数无限).

两个事件 A,B 之差,记为 $A-B$,定义为

$$A-B=\{A\text{ 发生},B\text{ 不发生}\}.$$

例如,刚才提到的掷骰子试验中的两个事件 A 和 B, $A-B=\{4,6\}$. 在图 1.4 中,$A-B$ 就是"命中图中用点标出的区域"这个事件. 一般地,$A-B$ 就是从构成 A 的那些试验结果中,去掉在 B 内的那一些. 很明显

$$A-B=A\bar{B}, \tag{3.3}$$

其中 $\bar{B}$ 是 B 的对立事件. 因为,$A\bar{B}$ 无非是说,$A,\bar{B}$ 都发生,或 A 发生 B 不发生. 这样,差可以通过积去定义.

我们对事件引进了和、差、积等运算,借用了算术中的名词,但应注意,算术的法则不一定能用于事件运算. 有些规则是成立的. 例如,和 $A+B$ 及积 AB 与次序无关,即 $A+B=B+A, AB=BA$,这由定义可直接看出. 乘法结合律成立,即 $(AB)C=A(BC)$(它们都等于 ABC). 分配律也对,例如:

$$A(B-C)=AB-AC. \tag{3.4}$$

证明如下:设在左边的事件发生,则按积的定义,事件 A 和 $B-C$ 都发生. 按差的定义,B 发生,C 不发生. 因此,A,B 同时发生而 A,C 不同时发生,故 AB 发生而 AC 不发生. 按差的定义,即知 $AB-AC$ 发生. 反过来,若右边的事件发生,则 AB 发生而 AC 不发生. 由前者知 A,B 都发生,由 A 发生及 AC 不发生,知 C 不发生,故 $B-C$ 发生. 因 A 和 $B-C$ 都发生,知 $A(B-C)$ 发生,这就证明了(3.4)式.

这就是我们在本节 1.3.1 段末尾处指出的证明事件相等的一般方法的一个实例. 读者必须了解,像(3.3),(3.4)这类的等式,不过是反映了一种逻辑关系,因而必须用上述逻辑思维的方式去验证. 有些关系,看来不习惯,但逻辑上很简单. 例如,$A+A=A$,而非 $2A$($2A$ 无意义);$AA=A$,而非 A^2(A^2 无意义);由 $A-B=\varnothing$(不可能事件),推不出 $A=B$,而只能推出 $A\subset B$. 又如,$(A-B)+B$ 并不是 A,而是 $A+B$(请读者自证),等等.

1.3.6　条件概率

一般来讲,条件概率就是在附加一定的条件之下所计算的概率. 从广义的意

义上说,任何概率都是条件概率,因为我们是在一定的试验之下去考虑事件的概率的,而试验即规定有条件.在概率论中,决定试验的那些基础条件被看做已定不变的.如果不再加入其他条件或假定,则算出的概率就叫做“无条件概率”,就是通常所说的概率.当说到“条件概率”时,总是指另外附加的条件,其形式总可归结为“已知某事件发生了”.

例如,考虑掷一个骰子的实验.这里,骰子必须为均匀的正立方体,抛掷要有足够的高度等要求,是这个试验的固有规定,不作为附加条件.考虑三个事件:A:“掷出素数点”;B:“掷出奇数点”;C:“掷出偶数点”,有

$$A=\{2,3,5\},\quad B=\{1,3,5\},\quad C=\{2,4,6\}. \tag{3.5}$$

于是,算出 A 的(无条件)概率为 $3/6=1/2$.现若附加上“已知 B 发生”,则可能情况只有三种:1,3,5,其中两种有利于 A 发生,故在这个条件下,A 的条件概率,记为 $P(A|B)$,等于 2/3.同样,在给定事件 C 发生的条件下,A 的条件概率为$P(A|C)=1/3$.

让我们在古典概率的模式下来分析一般的情况.设一试验有 N 个等可能的结果,事件 A,B 分别包含其M_1 个和 M_2 个结果,它们有 M_{12}个是公共的,这就是事件 AB 所包含的试验结果数.若已给定 B 发生,则我们的考虑由起先的 N 个可能结果局限到现在的M_2 个,其中只有 M_{12}个试验结果使事件 A 发生,故一个合理的条件概率定义,应把 $P(A|B)$取为 M_{12}/M_2.但

$$M_{12}/M_2=(M_{12}/N)/(M_2/N)=P(AB)/P(B),$$

由此得出如下的一般定义:

定义 3.1 设有两个事件 A,B,而 $P(B)\neq 0$.则“在给定 B 发生的条件下 A 的条件概率”,记为 $P(A|B)$,定义为

$$P(A\mid B)=P(AB)/P(B). \tag{3.6}$$

当 $P(B)=0$ 时,公式(3.6)无意义.在高等概率论中,也要考虑$P(A|B)$当 $P(B)=0$ 时的定义问题,那要牵涉到高深的数学,超出本书范围之外.在后面我们也会和个别这种情况打交道,那可以用极限的方法去处理.

公式(3.6)是条件概率的一般定义,但在计算条件概率时,并不一定要用它.有时,直接从加入条件后改变了的情况去算,更为方便.举一个例子.

例 3.1 掷三个均匀骰子.已知第一粒骰子掷出幺(事件 B).问“掷出点数之和不小于 10”这个事件 A 的条件概率是多少?

既然第一粒骰子已坐定了1,则在这一条件下,为使事件 A 发生,第二、三粒骰子掷出点数之和不能小于9.这一情况有10种,即36,63,45,54,46,64,55,56,65,66.这里,“36”表示第二、三粒骰子分别掷出3和6,其余类推,这样,得出 $P(A|B)=10/36=5/18$.

此题若直接用公式(3.6)计算,则比上述解法复杂一些,读者可一试,以证明结果一致.

1.3.7 事件的独立性,概率乘法定理

设有两个事件 A,B,A 的无条件概率 $P(A)$ 与其在给定 B 发生之下的条件概率 $P(A|B)$,一般是有差异的.这反映了这两个事件之间存在着一些关联.例如,若 $P(A|B)>P(A)$,则 B 的发生使 A 发生的可能性增大了,即 B 促进了 A 的发生.

反之,若 $P(A)=P(A|B)$,则 B 的发生与否对 A 发生的可能性毫无影响*.这时,在概率论上就称 A,B 两事件独立,而由(3.6)式得出

$$P(AB)=P(A)P(B). \tag{3.7}$$

拿此式来刻画独立性,比用 $P(A)=P(A|B)$ 更好,因(3.7)式不受 $P(B)$ 是否为0的制约(当 $P(B)$ 为0时(3.7)式必成立).因此,我们取如下的定义:

定义3.2 两个事件 A,B 若满足(3.7)式,则称 A,B 独立.

定理3.2 两独立事件 A,B 的积 AB 的概率 $P(AB)$ 等于其各自概率的积 $P(A)P(B)$.

这个定理就是(3.7)式,它称为“概率的乘法定理”.其实,它就是独立性的定义,我们之所以又将它重复列出并标为一个定理,就是因为这个事实极其重要.

在实际问题中,我们并不常用(3.7)式去判断两个事件 A,B 是否独立,而是相反:从事件的实际角度去分析判断其不应有关联,因而是独立的,然后就可以用(3.7)式.例如,两个工人分别在两台机床上进行生产,彼此各不相干,则各自是否生产出废品或多少废品这类事件应是独立的.一城市中两个相距较远的地段是否出交通事故,一个人的收入与其姓氏笔画,这类事凭常识推想,

---

* 这样说应补充:由 $P(A)=P(A|B)$ 推出 $P(A)=P(A|\bar{B})$,$\bar{B}$ 为 B 的对立事件.事实上,由 $P(A)=P(A|B)$ 及(3.6)式知 $P(AB)=P(A)P(B)$.因为 $A=AB+A\bar{B}$,且 $AB,A\bar{B}$ 互斥,知 $P(A\bar{B})=P(A)-P(AB)=P(A)-P(A)P(B)=P(A)(1-P(B))=P(A)P(\bar{B})$.故 $P(A|\bar{B})=P(A\bar{B})/P(\bar{B})=P(A)$.

认定为独立的.

由此可知,两个事件有独立性多半是在下述情况之下产生的:有两个试验 E_1 和 E_2,其试验结果(各有许多)分别记之以 e_1 和 e_2.考虑一个"大"试验 E,它由 E_1,E_2 两部分构成(故 E 常称为复合试验),可记为 $E=(E_1,E_2)$,其结果可记为 (e_1,e_2).在试验 E 中的一个事件,即是牵涉到 (e_1,e_2) 的某一个陈述(见1.1.2段).如果 A_1,A_2 是两个事件,A_1 只牵涉 e_1 而 A_2 只牵涉 e_2,则当两个试验结果彼此不影响时,A_1,A_2 会有独立性.可以举一个具体例子.设试验 E_1 为掷一个均匀骰子,其试验结果 e_1 有6个:1,2,…,6.试验 E_2 为掷一个硬币,其结果 e_2 有两个:"正"和"反".定义两事件 A_1,A_2:

$$A_1=\{\text{掷出 1 点}\},\quad A_2=\{\text{掷出正面}\}.$$

这两个事件可看成同一试验 E 下的两个事件,$E=\{E_1,E_2\}$,它包含12个可能结果:

$$(1,\text{正}),(1,\text{反}),(2,\text{正}),(2,\text{反}),\cdots,(6,\text{正}),(6,\text{反}).$$

事件 A_1 包含两个可能结果,即$\{(1,\text{正}),(1,\text{反})\}$,而 A_2 则包含6个可能结果:$\{(1,\text{正}),(2,\text{正}),\cdots,(6,\text{正})\}$.通过这种方式,我们把两个看来不相干的事件 A_1 和 A_2 统一在一个试验 E 之下,而其独立性就好理解了——即掷骰子和掷硬币彼此不影响而已.这种把若干个不相干的试验统一起来的做法,看起来好像纯粹是一种形式,但在理论上有其方便之处.

如果试验的内容真是单一的,那么,在这种试验下两事件独立是较少出现的例外.因为两个事件既然都依赖同一批结果,彼此必定会有影响.掷两个均匀骰子,以 A_i 记"点数和为 i 的倍数"($i=2,3,5$).通过用(3.7)式验证可知,A_2 与 A_3 独立,但这非一般性质,比如,A_2 与 A_5 就不独立.对这种"单一"性试验,(3.7)式作为验证独立性的工具,还是有用的.有时,未经周到考虑的直观也可能引入歧途.

例3.2　再考虑例3.1.记 $B=\{\text{至少有一个骰子掷出 1}\}$,而把事件 A 定义为 $A=\{\text{三个骰子掷出的点数中至少有两个一样(即不全相异)}\}$,问 A,B 是否独立?

初一看使人倾向于相信 A,B 独立,理由如下:知道 B 发生,即知道掷出的点中有1,对 A 而言,似与知道掷出的点中有2(或3,4,5,6都可以)一样.故1这个数并不相对地更有利于或更不利于 A 发生.经过计算发现不然:A,B 并不独立.这一点看来有些难以理解,但是,如按下述分析,则可以信服:考虑 $\bar{B}$,若 $\bar{B}$ 发生,则三个骰子都不出现幺.这样,它们都只有5种可能性(2,3,4,5,6),比不

知$\bar{B}$发生时可能取的点数 1,2,3,4,5,6 少了一个.在 5 个数中拿 3 个(每个可重复拿),其有两个一样的可能性,自应比在 6 个数中拿 3 个时有两个一样的可能性要大一些.这个分析指出应有$P(A)<P(A|\bar{B})$,由此推出 $P(A)>P(A|B)$(见习题 15),A,B 不独立.

多个事件独立性的定义,就是两个事件情况的直接推广.

定义 3.3　设 $A_1,A_2,\cdots$为有限或无限个事件.如果从其中任意取出有限个 $A_{i_1},A_{i_2},\cdots,A_{i_m}$,都成立

$$P(A_{i_1}A_{i_2}\cdots A_{i_m}) = P(A_{i_1})P(A_{i_2})\cdots P(A_{i_m}), \tag{3.8}$$

则称事件 $A_1,A_2,\cdots$相互独立,或简称独立.

这个定义与由条件概率出发的定义是等价的,后者是说,对任何互不相同的 $i_1,i_2,\cdots,i_m$,有

$$P(A_{i_1} \mid A_{i_2}\cdots A_{i_m}) = P(A_{i_1}). \tag{3.9}$$

即任意事件 A_{i_1} 发生的可能性大小,不受其他事件发生的影响.这更接近于独立性的原义.但是,(3.9)式的左边依赖于 $P(A_{i_2}\cdots A_{i_m})>0$,否则无意义,而(3.8)式就没有这个问题.另外,定理 3.2 后面说的那段话当然也适用于多个事件的情形:多个事件的独立性往往产生于由多个试验构成的复合试验中,每个事件只与其中一个试验有关.

由独立性定义立即得出下面的概率乘法定理:

定理 3.3　若干个独立事件 $A_1,\cdots,A_n$ 之积的概率,等于各事件概率的乘积:

$$P(A_1\cdots A_n) = P(A_1)\cdots P(A_n). \tag{3.10}$$

乘法定理的作用与加法定理一样,把复杂事件的概率的计算归结为更简单的事件的概率的计算,这当然要有条件:相加是互斥,相乘是独立.

由独立性定义可得到下面两条重要推论:

系 3.2　独立事件的任一部分也独立.

例如,A,B,C,D 四事件相互独立,则 A,C,或 A,B,D 等,都是独立的.

这一点由独立性的定义可直接推出.更进一步可推广为:由独立事件决定的事件也独立.举例来说,若事件 $A_1,\cdots,A_6$ 相互独立,则以下三个事件

$$B_1 = A_1 + A_2,\quad B_2 = A_3 - A_4,\quad B_3 = A_5A_6 \tag{3.11}$$

也独立.这在直观上很显然,但证明起来很麻烦,因为可以产生的事件很多,在下

一章中我们将指出另外的考虑方法(见第 2 章例 3.7).

如果把 B_3 改为 $A_4A_5A_6$,则 B_2,B_3 就不一定独立了.理由也很明显:二者都与 A_4 有关,因而彼此也就有了关系.

系 3.3 若一列事件 $A_1,A_2,\cdots$ 相互独立,则将其中任一部分改为对立事件时,所得事件列仍为相互独立.

例如,若 A_1,A_2,A_3 相互独立,则 $\bar{A}_1,A_2,A_3$,或 $\bar{A}_1,A_2,\bar{A}_3$,或 $\bar{A}_1,\bar{A}_2,\bar{A}_3$ 等,都是互相独立的.

这一点从直观上也很显然,且对两个事件的情况,已在 24 页的脚注中做过证明.让我们再看一个三个事件的例子.比如,要证 $\bar{A}_1,A_2,\bar{A}_3$ 独立,要对其验证(3.8)式,其中有 $P(\bar{A}_1A_2\bar{A}_3)=P(\bar{A}_1)P(A_2)P(\bar{A}_3)$.为此,注意到

$$A_2\bar{A}_3 = A_1A_2\bar{A}_3 + \bar{A}_1A_2\bar{A}_3,$$

且右边两事件互斥,如

$$\begin{aligned} P(\bar{A}_1A_2\bar{A}_3) &= P(A_2\bar{A}_3) - P(A_1A_2\bar{A}_3) \\ &= P(A_2)P(\bar{A}_3) - P(A_1A_2\bar{A}_3). \end{aligned} \tag{3.12}$$

再利用 $A_1A_2=A_1A_2A_3+A_1A_2\bar{A}_3$,得

$$\begin{aligned} P(A_1A_2\bar{A}_3) &= P(A_1A_2) - P(A_1A_2A_3) \\ &= P(A_1)P(A_2) - P(A_1)P(A_2)P(A_3) \\ &= P(A_1)P(A_2)(1-P(A_3)) \\ &= P(A_1)P(A_2)P(\bar{A}_3). \end{aligned}$$

以此代入(3.12)式,得

$$\begin{aligned} P(\bar{A}_1A_2\bar{A}_3) &= P(A_2)P(\bar{A}_3) - P(A_1)P(A_2)P(\bar{A}_3) \\ &= (1-P(A_1))P(A_2)P(\bar{A}_3) \\ &= P(\bar{A}_1)P(A_2)P(\bar{A}_3). \end{aligned}$$

明所欲证.可以看出:当涉及众多的事件时,这么处理会很冗长,但并无任何实质困难(可使用数学归纳法,对所含对立事件个数进行归纳).

除了相互独立之外,还有所谓"两两独立"的概念.一些事件 $A_1,A_2,\cdots$,如果其中任意两个都独立,则称它们两两独立.由相互独立必推出两两独立,反过来不一定对.从数学上,这无非是说:由(3.8)式对 $m=2$ 及任何 $i_1\neq i_2$ 成立,不必能推出该式当 $m>2$ 时也成立.下面是一个简单的例子.

例3.3　有四个大小、质地一样的球，分别在其上写上数字1，2，3和"1，2，3"，即第四个球上1，2，3这三个数字都有，引进三个事件：

$$A_i = \{随机抽出一球，球上有数字 i\} \quad (i = 1,2,3).$$

所谓随机抽出一球，即每球被抽出的概率都是1/4. 易见 $P(A_1) = P(A_2) = P(A_3) = 1/2$. 因为为使事件 A_1 发生，必须抽出第一球或第四球，有2种可能. 又 $P(A_1A_2) = P(A_1A_3) = P(A_2A_3) = 1/4$. 因为要 A_1，A_2 同时发生(抽出的球上既有1又有2)，必须抽出第四球. 这样，对任意一对事件 A_i，A_j，都有 $1/4 = P(A_iA_j) = P(A_i)P(A_j)$，而 A_1，A_2，A_3 为两两独立.

但 A_1，A_2，A_3 不是相互独立的. 因为，易见 $P(A_1A_2A_3)$ 也是1/4，而 $P(A_1)P(A_2)P(A_3)$ 为1/8，二者不相等.

在现实生活中，难以想象两两独立而不相互独立的情况. 可以这样想：独立性毕竟是一个数学概念，是现实世界中通常理解的那种"独立性"的一种数学抽象，它难免会有些不尽如人意的地方.

独立性的概念在概率论中极端重要. 在较早期(比方说，到20世纪30年代止)的概率论发展中，它占据了中心地位，时至今日，有不少非独立的理论发展了起来，但其完善的程度仍不够. 而且，独立性的理论和方法也是研究非独立模型的基础和工具. 在实用上，确有许多事件其相依性很小，在误差容许的范围内，它们可视为独立的，从而方便于问题的解决.

利用本节中引进的事件运算、独立性概念和加法、乘法定理，可计算一些较复杂事件的概率. 举几个例子.

例3.4　仍用本节开始处提到的那个"打飞机"的例子. 按所作规定，"飞机被击落"这个事件 E 可表为

$$E = E_0 + E_1E_2.$$

设 E_0，E_1，E_2 三事件独立，这个假定从实际角度看还算合理. 记 E_0，E_1，E_2 的概率分别为 p_0，p_1，p_2. 为算 E 的概率 $P(E)$，不能直接用加法定理，因 E_0 与 E_1E_2 并非互斥. 考虑 $\overline{E}$，易见 $\overline{E} = \overline{E}_0\overline{E_1E_2}$. 因 E_0，E_1，E_2 独立，按系3.2后面指出的，$\overline{E}_0$ 和 $\overline{E_1E_2}$ 独立，故

$$P(\overline{E}) = P(\overline{E}_0)P(\overline{E_1E_2}).$$

有

$$P(\overline{E}_0) = 1 - P(E_0) = 1 - p_0,$$

$$P(\overline{E_1E_2}) = 1 - P(E_1E_2) = 1 - P(E_1)P(E_2) = 1 - p_1p_2.$$

代入上式，得

$$P(\bar{E})=(1-p_0)(1-p_1p_2),$$

从而

$$\begin{aligned}P(E)&=1-P(\bar{E})=1-(1-p_0)(1-p_1p_2)\\&=p_0+p_1p_2-p_0p_1p_2.\end{aligned}$$

例 3.5 甲、乙二人下象棋，每局甲胜的概率为 a，乙胜的概率为 b. 为简化问题，设没有和局的情况，这意味着 $a+b=1$.

设想甲的棋艺高于乙，即 $a>b$. 考虑到这一点，他们商定最终胜负的规则如下：到什么时候为止甲连胜了三局而在此之前乙从未连胜二局，则甲胜；反之，若到什么时候为止乙连胜了二局而在此之前甲从未连胜三局，则乙胜. 现要求“甲最终取胜”这个事件 A 的概率 $P(A)$ 及“乙最终取胜”这个事件 B 的概率 $P(B)$.

为方便计，分别以 E 和 F 表示甲、乙在特定的一局取胜的事件，有 $P(E)=a$，$P(F)=b$. 现考虑“甲取胜”的事件 A，分两种情况：

(1) 第一局甲胜而最终甲胜了.

这一情况又可分解为许多子情况：对 $n=0,1,2,\cdots$，甲经过 n 个“阶段”后才取胜，每个阶段是 EF 或 EEF，然后接着来一个 EEE. 例如，甲经过 3 个阶段后获胜的一种可能实战结果为

$$\underset{\sim\sim}{EEF}\ \underline{EF}\ \underset{\sim\sim}{EEF}\ EEE.$$

即共下了 11 局甲才获胜，其中第 1,2,4,6,7,9,10,11 局甲胜，其余乙胜.

每个阶段不是 EF 就是 EEF，这两种情况互斥，又由独立性，知每个阶段的概率为 $ab+aab=ab(1+a)$. 再由独立性，知“经 n 个阶段后甲获胜”的概率为 $[ab(1+a)]^na^3$. n 可以为 $0,1,2,\cdots$，不同的 n 互斥. 于是这部分概率总和为

$$p=a^3\sum_{n=0}^{\infty}[ab(1+a)]^n=a^3/[1-ab(1+a)].$$

(2) 第一局乙胜而最终甲胜了.

既然第一局为 F 而最终甲胜，则第二局必须是 E. 故以第二局作起点看，我们回到了情况 1，从而这部分的概率为 bp（请读者注意，这里事实上已用了概率的乘法定理：P(第一局乙胜且最终甲胜) $=P$(第一局乙胜)P(第二局甲胜且最终甲胜)，第一项为 b，而后一项为 p）. 综合两个情况（它们互斥），由加法定

理，得

$$P(A) = a^3(1+b)/[1-ab(1+a)]. \tag{3.12}$$

直观上我们觉得，这个竞赛无限期拖下去分不出胜负是不可能的，这意味着 $P(B)=1-P(A)$. 可是，上述直观看法仍需证明，不如直接算. 方法与算 $P(A)$ 一样，但必须分三种情况：① 第一局乙胜；② 第一局甲胜，第二局乙胜；③ 前两局甲胜. 我们把具体计算留给读者（习题 16）. 结果为

$$P(B) = (1+a+a^2)b^2/[1-ab(1+a)]. \tag{3.13}$$

由于 $a+b=1$，极易验证 $P(A)+P(B)=1$.

这个例子值得细心品味. 第一，它提供了一个涉及无限个事件的情况（在甲最终取胜前可以经过任意多的"阶段"），以及在无穷个事件时使用加法定理（3.1）式. 第二，本例告诉我们，在面对一个复杂事件时，主要的方法是冷静地分析，以设法把它分拆成一些互斥的简单情况. 这里，必须细心确保互斥性又无遗漏，一着不慎，满盘皆非.

例 3.6　设一个居民区有 n 个人，设有一个邮局，开 c 个窗口，设每个窗口都办理所有业务. c 太小，经常排长队；c 太大，又不经济.

现设在每一指定时刻，这 n 个人中每一个是否在邮局是独立的，每个人在邮局的概率都是 p. 设计要求："在每一时刻每个窗口排队人数（包括正在被服务的那个人）不超过 m"这个事件的概率要不小于 a（例如，$a=0.80, 0.90$ 或 0.95）. 问至少需设多少窗口？

把 n 个人编号为 $1,\cdots,n$，记事件

$$E_i = \{\text{在指定时刻第 } i \text{ 个人在邮局办事}\} \quad (i=1,\cdots,n),$$

则在指定时刻，邮局的具体情况可以用形如

$$E_1\overline{E}_2E_3E_4E_5\overline{E}_6\overline{E}_7E_8\cdots\overline{E}_i\cdots E_{n-1}\overline{E}_n \tag{3.14}$$

这种事件去描述. 为了每个窗口的排队人数都不超过 m，在上述序列中，不加"bar"的 E 的个数，至多只能是 cm. 现固定一个 $k \leqslant cm$，来求"在（3.14）式中恰有 k 个不加 bar 的 E"这个事件 B_k 的概率. 由独立性以及 $P(E_i)=p, P(\overline{E}_i)=1-p$，知每个像（3.14）那样的序列且不加 bar 的 E 恰有 k 个时，概率为 $p^k(1-p)^{n-k}$. 但 k 个不加 bar 的位置，可以是 n 个位置中的任何 k 个. 因此，一共有 $\binom{n}{k}$ 个形如（3.14）的序列，其中不加 bar 的 E 恰有 k 个，这样得到

$$P(B_k) = \binom{n}{k} p^k (1-p)^{n-k}.$$

由于 k 可以为 $0,1,\cdots,cm$，且不同的 k 对应的 B_k 互斥，故得

$$P(\text{每个窗口排队人数不超过 } m) = \sum_{k=0}^{cm} \binom{n}{k} p^k (1-p)^{n-k}. \quad (3.15)$$

找一个最小的自然数 c，使上式不小于指定的 a，就是问题的答案.

这是一个有现实意义的例题. 在 n 较大时，可用更方便的近似方法确定 c，参见第 3 章例 4.1. 当然，实际问题比本例描述的要复杂得多，因为有一个每人服务时间长短的问题. 这个时间长短并非固定，而是随机的. 这类问题属于排队论，是运筹学的一个分支. 本例是运筹学与概率论有联系的一个例子.

1.3.8 全概率公式与贝叶斯公式

1. 全概率公式

设 $B_1, B_2, \cdots$ 为有限或无限个事件，它们两两互斥且在每次试验中至少发生一个. 用式表之，即

$$B_i B_j = \varnothing(\text{不可能事件}) \quad (i \neq j),$$
$$B_1 + B_2 + \cdots = \Omega(\text{必然事件}).$$

有时，把具有这些性质的一组事件称为一个"完备事件群". 注意，任一事件 B 及其对立事件组成一个完备事件群.

现考虑任一事件 A，因 Ω 为必然事件，有 $A = A\Omega = AB_1 + AB_2 + \cdots$. 因 B_1，$B_2, \cdots$ 两两互斥，显然 $AB_1, AB_2, \cdots$ 也两两互斥. 故依加法定理 3.1，有

$$P(A) = P(AB_1) + P(AB_2) + \cdots. \quad (3.16)$$

再由条件概率的定义，有 $P(AB_i) = P(B_i)P(A \mid B_i)$. 代入上式，得

$$P(A) = P(B_1)P(A \mid B_1) + P(B_2)P(A \mid B_2) + \cdots. \quad (3.17)$$

公式(3.17)就称为"全概率公式". 这个名称的来由，从公式(3.16)和(3.17)可以悟出："全"部概率 $P(A)$ 被分解成了许多部分之和. 它的理论和实用意义在于：在较复杂的情况下直接算 $P(A)$ 不易，但 A 总是随某个 B_i 伴出，适当去构造这一组 B_i 往往可以简化计算. 这种思想应用的一个实例是例 3.5 中算"乙最终获

胜”这个事件 B 的概率.我们在该例中已指出:B 必伴随以下三种互斥情况之一而发生:乙;甲、乙;甲、甲.只是该例的特殊性使我们可只用加法定理,而不必求助于全概率公式.

这个公式还可以从另一个角度去理解,把 B_i 看做导致事件 A 发生的一种可能途径.对不同途径,A 发生的概率即条件概率 $P(A|B)$ 各不相同,而采取哪个途径却是随机的.在直观上易理解:在这种机制下,A 的综合概率 $P(A)$ 应在最小的 $P(A|B_i)$ 和最大的 $P(A|B_i)$ 之间,它也不一定是所有 $P(A|B)$ 的算术平均,因为各途径被使用的机会 $P(B_i)$ 各不相同.正确的答案如所预期,应是诸 $P(A|B_i)$ $(i=1,2,\cdots)$ 以 $P(B_i)$ $(i=1,2,\cdots)$ 为权的加权平均值.一个形象的例子如下:某中学有若干个毕业班,各班升学率不同.其总升学率是各班升学率的加权平均,其权与各班学生数成比例.又如,若干工厂生产同一产品,其废品率各不相同.若将各厂产品汇总,则总废品率为各厂废品率的加权平均,其权与各厂产量成比例.再举一个例子.

例 3.7 设一个家庭有 k 个小孩的概率为 $p_k(k=0,1,2,\cdots)$.又设各小孩的性别独立,且生男、女孩的概率各为 1/2.试求事件 $A=\{$家庭中所有小孩为同一性别$\}$的概率.

引进事件 $B_k=\{$家庭中有 k 个小孩$\}$,则 $B_0,B_1,\cdots$ 构成完备事件群,$P(B_k)=p_k$.现考虑 $P(A|B_k)$.约定当 $k=0$ 时其值为 1.若 $k\geqslant 1$,则 k 个小孩性别全同有两种可能:全为男孩,概率为 $(1/2)^k$;全为女孩,概率也是 $(1/2)^k$.因而

$$P(A \mid B_k) = 2(1/2)^k = 1/2^{k-1} \quad (k \geqslant 1),$$

由此,用全概率公式,得出

$$P(A) = p_0 + \sum_{k=1}^{\infty} p_k/2^{k-1}.$$

2. 贝叶斯公式

在全概率公式的假定之下,有

$$\begin{aligned} P(B_i \mid A) &= P(AB_i)/P(A) \\ &= P(B_i)P(A \mid B_i) \Big/ \sum_j P(B_j)P(A \mid B_j). \end{aligned} \qquad (3.18)$$

这个公式就叫做贝叶斯公式,是概率论中一个著名的公式.这个公式首先出现在

英国学者 T·贝叶斯(1702～1761)去世后的1763年的一项著作中.

从形式推导上看,这个公式平淡无奇,它不过是条件概率定义与全概率公式的简单推论.其之所以著名,在于其现实乃至哲理意义的解释上:先看 $P(B_1)$,$P(B_2)$,…,它是在没有进一步的信息(不知事件 A 是否发生)的情况下,人们对诸事件 B_1,B_2,…发生可能性大小的认识,现在有了新的信息(知道 A 发生),人们对 B_1,B_2,…发生的可能性大小有了新的估价.这种情况在日常生活中也是屡见不鲜的:原以为不甚可能的一种情况,可以因某种事件的发生而变得甚为可能;或者相反.贝叶斯公式从数量上刻画了这种变化.

如果我们把事件 A 看成"结果",把诸事件 B_1,B_2,…看成导致这个结果的可能的"原因",则可以形象地把全概率公式看做"由原因推结果";而贝叶斯公式则恰好相反,其作用在于"由结果推原因":现在有一个"结果"A 已发生了,在众多可能的"原因"中,到底是哪一个导致了这个结果?这是一个在日常生活和科学技术中常要问到的问题.贝叶斯公式说,各原因可能性的大小与 $P(B_i|A)$ 成比例.例如,某地区发生了一起刑事案件,按平日掌握的资料,嫌疑犯有张三、李四等人,在不知道案情细节(事件 A)之前,人们对上述诸人作案的可能性有个估计(相当于 $P(B_1)$,$P(B_2)$,…),那是基于他们过去在警察局里的记录.但在知道案情细节以后,这个估计就有了变化,比方说,原来以为不甚可能的张三,现在成了重点嫌疑犯.

由以上的讨论也不难看出此公式在统计上的作用.在统计学中,是依靠收集的数据(相当于此处的事件 A)去寻找所感兴趣的问题的答案.这是一个"由结果找原因"性质的过程,故而贝叶斯公式有用武之地.事实上,依据这个公式的思想发展了一整套统计推断方法,叫做"贝叶斯统计".在本书后面的章节中将论及贝叶斯统计中的某些方法.

下述简单例子可能有助于理解上述论点.

例3.8 有三个盒子 C_1,C_2,C_3,各有100个球,其中 C_1 盒含白球80个,红球10个,黑球10个;C_2 为白球10个,红球80个,黑球10个;C_3 为白球10个,红球10个,黑球80个.现从这三个盒子中随机地抽出一个(每盒被抽的概率为1/3),然后从所抽出的盒中随机抽出一个球(每球被抽的概率为0.01),结果抽出者为白球.问"该白球是从 C_i 盒中抽出"的可能性有多大($i=1,2,3$)?

记 $B_i=\{$抽出的为 C_i 盒$\}$ $(i=1,2,3)$,$A=\{$抽出白球$\}$,要求的是条件概率 $P(B_i|A)$.按假定,有

$$P(B_1) = P(B_2) = P(B_3) = 1/3,$$
$$P(A|B_1) = 0.8,\quad P(A|B_2) = 0.1,\quad P(A|B_3) = 0.1.$$

代入(3.18)式,算出

$$P(B_1 \mid A) = 0.8,\quad P(B_2 \mid A) = 0.1,\quad P(B_3 \mid A) = 0.1.$$

因为 C_1 盒所含白球最多,故在已知抽出白球的情况下,该球系来自 C_1 盒的可能性也最大,理所当然.可能仍有读者不完全了然于心,则可以设想这么一个试验:准备两张纸,把例中的试验一次又一次地做下去:每抽出一个盒,在左边的纸上记下其为 C_1 或 C_2 或 C_3(不管从该盒中抽出的球如何);而只有在抽出的球为白球时,才在右边的纸上记下该盒为 C_1 或 C_2 或 C_3.在进行了极大量次数的试验后,会发现左边纸上 C_1 的比例很接近 1/3,而在右边纸上 C_1 的比例则很接近 0.8.

例 3.9 设某种病菌在人口中的带菌率为 0.03,当检查时,由于技术及操作的不完善以及种种特殊原因,使带菌者未必检出阳性反应而不带菌者也可能呈阳性反应.假定

$$P(\text{阳性} \mid \text{带菌}) = 0.99,\quad P(\text{阴性} \mid \text{带菌}) = 0.01,$$
$$P(\text{阳性} \mid \text{不带菌}) = 0.05,\quad P(\text{阴性} \mid \text{不带菌}) = 0.95.$$

现设某人检出阳性,问“他带菌”的概率是多少?

此问题相当于 $P(B_1) = 0.03, P(B_2) = 0.97$,且

$$P(A \mid B_1) = 0.99,\quad P(A \mid B_2) = 0.05,$$

所求的概率为 $P(B_1|A)$.按公式(3.18)算出

$$(0.03)(0.99)/[(0.03)(0.99) + (0.97)(0.05)] = 0.380.$$

也就是说,即使你检出阳性,尚可不必过早下结论你一定带菌了.实际上,这种可能性尚不到 40%.

这个例子很值得玩味,且对其“思维定势”中无概率成分的人来说,简直有点难以置信.说穿了,理由简单之极,由于带菌率极低,在全人口中绝大部分不带菌.由于检验方法的不完善,在这大批人中会检出许多呈阳性者.另一方面,带菌者在全人口中很少,即使全检出呈阳性,在这两部分呈阳性者的总和中也只占相对较小的一部分,而大部分属于“虚报”性质.这个例子说明,提高精确度在这类

检验中极为重要.

一个不懂概率的人可能会这样推理：由于不带菌时检出阳性的机会才 0.05，我现在呈阳性，说明我有 $1-0.05=0.95$ 的机会带菌. 实际不然. 大而言之，概率思维是人们正确观察事物必备的文化修养，这样说也许并不过分！

习　题

1. 有 5 个事件 $A_1,\cdots,A_5$. 用它们表示以下的事件：

(a) $B_1=\{A_1,\cdots,A_5$ 中至多发生 2 个$\}$；

(b) $B_2=\{A_1,\cdots,A_5$ 中至少发生 2 个$\}$.

2. 证明：若 A,B 为两事件，则

(a) $A+B=A+(B-A)$，右边两事件互斥；

(b) $A+B=(A-B)+(B-A)+AB$，右边三事件互斥.

3. $(A+B)-(A-B)=$？

4. 把 n 个任意事件 $A_1,\cdots,A_n$ 之和表为 n 个互斥事件之和.

5. 通过把 $A+B+C$ 表为适当的互斥事件之和，以证明

$$P(A+B+C)=P(A)+P(B)+P(C)-P(AB)-P(BC)\\-P(CA)+P(ABC).$$

6. 有没有可能两事件 A,B 又互斥又独立？

7. $P(A-B)=P(A)-P(B)$是否必成立？何时成立？

8. 记 $C=\prod_{i=1}^{m}A_i+\prod_{j=1}^{n}B_j$，通过 A_i,B_j 及其对立事件表出 $\overline{C}$.

9. 如果把 $P(A|B)>P(A)$理解为“B 对 A 有促进作用”，则直观上似乎能设想如下的结论：“由 $P(A|B)>P(A)$及 $P(B|C)>P(B)$推出 $P(A|C)>P(A)$”（意思是：B 促进 A，C 促进 B，故 C 应促进 A）. 举一简例证明上述直观看法不对.

10. 证明：若 A,C 独立，B,C 也独立，又 A,B 互斥，则 $A+B$ 与 C 独立.

更一般地，若 A,C 独立，B,C 独立，AB,C 也独立，则 $A+B$ 与 C 独立. 说明：上一结论是本结论的特例.

11.（接上题）若除了“A,C 独立，B,C 独立”之外，别无其他条件，则推不出 $A+B$ 与 C 独立. 试举一反例，以说明之.

12. 若 A,C 独立,B,C 独立,$A+B,C$ 也独立,则 AB 与 C 独立.但若去掉"$A+B,C$ 也独立"的条件,则结论不再成立.举一反例,以说明之.

13. 办一件事情有6个关节,必须:① 第1个关节要走通;② 第2,3个关节至少通一个;③ 第4,5,6个关节至少通2个,事情才能办成.

(a) 设置必须的事件,以表出"事情办成"这个事件;

(b) 若各关节独立且每个关节走通的机会为2/3,求事情能办成的概率.

14. 由 $P(A|B)>P(A)$ 推出 $P(B|A)>P(B)$.直观上怎样解释这个事实.

你认为,由 $P(A|B)>P(A)$,$P(A|C)>P(A)$,能否推出 $P(A|BC)>P(A)$?若认为能,请证明之;若认为不能,请举出反例.

15. 由 $P(A)>P(A|B)$ 推出 $P(A)<P(A|\bar{B})$.指出一种可能的直观解释.

16. 设 $A_1,A_2,\cdots,A_n$ 独立,而 $B_i=A_i$ 或 $\bar{A}_i$(不同的 i 可以不一样,例如,$B_1=A_1,B_2=\bar{A}_2$,等等)$(i=1,\cdots,n)$.试用归纳法证明:$B_1,\cdots,B_n$ 也独立.

17. 一个秘书打好4封信和相应的4个信封,但她将这4封信随机地放入这4个信封中.问"每封信都放得不对位"这个事件的概率是多少?

18. 一个盒内有8张空白券,2张奖券,有甲、乙、丙三人按这个次序和以下的规则,各从此盒中随机抽出一张.规则如下:每人抽出后,所抽那张券不放回但补入两张非同类券(即:如抽出奖券,则放回2张空白券,等等).问甲、乙、丙中奖的概率各有多大?

19. 某作家的全集共 p 卷,现买来 n 套(共 np 本),随机地分成 n 堆,每堆 p 本.问"每堆都组成整套全集"这个事件的概率为多少?

20. 在例1.1中,把胜负规则改为"谁先胜四局者为胜".问在甲二胜一负的情况下中止赌博,应按怎样的比例瓜分赌本才算公平?

21. 把例3.1中的事件 B 的定义改为:$B=\{$至少有一个骰子掷出幺$\}$,求该例中事件 A 的条件概率 $P(A|B)$.

直观上看结果应相同,但算出的结果不同,如何解释?

22. 在例2.3中,把"排成一列"改为"排成一个圆圈".证明例中所说的事件 A 的概率为 $\binom{n}{m}\Big/\binom{n+m-1}{m}$.

23. 四人打桥牌,问"至少有一方没有A"及"至少有一方恰有两个A"这两个事件的概率.

24. 有一个半径为 1 的圆周 C. 甲、乙二人各自独立地从圆周上随机地取一点，将两点连成一条弦 l. 用几何概率的方法计算“圆心到 l 的距离不小于 1/2”这个事件的概率.

25. 把 8 个可以分辨的球随机地放入 7 个可以分辨的盒子中，问“其中有两个盒各得 2 球，一个盒得 3 球，一个盒得 1 球”这个事件的概率是多少？

26. 设男、女两性人口之比为 51∶49. 又设男人色盲率为 2%，女人色盲率为 0.25%. 现随机抽到一个人为色盲，问“该人为男人”的概率是多少？

27. 设有 n 个独立事件 $A_1,\cdots,A_n$，其概率分别为 $p_1,\cdots,p_n$，记 $p=p_1+\cdots+p_n$. 设 $0<p_i<1\ (i=1,\cdots,n)$. 证明：

(a) “$A_1,\cdots,A_n$ 都不发生”这个事件的概率小于 e^{-p}；

(b) “$A_1,\cdots,A_n$ 中至少发生 k 个”这个事件的概率小于 $p^k/k!$.

28. 投掷 10 粒均匀骰子，记事件

$$A=\{\text{至少有 2 粒骰子掷出幺}\},$$
$$B=\{\text{至少有 1 粒骰子掷出幺}\}.$$

求条件概率 $P(A|B)$.

这道题可不可以这样算：既然已知至少掷出一个幺，不妨（因各骰子地位对称）就设第一粒骰子掷出幺. 因而所求的条件概率为：掷 9 粒骰子至少出现一个幺的概率，即 $1-(5/6)^9$. 为什么？

29. 假定某种病菌在全人口中的带菌率为 10%，又在检测时，带菌者呈阳、阴性反应的概率为 0.95 和 0.05，而不带菌者呈阳、阴性反应的概率则为 0.01 和 0.99. 今某人独立地检测 3 次，发现 2 次呈阳性反应，1 次呈阴性反应. 问“该人为带菌者”的概率是多少？

30. 甲、乙二人约定了这样一个赌博规则：有无穷多个盒子，编号为 n 的盒子中，有 n 个红球和 1 个白球 $(n=1,2,\cdots)$. 然后甲拿一个均匀铜板掷到出现正面为止，若到这时甲掷了 n 次，则甲在编号为 n 的盒子中抽出一个球，如抽到白球算甲胜，否则乙胜. 你认为这个规则对谁更有利？

第 2 章

随机变量及概率分布

2.1 一维随机变量

2.1.1 随机变量的概念

顾名思义,随机变量就是“其值随机会而定”的变量,正如随机事件是“其发生与否随机会而定”的事件一样.机会表现为试验结果,一个随机试验有许多可能的结果,到底出现哪一个要看机会,即有一定的概率.最简单的例子莫如掷骰子,掷出的点数 X 是一个随机变量,它可以取 1,…,6 等 6 个值.到底是哪一个,要等掷了骰子以后才知道.因此又可以说,随机变量就是试验结果的函数.从这一点看,它与通常的函数概念又没有什么不同.把握这个概念的关键之点在于试验前后之分:在试验前,我们不能预知它将取何值,这要凭机会,“随机”的意思就在这里;一旦试验后,取值就确定了.比如你在 3 月 31 日买了一张奖券,到 6 月 30 日开奖.当你买下这张奖券之后我就对你说:你中奖的金额 X 是一个随机变量,其值要到 6 月 30 日“抽奖试验”做过以后才能知道.

明白了这一点就不难举出一大堆随机变量的例子.比如,你在某厂大批产品中随机地抽出 100 个,其中所含废品数 X;一月内某交通路口的事故数 X;用天平称量某物体的重量的误差 X;随意在市场上买来一台电视机,其使用寿命 X,等等,都是随机变量.

随机变量的反面是所谓“确定性变量”,即其取值遵循某种严格的规律的变量.例如,你以每小时 a 公里的匀速从某处出发,则经 t 小时后,你距该处 at 公里.这一点我不待你做完这个试验(即走了 t 小时后)就能准确预知.在这种理想的条件下,你与该处的距离 X 并非随机变量.然而,你的速度必然会受到许多因素,包括随机性因素的影响,而成为不能预知的,这使你在 t 时间内行走的距离 X 成为随机变量.从绝对的意义上讲,许多通常视为确定性变量的量,本质上都有随机性,只是由于随机性干扰不大,以至于在所要求的精度之内,不妨把它作为确定性变量来处理.

再考虑一个打靶的试验.在靶面上取定一个直角坐标系 Oxy,则命中的位置由其坐标(X, Y)来刻画,X, Y 都是随机变量,而(X, Y)则称为一个二维随机向量或二维随机变量，多维随机向量$(X_1,\cdots,X_n)$的意义据此推广．前面几个例子中的 X 都是一维随机变量，通常就简称为随机变量．

关于随机变量(及向量)的研究，是概率论的中心内容．这是因为，对于一个随机试验，我们所关心的往往是与所研究的特定问题有关的某个或某些量，而这些量就是随机变量．当然，有时我们所关心的是某个或某些特定的随机事件．例如，在特定一群人中，年收入在万元以上的高收入者，及年收入在 3 000 元以下的低收入者，各自的比率如何？这看上去像是两个孤立的事件．可是，若我们引进一个随机变量 X：

$$X = \text{随机抽出一个人其年收入},$$

则 X 是我们关心的随机变量．上述两个事件可分别表为$\{X>10\ 000\}$和$\{X<3\ 000\}$．这就看出：随机事件这个概念实际上是包容在随机变量这个更广的概念之内．也可以说，随机事件是从静态的观点来研究随机现象，而随机变量则是一种动态的观点，一如数学分析中的常量与变量的区分那样，变量概念是高等数学有别于初等数学的基础概念．同样，概率论能从计算一些孤立事件的概率发展为一个更高的理论体系，其基础概念是随机变量．

随机变量按其可能取的值的全体的性质，区分为两大类：

一类叫离散型随机变量．其特征是只能取有限个值，或虽则在理论上讲能取无限个值，但这些值可以毫无遗漏地一个接一个排列出来．前者的例子如掷骰子的点数 X(6 个可能值)，从大批产品中抽出 100 个其中的废品数 X(101 个可能值)．后者的例子如一月内某交通路口的车祸数，它理论上讲可以取 0,1,2,… 等任一非负整数为值．从实用的观点来说，这个变量也只能取有限个值．例如，可肯定它不会超过 10^{10}．但由于不像前两例那样有一个明确的界线，不如把它视为能取无穷个值，理论上反倒简便些．

另一类叫连续型随机变量．这种变量的全部可能取值不仅是无穷多的，并且还不能无遗漏地逐一排列，而是充满一个区间．例如，称量一物体重量的误差，由于我们难以明确指出误差的可能范围，不妨就把它取为$(-\infty,\infty)$更方便．又如电视机的寿命，其范围可取为$(0,\infty)$，也是一种抽象．

说到底，“连续型变量”这个概念只是一个数学上的抽象，任何量都有一定单位，都只能在该单位下量到一定的精度，故必然为离散的．但是当单位极小时，其可能值在某一范围内会很密集，不如视为连续量在数学上更易处理．其次，关于连续型随机变量这个概念还需补充其一个重要方面，这留到本节 2.1.3 段再谈．

2.1.2 离散型随机变量的分布及重要例子

研究一个随机变量,不只是要看它能取哪些值,更重要的是它取各种值的概率如何.例如,从一大批产品中随机抽出100个,其中所含的废品数 X.当废品率小时,X 取0,1,…等小值的概率大;反之,若废品率很高,则 X 取大值的概率就上升.

定义1.1 设 X 为离散型随机变量,其全部可能值为$\{a_1,a_2,\cdots\}$.则

$$p_i = P(X = a_i) \quad (i = 1,2,\cdots) \tag{1.1}$$

称为 X 的概率函数.

显然有

$$p_i \geqslant 0, \quad p_1 + p_2 + \cdots = 1. \tag{1.2}$$

后一式是根据加法定理,因为事件$\{X = a_1$,或 $a_2,\cdots\}$为必然事件,而又可表为一些互斥事件$\{X = a_1\}$,$\{X = a_2\}$,…之和.

因此,概率函数(1.1)给出了全部概率1是如何在其可能值之间分配的,或者说,它指出了概率1在其可能值集$\{a_1,a_2,\cdots\}$上的分布情况.有鉴于此,常把(1.1)式称为随机变量 X 的"概率分布".它可以列表的形式给出:

可能值	a_1	a_2	…	a_i	…
概　率	p_1	p_2	…	p_i	…

(1.3)

有时也把(1.3)式称为 X 的分布表.它也可以形象地用图2.1表出.图中,横轴上标出可能值的坐标 a_i,而在 a_i 处的竖线的长则表示事件$\{X = a_i\}$的概率.

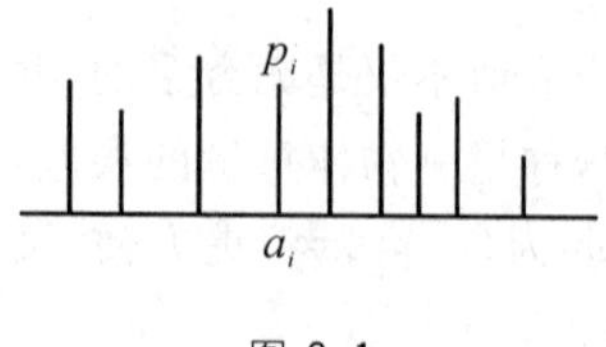

图2.1

例如,掷两粒均匀骰子,以 X 记出现的点数之和,则 X 取2,3,…,12等共11个可能值.要确定其概率分布,只好对上述每个 i 去计算 $P(X = i)$,例如 $i = 6$.投两个骰子可出现36种不同的但等可能的组合,其中有利于事件$\{X = 6\}$的组合有5种,即(1,5),(5,1),(2,4),(4,2),(3,3).故 $p_6 = P(X = 6) = 5/36$.类似地算出其他 p_i.X 的分布表为

可能值	2	3	4	5	6	7	8	9	10	11	12
概　率	$\frac{1}{36}$	$\frac{2}{36}$	$\frac{3}{36}$	$\frac{4}{36}$	$\frac{5}{36}$	$\frac{6}{36}$	$\frac{5}{36}$	$\frac{4}{36}$	$\frac{3}{36}$	$\frac{2}{36}$	$\frac{1}{36}$

(1.4)

对离散型变量,用概率函数去表达其概率分布是最方便的.也可以用下面定义的分布函数表示:

定义 1.2 设 X 为一随机变量,则函数

$$P(X \leqslant x) = F(x) \quad (-\infty < x < \infty) \tag{1.5}$$

称为 X 的分布函数.注意,这里并未限定 X 为离散型的,它对任何随机变量都有定义.对离散型随机变量而言,概率函数与分布函数在下述意义上是等价的,即知道其一即可决定另一个.事实上,若知道概率函数(1.1),则

$$F(x) = P(X \leqslant x) = \sum_{\{i \mid a_i \leqslant x\}} p_i.$$

这个和号的意思,是指求和只对满足条件 $a_i \leqslant x$ 的那些 i 去进行.如对上例而言,由分布表(1.4)算出

$$F(-1) = 0, \quad F(2.5) = 1/36,$$

$$F(5) = (1+2+3+4)/36 = 5/18,$$

等等.反过来,由分布函数也易决定分布表.仍以此例来说,如知道了 X 的分布函数 $F(x)$,则为算 $p_i = P(X = i)\ (i = 2,3,\cdots,11)$,只需注意

$$\{X \leqslant i\} = \{X \leqslant i-1\} + \{X = i\},$$

且右边两事件互斥,于是

$$\begin{aligned} F(i) = P(X \leqslant i) &= P(X \leqslant i-1) + P(X = i) \\ &= F(i-1) + P(X = i), \end{aligned}$$

因而

$$p_i = P(X = i) = F(i) - F(i-1).$$

对任何随机变量 X,其分布函数 $F(x)$ 具有下面的一般性质:

1° $F(x)$ 是单调非降的:当 $x_1 < x_2$ 时,有 $F(x_1) \leqslant F(x_2)$.

这是因为当 $x_1 < x_2$ 时,事件 $\{X \leqslant x_1\}$ 蕴含事件 $\{X \leqslant x_2\}$,因而前者的概率不能超过后者的概率.

2° 当 $x\to\infty$ 时，$F(x)\to 1$；当 $x\to-\infty$ 时，$F(x)\to 0$.

这是因为，当 $x\to\infty$ 时，$\{X\leqslant x\}$ 愈来愈接近于必然事件，故其概率 $F(x)$ 应趋于必然事件的概率，即 1. 类似地得出后一论断.

下面来讨论几个在应用上常见的离散型随机变量的例子.

例 1.1 设某事件 A 在一次试验中发生的概率为 p. 现把这个试验独立地重复 n 次，以 X 记 A 在这 n 次试验中发生的次数，则 X 可取 $0,1,\cdots,n$ 等值. 为确定其概率分布，考虑事件 $\{X=i\}$. 要这个事件发生，必须在这 n 次试验的原始记录

$$AA\bar{A}A\cdots\bar{A}A\bar{A}$$

中，有 i 个 A，$n-i$ 个 $\bar{A}$，每个 A 有概率 p，而每个 $\bar{A}$ 有概率 $1-p$. 又"n 次试验独立"表示在每次试验中 A 出现与否与其他次试验的结果独立. 因此，由概率乘法定理给出：每个这样的原始结果序列发生的概率为 $p^i(1-p)^{n-i}$. 又因为在 n 个位置中 A 可以占据任何 i 个位置，故一共有 $\binom{n}{i}$ 种. 由此得出

$$p_i=b(i;n,p)=\binom{n}{i}p^i(1-p)^{n-i}\quad(i=0,1,\cdots,n).\tag{1.6}$$

X 所遵从的概率分布(1.6)称为二项分布，并常记为 $B(n,p)$. 以后，当随机变量 X 服从某种分布 F 时，我们用 $X\sim F$ 来表达这一点. 例如，X 服从二项分布就记为 $X\sim B(n,p)$.

二项分布是最重要的离散型概率分布之一. 上面已指出，变量 X 服从这个分布有两个重要条件：一是各次试验的条件是稳定的，这保证了事件 A 的概率 p 在各次试验中保持不变；二是各次试验的独立性. 现实生活中有许多现象程度不同地符合这些条件，而不一定分厘不差. 例如，某厂每天生产 n 个产品，若原材料质量、机器设备、工人操作水平等在一段时期内大体保持稳定，且每件产品的合格与否与其他产品合格与否并无显著关联，则每日的废品数 X 大体上服从二项分布. 又如一大批产品 N 个，其废品率为 p. 从其中逐一抽取产品，检验其是否为废品，共抽 n 个. 若每次抽出检验后又放回，且保证了每次抽取时每个产品有同等的 $1/N$ 的机会被抽出，则这 n 个产品中所含废品数 X 就相当理想地遵从二项分布 $B(n,p)$ 了. 反之，如果每抽出一个检验后即不放回去，则下一次抽取时，废品率已起了变化，这时 X 就不再服从二项分布了. 但是，若 N 远大于 n，

则即使不放回，对废品率影响也极小.这时，X 仍可近似地作为二项分布来处理.

例 1.2 泊松分布.若随机变量 X 的可能取值为 0,1,2,…，且概率分布为

$$P(X=i)=e^{-\lambda}\lambda^{i}/i!, \tag{1.7}$$

则称 X 服从泊松分布，常记为 $X\sim P(\lambda)$.此处，$\lambda>0$ 是某一常数.(1.7)式右边对 $i=0,1,\cdots$ 求和的结果为 1，可以从熟知的公式 $e^{\lambda}=\sum_{i=0}^{\infty}\lambda^{i}/i!$ 得出.

这个分布也是最重要的离散型分布之一，它多出现在当 X 表示在一定的时间或空间内出现的事件个数这种场合.前面提到的在一定时间内某交通路口所发生的事故个数，是一个典型的例子.这个分布产生的机制也可以通过这个例子来解释.为方便计，设所观察的这段时间为$[0,1)$.取一个很大的自然数 n，把时间段$[0,1)$分为等长的 n 段：

$$l_1=\left[0,\frac{1}{n}\right),\ l_2=\left[\frac{1}{n},\frac{2}{n}\right),\ \cdots,\ l_i=\left[\frac{i-1}{n},\frac{i}{n}\right),\ \cdots,\ l_n=\left[\frac{n-1}{n},1\right).$$

做几个假定：

1° 在每段 l_i 内，恰发生一个事故的概率，近似地与这段时间的长 $\frac{1}{n}$ 成正比，即可取为 λ/n.又假定在 n 很大因而 $1/n$ 很小时，在 l_i 这么短暂的一段时间内，要发生两次或更多的事故是不可能的.因此，在 l_i 时段内不发生事故的概率为$1-\lambda/n$.

2° $l_1,\cdots,l_n$ 各段是否发生事故是独立的.

把在$[0,1)$时段内发生的事故数 X 视作在 n 个小时段 $l_1,\cdots,l_n$ 内有事故的时段数，则按上述 1°,2°两条假定，X 应服从二项分布 $B(n,\lambda/n)$.于是

$$P(X=i)=\binom{n}{i}\left(\frac{\lambda}{n}\right)^{i}\left(1-\frac{\lambda}{n}\right)^{n-i}. \tag{1.8}$$

严格地讲，(1.8)式只是近似成立，而非严格等式.因为在假定 1°中，在每个时段内发生一次事故的概率只是近似地为 λ/n.当 $n\to\infty$ 取极限时，就得到确切的答案.注意当 $n\to\infty$ 时

$$\binom{n}{i}\Big/n^{i}\to 1/i!,\quad \left(1-\frac{\lambda}{n}\right)^{n}\to e^{-\lambda},$$

得知(1.8)式右边以 $e^{-\lambda}\lambda^i/i!$ 为极限.由此得出(1.7)式.

从上述推导看出:泊松分布可作为二项分布的极限而得到.一般地说,若 $X \sim B(n,p)$,其中 n 很大,p 很小,而 $np=\lambda$ 不太大时,则 X 的分布接近于泊松分布 $P(\lambda)$.这个事实在所述条件下可将较难计算的二项分布转化为泊松分布去计算.看一个例子.

例 1.3 现在需要 100 个符合规格的元件.从市场上买的该元件有废品率 0.01,故如只买 100 个,则它们全都符合规格的机会恐怕不大,为此,我们买 $100+a$ 个.a 这样取,以使"在这 $100+a$ 个元件中至少有 100 个符合规格"这个事件 A 的概率不小于 0.95.问 a 至少要多大?

在此,我们自然假定各元件是否合格是独立的.以 X 记在这 $100+a$ 个元件中所含的废品数,则 X 有二项分布 $B(100+a,0.01)$.事件 A 即事件 $\{X \leqslant a\}$,于是 A 的概率为

$$P(A)=\sum_{i=0}^{a} P(X=i)=\sum_{i=0}^{a}\binom{100+a}{i}(0.01)^i(0.99)^{100+a-i}. \quad (1.9)$$

为确定最小的 a 使 $P(A) \geqslant 0.95$,我们得从 $a=0$ 开始,对 $a=0,1,2,\cdots$ 依次计算(1.9)式右边的值,直到算出 $\geqslant 0.95$ 的结果为止.这很麻烦.

由于 $100+a$ 这个数较大而 0.01 很小,$(100+a)(0.01)=1+a(0.01)$ 大小适中,可近似地用泊松分布计算.由于平均在 100 个产品中只有 1 个废品,a 谅必相当小,故可以用 1 近似地取代 $1+a(0.01)$.由此,X 近似地服从泊松分布 $P(1)$,因而

$$P(X \leqslant a) \approx \sum_{i=0}^{a} e^{-1}/i!.$$

计算出当 $a=0,1,2,3$ 时,上式右边分别为 0.368,0.736,0.920 和 0.981.故取 $a=3$ 已够了.

除了二项和泊松这两个最重要的离散型分布外,还有几个离散型分布,其重要性略次一些,但也很常用.其中有超几何分布与负二项分布.

例 1.4 考虑第 1 章的例 2.1,以 X 记从 N 个产品中随机抽出 n 个里面所含的废品数.按该例的计算,X 的分布为(第 1 章(2.7)式)

$$P(X=m)=\binom{M}{m}\binom{N-M}{n-m}\Big/\binom{N}{n}. \quad (1.10)$$

至于 m 的取值范围，必须 $0\leqslant m\leqslant M$ 及 $n-m\leqslant N-M$. 例如，$N=500$, $n=50$, $M=25$,则 m 的范围为 $0\leqslant m\leqslant 25$. (1.10)式称为超几何分布，是因为其形式与“超几何函数”的级数展开式的系数有关.

这个分布在涉及抽样的问题中常用，特别当 N 不大时. 因为通常在抽样时，多是像在本例中这样“无放回的”，即已抽出的个体不再有放回去以供再次抽出的机会，这就与把 n 个同时抽出的效果一样. 如果一个一个地抽而抽出过的仍放回，则如在例 1.1 中已指出的，结果是二项分布. 在例 1.1 中也曾指出：若 n/N 很小，则放回与不放回差别不大. 由此可见，在这种情况下超几何分布应与二项分布很接近. 确切地说，若 X 服从超几何分布(1.10)，则当 n 固定时，$M/N=p$ 固定；$N\to\infty$ 时，X 近似地服从二项分布 $B(n,p)$.

例 1.5 为了检查某厂产品的废品率 p 大小，有两个试验方案可采取：一是从该厂产品中抽出若干个，检查其中的废品数 X，这一方案导致二项分布，已于前述；另一个方案是先指定一个自然数 r，一个一个地从该厂产品中抽样检查，直到发现第 r 个废品为止. 以 X 记到当时为止已检出的合格品个数. 显然，若废品率 p 小，则 X 倾向于取较大的值；反之，当 p 大时，则 X 倾向于取小值. 故 X 可用于考究 p 的目的.

为计算 X 的分布，假定各次抽取的结果(是废品或否)是独立的，且每次抽得废品的概率，保持固定为 p. 考察 $\{X=i\}$ 这个事件. 为使这个事件发生，需要以下两个事件同时发生：① 在前 $i+r-1$ 次抽取中，恰有 $r-1$ 个废品；② 第 $i+r$ 次抽出废品. 按所作假定，这两个事件的概率分别为 $b(r-1;i+r-1,p)$ 和 p. 再由独立性，即得

$$\begin{aligned}P(X=i)&=b(r-1;i+r-1,p)p\\&=\binom{i+r-1}{r-1}p^r(1-p)^i\quad(i=0,1,2,\cdots).\end{aligned}\tag{1.11}$$

这个分布称为负二项分布. 这个名称的来由，一则由于在“负指数二项展开式”

$$\begin{aligned}(1-x)^{-r}&=\sum_{i=0}^{\infty}\binom{-r}{i}(-x)^i=\sum_{i=0}^{\infty}\binom{i+r-1}{i}x^i\\&=\sum_{i=0}^{\infty}\binom{i+r-1}{r-1}x^i\end{aligned}$$

中令 $x=1-p$，并两边乘以 p^r，得

$$1 = p^r[1-(1-p)]^{-r} = \sum_{i=0}^{\infty}\binom{i+r-1}{r-1}p^r(1-p)^i.$$

(这验证了分布(1.11)确满足(1.2)式.)另一则由于例中所描述的试验方式,它与二项分布比是"反其道而行之":二项分布是定下总抽样个数 n 而把废品个数 X 作为变量;负二项分布则相反,它定下废品个数 r,而把总抽样次数减去 r 作为变量.

一个重要的特例是 $r=1$.这时,注意到 $\binom{i}{0}=1$ 的约定,(1.11)式成为

$$P(X=i) = p(1-p)^i \quad (i=0,1,2,\cdots). \tag{1.12}$$

概率 $p, p(1-p), p(1-p)^2, \cdots$ 呈公比为 $1-p$ 的几何级数,故分布(1.12)又常称为几何分布.

2.1.3 连续型随机变量的分布及重要例子

连续型随机变量的意义已在2.1.1段中解释过,对这种变量的概率分布,不能用像离散型变量那种方法去描述.原因在于,这种变量的取值充满一个区间,无法一一排出,若指定一个值 a,则变量 X 恰好是 a 一丝不差,事实上不可能.如在称量误差的例中,如果你认定天平上的读数(刻度)是"无限精细",则"误差正好为 $\pi-3$"虽原则上不能排除,但可能性也极微,以至于只能取为0;如在靶面上指定一个几何意义下的点(即只有位置而无任何向度),则"射击时正好命中该点"的概率也只能取为0.

刻画连续型随机变量的概率分布的一个方法,是使用(1.5)式所定义的概率分布函数.但是,在理论和实用上更方便因而更常用的方法,是使用所谓"概率密度函数",或简称密度函数.

定义1.3 设连续型随机变量 X 有概率分布函数 $F(x)$,则 $F(x)$ 的导数 $f(x)=F'(x)$ 称为 X 的概率密度函数.

"密度函数"这个名词的来由可解释如下:取定一个点 x,则按分布函数的定义,事件 $\{x<X\leqslant x+h\}$ ($h>0$,为常数)的概率应为 $F(x+h)-F(x)$.所以,比值 $[F(x+h)-F(x)]/h$ 可以解释为在 x 点附近 h 这么长的区间 $(x,x+h]$ 内,单位长所占有的概率.令 $h\to0$,则这个比的极限,即 $F'(x)=f(x)$,也就是在 x 点处(无穷小区段内)单位长的概率,或者说,它反映了概率在 x 点处的"密集程度".你可以设想一条极细的无穷长的金属杆,总质量为1,概率密度相当于杆上

各点的质量密度.

连续型随机变量 X 的密度函数 $f(x)$ 都具有以下三条基本性质:

1° $f(x)\geqslant 0$;

2° $\int_{-\infty}^{\infty} f(x)\mathrm{d}x = 1$;

3° 对任何常数 $a<b$,有*

$$P(a \leqslant X \leqslant b) = F(b) - F(a) = \int_a^b f(x)\mathrm{d}x. \tag{1.13}$$

1°显然.2°是说"全部概率为 1".3°是微积分的基本定理(定积分与导数的关系)的直接应用.实际上,2°是 3°当 $a=-\infty$ 和 $b=\infty$ 时的特例.

图 2.2(a),(b)分别表示某一连续型变量 X 的分布函数 F 和密度函数 f.从密度函数的图上可以明显看出该分布的一些特点.例如,概率最大的集中区在 μ 点附近,而在这点的两边呈对称性的衰减.图中斜线标出部分的面积表示变量 X 落在 a,b 之间的概率.这些特点从分布函数的图上就不那么容易看出来.

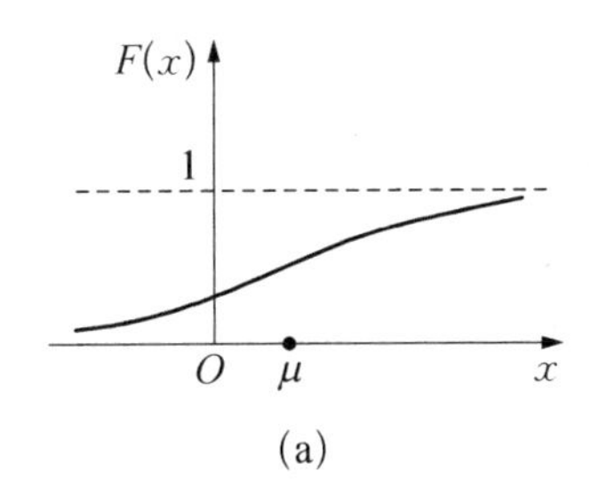

(a)

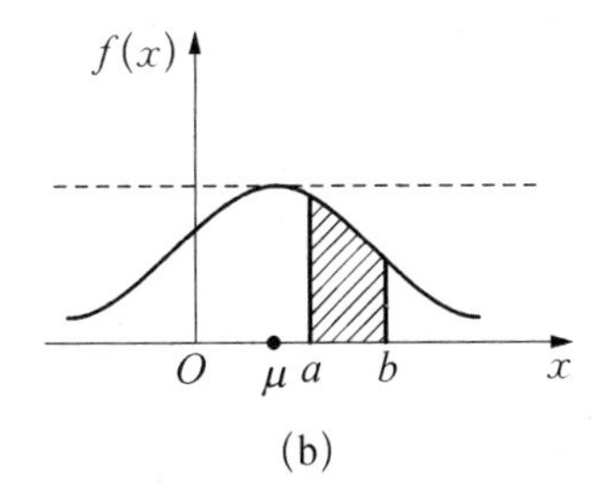

(b)

图 2.2

下面举一些重要的连续型分布的例子.

例 1.6 正态分布.

如果一个随机变量具有概率密度函数

$$f(x) = (\sqrt{2\pi}\sigma)^{-1}\mathrm{e}^{-\frac{(x-\mu)^2}{2\sigma^2}} \quad (-\infty < x < \infty), \tag{1.14}$$

则称 X 为正态随机变量,并记为 $X\sim N(\mu,\sigma^2)$.这里,N 为"Normal"一词的首

---

* 由于连续型变量取一个点的概率为 0,故区间的端点是否包括在内无影响.也就是说,$\{a\leqslant X\leqslant b\}$,$\{a<X<b\}$,$\{a<X\leqslant b\}$和$\{a\leqslant X<b\}$这四个事件都有同一的概率(1.13)式.

字母. μ 和 σ^2 都是常数, μ 可以取任何实数值,而 $0<\sigma^2<\infty$. 它们称为这个分布的"参数",其概率意义将在第3章说明.

需要证明 $f(x)$ 的确可以作为一个概率密度. 为此,需验证 $f(x)\geqslant 0$, $\int_{-\infty}^{\infty} f(x)\mathrm{d}x = 1$. 前者显然. 为证后者,作变量代换 $t=(x-\mu)/\sigma$,转化为证明

$$I = \int_{-\infty}^{\infty} \mathrm{e}^{-t^2/2}\mathrm{d}t = \sqrt{2\pi}. \tag{1.15}$$

为证此式,考虑

$$I^2 = \int_{-\infty}^{\infty} \mathrm{e}^{-t^2/2}\mathrm{d}t\int_{-\infty}^{\infty} \mathrm{e}^{-u^2/2}\mathrm{d}u = \int_{-\infty}^{\infty}\int_{-\infty}^{\infty} \mathrm{e}^{-(t^2+u^2)/2}\mathrm{d}t\mathrm{d}u,$$

转化成极坐标 $t=r\cos\theta, u=r\sin\theta$,上式转化为

$$I^2 = \int_0^{2\pi}\mathrm{d}\theta\int_0^{\infty} \mathrm{e}^{-r^2/2}r\mathrm{d}r = 2\pi,$$

即得(1.15)式.

函数(1.14)的图形约如图2.2(b)所示. 它关于 μ 点对称,而后往两个方向衰减,属于"两头低,中间高"这种正常状况下一般事物所处的状态. 例如,一群人的身高或体重,特大和特小的居少而中间状态的居多;举凡人的收入,大批制造的同一产品的某一指标等,都在不同程度上符合这一分布. 这不但说明了"正态"这个名字的来由,也说明了这种分布的重要性. 正态分布还有理论上的解释,这一点留待下一章3.4节再谈.

当 $\mu=1, \sigma^2=1$ 时,(1.14)式成为

$$f(x) = \mathrm{e}^{-x^2/2}/\sqrt{2\pi}, \tag{1.16}$$

它是正态分布 $N(0,1)$ 的密度函数. $N(0,1)$ 称为"标准正态分布". 在概率论著作中,其密度函数和分布函数常分别记为 $\varphi(x)$ 和 $\Phi(x)$,并造有很仔细的表. 本书也附有一个简单的 $\Phi(x)$ 的表. 标准正态分布之所以重要,一个原因在于:任意的正态分布 $N(\mu,\sigma^2)$ 的计算很容易转化为标准正态分布 $N(0,1)$. 事实上,容易证明:

$$\text{若 } X\sim N(\mu,\sigma^2), \text{则 } Y=(X-\mu)/\sigma\sim N(0,1). \tag{1.17}$$

事实上

$$\begin{aligned}P(Y \leqslant x) &= P((X-\mu)/\sigma \leqslant x)\\ &= P(X \leqslant \mu+\sigma x)\\ &= (\sqrt{2\pi}\sigma)^{-1}\int_{-\infty}^{\mu+\sigma x} e^{-\frac{(t-\mu)^2}{2\sigma^2}}dt\\ &= (\sqrt{2\pi})^{-1}\int_{-\infty}^{x} e^{-v^2/2}dv,\end{aligned}$$

其导数,即 Y 的密度函数,正是$(\sqrt{2\pi})^{-1}e^{-x^2/2}$.这证明了(1.17)式.

例如,$X\sim N(1.5,2^2)$,要计算 $P(-1\leqslant X\leqslant 2)$,则因$(X-1.5)/2\sim N(0,1)$,故

$$\begin{aligned}P(-1\leqslant X\leqslant 2) &= P\left(\frac{-1-1.5}{2}\leqslant\frac{X-1.5}{2}\leqslant\frac{2-1.5}{2}\right)\\ &= P(-1.25\leqslant (X-1.5)/2\leqslant 0.25)\\ &= \Phi(0.25)-\Phi(-1.25).\end{aligned} \tag{1.18}$$

然后查标准正态分布 Φ 的表,表上只有 $\Phi(x)$当 $x\geqslant 0$ 时的值.对 $x<0$,可利用公式

$$\Phi(x) = 1-\Phi(-x) \tag{1.19}$$

将其转化为 $x>0$ 的情况.(1.19)式的证明很简单:

$$\begin{aligned}\Phi(x) &= (\sqrt{2\pi})^{-1}\int_{-\infty}^{x} e^{-t^2/2}dt\\ &= (\sqrt{2\pi})^{-1}\int_{-x}^{\infty} e^{-t^2/2}dt\\ &= (\sqrt{2\pi})^{-1}\int_{-\infty}^{\infty} e^{-t^2/2}dt-(\sqrt{2\pi})^{-1}\int_{-\infty}^{-x} e^{-t^2/2}dt\\ &= 1-\Phi(-x).\end{aligned}$$

用(1.19)式,由(1.18)式得

$$P(-1\leqslant X\leqslant 2) = \Phi(0.25)+\Phi(1.25)-1.$$

查 $\Phi(x)$的表,得 $\Phi(0.25)=0.5987$,$\Phi(1.25)=0.8944$,于是得到 $P(-1\leqslant X\leqslant 2)=0.4931$.

例 1.7 指数分布.

若随机变量 X 有概率密度函数

$$f(x) = \begin{cases}\lambda e^{-\lambda x}, & \text{当 } x>0 \text{ 时}\\ 0, & \text{当 } x\leqslant 0 \text{ 时}\end{cases}, \tag{1.20}$$

则称 X 服从指数分布.其中,$\lambda>0$ 为参数*,其意义将在后面阐明.

由于当 $x\leqslant 0$ 时 $f(x)=0$,表示随机变量取负值的概率为 0,故 X 只取正值. $\lambda e^{-\lambda x}$ 在 $x=0$ 处的值 $\lambda>0$,故密度函数 $f(x)$ 在 $x=0$ 处不连续.图 2.3 中描出了这个函数当 $\lambda=1$(虚线)和 $\lambda=2$(实线)时的图形.

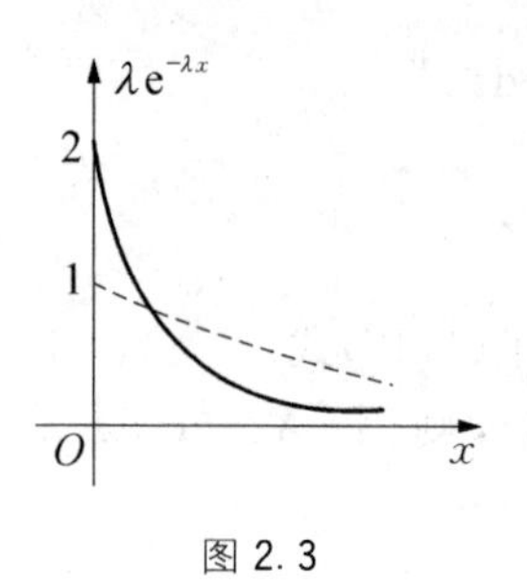

图 2.3

变量 X 的分布函数易求得为

$$F(x)=\int_{-\infty}^{x}f(t)\mathrm{d}t=\begin{cases}0, & \text{当 } x\leqslant 0 \text{ 时}\\ 1-e^{-\lambda x}, & \text{当 } x>0 \text{ 时}\end{cases}. \tag{1.21}$$

指数分布最常见的一个场合是寿命分布.设想一种大批生产的电子元件,其寿命 X 是随机变量.以 $F(x)$ 记 X 的分布函数.我们来证明:在一定的条件下,$F(x)$ 就是(1.21)式.

我们要作的假定,从技术上说就是“无老化”.就是说,“元件在时刻 x 尚为正常工作的条件下,其失效率总保持为某个常数 $\lambda>0$,与 x 无关”.失效率就是单位长度时间内失效的概率.用条件概率的形式,上述假定可表为

$$P(x\leqslant X\leqslant x+h\mid X>x)/h=\lambda\quad(h\to 0).$$

此式解释如下:元件在时刻 x 时尚正常工作,表示其寿命大于 x,即 $X>x$.在 x 处,长为 h 的时间段内失效,即 $x\leqslant X\leqslant x+h$.把这个条件概率除以时间段的长 h,即得在 x 时刻的平均失效率.再令 $h\to 0$,得瞬时失效率,按假定,它应为常数 λ.

按条件概率的定义,注意到 $P(X>x)=1-F(x)$,又

$$\{X>x\}\{x\leqslant X\leqslant x+h\}=\{x<X\leqslant x+h\},$$

有

$$\begin{aligned}P(x\leqslant X\leqslant x+h\mid X>x)/h&=P(x<X\leqslant x+h)/(h(1-F(x)))\\&=[(F(x+h)-F(x))/h]/(1-F(x))\\&\to F'(x)/(1-F(x))=\lambda.\end{aligned}$$

这个微分方程的通解为 $F(x)=1-Ce^{-\lambda x}\ (x>0)$,当 $x\leqslant 0$ 时,$F(x)$ 为 0.常数 C

* 因为 $\lambda>0,x>0$,(1,2)式中 $e^{-\lambda x}$ 的指数 $-\lambda x$ 总取负值.由于这个原因,也有把(1.20)式称为负指数分布的.

可用初始条件 $F(0)=0$(因为 $F(0)=P(X\leqslant 0)$,而寿命$\leqslant 0$ 的概率为 0)定出,为 1,这样就得到(1.21)式.

从这个推导也可以窥见参数 λ 的意义.λ 为失效率,失效率愈高,平均寿命就愈小.下一章(见第 3 章例 1.3)将证明:λ^{-1} 就是平均寿命.

由本例可见,指数分布描述了无老化时的寿命分布,但"无老化"是不可能的,因而只是一种近似.对一些寿命长的元件,在初期阶段老化现象很小,在这一阶段,指数分布比较确切地描述了其寿命分布情况.又如人的寿命,一般在 50 岁或 60 岁以前,由于生理上老化而死亡的因素是次要的,若排除那些意外情况,人的寿命分布在这个阶段也应接近指数分布.

例 1.8 威布尔分布.

若考虑老化,则应取失效率随时间而上升,而不能为常数,故应取为一个 x 的增函数,例如 λx^m,其中 $\lambda>0$,$m>0$ 为常数.在这个条件下,按上例的推理,将得出:寿命分布 $F(x)$ 满足微分方程

$$F'(x)/[1-F(x)]=\lambda x^m,$$

此与初始条件 $F(0)=0$ 结合,得出

$$F(x)=1-\mathrm{e}^{-(\lambda/(m+1))x^{m+1}}.$$

取 $\alpha=m+1$ $(\alpha>1)$,并把 $\lambda/(m+1)$ 记为 λ,得出

$$F(x)=1-\mathrm{e}^{-\lambda x^{\alpha}}\quad (x>0),\tag{1.22}$$

而当 $x\leqslant 0$ 时 $F(x)=0$.此分布的密度函数为

$$f(x)=\begin{cases}\lambda\alpha x^{\alpha-1}\mathrm{e}^{-\lambda x^{\alpha}}, & \text{当 } x>0 \text{ 时}\\ 0, & \text{当 } x\leqslant 0 \text{ 时}\end{cases}.\tag{1.23}$$

(1.22)式和(1.23)式分别称为威布尔分布函数和威布尔密度函数.它与指数分布一样,在可靠性统计分析中占有重要的地位.实际上,指数分布是威布尔分布当 $\alpha=1$ 时的特例.

例 1.9 均匀分布.

设随机变量 X 有概率密度函数

$$f(x)=\begin{cases}1/(b-a), & \text{当 } a\leqslant x\leqslant b \text{ 时}\\ 0, & \text{其他}\end{cases},\tag{1.24}$$

则称 X 服从区间$[a,b]$上的均匀分布,并常记为 $X\sim R(a,b)$.这里,a,b 都是常数,$-\infty<a<b<\infty$.均匀分布这个名称的来由很明显:因为密度函数 f 在区间$[a,b]$上为常数,故在这区间上,概率在各处的密集程度一样.或者说,概率均匀地分布在这个区间上.均匀分布 $R(a,b)$的分布函数是

$$F(x)=\begin{cases}0, & \text{当 } x\leqslant a \text{ 时}\\ (x-a)/(b-a), & \text{当 } a<x<b \text{ 时}.\\ 1, & \text{当 } x\geqslant b \text{ 时}\end{cases} \tag{1.25}$$

f 和 F 的图形分别如图 2.4(a),(b)所示.

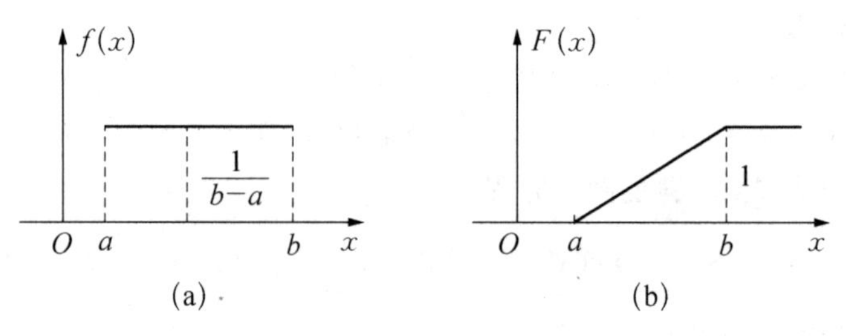

图 2.4

在计算时因“四舍五入”而产生的误差,若以被舍入的那一位的前一位为单位,则可认为这个舍入误差服从均匀分布 $R(-1/2,1/2)$.均匀分布的一个好处是:借助于它容易实现对分布的模拟.首先,若以某种方法产生“随机数”(即像0,1,…,9 这十个数字出现的概率都是 1/10 的那种数字,它可以用“摸球”等方式来实现.实用上,用计算机程序可在短时间内产生大量随机数——严格地说,计算机中产生的数并非完全随机,但很接近,故有时称为伪随机数),则如取 n 足够大,而独立地产生 n 个随机数字 $a_1,\cdots,a_n$ 时,$X=0.a_1a_2\cdots a_n$ 就很接近于$[0,1]$均匀分布 $R(0,1)$.对一般分布函数 $F(x)$,若 $F(x)$处处连续且严格上升,则其反函数 G 存在,这时易见,若 $X\sim R(0,1)$,则 $G(X)\sim F$.事实上,$\{G(X)\leqslant x\}$这个事件就是$\{F(G(x))\leqslant F(x)\}$,即$\{X\leqslant F(x)\}$,因而(注意到 $R(0,1)$的分布函数为 $F(x)=x$ $(0<x<1)$)

$$P(G(X)\leqslant x)=P(X\leqslant F(x))=F(x).$$

这证明了 $G(X)\sim F$.这样,用上述模拟方法产生 X 的模拟值后,代入 G 中即得分布 F 的模拟值.这个方法在模拟研究中常用,而显示了均匀分布的重要性.均

匀分布还有其他重要的理论性质,不能在此细论了.

还有几个在统计应用上很重要的连续型分布,留待本章 2.4 节去讨论.

2.2 多维随机变量(随机向量)

2.2.1 离散型随机向量的分布

随机向量的概念在 2.1 节 2.1.1 段中已提及过了.一般地,设 $X=(X_1,X_2,\cdots,X_n)$为一个 n 维向量,其每个分量,即 $X_1,\cdots,X_n$,都是一维随机变量,则称 X 是一个 n 维随机向量或 n 维随机变量.

与随机变量一样,随机向量也有离散型和连续型之分.本段先考虑前者,一个随机向量 $X=(X_1,\cdots,X_n)$,如果其每一个分量 X_i 都是一维离散型随机变量,则称 X 为离散型的.

定义 2.1 以$\{a_{i1},a_{i2},\cdots\}$记 X_i 的全部可能值($i=1,2,\cdots$),则事件$\{X_1=a_{1j_1},X_2=a_{2j_2},\cdots,X_n=a_{nj_n}\}$的概率

$$p(j_1,j_2,\cdots,j_n)=P(X_1=a_{1j_1},X_2=a_{2j_2},\cdots,X_n=a_{nj_n})$$
$$(j_1=1,2,\cdots;\ j_2=1,2,\cdots;\ \cdots;\ j_n=1,2,\cdots) \tag{2.1}$$

称为随机向量 $X=(X_1,\cdots,X_n)$的概率函数或概率分布,概率函数应满足条件

$$p(j_1,j_2,\cdots,j_n)\geqslant 0,\quad \sum_{j_n}\cdots\sum_{j_2}\sum_{j_1}p(j_1,j_2,\cdots,j_n)=1. \tag{2.2}$$

例 2.1 图 2.5 所示的二维离散型随机向量 $X=(X_1,X_2)$的概率分布为

$$P(X_1=2,X_2=1)=1/3,$$

$$P(X_1=2,X_2=2.5)=1/4,$$

$$P(X_1=5,X_2=3)=5/12.$$

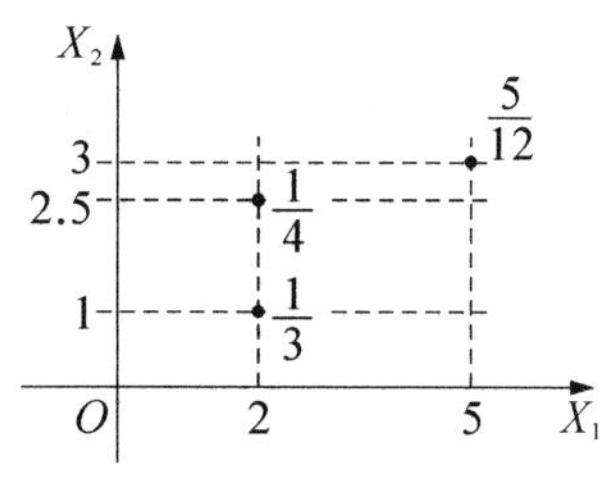

图 2.5

从图上看出,X_1 的可能值为 2 和 5,X_2 的可能值为 1,2.5 和 3.故从形式上看,$X=(X_1,X_2)$应有 6 组可能值,即(2,1),(2,2.5),(2,3),(5,1),

(5,2.5),(5,3). X 的概率分布告诉我们，实际上只有第1,2,6组是真正的可能值，但这并无关系：对一组不可能的值，只要把它的概率定为0就行了. 这一做法使我们可以把离散型分布统一写成(2.1)式的格式，在理论上有其方便之处. 自然，在具体例子中，如例2.1并无必要硬凑成那个形式，只要指出概率大于0的那部分就行了.

例2.2 多项分布.

多项分布是最重要的离散型多维分布. 设 $A_1, A_2, \cdots, A_n$ 是某一试验之下的完备事件群，即事件 $A_1, \cdots, A_n$ 两两互斥，其和为必然事件(每次试验时，事件 $A_1, \cdots, A_n$ 必发生一个且只发生一个). 分别以 $p_1, p_2, \cdots, p_n$ 记事件 $A_1, A_2, \cdots, A_n$ 的概率，则 $p_i \geqslant 0, p_1 + \cdots + p_n = 1$.

现在将试验独立地重复 N 次，而以 X_i 记在这 N 次试验中事件 A_i 出现的次数 $(i = 1, \cdots, n)$，则 $X = (X_1, \cdots, X_n)$ 为一个 n 维随机向量. 它取值的范围是：$X_1, \cdots, X_n$ 都是非负整数，且其和为 N. X 的概率分布就叫做多项分布，有时记为 $M(N; p_1, \cdots, p_n)$. 为定出这个分布，要计算事件

$$B = \{X_1 = k_1, \cdots, X_i = k_i, \cdots, X_n = k_n\}$$

的概率，只需考虑 k_i 都是非负整数且 $k_1 + \cdots + k_n = N$ 的情况，否则 $P(B) = 0$. 为计算 $P(B)$，从 N 次试验的原始结果 $j_1 j_2 \cdots j_N$ 出发，它表示第一次试验事件 A_{j_1} 发生，第二次试验 A_{j_2} 发生，等等. 为使事件 B 发生，在 $j_1, j_2, \cdots, j_N$ 中应有 k_1 个1，k_2 个2，等等. 这种序列的数目，等于把 N 个相异物体分成 n 堆，各堆依次有 $k_1, k_2, \cdots, k_n$ 件的不同分法. 根据第1章的(2.6)式，不同的分法共有 $N!/(k_1! \cdots k_n!)$ 种. 其次，由于独立性，利用概率乘法定理知，每个适合上述条件的原始结果序列 $j_1 j_2 \cdots j_n$ 出现的概率应为 ${p_1}^{k_1} {p_2}^{k_2} \cdots {p_n}^{k_n}$. 于是得到

$$P(X_1 = k_1, X_2 = k_2, \cdots, X_n = k_n) = \frac{N!}{k_1! k_2! \cdots k_n!} {p_1}^{k_1} {p_2}^{k_2} \cdots {p_n}^{k_n}$$

$$(k_i \text{ 为非负整数}, k_1 + \cdots + k_n = N). \tag{2.3}$$

(2.3)式就是多项分布. 名称的来由是因多项展开式

$$(x_1 + \cdots + x_n)^N = \sum\nolimits^{*} \frac{N!}{k_1! \cdots k_n!} {x_1}^{k_1} \cdots {x_n}^{k_n}, \tag{2.4}$$

$\sum^{*}$ 表示求和的范围为：k_i 为非负整数，$k_1 + \cdots + k_n = N$. 在(2.4)式中令 $x_i = p_i$，并利用 $p_1 + \cdots + p_n = 1$，得

$$\sum{}^{*} \frac{N!}{k_1!\cdots k_n!} p_1{}^{k_1}\cdots p_n{}^{k_n} = 1.$$

这说明分布(2.3)适合条件(2.2)式.

多项分布在实用上颇常见,当一个总体按某种属性分成几类时,就会涉及这个分布.例如,一种产品分成一等品(A_1)、二等品(A_2)、三等品(A_3)和不合格品(A_4)四类.若生产该产品的某厂,其一、二、三等品和不合格品的比率分别为0.15,0.70,0.10和0.05,从该厂产品中抽出 N 个.若这 N 个只占其产品的极少一部分,则可以把这 N 个看成一个一个地独立抽出,且在抽取过程中,各等品的概率(即比率)不变.在这种情况下,若分别以 $X_1,\cdots,X_4$ 记这 N 个产品中一、二、三等品和不合格品的个数,则 $X=(X_1,\cdots,X_4)$将有多项分布 $M(N;0.15,0.70,0.10,0.05)$.又如在医学上,一种疾病的患者可按严重的程度分期等等,都属于这种情况.

如果 $n=2$,即只有 A_1,A_2 两种可能,这时 A_2 就是 A_1 的对立事件.由于这时有 $X_1+X_2=N$,X_1 唯一地决定了 X_2,我们不必同时考虑 X_1 和 X_2,而只需考虑 X_1 就够了,这就回到二项分布的情形.

2.2.2 连续型随机向量的分布

设 $X=(X_1,\cdots,X_n)$是一个 n 维随机向量.其取值可视为 n 维欧氏空间 $\mathbb{R}^n$ 中的一个点.如果 X 的全部取值能充满 $\mathbb{R}^n$ 中某一区域,则称它是连续型的.

与一维连续型变量一样,描述多维随机向量的概率分布,最方便的是用概率密度函数.为此,我们引进一个记号:$X\in A$,读作"X 属于 A"或"X 落在 A 内",其中 A 是 $\mathbb{R}^n$ 中的集合.$\{X\in A\}$是一个随机事件,因为做了试验以后,X 的值就知道了,因而也就能知道它是否落在 A 内.

定义 2.2 若 $f(x_1,\cdots,x_n)$是定义在 $\mathbb{R}^n$ 上的非负函数,使对 $\mathbb{R}^n$ 中的任何集合 A,有

$$P(X\in A)=\int\cdots\int_A f(x_1,\cdots,x_n)\mathrm{d}x_1\cdots\mathrm{d}x_n, \tag{2.5}$$

则称 f 是 X 的(概率)密度函数.

如果把 A 取成全空间 $\mathbb{R}^n$,则$\{X\in A\}$为必然事件,其概率为1.因此,应有

$$\int_{-\infty}^{\infty}\cdots\int_{-\infty}^{\infty} f(x_1,\cdots,x_n)\mathrm{d}x_1\cdots\mathrm{d}x_n = 1. \tag{2.6}$$

这是一个概率密度函数必须满足的条件.

例 2.3 考虑二维随机向量 $X=(X_1,X_2)$,其概率密度函数为

$$f(x_1,x_2)=\begin{cases}1/[(b-a)(d-c)], & 当\ a\leqslant x_1\leqslant b, c\leqslant x_2\leqslant d\ 时\\ 0, & 其他\end{cases},$$

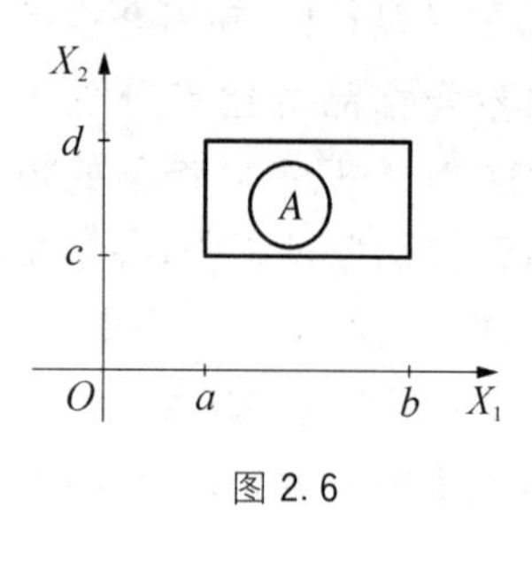

图 2.6

则 f 非负且条件(2.6)满足.从 f 的形状看出,它在图 2.6 中那个矩形之外为 0,说明(X_1,X_2)只能取该矩形内的点为值.在这个矩形内,密度各处一样,因而全部概率均匀地分布在这个矩形内.从公式(2.5)看出:若集合 A 在矩形内,则"X 落在 A 内"的概率 $P(X\in A)$与 A 的面积成正比,而与其位置和形状无关,这是均匀性的另一种说法.以此之故,人们把本例中 X 的分布称为上述矩形上的均匀分布.

例 2.4 向一个无限平面靶射击,设命中点 $X=(X_1,X_2)$有概率密度

$$f(x_1,x_2)=\pi^{-1}(1+x_1{}^2+x_2{}^2)^{-2}.$$

从这个函数看出:命中点的密度只与该点与靶心的距离 r 有关.这可以解释为:在图 2.7 中以靶心 O 为中心的圆周上,各点有同等被命中的机会.另外,$x_1{}^2+x_2{}^2$ 愈小,则 f 愈大,说明与靶心接近的点较远离靶心的点有更大的命中机会.

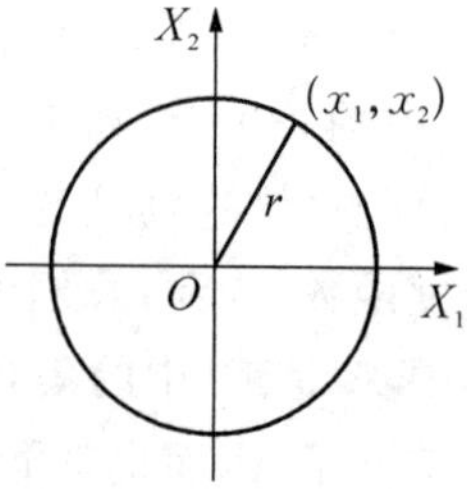

为验证(2.6)式,只需转到极坐标,得

$$\begin{aligned}\int_{-\infty}^{\infty}\int_{-\infty}^{\infty}f(x_1,x_2)\mathrm{d}x_1\mathrm{d}x_2&=\int_0^{2\pi}\mathrm{d}\theta\int_0^{\infty}\pi^{-1}(1+r^2)^{-2}r\mathrm{d}r\\&=2\pi\cdot\pi^{-1}\int_0^{\infty}(1+t)^{-2}\mathrm{d}t/2\\&=1.\end{aligned}$$

图 2.7

而"命中点与靶心的距离不超过 r_0"这个事件 A 的概率为

$$\begin{aligned}\iint\limits_{x_1{}^2+x_2{}^2\leqslant r_0{}^2}f(x_1,x_2)\mathrm{d}x_1\mathrm{d}x_2&=\int_0^{2\pi}\mathrm{d}\theta\int_0^{r_0}\pi^{-1}(1+r^2)^{-2}r\mathrm{d}r\\&=r_0{}^2/(1+r_0{}^2).\end{aligned}$$

例 2.5 二维正态分布.

最重要的多维连续型分布是多维正态分布.对二维的情况,其概率密度函数

有形式

$$f(x_1,x_2)=(2\pi\sigma_1\sigma_2\sqrt{1-\rho^2})^{-1}\exp\left[-\frac{1}{2(1-\rho^2)}\left(\frac{(x_1-a)^2}{\sigma_1^2}-\frac{2\rho(x_1-a)(x_2-b)}{\sigma_1\sigma_2}+\frac{(x_2-b)^2}{\sigma_2^2}\right)\right]. \tag{2.7}$$

这里为书写方便,引进了一个记号 exp,其意义是:$\exp(c)=e^c$. f 中包含了五个常数 $a,b,\sigma_1^2,\sigma_2^2$ 和 ρ,它们是这个分布的参数,其可取值的范围为

$$-\infty<a<\infty,\ -\infty<b<\infty,\ \sigma_1>0,\ \sigma_2>0,\ -1<\rho<1.$$

常把这个分布记为 $N(a,b,\sigma_1^2,\sigma_2^2,\rho)$. 这个函数(在三维空间中)的图形,好像一个椭圆切面的钟倒扣在 Ox_1x_2 平面上,其中心在(a,b)点.

为了证明(2.7)式的确是一个密度函数,还需证明(2.6)式成立. 为此,作变量代换

$$u=(1-\rho^2)^{-1/2}\frac{x_1-a}{\sigma_1},\quad v=(1-\rho^2)^{-1/2}\frac{x_2-b}{\sigma_2},$$

得

$$\int_{-\infty}^{\infty}\int_{-\infty}^{\infty}f(x_1,x_2)\mathrm{d}x_1\mathrm{d}x_2=\frac{1}{2\pi}\sqrt{1-\rho^2}\int_{-\infty}^{\infty}\int_{-\infty}^{\infty}\exp\left[-\frac{1}{2}(u^2-2\rho uv+v^2)\right]\mathrm{d}u\mathrm{d}v.$$

再作变量代换

$$t_1=u-\rho v,\quad t_2=\sqrt{1-\rho^2}\,v,$$

注意到 $u^2-2\rho uv+v^2=(u-\rho v)^2+(1-\rho^2)v^2=t_1^2+t_2^2$,且变换的雅可比行列式为

$$\begin{vmatrix}\partial t_1/\partial u & \partial t_1/\partial v\\ \partial t_2/\partial u & \partial t_2/\partial v\end{vmatrix}=\begin{vmatrix}1 & -\rho\\ 0 & \sqrt{1-\rho^2}\end{vmatrix}=\sqrt{1-\rho^2},$$

得

$$\begin{aligned}&\int_{-\infty}^{\infty}\int_{-\infty}^{\infty}f(x_1,x_2)\mathrm{d}x_1\mathrm{d}x_2\\&=\frac{1}{2\pi}\sqrt{1-\rho^2}(\sqrt{1-\rho^2})^{-1}\int_{-\infty}^{\infty}\int_{-\infty}^{\infty}\exp\left[-\frac{1}{2}(t_1^2+t_2^2)\right]\mathrm{d}t_1\mathrm{d}t_2\\&=(2\pi)^{-1}\int_{-\infty}^{\infty}e^{-t_1^2/2}\mathrm{d}t_1\int_{-\infty}^{\infty}e^{-t_2^2/2}\mathrm{d}t_2\\&=(2\pi)^{-1}\sqrt{2\pi}\sqrt{2\pi}\\&=1.\end{aligned}$$

这里用到(1.15)式.

类似地可定义 n 维正态分布的概率密度函数,这里不细讲了.

在结束这一段之前,让我们指出几点有关事项:

(1) 不论是一维还是多维情形,在定义连续型随机变量时,实质之点都在于它有概率密度函数存在,即存在有函数 f,满足(1.13)式或(2.6)式.在概率论理论上,把这一点直接取为连续型随机变量的定义:它就是有密度函数的随机变量.至于它可以在一个区间或区域上连续取值倒不是本质的,甚至也是不确切的.

(2) 与离散型随机向量的定义不同,连续型随机向量不能简单地定义为"其各分量都是一维连续型随机变量的那种随机向量".举一个例子:设 $X_1 \sim R(0,1)$, $X_2 = X_1$,则随机向量 (X_1, X_2) 的两个分量 X_1, X_2 都是连续型的.但 (X_1, X_2) 却只能在图2.8中所示的单位正方形的对角线(图中的虚线)上取值.因而不可能存在一个函数 $f(x_1, x_2)$ 满足(2.5)式(二元函数在平面上任一线段上的积分都是0),即 (X_1, X_2) 的概率密度函数不存在.

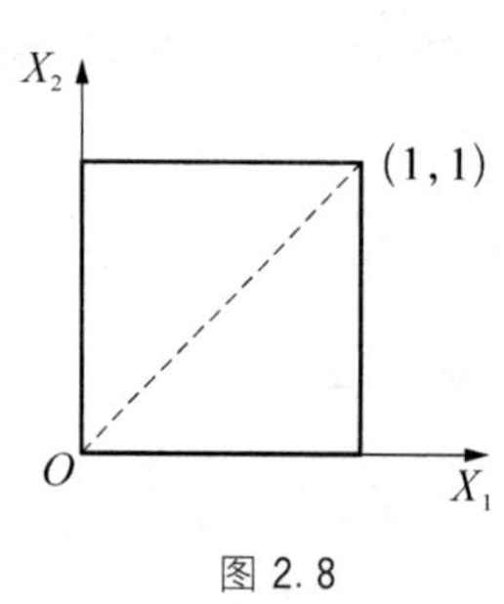

图2.8

(3) 与一维情况一样,也可以用概率分布函数去描述多维随机向量的概率分布,其定义为

$$F(x_1, x_2, \cdots, x_n) = P(X_1 \leqslant x_1, X_2 \leqslant x_2, \cdots, X_n \leqslant x_n).$$

然而,在多维情况下,分布函数极少应用.

2.2.3 边缘分布

设 $X = (X_1, \cdots, X_n)$ 为一个 n 维随机向量.X 有一定的分布 F,这是一个 n 维分布.因为 X 的每个分量 X_i 都是一维随机变量,故它们都有各自的分布 F_i $(i = 1, \cdots, n)$,这些都是一维分布,称为随机向量 X 或其分布 F 的"边缘分布".以下我们要指出:边缘分布完全由原分布 F 确定,且从这个事实的讲解中也就悟出"边缘"一词的含义.

例2.6 表2.1以列表的形式,显示了一个二维随机向量 $X = (X_1, X_2)$ 的概率分布.比如

$$P(X_1 = 1, X_2 = 5) = 0.21,$$

等等.现在如想求 X_1 的分布,则先注意到,X_1 只有两个可能值,即1和3.而

$\{X_1=1\}$这个事件可以分解为三个互斥事件

$$\{X_1=1,X_2=-1\},\quad \{X_1=1,X_2=0\},\quad \{X_1=1,X_2=5\}$$

之和,故其概率应为上述三个事件概率之和,即

$$P(X_1=1)=0.17+0.05+0.21=0.43.$$

表 2.1

X_1 \ X_2	−1	0	5	行合计
1	0.17	0.05	0.21	0.43
3	0.04	0.28	0.25	0.57
列合计	0.21	0.33	0.46	1.00

类似地得

$$P(X_1=3)=0.04+0.28+0.25=0.57.$$

用同样的方法确定 X_2 的概率分布为

$$P(X_2=-1)=0.21,$$
$$P(X_2=0)=0.33,$$
$$P(X_2=5)=0.46.$$

注意,这两个分布正好是表的中央部分的行和与列和,它们都处在表的"边缘"位置上,由此得出"边缘分布"这个名词.也有称为边际分布的.

从这个例子就不难悟出在一般的离散型情况下怎样去求边缘分布.回到定义 2.1 的记号,以 X_1 为例,它的全部可能值为 $a_{11},a_{12},a_{13},\cdots$.例如,我们要求 $P(X_1=a_{1k})$.它等于把(2.1)式那样的概率全加起来,但局限于 $j_1=k$(这相当于在上述简例 2.6 中求行和或列和),得

$$P(X_1=a_{1k})=\sum_{j_2,\cdots,j_n}p(k,j_2,\cdots,j_n)\quad(k=1,2,\cdots).\tag{2.8}$$

例 2.7 设 $X=(X_1,\cdots,X_n)$服从多项分布 $M(N;p_1,\cdots,p_n)$,要求其边缘分布.例如,考虑 X_1,我们把事件 A_1 作为一方,$A_2+\cdots+A_n$ 作为一方(它就是 $\overline{A_1}$),见例 2.2 的说明,那么,X_1 就是在 N 次独立试验中事件 A_1 发生的次数,而在每次试验中 A_1 发生的概率保持为 p_1,经过这一分析,不待计算就可以明

了:X_1 的分布就是二项分布 $B(N,p_1)$.应用公式(2.8)也可以得出这个结果:按(2.8)式,注意到多项分布的形式(2.3),有

$$P(X_1=k)=\sum_{k_2,\cdots,k_n}{}' \frac{N!}{k_2!\cdots k_n!}p_2{}^{k_2}\cdots p_n{}^{k_n}\cdot p_1{}^k/k!,$$

这里,$\sum\limits_{k_2,\cdots,k_n}{}'$ 表示求和的范围为:$k_2,\cdots,k_n$ 都是非负整数,其和为 $N-k$.令

$$p_2{}'=p_2/(1-p_1),\quad \cdots,\quad p_n{}'=p_n/(1-p_1),$$

则 $p_2{}'+\cdots+p_n{}'=(p_2+\cdots+p_n)/(1-p_1)=(1-p_1)/(1-p_1)=1$,且可把上式改写为

$$\begin{aligned}P(X_1=k)=&\sum_{k_2,\cdots,k_n}{}' \frac{(N-k)!}{k_2!\cdots k_n!}p_2{}'^{k_2}\cdots p_n{}'^{k_n}\\&\cdot\frac{N!}{k!(N-k)!}p_1{}^k(1-p_1)^{N-k}.\end{aligned}$$

按多项展开式(2.4),上式右边第一因子为

$$(p_2{}'+\cdots+p_n{}')^{N-k}=1^{N-k}=1,$$

于是得到

$$\begin{aligned}P(X_1=k)&=\frac{N!}{k!(N-k)!}p_1{}^k(1-p_1)^{N-k}\\&=b(k;N,p_1)\quad(k=0,1,\cdots,N),\end{aligned}$$

正是二项分布 $B(N,p_1)$.

现在来考虑连续型随机向量的边缘分布.为书写简单计,先考虑二维的情况,设 $X=(X_1,X_2)$ 有概率密度函数 $f(x_1,x_2)$.我们来证明:这时 X_1 和 X_2 都具有概率密度函数.

为证明这一点,考虑 X_1 的分布函数 $F_1(x_1)=P(X_1\leqslant x_1)$.它可以写为 $P(X_1\leqslant x_1,X_2<\infty)$.注意到公式(2.5),得

$$F_1(x_1)=P(X_1\leqslant x_1)=\int_{-\infty}^{x_1}\mathrm{d}t_1\int_{-\infty}^{\infty}f(t_1,t_2)\mathrm{d}t_2.$$

$\int_{-\infty}^{\infty}f(t_1,t_2)\mathrm{d}t_2$ 是 t_1 的函数,记之为 $f_1(t_1)$.于是,上式可写为

$$F_1(x_1)=\int_{-\infty}^{x_1}f_1(t_1)\mathrm{d}t_1.$$

两边对 x_1 求导数,得到 X_1 的概率密度函数为

$$\mathrm{d}F_1(x_1)/\mathrm{d}x_1 = f_1(x_1) = \int_{-\infty}^{\infty} f(x_1, x_2)\mathrm{d}x_2. \tag{2.9}$$

这不仅证明了 X_1 的密度函数存在,而且还推出了其公式.同理求出 X_2 的密度函数为

$$f_2(x_2) = \int_{-\infty}^{\infty} f(x_1, x_2)\mathrm{d}x_1. \tag{2.10}$$

这个结果很容易推广到 n 维的情形.设 $X=(X_1,\cdots,X_n)$有概率密度函数 $f(x_1,\cdots,x_n)$,为求某分量 X_i 的概率密度函数,只需把$f(x_1,\cdots,x_n)$中的 x_i 固定,然后对 $x_1,\cdots,x_{i-1},x_{i+1},\cdots,x_n$ 在 $-\infty$ 到 ∞ 之间做定积分.例如,X_1 的密度函数为

$$f_1(x_1) = \int_{-\infty}^{\infty}\cdots\int_{-\infty}^{\infty} f(x_1, x_2, \cdots, x_n)\mathrm{d}x_2\cdots\mathrm{d}x_n. \tag{2.11}$$

例 2.8 再考虑例 2.3.用公式(2.9)和(2.10)很容易确定,X_1,X_2 的边缘分布分别是均匀分布 $R(a,b)$和 $R(c,d)$.计算很容易,留给读者.

例 2.9 考虑例 2.4.按(2.9)式,X_1 的边缘密度函数为

$$f_1(x_1) = \pi^{-1}\int_{-\infty}^{\infty}(1 + x_1^2 + x_2^2)^{-2}\mathrm{d}x_2,$$

作变量代换 $t = x_2/\sqrt{1+x_1^2}$,得

$$f_1(x_1) = \pi^{-1}(1 + x_1^2)^{-3/2}\int_{-\infty}^{\infty}(1 + t^2)^{-2}\mathrm{d}t = \frac{1}{2}(1 + x_1^2)^{-3/2}.$$

积分 $\int_{-\infty}^{\infty}(1 + t^2)^{-2}\,\mathrm{d}t$ 通过变量代换 $t=\tan\theta$ 很容易算出.

例 2.10 二维正态分布 $N(a,b,\sigma_1^2,\sigma_2^2,\rho)$的边缘分布密度.若$(X_1,X_2)$有二维正态分布 $N(a,b,\sigma_1^2,\sigma_2^2,\rho)$,我们来证明:$X_1,X_2$ 的边缘分布分别是一维正态分布 $N(a,\sigma_1^2)$和 $N(b,\sigma_2^2)$.为证此,要计算 $\int_{-\infty}^{\infty} f(x_1,x_2)\mathrm{d}x_2$,其中 f 由(2.7)式定义.注意到

$$\begin{aligned}&\frac{(x_1 - a)^2}{\sigma_1^2} - \frac{2\rho(x_1 - a)(x_2 - b)}{\sigma_1\sigma_2} + \frac{(x_2 - b)^2}{\sigma_2^2}\\&= (1 - \rho^2)\frac{(x_1 - a)^2}{\sigma_1^2} + \left(\rho\frac{x_1 - a}{\sigma_1} - \frac{x_2 - b}{\sigma_2}\right)^2,\end{aligned}$$

得到

$$f_1(x_1)=\int_{-\infty}^{\infty}f(x_1,x_2)\mathrm{d}x_2=(2\pi\sigma_1\sigma_2\sqrt{1-\rho^2})^{-1}\exp\left(-\frac{(x_1-a)^2}{2\sigma_1{}^2}\right)C,$$

其中

$$C=\int_{-\infty}^{\infty}\exp\left[-\frac{1}{2(1-\rho^2)}\left(\rho\frac{x_1-a}{\sigma_1}-\frac{x_2-b}{\sigma_2}\right)^2\right]\mathrm{d}x_2.$$

作变量代换(注意 x_1 为常数,非积分变量)

$$t=\left(\frac{x_2-b}{\sigma_2}-\rho\frac{x_1-a}{\sigma_1}\right)\Big/\sqrt{1-\rho^2},$$

得

$$C=\int_{-\infty}^{\infty}\exp(-t^2/2)\mathrm{d}t\cdot\sigma_2\sqrt{1-\rho^2}=\sqrt{2\pi}\sigma_2\sqrt{1-\rho^2}.$$

以此代入前式,即得

$$f_1(x_1)=(\sqrt{2\pi}\sigma_1)^{-1}\exp\left(-\frac{(x_1-a)^2}{2\sigma_1{}^2}\right). \tag{2.12}$$

这正是 $N(a,\sigma_1{}^2)$的概率密度函数.

从这个例子看出一个有趣的事实:虽然一个随机向量 $\boldsymbol{X}=(X_1,\cdots,X_n)$的分布 F 足以决定其任一分量X_i 的(边缘)分布 F_i,但反过来不对:即使知道了所有 X_i 的边缘分布$F_i(i=1,\cdots,n)$,也不足以决定 $\boldsymbol{X}$ 的分布F.例如,考虑两个二维正态分布

$$N(0,0,1,1,1/3)\quad 和\quad N(0,0,1,1,2/3),$$

它们的任一边缘分布都是标准正态分布 $N(0,1)$,但这两个二维分布是不同的分布,因为 ρ 的数值不相同.对这个现象的解释是:边缘分布只分别考虑了单个变量 X_i 的情况,未涉及它们之间的关系,而这个信息却是包含在$(X_1,\cdots,X_n)$的分布之内的.如就本例来说,在下一章(见第3章3.3节)将指出:ρ 这个参数正好刻画了两个分量 X_1 和 X_2 之间的关系.

在结束这一节之前,我们还指出:“边缘”分布就是通常的分布,并无任何特殊的含义.如果说有什么意思的话,它不过是强调了:这个分布是由于 X_i 作为随机向量$(X_1,\cdots,X_n)$的一个分量,从后者的分布中派生出的分布而已,别无其

他.至于“边缘”一词的由来,已在例 2.6 中解释过了.

与此相应,为了强调($X_1,\cdots,X_n$)的分布是把 $X_1,\cdots,X_n$ 作为一个有联系的整体来考虑的,有时把它称为 $X_1,\cdots,X_n$ 的“联合分布”.

另外,边缘分布也可以不只是一维的.例如,$X=(X_1,X_2,X_3)$的分布也决定了其任一部分,例如(X_1,X_3)的二维分布,这也称为边缘分布.有关公式也不难导出,此处不细讲了.

2.3　条件概率分布与随机变量的独立性

2.3.1　条件概率分布的概念

一个随机变量或向量 X 的条件概率分布,就是在某种给定的条件之下 X 的概率分布.一如以前我们在讨论条件概率时所指出的,任何事件的概率都是“有条件的”,即与这个事件联系着的试验的条件,如骰子是均匀的立方体且抛掷的高度足够大之类.因此,任何随机变量或向量的分布,也无不是在一定条件下.但此处所谈的条件分布,是在试验中所规定的“基本”条件之外再附加的条件.它一般采取如下的形式:设有两个随机变量或向量 X,Y,在给定了 Y 取某个或某些值的条件下,去求 X 的条件分布.

例如,考虑一大群人,从其中随机抽取一个,分别以 X_1 和 X_2 记其体重和身高,则 X_1,X_2 都是随机变量,它们都有一定的概率分布.现在如限制 $1.7\leqslant X_2\leqslant 1.8$(米),在这个条件下去求 X_1 的条件分布,这就意味着要从这一大群人中把身高在 1.7 米和 1.8 米之间的那些人都挑出来,然后在挑出的人群中求其体重的分布.容易想像,这个分布与不设这个条件的分布(无条件分布)会很不一样.例如,在条件分布中体重取大值的概率会显著增加.

从这个例子也看出条件分布这个概念的重要性.在本例中,弄清了 X_1 的条件分布随 X_2 的值而变化的情况,就能了解身高对体重的影响在数量上的刻画.由于在许多问题中有关的变量往往是彼此有影响的,这使条件分布成为研究变量之间的相依关系的一个有力工具.这一点以后在第 6 章中还要做更深入的发挥.

2.3.2 离散型随机变量的条件概率分布

这种情况比较简单，实际上无非是第1章中讲过的条件概率概念在另一种形式下的重复. 设(X_1, X_2)为一个二维离散型随机向量，X_1 的全部可能值为 $a_1, a_2, \cdots$；X_2 的全部可能值为 $b_1, b_2, \cdots$；而(X_1, X_2)的联合概率分布为

$$p_{ij} = P(X_1 = a_i, X_2 = b_j) \quad (i, j = 1, 2, \cdots).$$

现在考虑 X_1 在给定 $X_2 = b_j$ 的条件下的条件分布，那无非是要找条件概率 $P(X_1 = a \mid X_2 = b_j)$. 依条件概率的定义，有

$$\begin{aligned} P(X_1 = a_i \mid X_2 = b_j) &= P(X_1 = a_i, X_2 = b_j)/P(X_2 = b_j) \\ &= p_{ij}/P(X_2 = b_j). \end{aligned}$$

再据公式(2.8)($n = 2$ 的情况)，有

$$P(X_2 = b_j) = \sum_k p_{kj},$$

于是

$$P(X_1 = a_i \mid X_2 = b_j) = p_{ij} \Big/ \sum_k p_{kj} \quad (i = 1, 2, \cdots). \tag{3.1}$$

类似地，有

$$P(X_2 = b_j \mid X_1 = a_i) = p_{ij} \Big/ \sum_k p_{ik} \quad (j = 1, 2, \cdots). \tag{3.2}$$

例 3.1 再考虑例 2.6. 根据公式(3.1)和(3.2)，不难算出在给定 X_2 时 X_1 的条件分布与给定 X_1 时 X_2 的条件分布. 例如，在给定 $X_2 = 0$ 时，有

$$\begin{aligned} P(X_1 = 1 \mid X_2 = 0) = 0.05/0.33 = 5/33, \\ P(X_1 = 3 \mid X_2 = 0) = 0.28/0.33 = 28/33. \end{aligned}$$

例 3.2 设$(X_1, X_2, \cdots, X_n)$服从多项分布 $M(N; p_1, \cdots, p_n)$. 试求在给定 $X_2 = k_2$ 的条件下 X_1 的条件分布.

先计算概率 $P(X_1 = k_1, X_2 = k_2)$. 这里假定 k_1, k_2 都是非负整数，且 $k_1 \leqslant N - k_2$. 按(2.3)式，有

$$P(X_1 = k_1, X_2 = k_2) = \sum_{k_3, \cdots, k_n}{}' \frac{N!}{k_1! 1 k_2! k_3! \cdots k_n!} p_1^{k_1} p_2^{k_2} p_3^{k_3} \cdots p_n^{k_n},$$

这里，$\sum_{k_3, \cdots, k_n}{}'$ 表示求和的范围为 $k_3, \cdots, k_n$ 都是非负整数，且 $k_3 + \cdots + k_n =$

$N-(k_1+k_2)$.令 $p_i{}'=p_i/(1-p_1-p_2)\ (i\geqslant 3)$,有

$$P(X_1=k_1,X_2=k_2)=\frac{N!}{k_1!k_2!(N-k_1-k_2)!}\cdot p_1{}^{k_1}p_2{}^{k_2}(1-p_1-p_2)^{N-k_1-k_2}C,$$

其中

$$C=\sum_{k_3,\cdots,k_n}{}'\frac{(N-k_1-k_2)!}{k_3!\cdots k_n!}p_3{}'^{k_3}\cdots p_n{}'^{k_n}.$$

由于 $p_3{}'+\cdots+p_n{}'=1$,考虑到上式求和的范围及多项展开式(2.4),即知 $C=1$.因此

$$P(X_1=k_1,X_2=k_2)=\frac{N!}{k_1!k_2!(N-k_1-k_2)!}\cdot p_1{}^{k_1}p_2{}^{k_2}(1-p_1-p_2)^{N-k_1-k_2}.$$

再根据例 2.7,X_2 的分布就是二项分布 $B(N,p_2)$.因此

$$\begin{aligned}
&P(X_1=k_1\mid X_2=k_2)\\
&=P(X_1=k_1,X_2=k_2)/P(X_2=k_2)\\
&=\frac{N!}{k_1!k_2!(N-k_1-k_2)!}p_1{}^{k_1}p_2{}^{k_2}(1-p_1-p_2)^{N-k_1-k_2}\\
&\quad\Big/\left[\frac{N!}{k_2!(N-k_2)!}p_2{}^{k_2}(1-p_2)^{N-k_2}\right]\\
&=\frac{(N-k_2)!}{k_1!(N-k_1-k_2)!}\left(\frac{p_1}{1-p_2}\right)^{k_1}\left(1-\frac{p_1}{1-p_2}\right)^{N-k_1-k_2}\\
&=b(k_1;N-k_2,p_1/(1-p_2))\quad(k=0,1,\cdots,N-k_2).
\end{aligned}$$

由此可知:在给定 $X_2=k_2$ 的条件下,X_1 的条件分布就是二项分布 $B(N-k_2,p_1/(1-p_2))$.

2.3.3 连续型随机变量的条件分布

设二维随机向量 $X=(X_1,X_2)$有概率密度函数 $f(x_1,x_2)$.我们先来考虑在限定 $a\leqslant x_2\leqslant b$ 的条件下 X_1 的条件分布.有

$$\begin{aligned}
&P(X_1\leqslant x_1\mid a\leqslant X_2\leqslant b)\\
&\quad=P(X_1\leqslant x_1,a\leqslant X_2\leqslant b)/P(a\leqslant X_2\leqslant b),
\end{aligned}$$

X_2 的边缘分布的密度函数 f_2 由(2.10)式给出.有

$$P(X_1 \leqslant x_1, a \leqslant X_2 \leqslant b) = \int_{-\infty}^{x_1} \mathrm{d}t_1 \int_a^b f(t_1, t_2)\mathrm{d}t_2,$$

$$P(a \leqslant X_2 \leqslant b) = \int_a^b f_2(t_2)\mathrm{d}t_2,$$

由此得到

$$P(X_1 \leqslant x_1 \mid a \leqslant X_2 \leqslant b) = \int_{-\infty}^{x_1} \mathrm{d}t_1 \int_a^b f(t_1, t_2)\mathrm{d}t_2 \bigg/ \int_a^b f_2(t_2)\mathrm{d}t_2.$$

这是 X_1 的条件分布函数.对 x_1 求导数,得到条件密度函数为

$$f_1(x_1 \mid a \leqslant X_2 \leqslant b) = \int_a^b f(x_1, t_2)\mathrm{d}t_2 \bigg/ \int_a^b f_2(t_2)\mathrm{d}t_2. \tag{3.3}$$

更有兴趣的是 $a=b$ 的情况,即在给定 X_2 等于一个值之下 X_1 的条件密度函数.这不能通过直接在(3.3)式中令 $a=b$ 得出,但可用极限步骤:

$$\begin{aligned} f_1(x_1 \mid x_2) &= f_1(x_1 \mid X_2 = x_2) \\ &= \lim_{h\to 0} f_1(x_1 \mid x_2 \leqslant X_2 \leqslant x_2 + h) \\ &= \lim_{h\to 0} \frac{1}{h}\int_{x_2}^{x_2+h} f(x_1, t_2)\mathrm{d}t_2 \bigg/ \left(\lim_{h\to 0} \frac{1}{h}\int_{x_2}^{x_2+h} f_2(t_2)\mathrm{d}t_2\right) \\ &= f(x_1, x_2)/f_2(x_2). \end{aligned} \tag{3.4}$$

这就是在给定 $X_2=x_2$ 的条件下 X_1 的条件密度函数.此式当然只有在 $f_2(x_2)>0$ 时才有意义.在上述取极限的过程中,还得假定函数 f_2 在 x_2 点连续,以及 $f(x_1,t_2)$ 作为 t_2 的函数在 $t_2=x_2$ 处连续.然而,用高等概率论的知识,可以在没有这种连续的假定下证明(3.4)式.

(3.4)式可改写为

$$f(x_1, x_2) = f_2(x_2)f_1(x_1 \mid x_2), \tag{3.5}$$

就是说:两个随机变量 X_1 和 X_2 的联合概率密度,等于其中一个变量的概率密度乘以在给定这一个变量之下另一个变量的条件概率密度.这个公式相应于条件概率的公式 $P(AB)=P(B)P(A|B)$.除(3.5)式外,当然也有

$$f(x_1, x_2) = f_1(x_1)f_2(x_2 \mid x_1), \tag{3.6}$$

其中 f_1 为 x_1 的边缘密度,而

$$f_2(x_2 \mid x_1) = f(x_1, x_2)/f_1(x_1) \tag{3.7}$$

则是在给定 $X_1 = x_1$ 的条件下 X_2 的条件密度.

这些公式反映的实质可推广到任意多个变量的场合:设有 n 维随机向量 $(X_1, \cdots, X_n)$,其概率密度函数为 $f(x_1, \cdots, x_n)$. 则

$$f(x_1, \cdots, x_n) = g(x_1, \cdots, x_k) h(x_{k+1}, \cdots, x_n \mid x_1, \cdots, x_k), \tag{3.8}$$

其中 g 是 $(X_1, \cdots, X_k)$ 的概率密度,而 h 则是在给定 $X_1 = x_1, \cdots, X_k = x_k$ 的条件下 $X_{k+1}, \cdots, X_n$ 的条件概率密度.(3.8)式可视为(3.6)式的直接推广,又可视为 $h(x_{k+1}, \cdots, x_n | x_1, \cdots, x_k)$ 的定义.

例 3.3 设 (X_1, X_2) 服从二维正态分布 $N(a, b, \sigma_1^2, \sigma_2^2, \rho)$. 求在给定 $X_1 = x_1$ 的条件下 X_2 的条件密度函数 $f_2(x_2 | x_1)$.

利用公式(3.7),(2.7)和(2.12),经过简单的计算,得出

$$f_2(x_2 \mid x_1) = \frac{1}{\sqrt{2\pi}\sigma_2\sqrt{1-\rho^2}} \exp\left[-\frac{(x_2 - (b + \rho\sigma_2\sigma_1^{-1}(x_1 - a)))^2}{2(1-\rho^2)\sigma_2^2}\right]. \tag{3.9}$$

这正是正态分布 $N(b + \rho\sigma_2\sigma_1^{-1}(x_1 - a), \sigma_2^2(1-\rho^2))$ 的概率密度函数(注意,在(3.9)式中 x_1 当常数看). 因此,正态变量的条件分布仍为正态,这是正态分布的一个重要性质.

正如我们在图 2.2(b)中所显示的,正态分布 $N(\mu, \sigma^2)$ 关于 μ 点对称,μ 就是分布的中心位置. 对正态分布(3.9)式,这个中心位置在

$$m(x_1) = b + \rho\sigma_2\sigma_1^{-1}(x_1 - a) \tag{3.10}$$

处,由这里可以看出 ρ 刻画了 X_1, X_2 之间的相依关系. 其解释如下:若 $\rho > 0$,则随着 x_1 的增加,X_2(在 $X_1 = x_1$ 之下)的条件分布的中心点 $m(x_1)$ 随 x_1 的增加而增加. 可以看出:这意味着当 x_1 增加时,X_2 取大值的可能性增加,即 X_2 有随着 X_1 的增长而增长的倾向(如体重与身高的关系那样). 反之,若 $\rho < 0$,则 X_2 有随着 X_1 增长而下降的倾向. 由于这个原因,通常把 $\rho > 0$ 的情况称为"正相关",而把 $\rho < 0$ 的情况称为"负相关". 这一点在下一章中还要谈到.

把(3.5)式两边对 x_2 积分,得

$$f_1(x_1) = \int_{-\infty}^{\infty} f(x_1, x_2) \mathrm{d}x_2 = \int_{-\infty}^{\infty} f_1(x_1 \mid x_2) f_2(x_2) \mathrm{d}x_2. \tag{3.11}$$

这个公式可解释为：X_1 的无条件密度 $f_1(x_1)$ 是其条件密度 $f_1(x_1|x_2)$ 对"条件" x_2 的平均，更确切地说，是以其概率大小为权的加权平均，因为 $f_2(x_2)\mathrm{d}x_2$ 正是 X_2 在 x_2 附近 $\mathrm{d}x_2$ 这么长的区间内的概率.从直观上看，这应当是很自然的.比如说，(X_1, X_2) 代表一大群人中随机抽出的一个人的体重和身高，X_1（体重）有其（无条件）分布，这可以看做各种不同的身高综合之后所呈现的分布，而不同于固定身高 $X_2 = x_2$ 时的条件分布.但把各种身高时体重的条件分布进行平均，也就实现了上述综合，即得到无条件分布.公式(3.11)正好从数学上反映了这种综合（或平均）的过程.

还要注意：公式(3.11)也可以看做全概率公式（第1章(3.17)式）在概率密度这种情况下的表现形式.在这里，$f_1(x_1)$ 相当于全概率公式中的 $P(A)$，$f_1(x_1|x_2)$ 相当于条件概率 $P(A|B_i)$，而(3.11)式中的积分正好相当于(3.17)式中的以 $P(B_i)$ 为权的加权和.

由此可见，在学习概率论时，不能光是形式地看待一些分析公式，更重要的是要分析其概率意义及直观意义，这样才能加深理解.上述对公式(3.11)的分析是一个例子.再如，在例3.3中我们用形式推导很容易得出了条件密度(3.9)式，只看这个形式推导，你可能觉得这里没有什么特别值得注意的地方.但经过分析(3.10)式中 ρ 的作用，再辅之以体重、身高这个实例，我们就领悟到了 ρ 作为刻画二者的相依性的作用，理解就深一层了.在下一章中，我们还要进一步讨论(3.9)式所反映出的其他概率含义.

2.3.4　随机变量的独立性

先考虑两个变量 X_1, X_2 的情况，并设 (X_1, X_2) 为连续型.如前，分别以 $f(x_1, x_2)$，$f_1(x_1)$，$f_2(x_2)$，$f_1(x_1|x_2)$，$f_2(x_2|x_1)$ 记联合、边缘与条件概率密度.

一般地，$f_1(x_1|x_2)$ 是随 x_2 的变化而变化的，这反映了 X_1 与 X_2 在概率上有相依关系的事实，即 X_1 的（条件）分布如何，取决于另一变量的值.

如果 $f_1(x_1|x_2)$ 不依赖于 x_2，因而只是 x_1 的函数，暂记为 $g(x_1)$，则表示 X_1 的分布情况与 X_2 取什么值完全无关，这时就称 X_1, X_2 这两个随机变量（在概率论意义上）独立.这个概念与事件独立的概念完全相似.

把 $f_1(x_1|x_2) = g(x_1)$ 代入(3.11)式，得

$$
\begin{aligned}
f_1(x_1) &= \int_{-\infty}^{\infty} g(x_1) f_2(x_2)\mathrm{d}x_2 = g(x_1)\int_{-\infty}^{\infty} f_2(x_2)\mathrm{d}x_2 \\
&= g(x_1),
\end{aligned}
$$

因此，X_1 的无条件密度 $f_1(x_1)$就等于其条件密度 $f_1(x_1|x_2)$，这也可取为独立性的定义.

再次，把 $f_1(x_1)=f_1(x_1|x_2)$代入(3.5)式，得

$$f(x_1,x_2) = f_1(x_1)f_2(x_2), \tag{3.12}$$

即(X_1,X_2)的联合密度等于其各分量的密度之积.这也可取为 X_1,X_2 独立的定义(此式相应于第1章(3.7)式).比之上述定义，它有其优越性：一是其形式关于两个变量对称；二是它总有意义，而在用条件密度去定义时，可能碰到条件密度在个别点无法定义(分母为0)的情况.

这个形式的另一个好处是它可以直接推广到任意多个变量的情形.我们就把它取为一般情况下的正式定义：

定义 3.1 设 n 维随机向量$(X_1,\cdots,X_n)$的联合密度函数为$f(x_1,\cdots,x_n)$，而 X_i 的(边缘)密度函数为 $f_i(x_i)$ $(i=1,\cdots,n)$.如果

$$f(x_1,\cdots,x_n) = f_1(x_1)\cdots f_n(x_n), \tag{3.13}$$

就称随机变量 $X_1,\cdots,X_n$ 相互独立，或简称独立.

变量独立性的概念还可以从另外的角度去考察.按前面的分析，它含有这种意思：如果 $X_1,\cdots,X_n$ 独立，则各变量取值的概率如何毫不受其他变量的影响.因此，若考察 n 个事件

$$A_1 = \{a_1 \leqslant X_1 \leqslant b_1\},\ \cdots,\ A_n = \{a_n \leqslant X_n \leqslant b_n\}, \tag{3.14}$$

则因各事件只涉及一个变量，它们应当是相互独立的事件，我们可以把这个要求取为变量 $X_1,\cdots,X_n$ 独立的定义.下面的定理证明，这与定义3.1是等价的，即同一件事的两种不同的说法.

定理 3.1 如果连续变量 $X_1,\cdots,X_n$ 独立，则对任何 $a_i<b_i$ $(i=1,\cdots,n)$，由(3.14)式定义的 n 个事件$A_1,\cdots,A_n$ 也独立.

反之，若对任何 $a_i<b_i$ $(i=1,\cdots,n)$，事件 $A_1,\cdots,A_n$ 独立，则变量 $X_1,\cdots,X_n$ 也独立.

证 先设 $X_1,\cdots,X_n$ 独立，因而(3.13)式成立.为证事件 $A_1,\cdots,A_n$ 独立，按第1章定义3.3，必须对任何 $i_1,\cdots,i_m$ $(1\leqslant i_1<i_2<\cdots<i_m\leqslant n)$去证明

$$P(A_{i_1}A_{i_2}\cdots A_{i_m}) = P(A_{i_1})P(A_{i_2})\cdots P(A_{i_m}).$$

为书写简单计，我们对 $i_1=1,i_2=2,\cdots,i_m=m$ 来证此式，这不影响普遍性.按

联合分布密度的定义(2.5)式,有

$$\begin{aligned}
P(A_1A_2\cdots A_m) &= P(a_1 \leqslant X_1 \leqslant b_1, \cdots, a_m \leqslant X_m \leqslant b_m) \\
&= P(a_1 \leqslant X_1 \leqslant b_1, \cdots, a_m \leqslant X_m \leqslant b_m, \\
&\quad -\infty < X_{m+1} < \infty, \cdots, -\infty < X_n < \infty) \\
&= \int_{-\infty}^{\infty}\cdots\int_{-\infty}^{\infty}\int_{a_m}^{b_m}\cdots\int_{a_1}^{b_1} f(x_1, \cdots, x_n)\mathrm{d}x_1\cdots\mathrm{d}x_n \\
&= \int_{-\infty}^{\infty}\cdots\int_{-\infty}^{\infty}\int_{a_m}^{b_m}\cdots\int_{a_1}^{b_1} f_1(x_1)\cdots f_n(x_n)\mathrm{d}x_1\cdots\mathrm{d}x_n \\
&= \int_{-\infty}^{\infty} f_n(x_n)\mathrm{d}x_n\cdots\int_{-\infty}^{\infty} f_{m+1}(x)\mathrm{d}x_{m+1}\int_{a_1}^{b_1} f_1(x_1)\mathrm{d}x_1 \\
&\quad \cdot\cdots\cdot\int_{a_m}^{b_m} f_m(x_m)\mathrm{d}x_m \\
&= \int_{a_1}^{b_1} f_1(x_1)\mathrm{d}x_1\cdots\int_{a_m}^{b_m} f_m(x_m)\mathrm{d}x_m \\
&= P(a_1 \leqslant X_1 \leqslant b_1)\cdots P(a_m \leqslant X_m \leqslant b_m).
\end{aligned}$$

这就证明了所要的结果.

另一方面,若对任何 $a_i < b_i$ $(i = 1, \cdots, n)$,(3.14)式中的 n 个事件独立,则取 $A_i = \{-\infty < X_i \leqslant x_i\}$ $(i = 1, \cdots, n)$,由

$$P(A_1A_2\cdots A_n) = P(A_1)P(A_2)\cdots P(A_n),$$

即得

$$\begin{aligned}
&\int_{-\infty}^{x_n}\cdots\int_{-\infty}^{x_2}\int_{-\infty}^{x_1} f(t_1, t_2, \cdots, t_n)\mathrm{d}t_1\cdots\mathrm{d}t_n \\
&\quad = \int_{-\infty}^{x_n} f_n(t_n)\mathrm{d}t_n\cdots\int_{-\infty}^{x_2} f_2(t_2)\mathrm{d}t_2\int_{-\infty}^{x_1} f_1(t_1)\mathrm{d}t_1.
\end{aligned}$$

上式两边依次对 $x_1, x_2, \cdots, x_n$ 取偏导数(即作$\partial^n/\partial x_1\partial x_2\cdots\partial x_n$),即得(3.13)式,因而证明了 $X_1, \cdots, X_n$ 独立.

下面再提出两个有关独立性的有用的结果:

定理 3.2 若连续型随机向量$(X_1, \cdots, X_n)$的概率密度函数$f(x_1, \cdots, x_n)$可表为 n 个函数$g_1, \cdots, g_n$ 之积,其中 g_i 只依赖于x_i,即

$$f(x_1, \cdots, x_n) = g_1(x_1)\cdots g_n(x_n), \tag{3.15}$$

则 $X_1, \cdots, X_n$ 相互独立,且 X_i 的边缘密度函数$f_i(x_i)$与 $g_i(x_i)$只相差一个常数因子.

证 按(2.11)式,知 X_1 的密度函数为

$$\begin{aligned} f_1(x_1) &= \int_{-\infty}^{\infty}\cdots\int_{-\infty}^{\infty} f(x_1,x_2,\cdots,x_n)\mathrm{d}x_2\cdots\mathrm{d}x_n \\ &= g_1(x_1)\int_{-\infty}^{\infty} g_2(x_2)\mathrm{d}x_2\cdots\int_{-\infty}^{\infty} g_n(x_n)\mathrm{d}x_n \\ &= C_1 g_1(x_1), \end{aligned}$$

其中 C_1 为常数.同法证明 X_i 的密度函数为 $C_i g_i(x_i)$ $(i=1,2,\cdots,n)$.从而有

$$\begin{aligned} f_1(x_1)\cdots f_n(x_n) &= C_1\cdots C_n g_1(x_1)\cdots g_n(x_n) \\ &= C_1\cdots C_n f(x_1,\cdots,x_n) \\ &= f(x_1,\cdots,x_n) \quad (\text{易推出 } C_1\cdots C_n = 1). \end{aligned}$$

故由定义 3.1 知 $X_1,\cdots,X_n$ 独立.

定理 3.3 若 $X_1,\cdots,X_n$ 相互独立,而

$$Y_1 = g_1(X_1,\cdots,X_m),\quad Y_2 = g_2(X_{m+1},\cdots,X_n),$$

则 Y_1 和 Y_2 独立.

这个定理在直观上的意义很明白:因为 $X_1,\cdots,X_n$ 相互独立,把它分成两部分 $X_1,\cdots,X_m$ 及 $X_{m+1},\cdots,X_n$,二者没有关系.因为 Y_1,Y_2 分别只与前者和后者有关,它们之间也不应有相依关系.证明细节也不难写出,在此从略了.

以上讨论的是关于连续型变量的独立性,至于离散型变量,则更为简单.

定义 3.2 设 $X_1,\cdots,X_n$ 都是离散型随机变量.若对任何常数 $a_1,\cdots,a_n$,都有

$$P(X_1 = a_1,\cdots,X_n = a_n) = P(X_1 = a_1)\cdots P(X_n = a_n),$$

则称 $X_1,\cdots,X_n$ 相互独立.

所有关于独立性的定理,如定理 3.1 至定理 3.3,全都适用于离散型.唯一的变动是:凡是在这些定理中提到“密度函数”的地方,现在要改为“概率函数”.

例 3.4 设(X_1,X_2)服从二维正态分布 $N(a,b,\sigma_1{}^2,\sigma_2{}^2,\rho)$.由其联合密度函数 $f(x_1,x_2)$的形式(2.7)式看出:当且仅当 $\rho=0$ 时,$f(x_1,x_2)$才可以表为两个边缘密度 $f_1(x_1)$和 $f_2(x_2)$之积.因此,当且仅当 $\rho=0$ 时,X_1 和 X_2 独立.这进一步反映了我们以前提及的一点事实:ρ 这个参数与 X_1,X_2

的相依性有关.

例 3.5　考虑例 2.4 中的随机向量(X_1,X_2).根据例 2.9 的结果,不难知道X_1,X_2不为独立.

与事件的独立性一样,在实际问题中,变量的独立性往往不是从其数学定义去验证出来的.相反,常是从变量产生的实际背景判断它们独立(或者其相依性很微弱,因而可近似地认为是独立的),然后再使用独立性定义中所赋予的性质和独立性的有关定理.例如,一个城市中两个相距较远的路段在一定时间内各自发生的交通事故数,一个人的姓氏笔画与其智商,等等.在实际中,n个变量$X_1,\cdots,X_n$的独立性通常是这样产生的:有n个彼此无关联的试验$E_1,\cdots,E_n$,而X_i只依赖于试验E_i的结果.形式上我们可以构造一个复合试验$E=(E_1,\cdots,E_n)$,以把这n个变量都包容在这个试验E之下.这种观点在讲事件的独立性时已提到过了.

然而,在主要是理论的情况下,需要直接借助于定义来验证变量的独立性.举一个例子.

例 3.6　设X_1,X_2独立,都服从标准正态分布$N(0,1)$.把点(X_1,X_2)的极坐标记为(R,Θ) $(0\leqslant R<\infty,0\leqslant\Theta<2\pi)$.求证:$R$和$\Theta$独立(图 2.9).

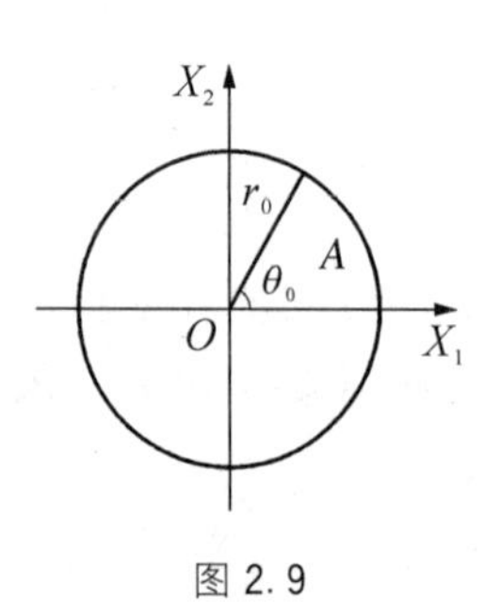

图 2.9

取定$r_0>0,0<\theta_0<2\pi$.考虑事件$B=\{0\leqslant R\leqslant r_0,0\leqslant\Theta\leqslant\theta_0\}$.由于$X_1,X_2$独立,且各自的密度函数分别为$(\sqrt{2\pi})^{-1}\mathrm{e}^{-x_1{}^2/2}$和$(\sqrt{2\pi})^{-1}\mathrm{e}^{-x_2{}^2/2}$,由独立性的定义 3.1 知$(X_1,X_2)$的联合密度为$(2\pi)^{-1}\exp\left(-\dfrac{1}{2}(x_1{}^2+x_2{}^2)\right)$.因此,按密度函数的定义(2.5)式,有

$$P(B)=\iint_B(2\pi)^{-1}\exp\left[-\frac{1}{2}(x_1{}^2+x_2{}^2)\right]\mathrm{d}x_1\mathrm{d}x_2.$$

化为极坐标,得

$$P(0\leqslant R\leqslant r_0,0\leqslant\Theta\leqslant\theta_0)=(2\pi)^{-1}\int_0^{\theta_0}\int_0^{r_0}\mathrm{e}^{-r^2/2}r\mathrm{d}r\mathrm{d}\theta.$$

由这个等式直接看出:(R,Θ)的概率密度函数就是$(2\pi)^{-1}\mathrm{e}^{-r^2/2}r$(当$0\leqslant r<\infty$,$0\leqslant\theta<2\pi$时;其他处为 0).它是下述两个函数的乘积:

$$f_1(r) = \begin{cases} e^{-r^2/2} r, & \text{当 } r \geqslant 0 \text{ 时} \\ 0, & \text{当 } r < 0 \text{ 时} \end{cases},$$

$$f_2(\theta) = \begin{cases} 1/(2\pi), & \text{当 } 0 \leqslant \theta < 2\pi \text{ 时} \\ 0, & \text{其他} \end{cases},$$

按定理3.2,即得知 R 与 Θ 独立,且 R 与 Θ 的密度函数分别是 $f_1(r)$ 和 $f_2(\theta)$.

离散型变量独立性的一个重要例子涉及事件独立性与随机变量独立性之间的关系.

例 3.7 设有 n 个事件 $A_1, A_2, \cdots, A_n$.针对每个事件 A_i,可定义一个随机变量 X_i 如下:

$$X_i = \begin{cases} 1, & \text{当事件 } A \text{ 发生时} \\ 0, & \text{当事件 } A \text{ 不发生时} \end{cases}. \tag{3.16}$$

常把 X_i 称为事件 A 的指示变量或指示函数、示性函数(Indicator),意思是其值"指示"了 A 是否发生.这个写法表明:事件可视作随机变量的一种特例.

不难证明:若事件 $A_1, \cdots, A_n$ 独立,则其指示变量 $X_1, \cdots, X_n$ 独立.反之亦成立.证明是基于第1章的系3.3,我们把细节留给读者自己去完成.

利用指示变量的概念,可以对第1章系3.2后面那段话做出统一而简洁的论证.若事件 $A_1, \cdots, A_n$ 独立,而事件 B_1 取决于 $A_1, \cdots, A_m$(这意思是说,一旦知道了事件 $A_1, \cdots, A_m$ 中每一个发生与否,就能定下 B_1 发生与否),事件 B_2 取决于 $A_{m+1}, \cdots, A_n$,则 B_1 与 B_2 独立.转到指示变量:分别以 $X_1, \cdots, X_n$ 记 $A_1, \cdots, A_n$ 的指示变量,以 Y_1 和 Y_2 分别记 B_1 和 B_2 的指示变量.按假定,后者分别是 $X_1, \cdots, X_m$ 与 $X_{m+1}, \cdots, X_n$ 的函数:

$$Y_1 = g_1(X_1, \cdots, X_m), \quad Y_2 = g_2(X_{m+1}, \cdots, X_n).$$

由 $A_1, \cdots, A_n$ 独立知随机变量 $X_1, \cdots, X_n$ 独立.再根据定理3.3,即知 Y_1 与 Y_2 独立,因而事件 B_1 和 B_2 独立.

例 3.8 设$(X_1, \cdots, X_n)$服从多项分布 $M(N; p_1, \cdots, p_n)$ ($p_i > 0$ ($i = 1, \cdots, n$)).对任何 $u \neq v$, X_u 和 X_v 不独立.

这个结论从直观上看甚为明显:按多项分布的定义,有 $X_1 + \cdots + X_n = N$.若 $n > 2$,则虽然 X_u 并不足以唯一决定 X_v,但二者有关.例如,当 x_u 取很大的值时,x_v 取大值的可能性就降低.这说明,X_v 在给定 X_u 之下的条件分布取决于 X_u 的给定值,因而不符合独立性的要求.形式的证明也不难做出,留给读者去完成.

2.4 随机变量的函数的概率分布

在理论和应用上,经常碰到这种情况:已知某个或某些随机变量 $X_1,\cdots,X_n$ 的分布,现另有一些随机变量 $Y_1,\cdots,Y_m$,它们都是 $X_1,\cdots,X_n$ 的函数:

$$Y_i = g_i(X_1,\cdots,X_n) \quad (i = 1,\cdots,m), \tag{4.1}$$

要求$(Y_1,\cdots,Y_m)$的概率分布.事实上,我们已经考虑过这样的一个例子,即例3.6.

在数理统计学中常碰到这种问题.在那里,$X_1,\cdots,X_n$ 是原始的观察或试验数据,$Y_1,\cdots,Y_m$ 则是为某种目的将这些数据“加工”而得的量,称为“统计量”.例如,$X_1,\cdots,X_n$ 可能是对某个未知量 a 做 n 次量测的结果,量测有误差,我们决定用 $X_1,\cdots,X_n$ 的算术平均值$\overline{X}=(X_1+\cdots+X_n)/n$ 去估计未知量 a,$\overline{X}$就是 $X_1,\cdots,X_n$ 的函数.

2.4.1 离散型分布的情况

这种情况比较简单,故只需稍加解释.例如,变量 X 取6个值 $-2,-1,0,1,2,3$,其概率分别为 1/12,3/12,3/12,2/12,1/12 和 2/12,而 $Y=X^3$.则 Y 取 $-8,-1,0,1,8,27$ 这6个值,它们没有相重的,故取这些值的概率就仍如上述.

但若考虑 $Y=X^2$,则情况有所不同.相应于 X 的6个值的 Y 值分别为4,1,0,1,4,9,其中有相重的.相重值的概率需要合并起来,即

$$P(Y=0)=P(X=0)=3/12,$$

$$P(Y=1)=P(X=1)+P(X=-1)=2/12+3/12=5/12,$$

$$P(Y=4)=P(X=2)+P(X=-2)=1/12+1/12=2/12,$$

$$P(Y=9)=P(X=3)=2/12.$$

一般情况在原则上也一样:把 $Y=g(X_1,\cdots,X_n)$可以取的不同值找出来,把与某个值相应的全部$(X_1,\cdots,X_n)$值的概率加起来,即得 Y 取这个值的概

率.当然,在实际做的时候,涉及的计算也可能并不简单.

例 4.1 设$(X_1,X_2,\cdots,X_n)$服从多项分布 $M(N;p_1,\cdots,p_n)$ $(n\geqslant 3)$.试求 $Y=X_1+X_2$ 的分布.

Y 取值为 $0,1,\cdots,N$.指定 k,有

$$P(Y=k)=\sum{}'\frac{N!}{k_1!k_2!k_3!\cdots k_n!}p_1{}^{k_1}p_2{}^{k_2}p_3{}^{k_3}\cdots p_n{}^{k_n},$$

这里,$\sum{}'$ 表示求和的范围为

$$k_i \text{ 为非负整数},\ k_1+k_2=k,\ k_1+\cdots+k_n=N.$$

记 $p_i{}'=p/(1-p_1-p_2)$ $(i=3,\cdots,n)$,则 $p_3{}'+\cdots+p_n{}'=1$.将上式写为

$$P(Y=k)=\frac{N!}{k!(N-k)!}(1-p_1-p_2)^{N-k}\sum{}''\frac{k!}{k_1!k_2!}p_1{}^{k_1}p_2{}^{k_2}$$
$$\cdot\sum{}'''\frac{(N-k)!}{k_3!\cdots k_n!}p_3{}'^{k_3}\cdots p_n{}'^{k_n},$$

这里,$\sum{}''$ 求和的范围为:k_1,k_2 为非负整数,$k_1+k_2=k$;$\sum{}'''$ 求和的范围为:$k_3,\cdots,k_n$ 为非负整数,$k_3+\cdots+k_n=N-k$.由于 $p_3{}'+\cdots+p_n{}'=1$,由(2.4)式知 $\sum{}'''$ 这个和的值是 1;$\sum{}''$ 这个和的值为$(p_1+p_2)^k$.于是得到

$$\begin{aligned}P(Y=k)&=\frac{N!}{k!(N-k)!}(p_1+p_2)^k[1-(p_1+p_2)]^{N-k}\\&=b(k;N,p_1+p_2).\end{aligned}$$

即 Y 服从二项分布 $B(N,p_1+p_2)$.

如果从概率意义的角度去考虑,这个结果不用计算就可以知道.在定义多项分布时有 n 个事件 $A_1,A_2,A_3,\cdots,A_n$,$X_1,X_2,X_3,\cdots,X_n$ 分别是它们在 N 次试验中发生的次数.现若记 $A=A_1+A_2$,则事件 $A,A_3,\cdots,A_n$ 仍构成一个完备事件群,其概率分别为 $p_1+p_2,p_3,\cdots,p_n$.记 $Y=X_1+X_2$,则$(Y,X_3,\cdots,X_n)$构成多项分布 $M(N;p_1+p_2,p_3,\cdots,p_n)$,而 Y 成为这个多项分布的一个边缘分布.于是,按例 2.7 即得出上述结论.

这就是我们在前面几个地方曾提及的概率思维.概率论中有不少结果可以用纯分析方法证明,但如利用概率思维,有时证明可以简化.学习概率论的一个要素在于锻炼这种概率思维.

例 4.2 设 X_1 和 X_2 独立,分别服从二项分布 $B(n_1,p)$和 $B(n_2,p)$(注

意,p 是公共的),求 $Y=X_1+X_2$ 的分布.

Y 的可能值为 $0,1,\cdots,n_1+n_2$.固定 k 于上述范围内,由独立性假定,有

$$\begin{aligned}P(Y=k)&=\sum{}'P(X_1=k_1,X_2=k_2)\\&=\sum{}'\binom{n_1}{k_1}p^{k_1}(1-p)^{n_1-k_1}\binom{n_2}{k_2}p^{k_2}(1-p)^{n_2-k_2}\\&=\sum{}'\binom{n_1}{k_1}\binom{n_2}{k_2}p^k(1-p)^{n_1+n_2-k},\end{aligned}$$

此处 $\sum{}'$ 求和的范围为:k_1,k_2 为非负整数,$k_1+k_2=k$.按第1章公式(2.5),得 $\sum{}'\binom{n_1}{k_1}\binom{n_2}{k_2}=\binom{n_1+n_2}{k}$,于是

$$P(Y=k)=\binom{n_1+n_2}{k}p^k(1-p)^{n_1+n_2-k}=b(k;n_1+n_2,p).$$

即 Y 服从二项分布 $B(n_1+n_2,p)$.

这个结果很容易推广到多个变量的情形:若 $X_i\sim B(n_i,p)\ (i=1,\cdots,m)$,而 $X_1,\cdots,X_m$ 独立,则 $X_1+\cdots+X_m\sim B(n_1+\cdots+n_m,p)$.证明不难用归纳法作出,细节留给读者.

上述结论如用"概率思维",则不证自明.按二项分布的定义,若 $X\sim B(n,p)$,则 X 是在 n 次独立试验中事件 A 出现的次数,而在每次试验中 A 的概率保持为 p.今 X_i 是在 n_i 次试验中 A 出现的次数,每次试验 A 出现的概率为 p.故 $Y=X_1+\cdots+X_m$ 是在 $n_1+\cdots+n_m$ 次独立试验中 A 出现的次数,而在每次试验中 A 出现的概率保持为 p.故按定义即得 $Y\sim B(n_1+\cdots+n_m,p)$.

例4.3 设 X_1,X_2 独立,分别服从泊松分布 $P(\lambda_1)$ 和 $P(\lambda_2)$(见例1.2).证明:$Y=X_1+X_2$ 服从泊松分布 $P(\lambda_1+\lambda_2)$.

Y 的可能值仍为一切非负整数.固定这样一个 k,则由独立性假定及泊松分布的形式(1.7)式,有

$$\begin{aligned}P(Y=k)&=\sum{}'P(X_1=k_1,X_2=k_2)\\&=\sum{}'P(X_1=k_1)P(X_2=k_2)\\&=\sum{}'\mathrm{e}^{-\lambda_1}\lambda_1{}^{k_1}/k_1!\cdot\mathrm{e}^{-\lambda_2}\lambda_2{}^{k_2}/k_2!\\&=\mathrm{e}^{-(\lambda_1+\lambda_2)}/k!\cdot\sum{}'\frac{k!}{k_1!k_2!}\lambda_1{}^{k_1}\lambda_2{}^{k_2},\end{aligned}$$

这里，$\sum'$ 的求和范围与上例相同，因而这个和等于$(\lambda_1+\lambda_2)^k$.故

$$P(Y=k)=\mathrm{e}^{-(\lambda_1+\lambda_2)}(\lambda_1+\lambda_2)^k/k!,$$

因而证明了所要的结果.这个结果也自然地可推广到多个变量的情形.

在例1.2后面我们对泊松分布通过二项分布而产生的过程做了一个解释，利用这个解释的架构，不需计算即可容易看出这个结论.我们留给读者自己去完成.这样解释的目的，倒不在于避免计算(就本例而言，计算很简单，可能比通过上述解释还简便些)，而是它使人了解为什么会有这个结果(前面几个例子也如此).形式的计算使人相信结果是对的，但不能提供直观上的启发性.

2.4.2 连续型分布的情况：一般讨论

本节的其余部分将讨论更有兴趣的连续型情况.这一段对处理这种问题的一般方法做些介绍，然后在2.4.3和2.4.4两段中，分别对两个在数理统计学上重要的情况专门进行讨论，并由此引出数理统计学上几个重要的概率分布.

先考虑一个变量的情况.设 X 有密度函数 $f(x)$.设 $Y=g(x)$，g 是一个严格上升的函数，即当 $x_1<x_2$ 时，必有 $g(x_1)<g(x_2)$.又设 g 的导数 g' 存在.由于 g 的严格上升性，其反函数 $X=h(Y)$ 存在，且 h 的导数 h' 也存在.

任取实数 y.因 g 严格上升，有

$$P(Y\leqslant y)=P(g(X)\leqslant y)=P(X\leqslant h(y))=\int_{-\infty}^{h(y)}f(t)\mathrm{d}t.$$

Y 的密度函数 $l(y)$ 即是这个表达式对 y 求导数(见定义1.3)，有

$$l(y)=f(h(y))h'(y).\tag{4.2}$$

如果 $Y=g(X)$，而 g 是严格下降的，则$\{g(X)\leqslant y\}$相当于$\{X\geqslant h(Y)\}$.于是

$$P(Y\leqslant y)=P(g(X)\leqslant y)=P(X\geqslant h(y))=\int_{h(y)}^{\infty}f(t)\mathrm{d}t.$$

对 y 求导数，得 Y 的密度函数

$$l(y)=-f(h(y))h'(y).\tag{4.3}$$

因为当 g 严格下降时其反函数 h 也严格下降，故 $h'(y)<0$.这样，$l(y)$ 仍为非负的.总结(4.2)和(4.3)两式，得知在 g 严格单调(上升、下降都可以)的情况下，总有 $g(X)$ 的密度函数 $l(y)$ 为

$$l(y) = f(h(y)) \mid h'(y) \mid. \tag{4.4}$$

例 4.4 设 $Y = aX + b\ (a \neq 0)$，则反函数为 $X = (Y - b)/a$. 由(4.4)式得出：$aX + b$ 的密度函数为

$$l(y) = f((y - b)/a)/\mid a \mid. \tag{4.5}$$

若 X 有正态分布 $N(\mu,\sigma^2)$，则根据正态密度函数的表达式(1.14)和公式(4.5)，易算出 $aX + b$ 服从正态分布 $N(a\mu + b, a^2\sigma^2)$. 特别地，当 $Y = (X - \mu)/\sigma$ 时，有 $Y \sim N(0,1)$. 这一点在例 1.6 中已指出过了.

当 $Y = g(X)$ 而 g 不为严格单调时，情况复杂一些，但并无原则困难. 我们不去考虑一般情况，而只注意一个特例 $Y = X^2$. 仍以 f 记 X 的概率密度. 因 Y 非负，有 $P(Y \leqslant y) = 0\ (y \leqslant 0)$. 若 $y > 0$，则有

$$\begin{aligned} P(Y \leqslant y) &= P(X^2 \leqslant y) = P(-\sqrt{y} \leqslant X \leqslant \sqrt{y}) \\ &= \int_{-\sqrt{y}}^{\sqrt{y}} f(t)\,\mathrm{d}t. \end{aligned}$$

对 y 求导数，得 Y 的密度函数 $l(y)$ 为

$$l(y) = \frac{1}{2} y^{-1/2} [f(\sqrt{y}) + f(-\sqrt{y})] \quad (y > 0).$$

而当 $y \leqslant 0$ 时 $l(y) = 0$. 下面的特例很重要.

例 4.5 若 $X \sim N(0,1)$，试求 $Y = X^2$ 的密度函数.

以 $f(x) = (\sqrt{2\pi})^{-1} \mathrm{e}^{-x^2/2}$ 代入上式，得

$$l(y) = \begin{cases} (\sqrt{2\pi y})^{-1} \mathrm{e}^{-y/2}, & \text{当 } y > 0 \text{ 时} \\ 0, & \text{当 } y \leqslant 0 \text{ 时} \end{cases}. \tag{4.6}$$

现在考虑多个变量的函数的情况，以两个为例. 设 (X_1, X_2) 的密度函数为 $f(x_1, x_2)$，Y_1, Y_2 都是 (X_1, X_2) 的函数：

$$Y_1 = g_1(X_1, X_2), \quad Y_2 = g_2(X_1, X_2), \tag{4.7}$$

要求 (Y_1, Y_2) 的概率密度函数 $l(y_1, y_2)$. 在此，我们要假定(4.7)式是 (X_1, X_2) 到 (Y_1, Y_2) 的一一对应变换，因而有逆变换

$$X_1 = h_1(Y_1, Y_2), \quad X_2 = h_2(Y_1, Y_2). \tag{4.8}$$

又假定 g_1,g_2 都有一阶连续偏导数.这时,逆变换(4.8)的函数 h_1,h_2 也有一阶连续偏导数,且在一一对应变换的假定下,雅可比行列式

$$J(y_1,y_2)=\begin{vmatrix}\partial h_1/\partial y_1 & \partial h_1/\partial y_2\\ \partial h_2/\partial y_1 & \partial h_2/\partial y_2\end{vmatrix} \tag{4.9}$$

不为0.

现在我们在(Y_1,Y_2)的平面上任取一个区域 A.在变换(4.8)之下,这个区域变到(X_1,X_2)平面上的区域 B.也就是说,事件$\{(Y_1,Y_2)\in A\}$等于事件$\{(X_1,X_2)\in B\}$.考虑到 f 是(X_1,X_2)的密度函数,有

$$P((Y_1,Y_2)\in A)=P((X_1,X_2)\in B)=\iint\limits_B f(x_1,x_2)\mathrm{d}x_1\mathrm{d}x_2.$$

使用重积分变量代换的公式,在变换(4.8)之下,上式最右端一项的重积分变换为

$$P((Y_1,Y_2)\in A)=\iint\limits_A f(h_1(y_1,y_2),h_2(y_1,y_2))\mid J(y_1,y_2)\mid \mathrm{d}y_1\mathrm{d}y_2, \tag{4.10}$$

此式对(Y_1,Y_2)平面上任何区域 A 都成立.于是,按定义2.2(见(2.5)式),即得(Y_1,Y_2)的密度函数为

$$l(y_1,y_2)=f(h_1(y_1,y_2),h_2(y_1,y_2))\mid J(y_1,y_2)\mid. \tag{4.11}$$

一个重要的特例是线性变换

$$Y_1=a_{11}X_1+a_{12}X_2,\quad Y_2=a_{21}X_1+a_{22}X_2. \tag{4.12}$$

假定变换的行列式 $a_{11}a_{22}-a_{12}a_{21}\neq 0$,则逆变换(4.8)存在且仍为线性变换:

$$X_1=b_{11}Y_1+b_{12}Y_2,\quad X_2=b_{21}Y_1+b_{22}Y_2. \tag{4.13}$$

此变换的雅可比行列式为常数:

$$J(y_1,y_2)=J=b_{11}b_{22}-b_{12}b_{21}=(a_{11}a_{22}-a_{12}a_{21})^{-1}.$$

按(4.11)式,得出(Y_1,Y_2)的密度函数为

$$l(y_1,y_2)=f(b_{11}y_1+b_{12}y_2,b_{21}y_1+b_{22}y_2)\mid b_{11}b_{22}-b_{12}b_{21}\mid. \tag{4.14}$$

例 4.6 再回过头来考虑例3.6.为与此处记号一致,把该例中的 R 和 Θ 分别记为 Y_1,Y_2,这时逆变换(4.8)为

$$X_1 = Y_1 \cos Y_2, \quad X_2 = Y_1 \sin Y_2,$$

雅可比行列式为

$$J(y_1, y_2) = \begin{vmatrix} \cos y_2 & -y_1 \sin y_2 \\ \sin y_2 & y_1 \cos y_2 \end{vmatrix} = y_1.$$

因为(X_1, X_2)的密度函数为

$$f(x_1, x_2) = \frac{1}{2\pi} \exp\left[-\frac{1}{2}(x_1{}^2 + x_2{}^2)\right],$$

而 $x_1{}^2 + x_2{}^2 = y_1{}^2 \cos^2 y_2 + y_1{}^2 \sin^2 y_2 = y_1{}^2$，由公式(4.11)，得$(Y_1, Y_2)$的概率密度函数为$\frac{1}{2\pi} e^{-y_1{}^2/2} y_1$，变量范围为 $0 \leqslant y_1 < \infty$，$0 \leqslant y_2 < 2\pi$；在这个范围之外为 0. 这与例 3.6 中求出的一致.

本例还提醒了我们一点：必须注意变换以后变量的范围. 光从公式(4.11)上有时并不能看清这一点. 在本例中，因为(Y_1, Y_2)是点的极坐标，其范围易于判定，在有些例子中，则需经过一定的判断. 看下面的例子.

例 4.7　设 X_1，X_2 独立，都服从指数分布(1.20)式，其中 $\lambda = 1$. 而设 $Y_1 = X_1 + X_2$，$Y_2 = X_1 - X_2$，求(Y_1, Y_2)的密度函数.

用公式(4.11)不难算出密度函数为 $l(y_1, y_2) = \frac{1}{2} e^{-y_1}$. 问题在于：这个表达式只在一定范围 B 内有效，在 B 外为 0. B 是什么？这就要考虑到(X_1, X_2)在第一象限 A 内大于 0. A 的两条边，即两轴的正半部，分别相应于(Y_1, Y_2)平面上的直线 $Y_1 = Y_2$ 和 $Y_1 = -Y_2$(见图 2.10). 另外，$Y_1 = X_1 + X_2$ 必大于 0. 故(Y_1, Y_2)只能落在上述两条直线所夹出的包含 Y_1 正半轴的那部分区域，即图 2.10 中标示的 B.

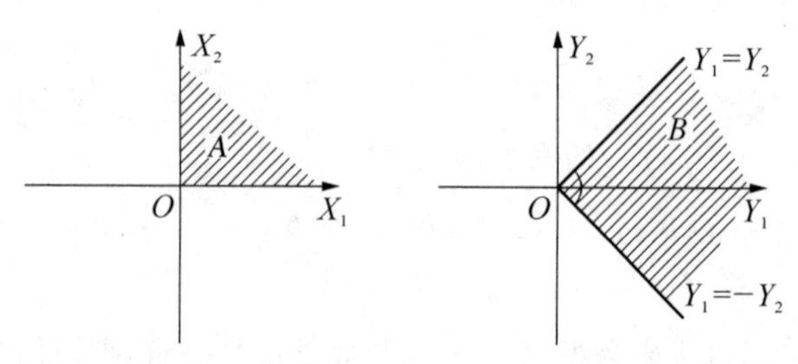

图 2.10

有时，我们所要求的只是一个函数

$$Y_1 = g_1(X_1, X_2)$$

的分布. 一个办法是对任何 y 找出 $\{Y_1 \leqslant y\}$ 在 (X_1, X_2) 平面上对应的区域 $\{g_1(X_1, X_2) \leqslant y\}$，记为 A_y. 然后由 $P(Y_1 \leqslant y) = \iint\limits_{A_y} f(x_1, x_2)\mathrm{d}x_1\mathrm{d}x_2$ 找出 Y_1 的分布. 另一个办法是配上另一个函数 $Y_2 = g_2(X_1, X_2)$，使 (X_1, X_2) 到 (Y_1, Y_2) 成一一对应变换；然后按(4.11)式找出 (Y_1, Y_2) 的联合密度函数 $l(y_1, y_2)$；最后，Y_1 的密度函数由公式 $\int_{-\infty}^{\infty} l(y_1, y_2)\mathrm{d}y_2$ 给出(见(2.9)式). 后面将给出使用这个方法的重要例子.

以上所说可完全平行地推广到 n 个变量的情形：设 $(X_1, \cdots, X_n)$ 有密度函数 $f(x_1, \cdots, x_n)$，而

$$Y_i = g_i(X_1, \cdots, X_n) \quad (i = 1, \cdots, n)$$

构成 $(X_1, \cdots, X_n)$ 到 $(Y_1, \cdots, Y_n)$ 的一一对应变换，其逆变换为

$$X_i = h_i(Y_1, \cdots, Y_n) \quad (i = 1, \cdots, n),$$

此变换的雅可比行列式为

$$J(y_1, \cdots, y_n) = \begin{vmatrix} \partial h_1/\partial y_1 & \cdots & \partial h_1/\partial y_n \\ \vdots & & \vdots \\ \partial h_n/\partial y_1 & \cdots & \partial h_n/\partial y_n \end{vmatrix},$$

则 $(Y_1, \cdots, Y_n)$ 的密度函数为

$$l(y_1, \cdots, y_n) = f(h_1(y_1, \cdots, y_n), \cdots, h_n(y_1, \cdots, y_n)) \mid J(y_1, \cdots, y_n) \mid. \tag{4.15}$$

2.4.3 随机变量和的密度函数

设 (X_1, X_2) 的联合密度函数为 $f(x_1, x_2)$，要求

$$Y = X_1 + X_2$$

的密度函数.

一个办法是考虑事件

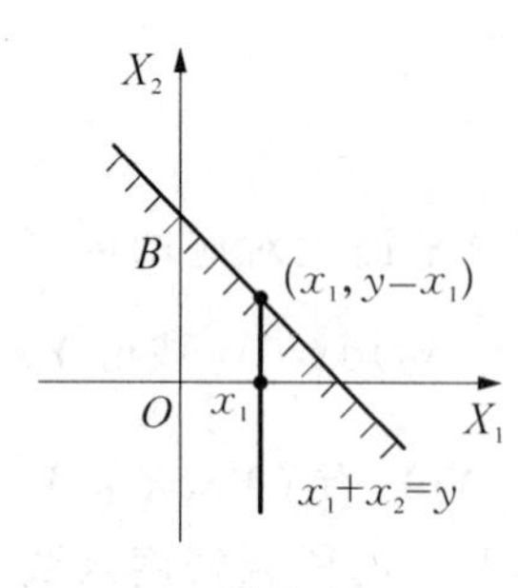

图 2.11

$$\{Y \leqslant y\} = \{X_1 + X_2 \leqslant y\},$$

它所对应的(X_1, X_2)坐标平面上的集合 B，就是图 2.11 中所示的直线 $x_1 + x_2 = y$ 的下方那部分．按密度函数的定义，有

$$P(Y \leqslant y) = P(X_1 + X_2 \leqslant y) = \iint_B f(x_1, x_2)\mathrm{d}x_1\mathrm{d}x_2.$$

将重积分化为累次积分，先固定 x_1，对 x_2 积分，积分范围为 $-\infty$ 到 $y - x_1$，如图所示．然后再对 x_1 从 $-\infty$ 到 ∞ 积分，结果得

$$P(Y \leqslant y) = \int_{-\infty}^{\infty}\left(\int_{-\infty}^{y-x_1} f(x_1, x_2)\mathrm{d}x_2\right)\mathrm{d}x_1.$$

对 y 求导数，即得 Y 的密度函数为

$$l(y) = \int_{-\infty}^{\infty} f(x_1, y - x_1)\mathrm{d}x_1 = \int_{-\infty}^{\infty} f(x, y - x)\mathrm{d}x. \tag{4.16}$$

作变量代换 $t = y - x$（注意 y 是固定的），再把积分变量 t 换回到 x，也得到

$$l(y) = \int_{-\infty}^{\infty} f(y - x, x)\mathrm{d}x. \tag{4.17}$$

如果 X_1, X_2 独立，则 $f(x_1, x_2) = f_1(x_1)f_2(x_2)$．这时(4.16)式和(4.17)式有形式

$$l(y) = \int_{-\infty}^{\infty} f_1(x)f_2(y - x)\mathrm{d}x = \int_{-\infty}^{\infty} f_1(y - x)f_2(x)\mathrm{d}x. \tag{4.18}$$

这个方法在数学上有一点不足的地方是要在积分号下求导数，这在理论上是有条件的．另一个做法是配上另一个函数，例如 $Z = X_1$，则

$$Y = X_1 + X_2, \quad Z = X_1,$$

构成(X_1, X_2)到(Y, Z)的一一对应变换．逆变换为

$$X_1 = Z, \quad X_2 = Y - Z,$$

雅可比行列式为 -1，绝对值为 1．按公式(4.11)，得(Y, Z)的联合密度函数为 $f(z, y - z)$．再依公式(2.9)，求得 Y 的密度函数 $l(y)$ 仍为(4.16)式．

例 4.8　设 X_1, X_2 独立，分别服从正态分布 $N(\mu_1, {\sigma_1}^2)$和$N(\mu_2, {\sigma_2}^2)$．求

$Y = X_1 + X_2$ 的密度函数.

由假定,利用(4.18)的第一式,有

$$l(y) = \frac{1}{2\pi\sigma_1\sigma_2}\int_{-\infty}^{\infty}\exp\left[-\frac{1}{2}\left(\frac{(x-\mu_1)^2}{\sigma_1{}^2}+\frac{(y-x-\mu_2)^2}{\sigma_2{}^2}\right)\right]dx. \quad (4.19)$$

经过一些初等代数的运算,不难得到

$$\frac{(x-\mu_1)^2}{\sigma_1{}^2}+\frac{(y-x-\mu_2)^2}{\sigma_2{}^2}=\frac{(y-\mu_1-\mu_2)^2}{\sigma_1{}^2+\sigma_2{}^2}+(ax-b)^2,$$

其中

$$a^{-1}=\frac{\sigma_1\sigma_2}{\sqrt{\sigma_1{}^2+\sigma_2{}^2}},$$

$$b=\frac{\sigma_1\sigma_2}{\sqrt{\sigma_1{}^2+\sigma_2{}^2}}(\mu_1\sigma_1{}^{-2}+(y-\mu_2)\sigma_2{}^{-2}).$$

代入(4.19)式,得

$$l(y)=(2\pi\sigma_1\sigma_2)^{-1}\exp\left[-\frac{(y-\mu_1-\mu_2)^2}{2(\sigma_1{}^2+\sigma_2{}^2)}\right]\int_{-\infty}^{\infty}e^{-\frac{1}{2}(ax-b)^2}dx.$$

注意 a,b 都与 x 无关,作变量代换 $t=ax-b$,并利用 $\int_{-\infty}^{\infty}e^{-t^2/2}dt=\sqrt{2\pi}$(见(1.15)式),即得

$$l(y)=\frac{1}{\sqrt{2\pi(\sigma_1{}^2+\sigma_2{}^2)}}\exp\left[-\frac{(y-\mu_1-\mu_2)^2}{2(\sigma_1{}^2+\sigma_2{}^2)}\right]. \quad (4.20)$$

这正是正态分布 $N(\mu_1+\mu_2,\sigma_1{}^2+\sigma_2{}^2)$ 的密度函数.由此可见,两个独立的正态变量的和仍服从正态分布,且有关的参数相加.

有趣的是,这个事实的逆命题也成立:如果 Y 服从正态分布,而 Y 表成两个独立随机变量 X_1,X_2 之和,则 X_1,X_2 必都服从正态分布.这个事实称为正态分布的“再生性”.一条蚯蚓砍成两段,仍各成一条蚯蚓,这称为蚯蚓的再生性.此处亦然:一个正态变量 Y 砍成独立的两段 X_1,X_2 ($Y=X_1+X_2$),各段 X_1,X_2 仍不失其正态性.这个深刻命题的证明超出了本书的范围.

不难证明:即使 X_1,X_2 不独立,只要其联合分布为二维正态分布 $N(\mu_1,\mu_2,\sigma_1{}^2,\sigma_2{}^2,\rho)$,则 $Y=X_1+X_2$ 仍为正态分布:$Y\sim N(\mu_1+\mu_2,\sigma_1{}^2+\sigma_2{}^2+2\rho\sigma_1\sigma_2)$.证明与本例相仿,细节留给读者.

本例可直接推广到 n 个变量的情形：若 $X_1,\cdots,X_n$ 相互独立，分别服从正态分布 $N(\mu_1,\sigma_1^2),\cdots,N(\mu_n,\sigma_n^2)$，则 $X_1+\cdots+X_n$ 服从正态分布 $N(\mu_1+\cdots+\mu_n,\sigma_1^2+\cdots+\sigma_n^2)$.

证明很容易.以三个变量的情形为例.记

$$Y = X_1 + X_2 + X_3 = Z + X_3, \quad Z = X_1 + X_2,$$

按本例结果有 $Z\sim N(\mu_1+\mu_2,\sigma_1^2+\sigma_2^2)$.又按定理 3.3，知 Z 与 X_3 独立.对 Z 和 X_3 应用本例，即得

$$Y = Z + X_3 \sim N(\mu_1+\mu_2+\mu_3,\sigma_1^2+\sigma_2^2+\sigma_3^2).$$

在介绍下面这个重要例子之前，我们先要引进两个重要的特殊函数.

Γ 函数（读作 Gamma 函数）$\Gamma(x)$：通过积分

$$\Gamma(x) = \int_0^\infty \mathrm{e}^{-t}t^{x-1}\mathrm{d}t \quad (x>0) \tag{4.21}$$

来定义.此积分在 $x>0$ 时有意义.

B 函数（读作 Beta 函数）$\mathrm{B}(x,y)$：通过积分

$$\mathrm{B}(x,y) = \int_0^1 t^{x-1}(1-t)^{y-1}\mathrm{d}t \quad (x>0,y>0) \tag{4.22}$$

来定义.此积分在 $x>0,y>0$ 时有意义.

直接算出 $\Gamma(1) = \int_0^\infty \mathrm{e}^{-t}\mathrm{d}t = 1$.而在作变量代换 $t=u^2$ 后，算出

$$\Gamma(1/2) = \int_0^\infty \mathrm{e}^{-t}t^{-1/2}\mathrm{d}t = \int_0^\infty \mathrm{e}^{-u^2}u^{-1}(2u\mathrm{d}u) = 2\int_0^\infty \mathrm{e}^{-u^2}\mathrm{d}u = \int_{-\infty}^\infty \mathrm{e}^{-u^2}\mathrm{d}u.$$

令 $u=v/\sqrt{2}$，并利用(1.15)式，得

$$\Gamma(1/2) = \frac{1}{\sqrt{2}}\int_{-\infty}^\infty \mathrm{e}^{-v^2/2}\mathrm{d}v = \frac{1}{\sqrt{2}}\sqrt{2\pi} = \sqrt{\pi}.$$

Γ 函数有重要的递推公式：

$$\Gamma(x+1) = x\Gamma(x). \tag{4.23}$$

事实上，$\Gamma(x+1) = \int_0^\infty \mathrm{e}^{-t}t^x\mathrm{d}t$，作分部积分，有

$$\int_0^\infty \mathrm{e}^{-t}t^x\mathrm{d}t = -\int_0^\infty t^x\mathrm{d}(\mathrm{e}^{-t}) = -t^x\mathrm{e}^{-t}\Big|_0^\infty + x\int_0^\infty \mathrm{e}^{-t}t^{x-1}\mathrm{d}t = x\Gamma(x).$$

由算出的 $\Gamma(1)$和 $\Gamma(1/2)$,可得出当 n 为正整数时 $\Gamma(n)$和$\Gamma(n/2)$的值(后者当 n 为奇数时,否则 $n/2$ 为整数):

$$\Gamma(n)=(n-1)!,\quad \Gamma(n/2)=1\cdot3\cdot5\cdots(n-2)2^{-(n-1)/2}\sqrt{\pi}. \tag{4.24}$$

例如

$$\begin{aligned}\Gamma(4)&=\Gamma(3+1)=3\Gamma(3)=3\cdot2\Gamma(2)=3\cdot2\cdot1\Gamma(1)\\&=3\cdot2\cdot1=3!,\end{aligned}$$

$$\begin{aligned}\Gamma(7/2)&=\Gamma(5/2+1)=(5/2)\Gamma(5/2)=(5/2)(3/2)\Gamma(3/2)\\&=(5/2)(3/2)(1/2)\Gamma(1/2)=1\cdot3\cdot5\cdot2^{-3}\sqrt{\pi}.\end{aligned}$$

Γ 函数与 B 函数之间有重要的关系式:

$$B(x,y)=\Gamma(x)\Gamma(y)/\Gamma(x+y). \tag{4.25}$$

这个公式的证明见本章附录 A.

由 Γ 函数的定义易知:若 $n>0$,则函数

$$k_n(x)=\begin{cases}\dfrac{1}{\Gamma\left(\dfrac{n}{2}\right)2^{n/2}}\mathrm{e}^{-x/2}x^{(n-2)/2}, & \text{当 } x>0 \text{ 时}\\ 0, & \text{当 } x\leqslant0 \text{ 时}\end{cases} \tag{4.26}$$

是概率密度函数.实际上,由 $k_n(x)$的定义知它非负.又(作变量代换 $x=2t$)

$$\int_0^\infty \mathrm{e}^{-x/2}x^{(n-2)/2}\mathrm{d}x=2^{n/2}\int_0^\infty \mathrm{e}^{-t}t^{(n-2)/2}\mathrm{d}t=2^{n/2}\Gamma\left(\frac{n}{2}\right),$$

故知$\int_{-\infty}^{\infty}k_n(x)\mathrm{d}x=\int_0^\infty k_n(x)\mathrm{d}x=1$.因而证明了它是密度函数.这个密度函数在统计学上很重要,且很有名,它称为“自由度为 n 的皮尔逊卡方密度”(相应的分布则称为卡方分布),常记为 χ_n^2.K·皮尔逊是英国统计学家,现代统计学的奠基人之一.在本书第 5 章中将涉及他的工作.

例 4.9 若 $X_1,\cdots,X_n$ 相互独立,都服从正态分布 $N(0,1)$*,则 $Y=$

---

* 常把这种情况说成 $X_1,\cdots,X_n$ 独立同分布,并缩记为 iid.(independently identically distributed),并说 $X_1,\cdots,X_n$ 有公共分布$N(0,1)$.注意,不要混淆“公共”分布和“联合”分布.整个这个假定可简记为:$X_1,\cdots,X_n$ iid.,$\sim N(0,1)$.

$X_1^2+\cdots+X_n^2$ 服从自由度为 n 的卡方分布 χ_n^2.

由例 4.5,并注意到 $\Gamma(1/2)=\sqrt{\pi}$,看出本例的结果当 $n=1$ 时成立.于是可用归纳法,设此结果当 n 改为 $n-1$ 时成立.表 Y 为 $Z+X_n^2$,其中 $Z=X_1^2+\cdots+X_{n-1}^2$,则由归纳假设,知 Z 有密度函数 $k_{n-1}(x)$.由例 4.5 知 X_n^2 有密度函数 $k_1(x)$.再由定理 3.3,知 Z 与 X_n^2 独立.于是按公式(4.18)(用前一式),知 Y 的密度函数为

$$l(y)=\int_{-\infty}^{\infty}k_{n-1}(x)k_1(y-x)\mathrm{d}x=\int_0^y k_{n-1}(x)k_1(y-x)\mathrm{d}x.$$

后一式是因为 $k_{n-1}(t)$ 和 $k_1(t)$ 都只在 $t>0$ 时才不为 0,故有效的积分区间为 $0\leqslant x\leqslant y$.以(4.26)式中的表达式(n 分别改为 $n-1$ 和 1)代入上式,得

$$l(y)=\left(\Gamma\left(\frac{n-1}{2}\right)2^{\frac{n-1}{2}}\Gamma\left(\frac{1}{2}\right)2^{\frac{1}{2}}\right)^{-1}\mathrm{e}^{-y/2}\int_0^y x^{(n-3)/2}(y-x)^{-1/2}\mathrm{d}x.\quad(4.27)$$

在积分中作变量代换 $x=yt$,得

$$\begin{aligned}\int_0^y x^{(n-3)/2}(y-x)^{-1/2}\mathrm{d}x&=y^{(n-2)/2}\int_0^1 t^{(n-3)/2}(1-t)^{-1/2}\mathrm{d}t\\&=y^{(n-2)/3}\mathrm{B}\left(\frac{n-1}{2},\frac{1}{2}\right)\\&=y^{(n-2)/2}\Gamma\left(\frac{n-1}{2}\right)\Gamma\left(\frac{1}{2}\right)\Big/\Gamma\left(\frac{n}{2}\right).\end{aligned}$$

以此代入(4.27)式,即得 $l(y)=k_n(y)$.从而证明了本例结果对 n 也成立,这就完成了归纳证明.

本例也解释了在定义卡方分布时提到的"自由度 n"这个名词.因为 Y 表为 n 个独立变量 $X_1,\cdots,X_n$ 的平方和,每个变量 X_i 都能随意变化,可以说它有一个自由度,共有 n 个变量,因此有 n 个自由度.当然,这个解释只在 n 为正整数时才有效(注意,$k_n(x)$的定义中并不必须限制 n 为正整数,只要 $n>0$ 就行).实际上,"自由度"这个名词通常也只用在 n 为整数时.

卡方分布有如下的重要性质:

1° 设 X_1,X_2 独立,$X_1\sim\chi_m^2$,$X_2\sim\chi_n^2$,则 $X_1+X_2\sim\chi_{m+n}^2$.

证明可以直接利用和的密度公式(4.18)得到.更简便的方法是从卡方变量的表达式出发,设 $Y_1,\cdots,Y_{m+n}$ 独立且都有分布 $N(0,1)$.令 $X_1=Y_1^2+\cdots+Y_m^2$,$X_2=Y_{m+1}^2+\cdots+Y_{m+n}^2$.按本例,有

$$X_1 \sim \chi_m{}^2, \quad X_2 \sim \chi_n{}^2,$$

而

$$X_1 + X_2 = Y_1{}^2 + \cdots + Y_{m+n}{}^2$$

为 $m+n$ 个标准正态变量的平方和.按本例其分布为 $\chi_{m+n}{}^2$,明所欲证.

2° 若 $X_1,\cdots,X_n$ 独立,且都服从指数分布(1.20)式,则

$$X = 2\lambda(X_1 + \cdots + X_n) \sim \chi_{2n}{}^2.$$

首先,由 X_i 的密度函数为(1.20)式,知 $2\lambda X_i$ 的密度函数为 $\frac{1}{2}\mathrm{e}^{-x/2}(x>0)$;当 $x \leqslant 0$ 时密度函数为 0.但在(4.26)式中令 $n=2$,可知这正好是 $\chi_2{}^2$ 的密度函数,因此 $2\lambda X_i \sim \chi_2{}^2$.再因 $X_1,\cdots,X_n$ 独立,利用刚才证明的性质,即得所要的结果.

2.4.4 随机变量商的密度函数

设(X_1,X_2)有密度函数 $f(x_1,x_2)$,$Y = X_2/X_1$,要求 Y 的密度函数.为简单计,限制 X_1 只取正值的情况.

事件$\{Y \leqslant y\} = \{X_2/X_1 \leqslant y\}$可写为$\{X_2 \leqslant X_1 y\}$,因为 $X_1 > 0$.这相应于图 2.12 中所标出的区域 B.通过化重积分为累次积分,得到

$$\begin{aligned} P(Y \leqslant y) &= \iint_B f(x_1,x_2)\mathrm{d}x_1\mathrm{d}x_2 \\ &= \int_0^\infty \left[\int_{-\infty}^{x_1 y} f(x_1,x_2)\mathrm{d}x_2\right]\mathrm{d}x_1. \end{aligned}$$

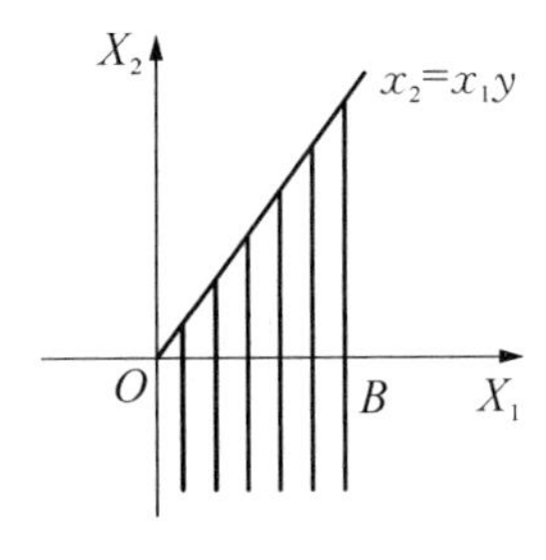

图 2.12

对 y 求导,得 Y 的密度函数为

$$l(y) = \int_0^\infty x_1 f(x_1, x_1 y)\mathrm{d}x_1. \tag{4.28}$$

若 X_1,X_2 独立,则 $f(x_1,x_2) = f_1(x_1)f_2(x_2)$,而上式成为

$$l(y) = \int_0^\infty x_1 f_1(x_1) f_2(x_1 y)\mathrm{d}x_1. \tag{4.29}$$

(4.28)式也可以通过添加一个变换 $Z = X_1$,再运用公式(4.11)和(2.9)得到,建议读者自己去完成.这个做法不需在积分号下求导数.

下面考察两个在统计学上十分重要的例子.

例 4.10 设 X_1,X_2 独立,$X_1 \sim \chi_n{}^2$,$X_2 \sim N(0,1)$,而 $Y = X_2/\sqrt{X_1/n}$.求

Y 的密度函数.

记 $Z=\sqrt{X_1/n}$.先要求出 Z 的密度函数 $g(z)$.有

$$P(Z \leqslant z) = P(\sqrt{X_1/n} \leqslant z) = P(X_1 \leqslant nz^2) = \int_0^{nz^2} k_n(x)\mathrm{d}x.$$

两边对 z 求导,得 Z 的密度函数为

$$g(z) = 2nzk_n(nz^2).$$

其次,以 $f_1(x_1)=2nx_1k_n(nx_1{}^2)$ 和 $f_2(x_2)=(\sqrt{2\pi})^{-1}\mathrm{e}^{-x_2{}^2/2}$ 应用公式(4.29),得 Y 的密度函数,记之为 $t_n(y)$,等于

$$\begin{aligned} t_n(y) &= (\sqrt{2\pi})^{-1}(2^{n/2}\Gamma(n/2))^{-1}\int_0^\infty 2nx_1{}^2\mathrm{e}^{-nx_1{}^2/2}(nx_1{}^2)^{(n-2)/2}\mathrm{e}^{-(x_1y)^2/2}\mathrm{d}x_1 \\ &= (\sqrt{2\pi})^{-1}(2^{n/2}\Gamma(n/2))^{-1}2n^{n/2}\int_0^\infty x_1{}^n\exp\left[-\frac{1}{2}(nx_1{}^2+x_1{}^2y^2)\right]\mathrm{d}x_1. \end{aligned} \tag{4.30}$$

作变量代换 $x_1=\sqrt{2/(n+y^2)}\sqrt{t}$,上面的积分变为

$$\frac{1}{2}\left(\frac{2}{n+y^2}\right)^{(n+1)/2}\int_0^\infty \mathrm{e}^{-t}t^{(n-1)/2}\mathrm{d}t = \frac{1}{2}\left(\frac{2}{n+y^2}\right)^{(n+1)/2}\Gamma\left(\frac{n+1}{2}\right),$$

以此代入(4.30)式,并略加整理,即得 $Y=X_2/\sqrt{X_1/n}$ 的密度函数为

$$t_n(y) = \frac{\Gamma((n+1)/2)}{\sqrt{n\pi}\Gamma(n/2)}\left(1+\frac{y^2}{n}\right)^{-\frac{n+1}{2}}. \tag{4.31}$$

这个密度函数称为“自由度 n 的 t 分布”的密度函数,常简记为 t_n,则 $Y\sim t_n$.这个分布是英国统计学家 W·哥色特在 1907 年以“student”的笔名首次发表的.它是数理统计学中最重要的分布之一,今后我们将见到这个分布在统计学上的许多应用.

这个密度函数关于原点对称,其图形与正态分布 $N(0,1)$ 的密度函数的图形相似.以后我们将见到(见第 3 章 3.4 节),当自由度 n 很大时,t 分布确实接近于标准正态分布.

例 4.11　设 X_1,X_2 独立,$X_1\sim\chi_n{}^2$,$X_2\sim\chi_m{}^2$,而 $Y=m^{-1}X_2/(n^{-1}X_1)$,求 Y 的密度函数.

因为 X_1,X_2 独立,故 $n^{-1}X_1$ 和 $m^{-1}X_2$ 也独立.由 $X_1\sim\chi_n{}^2$ 和 $X_2\sim\chi_m{}^2$

易求出 $n^{-1}X_1$ 和 $m^{-1}X_2$ 的密度函数分别为 $nk_n(nx_1)$ 和 $mk_m(mx_2)$. 以此代入(4.29)式，得 Y 的密度函数，记之为 $f_{mn}(y)$(注意 m 在前，m 是分子 X_2 的自由度)，等于

$$\begin{aligned} f_{mn}(y) &= mn\int_0^\infty x_1 k_n(nx_1)k_m(mx_1 y)\mathrm{d}x_1 \\ &= mn\left[2^{m/2}\Gamma\left(\frac{m}{2}\right)2^{n/2}\Gamma\left(\frac{n}{2}\right)\right]^{-1} \\ &\quad\cdot\int_0^\infty x_1 \mathrm{e}^{-nx_1/2}(nx_1)^{n/2-1}\mathrm{e}^{-mx_1y/2}(mx_1y)^{m/2-1}\mathrm{d}x_1 \\ &= \left[2^{(m+n)/2}\Gamma\left(\frac{m}{2}\right)\Gamma\left(\frac{n}{2}\right)\right]^{-1} m^{m/2}n^{n/2}y^{m/2-1} \\ &\quad\cdot\int_0^\infty \mathrm{e}^{-(my+n)x_1/2}\, x_1^{(m+n)/2-1}\mathrm{d}x_1. \end{aligned}$$

作变量代换 $t=(my+n)x_1/2$，上式的积分化为

$$\begin{aligned} &2^{(m+n)/2}(my+n)^{-(m+n)/2}\int_0^\infty \mathrm{e}^{-t}t^{(m+n)/2-1}\mathrm{d}t \\ &\quad = 2^{(m+n)/2}(my+n)^{-(m+n)/2}\Gamma\left(\frac{m+n}{2}\right), \end{aligned}$$

以此代入上式，得

$$f_{mn}(y) = m^{m/2}n^{n/2}\frac{\Gamma\left(\frac{m+n}{2}\right)}{\Gamma\left(\frac{m}{2}\right)\Gamma\left(\frac{n}{2}\right)}y^{m/2-1}(my+n)^{-(m+n)/2}\quad (y>0). \tag{4.32}$$

当 $y\leqslant 0$ 时 $f_{mn}(y)=0$，因为 Y 只取正值.

这个分布称为“自由度为(m,n)的 F 分布”(注意，分子的自由度在前). 它也是数理统计学上的一个重要分布，有很多应用，常记为 F_{mn}，则 $Y\sim F_{mn}$.

人们有时把 χ^2，t 和 F 这三个分布合称为“统计上的三大分布”，就是因为它们在统计学中有广泛的应用. 这些应用的相当大一部分根由，在于以下的几条重要性质. 它们的证明可参见本章附录 B.

1°　设 $X_1,\cdots,X_n$ 独立同分布，有公共的正态分布 $N(\mu,\sigma^2)$. 记 $\overline{X}=(X_1+\cdots+X_n)/n$，$S^2=\sum_{i=1}^{n}(X_i-\overline{X})^2/(n-1)$. 则

$$(n-1)S^2/\sigma^2 = \sum_{i=1}^{n}(X_i - \overline{X})^2/\sigma^2 \sim \chi_{n-1}{}^2. \tag{4.33}$$

2° 设 $X_1,\cdots,X_n$ 的假定同 1°,则

$$\sqrt{n}(\overline{X}-\mu)/S \sim t_{n-1}. \tag{4.34}$$

3° 设 $X_1,\cdots,X_n,Y_1,\cdots,Y_m$ 独立,X_i 各有分布 $N(\mu_1,\sigma_1{}^2)$,Y_j 各有分布 $N(\mu_2,\sigma_2{}^2)$,则

$$\Big[\sum_{j=1}^{m}(Y_j-\overline{Y})^2/(\sigma_2{}^2(m-1))\Big]\Big/\Big[\sum_{i=1}^{n}(X_i-\overline{X})^2/(\sigma_1{}^2(n-1))\Big] \sim F_{m-1,n-1}. \tag{4.35}$$

若 $\sigma_1{}^2=\sigma_2{}^2$,则

$$\sqrt{\frac{nm(n+m-2)}{n+m}}\big[(\overline{X}-\overline{Y})-(\mu_1-\mu_2)\big] \Big/\Big[\sum_{i=1}^{n}(X_i-\overline{X})^2+\sum_{j=1}^{m}(Y_j-\overline{Y})^2\Big]^{1/2} \sim t_{n+m-2}. \tag{4.36}$$

附　　录

A. 公式(4.25)的证明

由等式

$$\int_0^\infty u^{x+y-1}v^{x-1}\mathrm{e}^{-u(1+v)}\mathrm{d}v = \mathrm{e}^{-u}u^{y-1}\int_0^\infty (uv)^{x-1}\mathrm{e}^{uv}u\,\mathrm{d}v$$

出发,作变量代换 $w=uv$,知右边的积分等于 $\int_0^\infty w^{x-1}\mathrm{e}^{-w}\mathrm{d}w$,即$\Gamma(x)$,于是

$$\int_0^\infty u^{x+y-1}v^{x-1}\mathrm{e}^{-u(1+v)}\mathrm{d}v = \mathrm{e}^{-u}u^{y-1}\Gamma(x).$$

两边对 u 从 0 到 ∞ 积分,得

$$\Gamma(x)\Gamma(y) = \int_0^\infty \left[\int_0^\infty u^{x+y-1} e^{-u(1+v)} du\right] v^{x-1} dv.$$

对里面的积分作变量代换 $t = u(1+v)$，有

$$\begin{aligned}\int_0^\infty u^{x+y-1} e^{-u(1+v)} du &= (1+v)^{-(x+y)} \int_0^\infty e^{-t} t^{x+y-1} dt \\ &= (1+v)^{-(x+y)} \Gamma(x+y),\end{aligned}$$

代入上式得

$$\Gamma(x)\Gamma(y) = \Gamma(x+y) \int_0^\infty v^{x-1}(1+v)^{-(x+y)} dv. \tag{1}$$

作变量代换 $t = v/(1+v)$，当 v 由 0 变到 ∞ 时，t 由 0 变到 1. 又

$$v^{(x-1)}(1+v)^{-(x+y)} = (v/(1+v))^{x-1}(1+v)^{-(y+1)} = t^{x-1}(1-t)^{y+1}.$$

而 $v = t/(1-t)$，有 $dv = (1-t)^{-2} dt$. 故

$$\int_0^\infty v^{x-1}(1+v)^{-(x+y)} dv = \int_0^1 t^{x-1}(1-t)^{y-1} dt = B(x,y). \tag{2}$$

由(1)，(2)两式即得(4.25).

B. 公式(4.33)～(4.36)的证明

这个证明要求读者对正交方阵有初步知识. 先证明下面的预备事实：

引理　变量 $X_1, X_2, \cdots, X_n$ iid.，$\sim N(\mu, \sigma^2)$. 记 $\overline{X} = \sum_{i=1}^n X_i / n$，则

(a) $\sqrt{n}(\overline{X} - \mu)/\sigma \sim N(0,1)$；

(b) $\sum_{i=1}^n (X_i - \overline{X})^2/\sigma^2 \sim \chi_{n-1}^2$；

(c) $\overline{X}$ 与 $\sum_{i=1}^n (X_i - \overline{X})^2$ 独立.

证　找一个 n 阶正交方阵 A，其第一行各元素都是 $1/\sqrt{n}$. 作正交变换

$$\begin{pmatrix} Y_1 \\ \vdots \\ Y_n \end{pmatrix} = A \begin{pmatrix} X_1 \\ \vdots \\ X_n \end{pmatrix}.$$

由于 A 为正交变换,它不改变平方和,即 $\sum_{i=1}^{n} X_i^2 = \sum_{i=1}^{n} Y_i^2$. 又因正交方阵的行列式为 1,根据公式(4.15),注意到$(X_1,\cdots,X_n)$的密度函数为

$$\begin{aligned}&(\sqrt{2\pi}\sigma)^{-n}\exp\left[-\frac{1}{2\sigma^2}\sum_{i=1}^{n}(x_i-\mu)^2\right]\\&=(\sqrt{2\pi}\sigma)^{-n}\exp\left[-\frac{1}{2\sigma^2}\left(\sum_{i=1}^{n}x_i^2-2\mu\sum_{i=1}^{n}x_i+n\mu^2\right)\right],\end{aligned}$$

以及 $\sum_{i=1}^{n} x_i = \sqrt{n}y_1$(这是因为 A 的第一行各元素都是 $1/\sqrt{n}$,因而 $y_1 = (x_1+\cdots+x_n)/\sqrt{n}$),得知$(Y_1,\cdots,Y_n)$的密度函数为

$$\begin{aligned}&(\sqrt{2\pi}\sigma)^{-n}\exp\left[-\frac{1}{2\sigma^2}\left(\sum_{i=1}^{n}y_i^2-2\mu\sqrt{n}\,y_1+n\mu^2\right)\right]\\&=(\sqrt{2\pi}\sigma)^{-1}e^{-(y_1-\sqrt{n}\mu)^2/(2\sigma^2)}\cdot(\sqrt{2\pi}\sigma)^{-1}e^{-y_2^2/(2\sigma^2)}\cdots(\sqrt{2\pi}\sigma)^{-1}e^{-y_n^2/(2\sigma^2)}.\end{aligned}$$

因此,$(Y_1,\cdots,Y_n)$的密度函数可分解为 n 个函数的乘积,每个函数只依赖于一个变量. 根据定理 3.2,即知 $Y_1,Y_2,\cdots,Y_n$ 独立,且

$$Y_1 \sim N(\sqrt{n}\mu,\sigma^2),\quad Y_i \sim N(0,\sigma^2)\quad(i=2,\cdots,n). \tag{3}$$

再据定理 3.3,Y_1 与 $Y_2^2+\cdots+Y_n^2$ 独立,但

$$\sum_{i=2}^{n}Y_i^2=\sum_{i=1}^{n}Y_i^2-Y_1^2=\sum_{i=1}^{n}X_i^2-\left(\sum_{i=1}^{n}X_i\right)^2\Big/n=\sum_{i=1}^{n}(X_i-\bar{X})^2, \tag{4}$$

而 $Y_1=\sqrt{n}\,\bar{X}$. 这就证明了(c).(a)和(b)由(3)式,(4)式及卡方分布的定义立即得出. 引理证毕.

有了这个引理就不难得出公式(4.33)~(4.36). 事实上,(4.33)式就是这个引理的(b). 为证(4.34)式,注意$\sqrt{n}(\bar{X}-\mu)/\sigma$ 服从正态分布$N(0,1)$,由引理的(b),S/σ 的分布与$\sqrt{\chi_{n-1}^2/(n-1)}$的分布相同. 又按引理的(c),$\sqrt{n}(\bar{X}-\mu)$与 S 独立. 于是由 t 分布的定义即得(4.34)式.(4.35)式由引理的(b)及 F 分布的定义得出.

(4.36)式的证明略复杂一些. 暂记 $Z_1=\sum_{i=1}^{n}(X_i-\bar{X})^2$,$Z_2=\sum_{i=1}^{m}(Y_j-\bar{Y})^2$. 据引理的(c),$\bar{X}$ 与 Z_1 独立,$\bar{Y}$ 与 Z_2 独立,又因 $X_1,\cdots,X_n,Y_1,\cdots,Y_m$ 全体独

立,故$\bar{X}$,$\bar{Y}$,Z_1,Z_2四者独立.因为$\bar{X} \sim N(\mu_1, \sigma^2/n)$,$\bar{Y} \sim N(\mu_2, \sigma^2/m)$,$\sigma^2$为${\sigma_1}^2$和${\sigma_2}^2$的公共值,据例4.8,知$\bar{X} - \bar{Y} \sim N(\mu_1 - \mu_2, \sigma^2/n + \sigma^2/m)$,因而$\sqrt{\frac{nm}{n+m}}\frac{1}{\sigma}[(\bar{X} - \bar{Y}) - (\mu_1 - \mu_2)] \sim N(0,1)$.又据(4.33)式,有$Z_1/\sigma^2 \sim {\chi_{n-1}}^2$,$Z_2/\sigma^2 \sim {\chi_{m-1}}^2$,因$Z_1$,$Z_2$独立,按卡方分布的性质,有$(Z_1 + Z_2)/\sigma^2 \sim {\chi_{n+m-2}}^2$.因$\bar{X}$,$\bar{Y}$,$Z_1$,$Z_2$四者独立,按第2章定理3.3,知

$$W_1 = \sqrt{\frac{nm}{n+m}}\frac{1}{\sigma}[(\bar{X} - \bar{Y}) - (\mu_1 - \mu_2)]$$

与

$$W_2 = \left[\frac{1}{(n+m-2)\sigma^2}(Z_1 + Z_2)\right]^{1/2}$$

二者独立.由t分布的定义知,$W_1/W_2 \sim t_{n+m-2}$.这就证明了(4.36)式.

可以注意一下这些结果中的自由度数目.在(4.33)式中,$\sum_{i=1}^{n}(X_i - \bar{X})^2$为$n$个量的平方和,为何自由度只有$n-1$?这是因为$X_1 - \bar{X}, \cdots, X_n - \bar{X}$这$n$个量并不能自由变化,而是受到一个约束,即$\sum_{i=1}^{n}(X_i - \bar{X}) = 0$,这使它的自由度少了一个.(4.36)式中的自由度是$n+m-2$也一样地解释:一共有$n+m$个量$X_i - \bar{X}\ (i=1,\cdots,n)$和$Y_j - \bar{Y}\ (j=1,\cdots,m)$取平方和,它们受到两个结束,即$\sum_{i=1}^{n}(X_i - \bar{X}) = 0$,$\sum_{j=1}^{m}(Y_j - \bar{Y}) = 0$,少了两个自由度,故自由度不为$n+m$,而为$n+m-2$.

在第4章例3.2中,将给"自由度"这个概念以另一个解释.不言而喻,不同的解释只是形式上的差别,实质并无不同.

习　题

1. 某事件A在一次试验中发生的概率为1/2,将试验独立地重复n次.证明:"A发生偶数次"的概率为1/2,不论n如何(0算偶数).

2. 在上题中,若A在一次试验中发生的概率为p,则"A发生偶数次"的概率为$p_n = \frac{1}{2}[1+(1-2p)^n]$.用归纳法.

3. 两人分别拿一个均匀铜板投掷 n 次(每次掷出正、反面的概率都是1/2).问:"两人掷出的正面数相同"这个事件的概率是多少?

4. 甲、乙二人赌博.每局甲胜的概率为 p,乙胜的概率为 $q=1-p$.约定:赌到有人胜满 a 局为止,到这时即算他获胜.

(a) 求甲胜的概率;

(b) 若 $p=1/2$,用(a)的结果以及用直接推理,证明甲胜的概率为 1/2.

5. 以 $b(k;n,p)$ 记二项分布概率 $\binom{n}{k}p^k(1-p)^{n-k}$.证明:

(a) 若 $p\leqslant 1/(n+1)$,则当 k 增加时 $b(k;n,p)$ 非增;

(b) 若 $p\geqslant 1-1/(n+1)$,则当 k 增加时 $b(k;n,p)$ 非降;

(c) 若 $1/(n+1)<p<1-1/(n+1)$,则当 k 增加时,$b(k;n,p)$ 先增后降.求使 $b(k;n,p)$ 达到最大的 k.

6. 10个球随机地放进12个盒子中.问:"空盒(不含球的盒)数目为10"这个事件的概率是多少?

7. 设随机变量 X 服从二项分布 $B(n,p)$,k 为小于 n 的非负整数,记 $f(p)=P(X\leqslant k)$.

(a) 用直观说理的方法指明:$f(p)$ 随 p 增加而下降;

(b) 用概率方法证明(a)中的结果;

(c) 建立恒等式

$$f(p)=\frac{n!}{k!(n-k-1)!}\int_0^{1-p}t^k(1-t)^{n-k-1}\mathrm{d}t,$$

从而用分析方法证明(a)中的结论.

8. 设随机变量 X_1,X_2 独立同分布,而 X_1+X_2 服从二项分布 $B(2,p)$,则 X_1,X_2 都服从二项分布 $B(1,p)$(即 $P(X_1=1)=p,p(X_1=0)=1-p$).若只假定 X_1,X_2 独立且都只取0,1为值,这个结论也对.

9. 在超几何分布(1.10)式中固定 n,m,令 $N\to\infty,M\to\infty$ 但 $M/N\to p$ $(0\leqslant p\leqslant 1)$.证明:(1.10)式以 $b(m;n,p)$ 为极限.

10. 设随机变量 X 服从泊松分布 $P(\lambda)$.k 为正整数.

(a) 用概率方法证明:$P(X\leqslant k)$ 随 λ 增加而下降;

(b) 建立恒等式

$$P(X\leqslant k)=\frac{1}{k!}\int_\lambda^\infty t^k\mathrm{e}^{-t}\mathrm{d}t,$$

从而用分析方法证明(a)中的结论.

11. 记 $p_\lambda(k)=\mathrm{e}^{-\lambda}\lambda^k/k!$. 证明:

(a) 若 $\lambda\leqslant 1$,则 $p_\lambda(k)$ 随 k 增加而非增;

(b) 若 $\lambda>1$,则 $p_\lambda(k)$ 先增后降. 找出使 $p_\lambda(k)$ 达到最大的 k.

12. 有一个大试验由两个独立的小试验构成. 在第一个小试验中,观察某事件 A 是否发生,A 发生的概率为 p_1;在第二个小试验中,观察某事件 B 是否发生,B 发生的概率为 p_2. 故这个大试验有 4 个可能结果:(A,B),$(\bar{A},\bar{B})$,$(A,\bar{B})$,$(\bar{A},B)$. 把这个大试验重复 N 次. 记

$$E_1=\{(A,\bar{B}),(\bar{A},B)\text{总共发生 } n \text{ 次}\},$$
$$E_2=\{(A,\bar{B})\text{发生 } k \text{ 次}\}.$$

计算条件概率 $P(E_2\mid E_1)$,证明它等于 $b(k;n,p)$,其中 $p=p_1(1-p_2)/[p_1(1-p_2)+(1-p_1)p_2]$,并用直接方法(不通过按条件概率公式计算)证明这个结果.

13. 设 $X_1,\cdots,X_r$ 独立同分布,其公共分布为几何分布(1.12)式. 用归纳法证明:$X_1+\cdots+X_r$ 服从负二项分布(1.11)式. 又:对这个结果做一直观上的解释,因而得出一简单证法.

14. 在一串独立试验中观察某事件 A 是否发生,每次 A 发生的概率都是 p. 有以下两个概率:(1) $p_1=$ 做 $i+r$ 次试验,A 出现 r 次的概率;(2) $p_2=$ 做试验直到 A 出现 r 次为止,到此时 A 不出现有 i 次的概率. 二者都是做 $i+r$ 次试验而 A 出现 r 次,但总有 $p_1>p_2$. 证明这一事实,并给出一个解释.

15. 先观察一个服从泊松分布 $P(\lambda)$ 的随机变量的值 X,然后做 X 次独立试验,在每次试验中某事件 A 发生的概率为 p. 以 Y 记在这 X 次试验中 A 发生的次数,证明:Y 服从泊松分布 $P(\lambda p)$.

16. 设随机变量 X,Y 独立,X 有概率密度 $f(x)$,而 Y 为离散型,只取两个值 a_1 和 a_2,概率分别为 p_1 和 p_2. 证明:$X+Y$ 有概率密度 $h(x)$:

$$h(x)=p_1f(x-a_1)+p_2f(x-a_2).$$

把这个结果推广到 Y 取任意有限个值以至无限个值(但仍为离散型)的情况.

17. 设 X,Y 独立,各有概率密度函数 $f(x)$ 和 $g(y)$,且 X 只取大于 0 的值. 用以下两种方法计算 $Z=XY$ 的概率密度,并证明结果一致:

(a) 利用变换 $Z=XY$,$W=X$;

(b) 把 XY 表为 Y/X^{-1}. 先算出 X^{-1} 的密度,再用商的密度公式(4.29).

18. 设 X,Y 独立，X 有概率密度 $f(x)$，Y 为离散型，其分布为

$$P(X = a_i) = p_i \quad (i = 1,2,\cdots),$$

这里 $p_i>0$ $(i=1,2,\cdots)$. 证明：若 $a_1,a_2,\cdots$ 都不为 0，则 XY 有密度函数

$$h(x) = \sum_{i=1}^{\infty} p_i \mid a_i \mid^{-1} f(x/a);$$

若 $a_1,a_2,\cdots$ 中有为 0 的，则 XY 没有概率密度函数.

19. 设 Y 为只取正值的随机变量，且 $\ln Y$ 服从正态分布 $N(a,\sigma^2)$. 求 Y 的密度函数（Y 的分布称为对数正态分布）.

20. 设 X 服从自由度为 n 的 t 分布，而 $Y = X/\sqrt{a + X^2}$，其中 $a>0$ 为常数. 试求 Y 的密度函数.

21. 设 $X \sim N(0,1)$，$Y = \cos X$. 求 Y 的密度函数.

22. 设 $X_1,\cdots,X_n$ 独立同分布，X_1 有分布函数 $F(x)$ 和密度函数 $f(x)$. 记

$$Y = \max(X_1,\cdots,X_n), \quad Z = \min(X_1,\cdots,X_n).$$

证明：Y,Z 分别有概率密度函数 $nF^{n-1}(x)f(x)$ 和 $n[1-F(x)]^{n-1}f(x)$.

23. 续上题，若 $F(X)$ 为 $[0,\theta]$ 上的均匀分布（$\theta>0$ 为常数）. 用上题结果证明：$\theta - \max(X_1,\cdots,X_n)$ 与 $\min(X_1,\cdots,X_n)$ 的分布相同. 并从对称的观点对这个结果做一直观的解释.

24. 设 X_1,X_2 独立同分布，其公共密度为

$$f(x) = \begin{cases} e^{-x}, & \text{当 } x > 0 \text{ 时} \\ 0, & \text{当 } x \leqslant 0 \text{ 时} \end{cases}.$$

记 $Y_1 = \min(X_1,X_2)$，$Y_1 = \max(X_1,X_2) - \min(X_1,X_2)$. 证明：$Y_1$ 与 Y_2 独立，Y_1 的分布与 $X_1/2$ 的分布相同，Y_2 的分布与 X_1 的分布相同（直接计算概率 $P(Y_1 \leqslant u, Y_2 \leqslant v)$）.

25. 有一大批元件，其寿命服从指数分布(1.21)式. 固定一个时间 $T>0$. 让一个元件从时刻 0 开始工作. 每当这个元件坏了时马上用一个新的替换. 以 X 记到时刻 T 为止的替换次数. 证明：X 服从泊松分布 $P(\lambda T)$，即 $P(X=n) = e^{-\lambda Tn}/n!$（用归纳法，详见提示）.

26. 证明：$F_{m,n}(a) = F_{n,m}(1-a)$ $(0<a<1)$.

27. 设 (X,Y) 服从二维正态分布 $N(a,b,\sigma_1{}^2,\sigma_2{}^2,\rho)$. 证明：必存在常数

b,使 $X+bY$ 与 $X-bY$ 独立.

28. 设 (X,Y) 有密度函数

$$f(x,y)=\begin{cases}\dfrac{c}{1+x^2+y^2}, & \text{当 } x^2+y^2\leqslant 1 \text{ 时}\\ 0, & \text{当 } x^2+y^2>1 \text{ 时}\end{cases}.$$

(a) 求出常数 c;

(b) 算出 X,Y 的边缘分布密度,并证明 X,Y 不独立.

29. 证明:对任何自然数 k,n 及 $0<a<1$,有

$$kF_{k,n}(a)\geqslant F_{1,n}(a).$$

(实际成立严格不等号.)

30. 设 X,Y 独立,都服从标准正态分布 $N(0,1)$,以 $f(x,y)$ 记 (X,Y) 的联合密度函数.证明:函数

$$g(x,y)=\begin{cases}f(x,y)+xy/100, & \text{当 } x^2+y^2\leqslant 1 \text{ 时}\\ f(x,y), & \text{当 } x^2+y^2>1 \text{ 时}\end{cases}$$

是二维概率密度函数.若随机向量 (U,V) 有密度函数 $g(x,y)$,证明:U,V 都服从标准正态分布 $N(0,1)$,但 (U,V) 不服从二维正态分布.

本例说明:由各分量为正态推不出联合分布为正态.

第 3 章

随机变量的数字特征

在前一章中,我们较仔细地讨论了随机变量的概率分布,这种分布是随机变量的概率性质最完整的刻画.而随机变量的数字特征,则是某些由随机变量的分布所决定的常数,它刻画了随机变量(或者说,刻画了其分布)的某一方面的性质.

例如,考虑某种大批生产的元件的寿命,如果知道了它的概率分布,就可以知道寿命在任一指定界限内的元件的百分率有多少,这对该种元件的寿命状况提供了一幅完整的图景.如下文将指出的,根据这一分布就可以算出元件的平均寿命 m,m 这个数虽然不能对寿命状况提供一个完整的刻画,但却在一个重要方面,且往往是人们最为关心的一个方面,刻画了元件寿命的状况,因而在应用上有极重要的意义.类似的情况很多,比如我们在了解某一行业工人的经济状况时,首先关心的恐怕会是其平均收入,这给了我们一个总的印象.至于收入的分布状况,除非为了特殊的研究目的,倒反而不一定是最重要的.

另一类重要的数字特征,是衡量一个随机变量(或其分布)取值的散布程度.例如,两个行业工人的平均收入大体相近,但一个行业中收入分配较平均:大多数人的收入都在平均值上下不远处,其"散布"小;另一个行业则相反:其收入远离平均值者甚多,散布较大,这二者的实际意义当然很不同.又如生产同一产品的两个工厂,各自的产品平均说来都能达到规格要求,但一个厂波动小,较为稳定;另一个厂则波动大,有时质量超标准,有时则低于标准不少,这二者的实际后果当然也不同.

上面论及的平均值和散布度,是刻画随机变量性质的两类最重要的数字特征.对多维变量而言,则还有一类刻画各分量之间的关系的数字特征.在本章中,我们将就以上各类数字特征,举其最重要者进行讨论.

3.1 数学期望(均值)与中位数

要说明这个名称的来由,让我们回到第 1 章的例 1.1.甲、乙二人赌技相同,各出赌金 100 元,约定先胜三局者为胜,取得全部 200 元.现在在甲胜两局、乙胜一局的情况下中止,问赌本该如何分?在那里我们已算出,如果继续赌下去而不中止,则甲有 3/4 的机会(概率)取胜,而乙胜的机会为 1/4.所以,在甲胜两局、

乙胜一局这个情况下,甲能“期望”得到的数目应当确定为

$$200\times\frac{3}{4}+0\times\frac{1}{4}=150(\text{元}),$$

而乙能“期望”得到的数目则为

$$200\times\frac{1}{4}+0\times\frac{3}{4}=50(\text{元}).$$

如果引进一个随机变量 X,X 等于在上述局面(甲二胜、乙一胜)之下继续赌下去甲的最终所得,则 X 有两个可能值:200 和 0,其概率分别为 3/4 和 1/4. 而甲的期望所得,即 X 的“期望”值,即等于

X 的可能值与其概率之积的累加.

这就是“数学期望”(简称“期望”)这个名词的由来.这个名词源出赌博,听起来不大通俗化或形象易懂,本不是一个很恰当的命名,但它在概率论中已源远流长,获得大家公认,也就站住了脚根.另一个名词“均值”形象易懂,也很常用,将在下文解释.

3.1.1 数学期望的定义

先考虑一个最简单的情况.

定义 1.1 设随机变量 X 只取有限个可能值 $a_1,\cdots,a_m$,其概率分布为 $P(X=a_i)=p_i\ (i=1,\cdots,m)$.则 X 的数学期望,记为$E(X)$* 或 EX,定义为

$$E(X)=a_1p_1+a_2p_2+\cdots a_mp_m. \tag{1.1}$$

名词的来由已如前述,数学期望也常称为“均值”,即“随机变量取值的平均值”之意.当然,这个平均是指以概率为权的加权平均.

利用概率的统计定义,容易给“均值”这个名词一个自然的解释.假定把试验重复 N 次,每次把 X 取的值记下来,设在这 N 次中,有 N_1 次取 a_1,N_2 次取 a_2,$\cdots$,N_m 次取 a_m,则这 N 次试验中 X 总共取值为 $a_1N_1+a_2N_2+\cdots+a_mN_m$.而平均每次试验中 X 的取值,记为$\overline{X}$,等于

$$\begin{aligned}\overline{X}&=(a_1N_1+a_2N_2+\cdots+a_mN_m)/N\\&=a_1(N_1/N)+a_2(N_2/N)+\cdots+a_m(N_m/N).\end{aligned}$$

---

* E 是 Expectation(期望)的缩写.

N_i/N 是事件$\{X=a_i\}$在这 N 次试验中的频率,按概率的统计定义(见第1章1.1节),当 N 很大时,N_i/N 应很接近 p_i.因此,$\overline{X}$应接近于(1.1)式右边的量.也就是说,X 的数学期望$E(X)$不是别的,正是在大量次数试验之下,X 在各次试验中取值的平均.

很自然地,如果 X 为离散型变量,取无穷个值 $a_1,a_2,\cdots$,而概率分布为$P(X=a_i)=p_i\ (i=1,2,\cdots)$,则我们仿照(1.1)式,而把 X 的数学期望$E(X)$定义为级数之和,即

$$E(X)=\sum_{i=1}^{\infty}a_ip_i. \tag{1.2}$$

但当然,必须级数收敛才行.实际上我们要求更多,要求这个级数绝对收敛.

定义 1.2 如果

$$\sum_{i=1}^{\infty}|a_i|p_i<\infty, \tag{1.3}$$

则称(1.2)式右边的级数之和为 X 的数学期望.

为什么不就要求(1.2)式右边收敛而必须要求(1.3)式?这就涉及级数理论中的一个现象:如果某个级数,例如 $\sum_{i=1}^{\infty}a_ip_i$,只是收敛(称为条件收敛),而其绝对值构成的级数 $\sum_{i=1}^{\infty}|a_i|p_i$ 并不收敛,则将这个级数的各项次序改排以后,可以使它变得不收敛,或者使它收敛而其和等于事先任意指定的值.这就意味着(1.2)式右边的和存在与否,等于多少,与随机变量 X 所取的值的排列次序有关.而 $E(X)$作为刻画 X 的某种特性的数值,有其客观意义,不应与其值的人为排列次序有关.

在连续型随机变量的情况,以积分代替求和,而得到数学期望的定义.

定义 1.3 设 X 有概率密度函数$f(x)$.如果

$$\int_{-\infty}^{\infty}|x|f(x)\mathrm{d}x<\infty, \tag{1.4}$$

则称

$$E(X)=\int_{-\infty}^{\infty}xf(x)\mathrm{d}x \tag{1.5}$$

为 X 的数学期望.

这个定义可以用离散化的方式来加以解释.如图 3.1 所示,在 x 轴上用密集的点列$\{x_i\}$把 x 轴分成很多小区间,长为 $x_{i+1}-x_i=\Delta x_i$. 当 X 取值于区间$[x_i, x_{i+1})$内时,可近似地认为其值就是 x_i. 按密度函数的定义,X 取上述区间内的值的概率即图中斜线标出部分的面积,近似地为 $f(x_i)\Delta x_i$. 用这种方式,我们把原来的连续型随机变量 X 近似地离散化为一个取无穷个值$\{x_i\}$的离散型变量 X',X'的分布为 $P(X'=x_i)\approx f(x_i)\Delta x_i$. 按定义 1.2,有

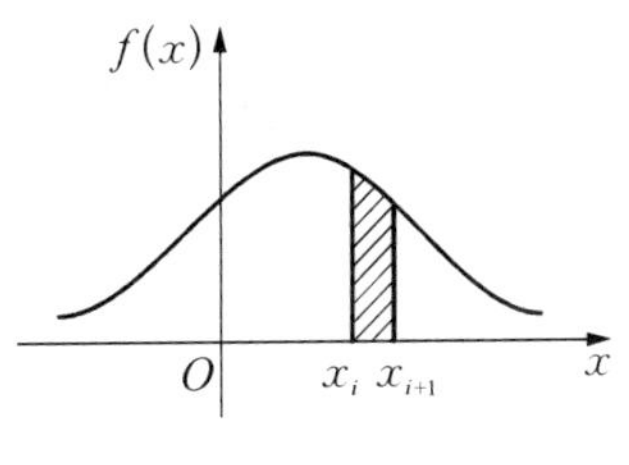

图 3.1

$$E(X')\approx \sum_i x_i f(x_i)\Delta x_i.$$

随着区间 Δx_i 愈分愈小,X'愈来愈接近 X,而上式右端之和也愈来愈接近于(1.5)式右边的积分,这样就得出定义 1.3. 至于要求积分绝对收敛,即(1.4)式,其原因与定义 1.2 的情况有所不同,在此不能细论了.

例 1.1 设 X 服从泊松分布$P(\lambda)$(见第 2 章例 1.2),则

$$\begin{aligned} E(X) &= \sum_{i=0}^{\infty} i\frac{\lambda^i}{i!}e^{-\lambda} = \lambda e^{-\lambda}\sum_{i=1}^{\infty}\frac{\lambda^{i-1}}{(i-1)!} \\ &= \lambda e^{-\lambda}\sum_{i=0}^{\infty}\frac{\lambda^i}{i!} = \lambda e^{-\lambda}e^{\lambda} = \lambda. \end{aligned} \tag{1.6}$$

这解释了泊松分布 $P(\lambda)$ 中参数 λ 的意义,拿第 2 章例 1.2 的情况来说,λ 就是在所指定的时间段中发生事故的平均次数.

例 1.2 设 X 服从负二项分布(见第 2 章例 1.5 的(1.11) 式),则

$$E(X) = p^r\sum_{i=0}^{\infty} i\binom{i+r-1}{r-1}(1-p)^i. \tag{1.7}$$

为求这个和,我们要用到在第 2 章例 1.5 中指出过的负指数二项展开式

$$(1-x)^{-r} = \sum_{i=0}^{\infty}\binom{i+r-1}{r-1}x^i,$$

两边对 x 求导,得

$$r(1-x)^{-r-1} = \sum_{i=0}^{\infty} i\binom{i+r-1}{r-1}x^{i-1}.$$

在上式中令 $x = 1 - p$,然后两边同乘 $1 - p$,得到

$$\sum_{i=0}^{\infty} i\binom{i+r-1}{r-1}(1-p)^i = rp^{-(r+1)}(1-p),$$

因而

$$E(X) = p^r \cdot rp^{-(r+1)}(1-p) = r(1-p)/p. \tag{1.8}$$

p 愈小,则此值愈大,这是自然的:若事件 A 的概率 p 很小,则等待它出现 r 次的平均时间也就愈长.当 $r=1$ 时,得到几何分布(第2章(2.12)式)的期望为 $(1-p)/p$.

例 1.3 若 X 服从 $[a,b]$ 区间的均匀分布(第2章例1.9),则

$$E(X) = \frac{1}{b-a}\int_a^b x\mathrm{d}x = \frac{1}{2}(a+b). \tag{1.9}$$

即期望为区间中点,这在直观上很显然.

例 1.4 若 X 服从指数分布(第2章例1.7的(1.20)式),则

$$E(X) = \lambda\int_0^{\infty} x\mathrm{e}^{-\lambda x}\mathrm{d}x = \lambda^{-1}\int_0^{\infty} x\mathrm{e}^{-x}\mathrm{d}x = \lambda^{-1}\Gamma(2) = \lambda^{-1}. \tag{1.10}$$

这个结果的直观解释曾在第2章例1.7中指出过.

例 1.5 设 X 服从正态分布 $N(\mu,\sigma^2)$,则

$$E(X) = \frac{1}{\sqrt{2\pi}\sigma}\int_{-\infty}^{\infty} x\mathrm{e}^{-\frac{(x-\mu)^2}{2\sigma^2}}\mathrm{d}x.$$

作变量代换 $x=\mu+\sigma t$,化为

$$\begin{aligned} E(X) &= \frac{1}{\sqrt{2\pi}}\int_{-\infty}^{\infty}(\mu+\sigma t)\mathrm{e}^{-t^2/2}\mathrm{d}t \\ &= \frac{\mu}{\sqrt{2\pi}}\int_{-\infty}^{\infty}\mathrm{e}^{-t^2/2}\mathrm{d}t + \frac{\sigma}{\sqrt{2\pi}}\int_{-\infty}^{\infty} t\mathrm{e}^{-t^2/2}\mathrm{d}t. \end{aligned}$$

上式右边第一项为 μ,第二项为0,因此

$$E(X)=\mu. \tag{1.11}$$

这样,我们得到了正态分布 $N(\mu,\sigma^2)$ 中两个参数之一的 μ 的解释:μ 就是均值.这一点从直观上看很清楚,因为 $N(\mu,\sigma^2)$ 的密度函数关于 μ 点对称(见第2章

图2.2(b)),其均值自应在这个点.

因为数学期望是由随机变量的分布完全决定的,故我们可以而且常常说某分布 F 的期望是多少,某密度 f 的期望是多少等.期望通过概率分布而决定这个事实,可能会被理解为:在任何应用的场合,当谈到某变量 X 的期望时,必须知道其分布,这话不完全确切.在有些应用问题中,人们难以决定有关变量的分布如何,甚至也难以对其提出某种合理的假定,但有相当的根据(经验的或理论的)对期望值提出一些假定,甚至有不少了解.例如,我们可能比较确切地知道某行业工人的平均工资,而对工资的分布情况并不很清楚.另外,当需要通过观察或试验取得数据以进行估计时,去估计一个变量的期望,要比去估计其分布容易且更确切,因为期望只是一个数,而分布(或密度)是一个函数.以上所说对其他的数字特征也成立.在本书后面讲到数理统计学时将更明白这一点.

3.1.2 数学期望的性质

数学期望之所以在理论和应用上都极为重要,除了它本身的含义(作为变量平均取值的刻画)外,还有一个原因,即它具有一些良好的性质,这些性质使得它在数学上很方便.本段就讨论这个问题.

定理 1.1 若干个随机变量之和的期望等于各变量的期望之和,即

$$E(X_1 + X_2 + \cdots + X_n) = E(X_1) + E(X_2) + \cdots + E(X_n). \quad (1.12)$$

当然,这里要假定各变量 X_i 的期望都存在.

证 先就 $n=2$ 的情况来证.若 X_1, X_2 为离散型,分别以 $a_1, a_2, \cdots$ 和 $b_1, b_2, \cdots$ 记 X_1 和 X_2 的一切可能值,而记其分布为

$$P(X_1 = a_i, X_2 = b_j) = p_{ij} \quad (i, j = 1, 2, \cdots). \quad (1.13)$$

当 $X_1 = a_i, X_2 = b_j$ 时,有 $X_1 + X_2 = a_i + b_j$.故

$$E(X_1 + X_2) = \sum_{i,j}(a_i + b_j)p_{ij} = \sum_{i,j}a_i p_{ij} + \sum_{i,j}b_j p_{ij}. \quad (1.14)$$

先看第一项,据第 2 章(2.8)式,有

$$P(X_1 = a_i) = \sum_j p_{ij},$$

所以,按定义 1.2,有

$$\sum_{i,j} a_i p_{ij} = \sum_i a_i \Big(\sum_j p_{ij} \Big) = \sum_i a_i P(X_1 = a_i) = E(X_1).$$

同理,(1.14)式右边第二项为 $E(X_2)$.这就证明了所要的结果.

若(X_1, X_2)为连续型,以 $f(x_1, x_2)$记其联合密度,按第 2 章(4.16)式,知 $X_1 + X_2$ 的密度函数为 $l(y) = \int_{-\infty}^{\infty} f(x, y - x) \mathrm{d}x$.故按定义 1.3,有

$$E(X_1 + X_2) = \int_{-\infty}^{\infty} y l(y) \mathrm{d}y = \int_{-\infty}^{\infty} \int_{-\infty}^{\infty} y f(x, y - x) \mathrm{d}x \mathrm{d}y.$$

对里面那个积分作变量代换 $y = x + t$,得

$$\begin{aligned} E(X_1 + X_2) &= \int_{-\infty}^{\infty} \int_{-\infty}^{\infty} (x + t) f(x, t) \mathrm{d}x \mathrm{d}t \\ &= \int_{-\infty}^{\infty} \int_{-\infty}^{\infty} x f(x, t) \mathrm{d}x \mathrm{d}t + \int_{-\infty}^{\infty} \int_{-\infty}^{\infty} t f(x, t) \mathrm{d}x \mathrm{d}t. \end{aligned} \tag{1.15}$$

按第 2 章(2.9)式,知 $\int_{-\infty}^{\infty} f(x, t) \mathrm{d}t$ 就是 X_1 的密度函数.所以,(1.15)式右边第一个积分等于

$$\int_{-\infty}^{\infty} x \Big(\int_{-\infty}^{\infty} f(x, t) \mathrm{d}t \Big) \mathrm{d}x = \int_{-\infty}^{\infty} x f_1(x) \mathrm{d}x = E(X_1).$$

同理证明第二个积分为 $E(X_2)$.于是证得了所要的结果.

一般情况可用归纳的方式得到.例如,记 $Y = X_1 + X_2$,有

$$\begin{aligned} E(X_1 + X_2 + X_3) &= E(Y + X_3) = E(Y) + E(X_3) \\ &= E(X_1) + E(X_2) + E(X_3). \end{aligned}$$

等等.定理 1.1 证毕.

定理 1.2 若干个独立随机变量之积的期望等于各变量的期望之积,即

$$E(X_1 X_2 \cdots X_n) = E(X_1) E(X_2) \cdots E(X_n).$$

当然,这里也要假定各变量 X_i 的期望都存在.

证 与定理 1.1 相似,只需对 $n = 2$ 的情况证明即可.先设 X_1, X_2 都为离散型,其分布为(1.13)式.由独立性假定知 $p_{ij} = P(X_1 = a_i) P(X_2 = b_j)$.

因为当 $X_1 = a_i, X_2 = b_j$ 时有 $X_1 X_2 = a_i b_j$,故

$$E(X_1X_2)=\sum_{i,j}a_ib_jp_{ij}=\sum_{i,j}a_ib_jP(X_1=a_i)P(X_2=b_j)$$
$$=\sum_i a_iP(X_1=a_i)\sum_j b_jP(X_2=b_j)$$
$$=E(X_1)E(X_2).$$

如所欲证.若(X_1,X_2)为连续型,则因独立性,其联合密度$f(x_1,x_2)$等于各分量密度 $f_1(x_1)$与 $f_2(x_2)$之积,故

$$E(X_1X_2)=\int_{-\infty}^{\infty}\int_{-\infty}^{\infty}x_1x_2f(x_1,x_2)\mathrm{d}x_1\mathrm{d}x_2$$
$$=\int_{-\infty}^{\infty}x_1f_1(x_1)\mathrm{d}x_1\int_{-\infty}^{\infty}x_2f_2(x_2)\mathrm{d}x_2$$
$$=E(X_1)E(X_2).$$

细心的读者可能会注意到,在后一段证明中我们是从公式

$$E(X_1X_2)=\int_{-\infty}^{\infty}\int_{-\infty}^{\infty}x_1x_2f(x_1,x_2)\mathrm{d}x_1\mathrm{d}x_2 \tag{1.16}$$

出发,而这个公式并非直接从期望的定义而来,它也需要证明.因此,更严格的证法应如定理 1.1 那样,先推导出 X_1X_2 的密度 g,然后计算$\int_{-\infty}^{\infty}xg(x)\mathrm{d}x$,再通过积分变量代换.这不难做到,我们把它放在习题里,留给读者去完成(习题 21).

读者也许还会问:在以上两个定理中,如果一部分变量为离散型,一部分变量为连续型,结果如何?答案是结论仍成立.对乘积的情况,由于有独立性假定,证明不难.对和的情况则要用到高等概率论,这些都不在此细讲了.

要注意到定理 1.2 和定理 1.1 之间的区别:后者不要求变量有独立性.读者也可以思考一下这个问题:如果说事件积的概率的定理(第 1 章定理 3.3)与此处定理 1.2 完全对应,那么,为什么事件和的概率的定理(第 1 章定理 3.1)与此处的定理 1.1 并不完全对应(概率加法定理中有互斥要求,而定理 1.1 无任何要求),道理何在?

定理 1.3(随机变量函数的期望) 设随机变量 X 为离散型,有分布 $P(X=a_i)=p_i(i=1,2,\cdots)$;或者为连续型,有概率密度函数$f(x)$.则

$$E(g(X))=\sum_i g(a_i)p_i \quad (\text{当}\sum_i|g(a_i)|p_i<\infty\text{ 时}) \tag{1.17}$$

或

$$E(g(X)) = \int_{-\infty}^{\infty} g(x)f(x)\mathrm{d}x \quad \left(当\int_{-\infty}^{\infty} |g(x)| f(x)\mathrm{d}x < \infty 时\right). \tag{1.18}$$

这个定理的实质在于：为了计算 X 的某一函数 $g(X)$ 的期望，并不需要先算出 $g(X)$ 的密度函数，而可以就从 X 的分布出发. 这当然大大方便了计算，因为在 g 较为复杂时，$g(X)$ 的密度很难求.

证 离散型情况(1.17)式好证，因为 $P(X=a_i)=p_i$，有 $P(g(X)=g(a_i))=p_i$ ($g(a_1), g(a_2), \cdots$中可以有相重的，但这并不影响下面的证明). 由此立即得出(1.17)式.

连续型情况较复杂，我们只能就 g 为严格上升并可导的情况给出证明. 按第2章(4.2)式，这时 $Y=g(X)$ 的密度函数为 $f(h(y))h'(y)$，其中 h 为 g 的反函数，即 $h(g(x))=x$ (此式两边对 x 求导，得 $h'(y)|_{y=g(x)}g'(x)=1$，即 $h'(g(x))=1/g'(x)$). 因此

$$E(g(X)) = \int_{-\infty}^{\infty} yf(h(y))h'(y)\mathrm{d}y.$$

作积分变量代换 $y=g(x)$，注意到 $f(h(g(x)))=f(x)$，$h'(g(x))=1/g'(x)$ 及 $\mathrm{d}y=g'(x)\mathrm{d}x$，得

$$E(g(X)) = \int_{-\infty}^{\infty} g(x)f(x)\mathrm{d}x,$$

即(1.18)式. 一般情况(g 非单调)的证明超出本书范围之外，但对有些简单情况，$g(X)$ 虽非单调，但 $g(X)$ 的密度不难求得，这时(1.18)式也不难证. 有几种这样的情况，作为习题留给读者.

本定理的一个重要特例是：

系 1.1 若 c 为常数，则

$$E(cX) = cE(X). \tag{1.19}$$

证明由取 $g(x)=cx$ 得出. 当然，直接证明也很容易.

这几个定理无论是在理论上还是在实用上都有重大意义，这里我们举几个例子说明其应用.

例 1.6 设 X 服从二项分布 $B(n,p)$，求 $E(X)$.

此例不难由定义 1.1 直接计算，但如下考虑更简单：因 X 为 n 次独立试验中某事件 A 发生的次数，且在每次试验中 A 发生的概率为 p，故如引进随机变

量 $X_1,\cdots,X_n$,其中

$$X_i=\begin{cases}1, & \text{若在第 } i \text{ 次试验时事件 } A \text{ 发生}\\ 0, & \text{若在第 } i \text{ 次试验时事件 } A \text{ 不发生}\end{cases}, \tag{1.20}$$

则 $X_1,\cdots,X_n$ 独立,且

$$X=X_1+\cdots+X_n. \tag{1.21}$$

按定理 1.1,有 $E(X)=E(X_1)+\cdots+E(X_n)$. 为计算 $E(X_i)$,注意按定义(1.20)式,X_i 只取两个值 1 和 0,其取 1 的概率为 p,取 0 的概率为 $1-p$,因而 $E(X_i)=1\times p+0\times(1-p)=p$. 由此得到

$$E(X)=np. \tag{1.22}$$

这比直接计算要简单一些. 又注意:在上述论证中并未用到 $X_1,\cdots,X_n$ 独立这一事实.

例 1.7 再考虑第 1 章例 2.2 那个"n 双鞋随机地分成 n 堆"的试验,以 X 记"恰好成一双"的那种堆的数目,求 $E(X)$.

此题若要直接用定义 1.1,就需计算 $P(X=i)$,即"恰好有 i 个堆各自成一双"的概率,这个概率计算不易. 但使用上例的方法不难求解:引进随机变量 $X_1,\cdots,X_n$,其中

$$X_i=\begin{cases}1, & \text{若第 } i \text{ 堆的两只恰成一双}\\ 0, & \text{若第 } i \text{ 堆的两只不成一双}\end{cases},$$

则仍有 $X=X_1+\cdots+X_n$,且 $E(X_i)=P(X_i=1)=P(\text{第 } i \text{ 堆恰成一双})$. 为计算这个概率,我们取如下的分堆方法:先把 $2n$ 只鞋随机地自左至右排成一列,然后让排在 1,2 位置的成第一堆,3,4 位置的为第二堆,等等. 总的排列方法有 $(2n)!$ 种. 有利于事件{第 i 堆恰成一双}的排法可计算如下:第 i 堆占据排列中的第 $2i-1$ 号和第 $2i$ 号位置. 第 $2i-1$ 号位置可以从 $2n$ 只鞋中任取一只,有 $2n$ 种取法. 这只定了以后,为使恰成一双,第 $2i$ 号位置就只有一种取法. 取好后,剩下的 $2n-2$ 只鞋则可任意排,有 $(2n-2)!$ 种排法. 因此,有利于上述事件的总排列数为 $2n\cdot 1\cdot(2n-2)!$,从而所求的概率为

$$2n(2n-2)!/(2n)!=1/(2n-1).$$

此即为 $E(X_i)$,因而

$$E(X)=E(X_1)+\cdots+E(X_n)=n/(2n-1).$$

例 1.8 试计算"统计三大分布"的期望值.

对自由度为 n 的卡方分布,直接用其密度函数的形式(第 2 章(4.26)式)、Γ 函数的公式(第 2 章(4.23)式)及数学期望的定义 1.3,不难算出其期望为 n. 略简单一些是用第 2 章例 4.9,把 X 表为 $X_1{}^2+\cdots+X_n{}^2$, $X_1,\cdots,X_n$ 独立且各服从标准正态分布 $N(0,1)$. 按定理 1.3,有

$$E(X_i{}^2)=\frac{1}{\sqrt{2\pi}}\int_{-\infty}^{\infty}x^2\mathrm{e}^{-x^2/2}\mathrm{d}x=\frac{2}{\sqrt{2\pi}}\int_0^{\infty}\mathrm{e}^{-x^2/2}x^2\mathrm{d}x.$$

把 $\mathrm{e}^{-x^2/2}x^2\mathrm{d}x$ 写为 $-x\mathrm{d}(\mathrm{e}^{-x^2/2})$,用分部积分,得到

$$\int_0^{\infty}\mathrm{e}^{-x^2/2}x^2\mathrm{d}x=\int_0^{\infty}\mathrm{e}^{-x^2/2}\mathrm{d}x=\frac{1}{2}\int_{-\infty}^{\infty}\mathrm{e}^{-x^2/2}\mathrm{d}x=\sqrt{2\pi}/2.$$

后一式用到第 2 章(1.15)式. 于是得到 $E(X_i{}^2)=1$,从而 $E(X)=E(X_1{}^2)+\cdots+E(X_n{}^2)=n$.

对自由度为 n 的 t 分布,由于其密度函数(第 2 章(4.31)式)关于 0 对称,易见其期望为 0. 但是有一个条件,就是自由度 n 必须大于 1. 这是因为

$$\int_{-\infty}^{\infty}|x|(1+x^2/n)^{-\frac{n+1}{2}}\mathrm{d}x=\infty\quad(\text{当 } n=1 \text{ 时}),$$

因而条件(1.4)式不适合. 当 $n>1$ 时,上式的积分有限.

对自由度为(m,n)的 F 分布,记

$$X=\frac{1}{m}X_2\Big/\left(\frac{1}{n}X_1\right)=m^{-1}nX_2/X_1,$$

其中 X_1,X_2 独立,分别服从分布 $\chi_n{}^2$ 和 $\chi_m{}^2$. 由于 X_1,X_2 独立,按第 2 章定理 3.3,知 $X_1{}^{-1}$ 和 X_2 也独立,故按定理 1.2,有

$$E(X)=m^{-1}nE(X_2)E(X_1{}^{-1})=m^{-1}nmE(X_1{}^{-1})=nE(X_1{}^{-1}),\tag{1.23}$$

于是问题归结为计算 $E(X_1{}^{-1})$. 按定理 1.3,有

$$\begin{aligned}E(X_1{}^{-1})&=\left(2^{n/2}\Gamma\left(\frac{n}{2}\right)\right)^{-1}\int_0^{\infty}x^{-1}\mathrm{e}^{-x/2}x^{n/2-1}\mathrm{d}x\\&=\left(2^{n/2}\Gamma\left(\frac{n}{2}\right)\right)^{-1}\int_0^{\infty}\mathrm{e}^{-x/2}x^{(n-2)/2-1}\mathrm{d}x\\&=\left(2^{n/2}\Gamma\left(\frac{n}{2}\right)\right)^{-1}2^{(n-2)/2}\Gamma\left(\frac{n}{2}-1\right)\end{aligned}$$

$$
\begin{aligned}
&= \frac{1}{2}\Gamma\left(\frac{n}{2}-1\right)\Big/\Gamma\left(\frac{n}{2}\right) \\
&= \frac{1}{2}\Gamma\left(\frac{n}{2}-1\right)\Big/\left[\left(\frac{n}{2}-1\right)\Gamma\left(\frac{n}{2}-1\right)\right] \\
&= 1/(n-2).
\end{aligned}
$$

由此及(1.23)式,知

$$
E(X) = n/(n-2) \quad (X \sim F_{m,n}). \tag{1.24}
$$

此式只在 $n>2$ 时才有效.当 $n=1,2$ 时,$F_{m,n}$的期望不存在.

3.1.3 条件数学期望(条件均值)

与条件分布的定义相似,随机变量 Y 的条件数学期望就是它在给定的某种附加条件之下的数学期望.对统计学来说,最重要的情况是:在给定了某些其他随机变量 $X,Z,\cdots$的值 $x,z,\cdots$的条件之下 Y 的条件期望,记为 $E(Y|X=x, Z=z,\cdots)$.以只有一个变量 X 为例,就是 $E(Y|X=x)$.在 X 已明确而不致引起误解的情况下,也可简记为 $E(Y|x)$.

如果知道了(X,Y)的联合密度,则 $E(Y|x)$的定义就可以具体化为:先定出在给定 $X=x$ 之下 Y 的条件密度函数$f(y|x)$,然后按定义 1.3 算出

$$
E(Y|x) = \int_{-\infty}^{\infty} y f(y \mid x)\,\mathrm{d}y. \tag{1.25}
$$

如果说条件分布是变量 X 与 Y 的相依关系在概率上的完全刻画,那么,条件期望则在一个很重要的方面刻画了二者的关系,它反映了随着 X 取值 x 的变化 Y 的平均变化的情况如何,而这常常是研究者所关心的主要内容.例如,随着人的身高 X 的变化,具有身高 x 的那些人的平均体重的变化情况如何;随着其受教育年数 x 的变化,其平均收入的变化如何,等等.在统计学上,常把条件期望 $E(Y|x)$作为 x 的函数,称为 Y 对 X 的"回归函数"("回归"这个名词将在第 6 章中解释),而"回归分析",即关于回归函数的统计研究,构成统计学的一个重要分支.

例 1.9 条件期望的一个最重要的例子是(X,Y)服从二维正态分布 $N(a, b,\sigma_1^2,\sigma_2^2,\rho)$.根据第 2 章例 3.3,在给定 $X=x$ 时 Y 的条件分布为正态分布 $N(b+\rho\sigma_2\sigma_1^{-1}(x-a),\sigma_2^2(1-\rho^2))$.因为正态分布 $N(\mu,\sigma^2)$的期望就是 μ,故有

$$E(Y \mid x) = b + \rho\sigma_2\sigma_1^{-1}(x - a). \tag{1.26}$$

它是 x 的线性函数.如果 $\rho>0$,则 $E(Y|x)$随 x 增加而增加,即 Y"平均说来"有随 X 的增长而增长的趋势,这就是我们以前提到的"正相关"的解释.若 $\rho<0$,则为负相关.当 $\rho=0$ 时,X 与 Y 独立,$E(Y|x)$当然与 x 无关.

从条件数学期望的概念,可得出求通常的(无条件的)数学期望的一个重要公式.这个公式与计算概率的全概率公式相当.回想全概率公式 $P(A)=\sum_i P(B_i)P(A \mid B_i)$,它可以理解为通过事件 A 的条件概率$P(A|B_i)$去计算其(无条件)概率 $P(A)$.更确定地说,$P(A)$就是条件概率 $P(A|B_i)$的某种加权平均,权即为事件 B_i 的概率.以此类推,变量 Y 的(无条件)期望应等于其条件期望$E(Y|x)$对 x 取加权平均,x 的权与变量 X 在 x 点的概率密度$f_1(x)$成比例,即

$$E(Y) = \int_{-\infty}^{\infty} E(Y \mid x) f_1(x)\mathrm{d}x. \tag{1.27}$$

此式很容易证明:以 $f(x,y)$记(X,Y)的联合密度函数,则 X,Y 的(边缘)密度函数分别为

$$f_1(x) = \int_{-\infty}^{\infty} f(x,y)\mathrm{d}y, \quad f_2(y) = \int_{-\infty}^{\infty} f(x,y)\mathrm{d}x.$$

按定义,$E(Y) = \int_{-\infty}^{\infty} yf_2(y)\mathrm{d}y$,可写为

$$E(Y) = \int_{-\infty}^{\infty}\int_{-\infty}^{\infty} yf(x,y)\mathrm{d}x\mathrm{d}y = \int_{-\infty}^{\infty}\left[\int_{-\infty}^{\infty} yf(x,y)\mathrm{d}y\right]\mathrm{d}x.$$

由于 $E(Y|x) = \int_{-\infty}^{\infty} yf(x,y)\mathrm{d}y/f_1(x)$,有$\int_{-\infty}^{\infty} yf(x,y)\mathrm{d}y = E(Y \mid x)f_1(x)$,从而上式转化为(1.27)式.

公式(1.27)可给以另一种写法.记 $g(x)=E(Y|x)$,它是 x 的函数,则(1.27)式成为

$$E(Y) = \int_{-\infty}^{\infty} g(x) f_1(x)\mathrm{d}x. \tag{1.28}$$

但据(1.18)式,上式右边就是 $E(g(X))$.由 $g(x)$的定义,$g(X)$是 $E(Y|x)|_{x=X}$,可简写为 $E(Y|X)$.于是,由(1.28)式得

$$E(Y)=E[E(Y|X)]. \tag{1.29}$$

这个公式可以形象地叙述为:一个变量 Y 的期望等于其条件期望的期望. $E(Y|X)$这个符号的意义,在上面的叙述中已明确交代了,只需记住:在求$E(Y|X)$时,先设定 X 等于一固定值x,x 无随机性,这样可算出$E(Y|x)$,其表达式含 x,再把 x 换成X 即得.

公式(1.29)虽然可算是概率论中一个比较高深的公式,但它的实际含义其实很简单:它可理解为一个“分两步走”去计算期望的方法.因为在不少情况下,径直计算 $E(Y)$较难,而在限定某变量 X 的值后,计算条件期望 $E(Y|x)$则较容易.因此我们分两步走:第一步算出$E(Y|x)$,再借助 X 的概率分布,通过$E(Y|x)$算出$E(Y)$.更直观一些,你可以把求 $E(Y)$看成在一个很大的范围内求平均.限定 X 的值就从这个很大的范围内界定了一个较小的部分,先对这个较小的部分求平均,然后再对后者求平均.比如要求全校学生的平均身高,你可以先求出每个班的学生的平均身高,然后再对各班的平均值求一次平均.自然,在做后一平均时,要考虑到各班人数的不同,是以各班人数为权的加权平均.这个权的作用相当于公式(1.27)式中的 $f_1(x)$.

公式(1.29)虽来自(1.27)式,但因为其形式并不要求对 X,Y 有特殊的假设,故可适用于更为一般的情形.例如,X 不必是一维的,如果 X 为 n 维随机向量$(X_1,\cdots,X_n)$,有概率密度 $f(x_1,\cdots,x_n)$,则公式(1.29)有形式

$$E(Y)=\int_{-\infty}^{\infty}\cdots\int_{-\infty}^{\infty}E(Y\mid x_1,\cdots,x_n)f(x_1,\cdots,x_n)\mathrm{d}x_1\cdots\mathrm{d}x_n. \tag{1.30}$$

这里,$E(Y|x_1,\cdots,x_n)$就是在 $X_1=x_1,\cdots,X_n=x_n$ 的条件下 Y 的条件期望.又X,Y 都可以是离散型的.例如,设 X 为一维离散型变量,有分布

$$P(X=a_i)=p_i \quad (i=1,2,\cdots),$$

则公式(1.29)有形式

$$E(Y)=\sum_{i=1}^{\infty}p_iE(Y\mid a_i). \tag{1.31}$$

3.1.4 中位数

刻画一个随机变量 X 的平均取值的数字特征,除了数学期望以外,最重要的是中位数.

定义 1.4 设连续型随机变量 X 的分布函数为 $F(x)$，则满足条件

$$P(X \leqslant m) = F(m) = 1/2 \tag{1.32}$$

的数 m 称为 X 或分布 F 的中位数.

由于连续型变量取一个值的概率为 0，$P(X = m) = 0$，由(1.32)式知

$$P(X \leqslant m) = P(X < m) = P(X > m) = P(X \geqslant m) = 1/2.$$

也就是说，m 这个点把 X 的分布从概率上一切两半：在 m 左边(包括点 m 与否无所谓)占一半，在 m 右边也占一半.从概率上说，m 这个点正好居于中央，这就是“中位数”得名的由来.

在实用上，中位数用得很多，特别有不少社会统计资料，常拿中位数来刻画某种量的代表性数值，有时它比数学期望更说明问题.例如，某社区内人的收入的中位数告诉我们：有一半的人收入低于此值，另一半人高于此值，我们直观上感觉到这个值对该社区的收入情况的确很具有代表性.和期望值相比，中位数的一个优点是：它受个别特大值或特小值的影响很小，而期望值则不然.举例来说，若该社区中有一人收入在百万元以上，则该社区的均值可能很高，而绝大多数人并不富裕，这个均值并不很有代表性.中位数则不然，它几乎不受少量这种特大值的影响.

从理论上说，中位数与均值相比还有一个优点，即它总存在，而均值则不是对任何随机变量都存在.

虽然中位数有这些优点，但在概率统计中，无论是在理论上还是在应用上，数学期望的重要性都超过中位数，其原因有以下两个方面：

一是均值具有很多优良的性质，反映在前面的定理 1.1 至定理 1.3.这些性质使得在数学上处理均值很方便.例如，$E(X_1 + X_2) = E(X_1) + E(X_2)$，这个公式既简单又毫无条件(除了均值存在以外).中位数则不然，$X_1 + X_2$ 的中位数与 X_1, X_2 各自的中位数之间不存在简单的联系，这使中位数在数学上的处理很复杂，且不方便.

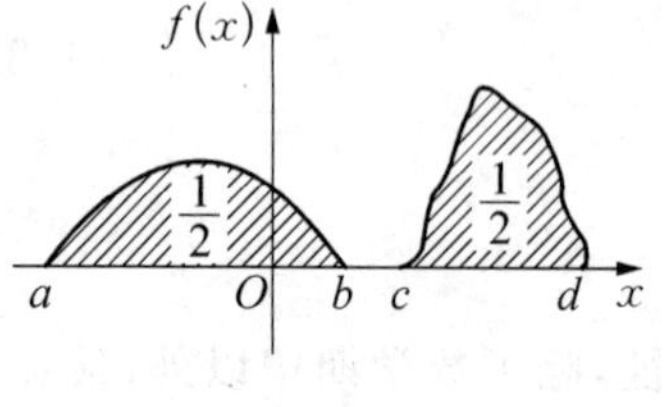

图 3.2

二是中位数本身所固有的某些缺点.首先，中位数可以不唯一.例如，考察图 3.2 所示的密度函数 f.它只在两个分开的区间 (a, b) 和 (c, d) 内不为 0，且在这两段区间上围成的面积都是 1/2.这时，按中位数的定义 1.4，区间 $[b, c]$ 中任

何一点 m 都是中位数,它没有一个唯一的值.

次一个问题是:在 X 为离散型的情况下,虽然也可以定义中位数(其定义与定义 1.4 有所不同),但并不很理想,不完全符合“中位”这个名词所应有的含义.考察一个简单例子,设 X 取三个值 1,2,3,概率分布为

$$P(X=1)=2/7,\quad P(X=2)=4/7,\quad P(X=3)=1/7.$$

这时就不存在一个点 m,使 m 两边的概率恰好一样.不得已,只好退而求其次:找一个点 m,使其左、右两边的概率差距最小.在本例中,这个点是 2.从 2 这个位置看,左边的概率(2/7)要比右边的概率(1/7)大,故并不是理想的“中位”数.

例 1.10 正态分布 $N(\mu,\sigma^2)$ 的中位数就是 μ,这从 $N(\mu,\sigma^2)$ 的密度函数关于 μ 点对称可以看出.指数分布函数已在第 2 章(1.21)式中列出,故其中位数 m 为方程 $1-e^{-\lambda m}=1/2$ 的解,即 $m=(\ln 2)/\lambda$.

3.2 方差与矩

3.2.1 方差和标准差

现在我们转到本章开始时提到的另一类数字特征,即刻画随机变量在其中心位置附近散布程度的数字特征,其中最重要的是方差.

设随机变量 X 有均值 $a=E(X)$.试验中,X 取的值当然不一定恰好是 a,而会有所偏离.偏离的量 $X-a$ 本身也是随机的(因为 X 是随机的).我们要取这个偏离 $X-a$ 的某种有代表性的数字,来刻画这个偏离即散布的程度大小.我们不能就取 $X-a$ 的均值,因为 $E(X-a)=E(X)-a=0$——正负偏离彼此抵消了.一种解决办法是取 $X-a$ 的绝对值 $|X-a|$ 以消除符号,再取其均值 $E(|X-a|)$,作为变量 X 取值的散布程度的数字特征.这个量 $E(|X-a|)$ 叫做 X(或其分布)的“平均绝对差”,是常用于刻画散布度的数字特征之一.但是,由于绝对值在数学上处理甚不方便,人们就考虑了另一种做法:先把 $X-a$ 平方以消去符号,然后取其均值得 $E(X-a)^2$,把它作为 X 取值散布度的衡量.这个量就叫做 X 的“方差”(方差:“差”的“方”).

定义 2.1 设 X 为随机变量,分布为 F,则

$$\mathrm{Var}(X) = E(X - EX)^2 \tag{2.1}$$

称为 X(或分布 F)的方差 * ,其平方根$\sqrt{\mathrm{Var}(X)}$(取正值)称为 X(或分布 F)的标准差.

暂记 $EX = a$.由于$(X - a)^2 = X^2 - 2aX + a^2$,按定理 1.1,得

$$\mathrm{Var}(X) = E(X^2) - 2aE(X) + a^2 = E(X^2) - (EX)^2. \tag{2.2}$$

方差的这个形式在计算上往往较为方便.

方差之所以成为刻画散布度的最重要的数字特征,原因之一是它具有一些优良的数学性质,反映在以下的几个定理中.

定理 2.1 1° 常数的方差为 0.

2° 若 c 为常数,则 $\mathrm{Var}(X + c) = \mathrm{Var}(X)$.

3° 若 c 为常数,则 $\mathrm{Var}(cX) = c^2\mathrm{Var}(X)$.

证 1° 若 X = 常数 a,则 $E(X) = a$.故 $X - E(X) = 0$,因而 $\mathrm{Var}(X) = 0$.

2° 因为 $E(X + c) = E(X) + c$,故

$$\mathrm{Var}(X + c) = E[(X + c) - (EX + c)]^2 = E(X - EX)^2 = \mathrm{Var}(X).$$

3° 因 c 为常数,有 $E(cX) = cE(X)$,故

$$\mathrm{Var}(cX) = E[cX - cE(X)]^2 = c^2E(X - EX)^2 = c^2\mathrm{Var}(X).$$

定理 2.2 独立随机变量之和的方差等于各变量的方差之和,即

$$\mathrm{Var}(X_1 + \cdots + X_n) = \mathrm{Var}(X_1) + \cdots + \mathrm{Var}(X_n). \tag{2.3}$$

证 记 $E(X_i) = a_i (i = 1, \cdots, n)$,则因 $E\left(\sum_{i=1}^{n} X_i\right) = \sum_{i=1}^{n} a_i$,有

$$\begin{aligned}\mathrm{Var}(X_1 + \cdots + X_n) &= E\Big[\sum_{i=1}^{n} X_i - \sum_{i=1}^{n} a_i\Big]^2 = E\Big[\sum_{i=1}^{n}(X_i - a_i)\Big]^2 \\ &= \sum_{i,j=1}^{n} E[(X_i - a_i)(X_j - a_j)].\end{aligned} \tag{2.4}$$

有两类项:一类是 i,j 相同,这类项,按方差的定义,即为$\mathrm{Var}(X_i)$.另一类项是 i,j 不同.这时,因 X_i, X_j 独立,按定理 1.2,有$E(X_iX_j) = E(X_i)E(X_j) =$

---

* Var 是 Variance(方差)的缩写.

$a_i a_j$.所以

$$\begin{aligned}E[(X_i - a_i)(X_j - a_j)] &= E(X_iX_j) - E(a_iX_j) - E(a_jX_i) + a_ia_j \\ &= a_ia_j - a_ia_j - a_ia_j + a_ia_j \\ &= 0.\end{aligned}$$

这样,在(2.4)式最后一个和中,只剩下 $i=j$ 的那些项.这些项之和即(2.3)式右边,因而证明了本定理.

这个定理是方差的一个极重要的性质,它与均值的定理 1.1 相似.但要注意的是:方差的定理要求各变量独立,而均值的定理则不要求.

例 2.1 设 X 为一随机变量,$E(X)=a$,而 $\mathrm{Var}(X)=\sigma^2$.记 $Y=(X-a)/\sigma$,则 $E(Y)=0$,且按定理 2.1 易知 $\mathrm{Var}(Y)=1$.这样,对 X 作一线性变换后,得到一个具有均值 0、方差 1 的变量 Y.常称 Y 是 X 的"标准化".

例 2.2 设 X 服从泊松分布 $P(\lambda)$,求其方差.前已求出 $E(X)=\lambda$.又据定理 1.3,知

$$E(X^2) = \sum_{i=0}^{\infty} i^2 \mathrm{e}^{-\lambda}\lambda^i / i!.$$

把 i^2 写为 $i(i-1)+i$,注意到 $\sum_{i=0}^{\infty} i\mathrm{e}^{-\lambda}\lambda^i/i!$ 就是 X 的均值,即 λ,而 $i(i-1)/i!=1/(i-2)!$,有

$$\begin{aligned}E(X^2) &= \sum_{i=2}^{\infty}\mathrm{e}^{-\lambda}\lambda^i/(i-2)! + \lambda = \lambda^2\sum_{i=2}^{\infty}\mathrm{e}^{-\lambda}\lambda^{i-2}/(i-2)! + \lambda \\ &= \lambda^2\mathrm{e}^{-\lambda}\sum_{j=0}^{\infty}\lambda^j/j! + \lambda = \lambda^2\mathrm{e}^{-\lambda}\mathrm{e}^{\lambda} + \lambda = \lambda^2 + \lambda.\end{aligned}$$

于是,按公式(2.2)得到 $\mathrm{Var}(X)=\lambda^2+\lambda-\lambda^2=\lambda$.即泊松分布 $P(\lambda)$ 的均值、方差相同,都等于其参数 λ.

例 2.3 设 X 服从二项分布 $B(n,p)$,求 $\mathrm{Var}(X)$.

把 X 表为(1.21)式的形式,其中 X_i 由(1.20)式定义,因为 $X_1,\cdots,X_n$ 独立,有 $\mathrm{Var}(X)=\mathrm{Var}(X_1)+\cdots+\mathrm{Var}(X_n)$.现计算 $\mathrm{Var}(X_i)$.因 X_i 只取 1,0 两个值,概率分别为 p 和 $1-p$,故

$$E(X_i) = p, \quad E(X_i^2) = p \quad (i = 1,\cdots,n).$$

因而得到 $\mathrm{Var}(X_i)=p-p^2=p(1-p)$,从而

$$\mathrm{Var}(X) = np(1-p). \tag{2.5}$$

本题也可由定义直接计算,但比这麻烦一些.

例 2.4 再考察例 1.7,求该例中变量 X 的方差.

仍如该例,把 X 表为 $X_1 + \cdots + X_n$. 麻烦的是,这里 $X_1, \cdots, X_n$ 并非独立,因而不能用定理 2.2. 但这种表示仍可简化计算,有

$$E(X^2) = E\left(\sum_{i=1}^{n} X_i\right)^2 = \sum_{i,j=1}^{n} E(X_i X_j). \tag{2.6}$$

分两类项:一类是 $i=j$,这类项之和为 $\sum_{i=1}^{n} E(X_i^{\,2})$. 由于 X_i 只取 1,0 两值,故 $X_i^{\,2} = X_i$,因而

$$\sum_{i=1}^{n} E(X_i^{\,2}) = \sum_{i=1}^{n} E(X_i) = E(X) = n/(2n-1) \quad (见例 1.7).$$

对 $i \neq j$,取 $i=1, j=2$ 为例 (其他 i,j 一样,因为 X_i, X_j 都只取 1,0 为值),有

$$E(X_1 X_2) = P(X_1 = 1, X_2 = 1),$$

即"第 1,2 堆都恰成一双"的概率. 这个概率计算的思想,与例 1.7 中阐明过的完全一样,结果为

$$\begin{aligned} P(X_1 = 1, X_2 = 1) &= 2n \cdot 1 \cdot (2n-2) \cdot 1 \cdot (2n-4)!/(2n)! \\ &= 1/[(2n-1)(2n-3)]. \end{aligned}$$

又在和式(2.6)中,$i \neq j$ 的项的个数为 $n(n-1)$,故第二类项($i \neq j$ 的项)之和为 $n(n-1)/[(2n-1)(2n-3)]$. 由此,用公式(2.2),得

$$\begin{aligned} \mathrm{Var}(X) &= E(X^2) - (EX)^2 \\ &= n/(2n-1) + n(n-1)/[(2n-1)(2n-3)] - [n/(2n-1)]^2 \\ &= 4n(n-1)^2/[(2n-1)^2(2n-3)]. \end{aligned}$$

例 2.5 设 X 服从正态分布 $N(\mu, \sigma^2)$. 注意到 $E(X) = \mu$,有

$$\mathrm{Var}(X) = E(X-\mu)^2 = \frac{1}{\sqrt{2\pi}\sigma}\int_{-\infty}^{\infty} (x-\mu)^2 \mathrm{e}^{-\frac{(x-\mu)^2}{2\sigma^2}} \mathrm{d}x.$$

作变量代换 $x = \mu + \sigma t$,得

$$\mathrm{Var}(X) = \sigma^2 \frac{1}{\sqrt{2\pi}}\int_{-\infty}^{\infty} t^2 \mathrm{e}^{-t^2/2} \mathrm{d}t,$$

式中的积分已在例 1.8 中计算过，为$\sqrt{2\pi}$，所以

$$\mathrm{Var}(X)=\sigma^2. \tag{2.7}$$

由此得到正态分布 $N(\mu,\sigma^2)$中另一个参数 σ^2的解释：它就是分布的方差．正态分布完全由其均值 μ 和方差 σ^2决定，故也常说“均值为 μ、方差为 σ^2的正态分布”．经过标准化 $Y=(X-\mu)/\sigma$，按例 2.1 得出均值为 0、方差为 1 的正态分布，即标准正态分布．这一点早在第 2 章例 1.6 中，通过直接计算分布的方法证明过(第 2 章(1.17)式)．

方差 σ^2愈小，则 X 的取值以更大的概率集中在其均值 μ 附近．这一点也可从如下看出：正态分布 $N(\mu,\sigma^2)$ 的密度函数在 $x=\mu$ 点的值等于 $(\sqrt{2\pi}\sigma)^{-1}$，它与 σ 成反比：σ 愈小，这个值愈大，而密度在 μ 点处有一个更高的峰，显示概率更多地集中在 μ 点附近．见图 3.3，其中画出了正态分布 $N(\mu,\sigma^2)$当$\sigma^2=1$和 $\sigma^2=1/4$ 时密度函数的图形．

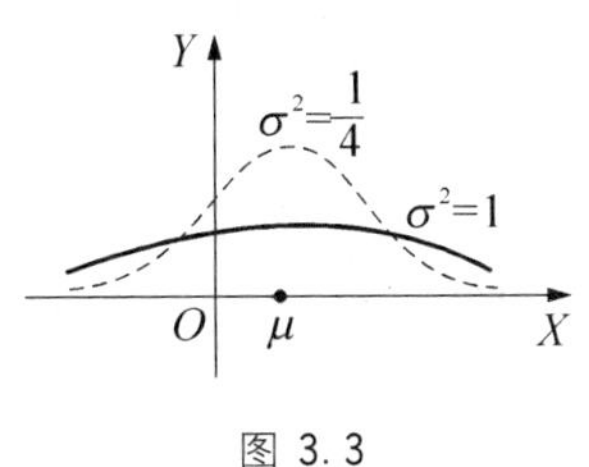

图 3.3

例 2.6 指数分布(第 2 章例 1.7)的方差为 $1/\lambda^2$．区间$[a,b]$上的均匀分布(第 2 章例 1.9)的方差为$(b-a)^2/12$．这些都容易直接根据公式(2.2)算出，留给读者．在均匀分布的情况下，方差随区间$[a,b]$的长度 $b-a$ 的增大而增大，这是当然的，因为区间长了，散布的程度也就大了．

例 2.7 求“统计三大分布”的方差．

先考虑卡方分布．设 $X\sim\chi_n^2$．把 X 表为 $X_1^2+\cdots+X_n^2$，$X_1,\cdots,X_n$ 独立同分布，且有公共分布 $N(0,1)$．有

$$\mathrm{Var}(X_i^2)=E(X_i^4)-[E(X_i^2)]^2=E(X_i^4)-1,$$

而

$$E(X_i^4)=\frac{1}{\sqrt{2\pi}}\int_{-\infty}^{\infty}x^4\mathrm{e}^{-x^2/2}\mathrm{d}x=\frac{2}{\sqrt{2\pi}}\int_{-0}^{\infty}x^4\mathrm{e}^{-x^2/2}\mathrm{d}x.$$

作变量代换 $x=\sqrt{2t}$，有

$$E(X_i^4)=\frac{2}{\sqrt{2\pi}}2\sqrt{2}\int_0^{\infty}t^{3/2}\mathrm{e}^{-t}\mathrm{d}t=\frac{4}{\sqrt{\pi}}\Gamma\left(\frac{5}{2}\right)=\frac{4}{\sqrt{\pi}}\frac{3}{2}\frac{1}{2}\sqrt{\pi}=3.$$

故 $\mathrm{Var}(X_i^4)=3-1=2$，从而 $\mathrm{Var}(X)=2n$．

次考虑 t 分布. 设 $X=X_1\Big/\sqrt{\frac{1}{n}X_2}$, X_1,X_2 独立, 而 $X_2\sim\chi_n{}^2$, $X_1\sim N(0,1)$. 前已指出 $E(X)=0$. 故由独立性, 有

$$\mathrm{Var}(X)=E(X^2)=E(X_1{}^2)E(n/X_2)=nE(1/X_2).$$

在例 1.8 中已算出 $E(1/X_2)=1/(n-2)$, 故 $\mathrm{Var}(X)=n/(n-2)\ (n>2)$.

自由度为 n 的 t 分布 t_n 有期望 0, 与标准正态分布 $N(0,1)$ 的期望相同. 其方差 $n/(n-2)$ 大于 1, 但当 n 很大时接近 $N(0,1)$ 的方差 1. 以后将指出: 当 n 很大时, t_n 的分布确实接近 $N(0,1)$.

类似地可算出自由度为 (m,n) 的 F 分布 $F_{m,n}$ 的方差为 $2n^2(m+n-2)/[m(n-2)^2(n-4)]\ (n>4)$. 细节留给读者.

3.2.2　矩

定义 2.2　设 X 为随机变量, c 为常数, k 为正整数. 则量 $E[(X-c)^k]$ 称为 X 关于 c 点的 k 阶矩.

比较重要的有两种情况:

(1) $c=0$. 这时 $\alpha_k=E(X^k)$ 称为 X 的 k 阶原点矩.

(2) $c=E(X)$. 这时 $\mu_k=E[(X-EX)^k]$ 称为 X 的 k 阶中心矩.

一阶原点矩就是期望. 一阶中心矩 $\mu_1=0$, 二阶中心矩 μ_2 就是 X 的方差 $\mathrm{Var}(X)$. 在统计学上, 高于四阶的矩极少使用, 三、四阶矩有些应用, 但也不很多.

应用之一是用 μ_3 去衡量分布是否有偏. 设 X 的概率密度函数为 $f(x)$, 若 $f(x)$ 关于某点 a 对称, 即

$$f(a+x)=f(a-x),$$

如图 3.4 所示, 则 a 必等于 $E(X)$, 且 $\mu_3=E[X-E(X)]^3=0$. 如果 $\mu_3>0$, 则称分布为正偏或右偏. 如果 $\mu_3<0$, 则称分布为负偏或左偏. 特别地, 对正态分布而言有 $\mu_3=0$, 故如 μ_3 显著异于 0, 则是分布与正态有较大偏离的标志. 由于 μ_3 的因次是 X 的因次的三次方, 为抵消这一点, 以 X 的标准差的三次方, 即 $\mu_2{}^{3/2}$ 去除 μ_3, 其商

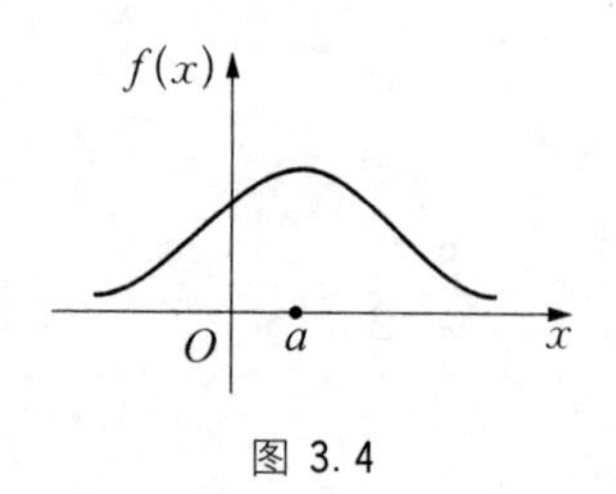

图 3.4

$$\beta_1=\mu_3/\mu_2{}^{3/2} \tag{2.8}$$

称为 X 或其分布的“偏度系数”.

应用之二是用 μ_4 去衡量分布(密度)在均值附近的陡峭程度. 因为 $\mu_4 = E[X-E(X)]^4$,容易看出,若 X 取值在概率上很集中在$E(X)$附近,则 μ_4 将倾向于小,否则就倾向于大. 为抵消尺度的影响,类似于 μ_3 的情况,以标准差的四次方即 $\mu_2{}^2$ 去除,得

$$\beta_2 = \mu_4/\mu_2{}^2, \tag{2.9}$$

称为 X 或其分布的“峰度系数”.

若 X 有正态分布 $N(\mu,\sigma^2)$,则 $\beta_2=3$,与 μ 和 σ^2无关. 为了迁就这一点,也常定义 $\mu_4/\mu_2{}^2-3$ 为峰度系数,以使正态分布有峰度系数 0.

“峰度”这个名词,单从表面上看,易引起误解. 例如,我们在例 2.4 中已指出,并由图 3.3 看出,就正态分布 $N(\mu,\sigma^2)$而言,σ^2愈小,密度函数在 μ 点处的“高峰”就愈高且愈陡峭,那么,为何所有的正态分布又都有同一峰度系数? 这岂不与这个名词的直觉含义不符? 原因在于:μ_4 在除以 $\mu_2{}^2$ 后已失去了因次,即与 X 的单位无关. 或者换句话说,两个变量 X,Y,谁的峰度大,不能直接比其密度函数,而要调整到方差为 1 后再去比. 也就是说,找两个常数 c_1,c_2,使 c_1X 和 c_2Y 的方差都为 1,再比较其密度的“陡峭”程度如何.

在这个共同的标准下,“峰度”一词就好理解了. 不信看图 3.5. 为便于理解,我们在图中画了两条都以 μ 为对称中心的对称密度曲线,且峰的高度一样,但 f_2 在顶峰处很陡,而 f_1 则在顶峰处形成平台,较为平缓. 这样,在 μ 附近,f_1 的概率多而 f_2 的概率少. 而方差都为 1,故 f_2 的“尾巴”必比 f_1 的厚一些,这导致其 μ_4 较大,即有较大的峰度系数.

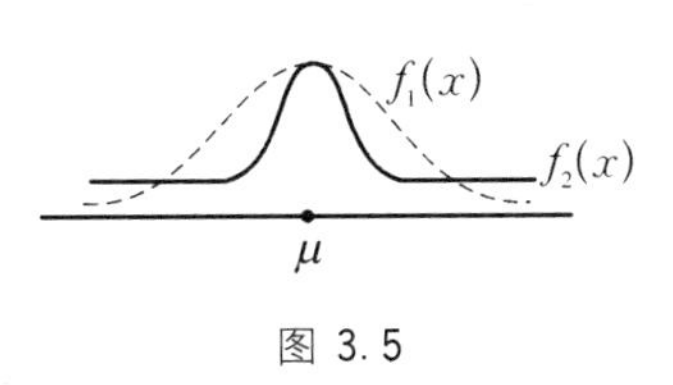

图 3.5

3.3 协方差与相关系数

现在我们来考虑多维随机向量的数字特征. 以二维的情况为例,设(X,Y)为二维随机向量. X,Y 本身都是一维随机变量,可以定义其均值、方差,在本节

中我们记

$$E(X)=m_1,\quad E(Y)=m_2,\quad \operatorname{Var}(X)=\sigma_1^2,\quad \operatorname{Var}(Y)=\sigma_2^2.$$

这些都已在前两节中讨论过了,没有什么新东西.在多维随机向量中,最有兴趣的数字特征是反映分量之间的关系的那种量,其中最重要的,是本节要讨论的协方差和相关系数.

定义 3.1 称 $E[(X-m_1)(Y-m_2)]$ 为 X,Y 的协方差,并记为 $\operatorname{Cov}(X,Y)$ *.

"协"即"协同"的意思.X 的方差是 $X-m_1$ 与 $X-m_1$ 的乘积的期望,如今把一个 $X-m_1$ 换为 $Y-m_2$,其形式接近方差,又有 X,Y 二者的参与,由此得出协方差的名称.由定义看出,$\operatorname{Cov}(X,Y)$ 与 X,Y 的次序无关,即 $\operatorname{Cov}(X,Y)=\operatorname{Cov}(Y,X)$.可直接由定义得到协方差的一些简单性质.例如,若 c_1,c_2,c_3,c_4 都是常数,则

$$\operatorname{Cov}(c_1X+c_2,c_3Y+c_4)=c_1c_3\operatorname{Cov}(X,Y). \tag{3.1}$$

又易知

$$\operatorname{Cov}(X,Y)=E(XY)-m_1m_2. \tag{3.2}$$

这些简单性质的证明都留给读者.

下面的定理包含了协方差的重要性质.

定理 3.1 1° 若 X,Y 独立,则 $\operatorname{Cov}(X,Y)=0$.

2° $[\operatorname{Cov}(X,Y)]^2\leqslant\sigma_1^2\sigma_2^2$.等号当且仅当 X,Y 之间有严格线性关系(即存在常数 a,b 使 $Y=a+bX$)时成立.

证 1°的证明由定理 1.2 直接得出,因为据此定理,当 X,Y 独立时有 $E(XY)=m_1m_2$.为证明 2°,需要两点预备事实:

(a) 若 a,b,c 为常数,$a>0$,而二次三项式 $at^2+2bt+c$ 对 t 的任何实值都非负,则必有 $ac\geqslant b^2$.

(b) 若随机变量 Z 只能够取非负值,而 $E(Z)=0$,则 $Z=0$.

为了不打断此处的讨论,我们将这两点事实的证明放到后面,现考虑

$$E[t(X-m_1)+(Y-m_2)]^2=\sigma_1^2t^2+2\operatorname{Cov}(X,Y)t+\sigma_2^2. \tag{3.3}$$

---

* Cov 是 Covariance(协方差)的缩写.

由于此式左边是一个非负随机变量的均值,故它对任何 t 非负.按预备事实(a),有

$$\sigma_1^2\sigma_2^2 \geqslant [\mathrm{Cov}(X,Y)]^2. \tag{3.4}$$

进一步,如果(3.4)式成立等号,则(3.3)式右边等于$(\sigma_1 t \pm \sigma_2)^2$. ± 号视 $\mathrm{Cov}(X,Y)>0$ 或 <0 而定,为确定计,暂设 $\mathrm{Cov}(X,Y)>0$,则(3.3)式右边为$(\sigma_1 t+\sigma_2)^2$.此式在 $t=t_0=-\sigma_2/\sigma_1$ 时为0.以 $t=t_0$ 代入(3.3)式,有

$$E[t_0(X-m_1)+(Y-m_2)]^2=0.$$

再按预备事实(b),即知 $t_0(X-m_1)+(Y-m_2)=0$,因而 X,Y 之间有严格线性关系.

反之,若 X,Y 之间有严格线性关系 $Y=aX+b$,则$\sigma_2^2=\mathrm{Var}(Y)=\mathrm{Var}(aX+b)=\mathrm{Var}(aX)=a^2\mathrm{Var}(X)=a^2\sigma_1^2$,且 $m_2=E(Y)=aE(X)+b=am_1+b$,因而有 $Y-m_2=(aX+b)-(am_1+b)=a(X-m_1)$.于是

$$\mathrm{Cov}(X,Y)=E[(X-m_1)a(X-m_1)]=a[E(X-m_1)^2]=a\sigma_1^2,$$

因此

$$[\mathrm{Cov}(X,Y)]^2=a^2\sigma_1^4=\sigma_1^2(a^2\sigma_1^2)=\sigma_1^2\sigma_2^2.$$

即(3.4)式成立等号,这就证明了2°的全部结论.

现证明用到的两个预备事实.对(a),注意到若 $ac<b^2$,则 $at^2+2bt+c=0$ 有两个不同的实根 $t_1<t_2$,因而 $at^2+2bt+c=a(t-t_1)(t-t_2)$.取 t_0 使 $t_1<t_0<t_2$,则将有 $at_0^2+2bt_0+c=a(t_0-t_1)(t_0-t_2)<0$,与 $at^2+2bt+c$ 对任何 t 非负矛盾.这就证明了(a).(b)的证明很简单:若 $Z\neq 0$,则因 Z 只能取非负值,它必以一定的大于0的概率取大于0的值,这将导致 $E(Z)>0$,与 $E(Z)=0$ 的假定不合.

定理3.1给"相关系数"的定义打下了基础.

定义 3.2 称 $\mathrm{Cov}(X,Y)/(\sigma_1\sigma_2)$ 为 X,Y 的相关系数,并记为 $\mathrm{Corr}(X,Y)$*.

形式上可以把相关系数视为"标准尺度下的协方差".变量 X,Y 的协方差

---

* Corr 是 Correlation(相关)的缩写.

作为$(X-m_1)(Y-m_2)$的均值，依赖于X,Y的度量单位，选择适当单位使X,Y的方差都为1，则协方差就是相关系数. 这样就能更好地反映X,Y之间的关系，不受所用单位的影响.

由定理3.1立即得到：

定理3.2 1° 若X,Y独立，则$\mathrm{Corr}(X,Y)=0$.

2° $-1\leqslant \mathrm{Corr}(X,Y)\leqslant 1$，或$|\mathrm{Corr}(X,Y)|\leqslant 1$，等号当且仅当$X$和$Y$有严格线性关系时达到.

对这个定理，我们要加几条重要的解释：

(1) 当$\mathrm{Corr}(X,Y)=0$(或$\mathrm{Cov}(X,Y)=0$，一样)时，称X,Y"不相关". 本定理的1°说明由X,Y独立推出它们不相关. 但反过来一般不成立：由$\mathrm{Corr}(X,Y)=0$不一定有X,Y独立. 下面是一个简单的例子.

例3.1 设(X,Y)服从单位圆内的均匀分布，即其密度函数为

$$f(x,y)=\begin{cases}\pi^{-1}, & \text{当 } x^2+y^2<1 \text{ 时}\\ 0, & \text{当 } x^2+y^2\geqslant 1 \text{ 时}\end{cases}.$$

用第2章公式(2.9)和(2.10)，容易得出X,Y有同样的边缘密度函数

$$g(x)=\begin{cases}2\pi^{-2}\sqrt{1-x^2}, & \text{当 } |x|<1 \text{ 时}\\ 0, & \text{当 } |x|\geqslant 1 \text{ 时}\end{cases}.$$

这个函数关于0对称，因此其均值为0，故$E(X)=E(Y)=0$. 而

$$\mathrm{Cov}(X,Y)=E(XY)=\frac{1}{\pi}\iint\limits_{x^2+y^2<1}xy\,\mathrm{d}x\,\mathrm{d}y=0,$$

故$\mathrm{Corr}(X,Y)=0$. 但X,Y不独立，因为其联合密度$f(x,y)$不等于其边缘密度之积$g(x)g(y)$.

(2) 相关系数也常称为"线性相关系数". 这是因为，实际上相关系数并不是刻画了X,Y之间"一般"关系的程度，而只是"线性"关系的程度. 这种说法的根据之一就在于，当且仅当X,Y有严格的线性关系时，才有$|\mathrm{Corr}(X,Y)|$达到最大值1. 可以容易举出例子说明：即使X与Y有某种严格的函数关系但非线性关系，$|\mathrm{Corr}(X,Y)|$不仅不必为1，还可以为0.

例3.2 设$X\sim R(-1/2,1/2)$，即区间$[-1/2,1/2]$内的均匀分布，而$Y=\cos X$，Y与X有严格函数关系. 但因$E(X)=0$，由(3.2)式有

$$\mathrm{Cov}(X,Y)=E(XY)=E(X\cos X)=\int_{-1/2}^{1/2}x\cos x\,\mathrm{d}x=0,$$

故 $\mathrm{Corr}(X,Y)=0$. 你看, X, Y 说是“不相关”,它们之间却有着严格的关系 $Y=\cos X$. 足见这样的相关只能指线性而言,一超出这个范围,这个概念就失去了其意义.

(3) 如果 $0<|\mathrm{Corr}(X,Y)|<1$,则解释为:X, Y 之间有“一定程度的”线性关系而非严格的线性关系. 何谓“一定程度”的线性关系? 我们可以用图 3.6 所示的情况来说明. 在这三个图中,我们都假定 (X,Y) 服从所画出的区域 A 内的均匀分布(即其联合密度 $f(x,y)$ 在 A 内为 $|A|^{-1}$,在 A 外为 0, $|A|$ 为区域 A 的面积). 在这三个图中, X, Y 都无严格的线性关系,因为由 X 的值并不能决定 Y 的值. 可是,由这几个图我们都能“感觉”出, X, Y 之间存在着一种线性的“趋势”. 这种趋势,在(a)中已较显著且是正向的(X 增加时 Y 倾向于增加),这相应于 $\mathrm{Corr}(X,Y)$ 比较显著地大于 0. 在(b)中,这种线性趋势比(a)更明显,程度更大,反映 $|\mathrm{Corr}(X,Y)|$ 比(a)的情况更大,但为负向的. 至于(c),则多少有一点儿线性倾向,但已甚微弱: $\mathrm{Corr}(X,Y)$ 虽仍大于 0,但已接近 0.

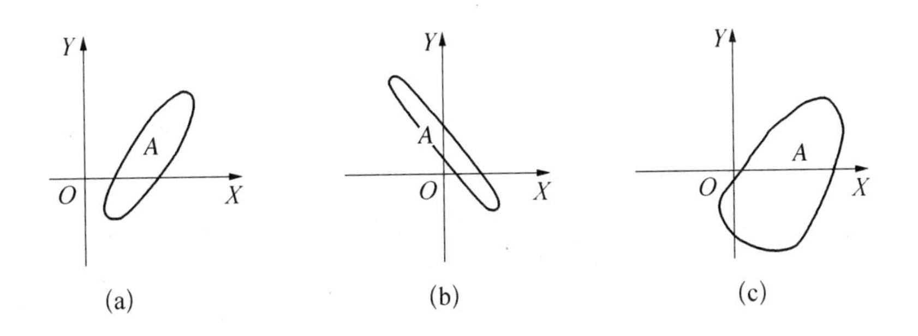

图 3.6

(4) 上面谈到的“线性相关”的意义,还可以从最小二乘法的角度去解释. 设有两个随机变量 X, Y,现在想用 X 的某一线性函数 $a+bX$ 来逼近 Y,问要选择怎样的常数 a, b,才能使逼近的程度最高? 这个逼近程度,我们就用“最小二乘”的观点来衡量,即要使 $E[(Y-a-bX)^2]$ 达到最小.

仍以 m_1, m_2 记 $E(X)$, $E(Y)$, 以 $\sigma_1{}^2$ 和 $\sigma_2{}^2$ 记 $\mathrm{Var}(X)$, $\mathrm{Var}(Y)$. 引进常数

$$c=a-(m_2-bm_1)$$

取代 a，则

$$E[(Y-a-bX)^2]=E[(Y-m_2)-b(X-m_1)-c]^2$$
$$=\sigma_2{}^2+b^2\sigma_1{}^2-2b\mathrm{Cov}(X,Y)+c^2.$$

为使此式达到最小，必须取 $c=0$，$b=\mathrm{Cov}(X,Y)/\sigma_1{}^2=\sigma_1\sigma_2\mathrm{Corr}(X,Y)/\sigma_1{}^2=\sigma_1{}^{-1}\sigma_2\mathrm{Corr}(X,Y)$. 这样求出最佳线性逼近为（记 $\rho=\mathrm{Corr}(X,Y)$）

$$L(X)=m_2-\sigma_1{}^{-1}\sigma_2\rho m_1+\sigma_1{}^{-1}\sigma_2\rho X. \tag{3.5}$$

这一逼近的剩余是

$$E[(Y-L(X))^2]=\sigma_2{}^2+b^2\sigma_1{}^2-2b\mathrm{Cov}(X,Y)$$
$$=\sigma_2{}^2+(\sigma_1{}^{-1}\sigma_2\rho)^2\sigma_1{}^2-2(\sigma_1{}^{-1}\sigma_2\rho)\sigma_1\sigma_2\rho$$
$$=\sigma_2{}^2(1-\rho^2). \tag{3.6}$$

如果 $\rho=\pm1$，则 $E[(Y-L(X))^2]=0$，而 $Y=L(X)$. 这时，Y 与 X 有严格线性关系，已于前述. 若 $0<|\rho|<1$，则 $|\rho|$ 愈接近 1，剩余愈小，说明 $L(X)$ 与 Y 的接近程度愈大，即 X,Y 之间线性关系的"程度"愈大. 反之，$|\rho|$ 愈小，则二者的线性关系程度愈小. 当 $\rho=0$ 时，剩余为 $\sigma_2{}^2$，这时 X 的线性作用已毫不存在. 因为仅取一个与 X 无关的常数 m_2，已可把 Y 逼近到 $\sigma_2{}^2$ 的剩余，因 $E(Y-m_2)^2=\sigma_2{}^2$. ρ 的符号的意义也由(3.5)式得到解释：当 $\rho>0$ 时，$L(X)$ 中 X 的系数大于 0，即 Y 的最佳逼近 $a+bX$ 随 X 增加而增加，这就是正向相关. 反之，$\rho<0$ 表示负向相关.

由于相关系数只能刻画线性关系的程度，而不能刻画一般的函数相依关系的程度，在概率论中还引进了另一些相关性指标，以补救这个缺点. 但是，这些指标都未能在应用中推开，究其原因，除了这些指标在性质上比较复杂外，还有一个重要原因：在统计学应用上，最重要的二维分布是二维正态分布. 而对二维正态分布而言，相关系数是 X,Y 的相关性的一个完美的刻画，没有上面指出的缺点. 其根据有两条：

(1) 若 (X,Y) 为二维正态分布，则即使允许用任何函数 $M(X)$ 去逼近 Y（仍以 $E[(Y-M(X))^2]$ 最小为准则），所得到的最佳逼近仍是由(3.5)式决定的 $L(X)$. 故在这个场合，只需考虑线性逼近已足够，而这种逼近的程度完全由相关系数决定.

(2) 当 (X,Y) 为二维正态分布时，由 $\mathrm{Corr}(X,Y)=0$ 能推出 X,Y 独立. 即在这一特定场合，独立与不相关是一回事. 我们前已指出，这在一般情况下并不成立.

第一点的证明超出本书范围.第二点则不难证明.事实上,我们将验证:若(X,Y)有二维正态分布$N(a,b,\sigma_1^2,\sigma_2^2,\rho)$,则$\mathrm{Corr}(X,Y)=\rho$.而当$\rho=0$时,由第2章(2.7)式易知,$(X,Y)$的联合密度可表为$X,Y$各自的密度$f_1(x)$和$f_2(y)$之积,因而$X,Y$是独立的.

为证明此事,注意到$E(X)=a,E(Y)=b$,利用第2章(2.7)式的$N(a,b,\sigma_1^2,\sigma_2^2,\rho)$的密度函数的形式,有

$$\begin{aligned}&\mathrm{Cov}(X,Y)\\&\quad=E[(X-a)(Y-b)]\\&\quad=(2\pi\sigma_1\sigma_2\sqrt{1-\rho^2})^{-1}\int_{-\infty}^{\infty}\int_{-\infty}^{\infty}(x-a)(y-b)\\&\quad\quad\cdot\exp\left[-\frac{1}{2(1-\rho^2)}\left(\frac{(x-a)^2}{\sigma_1^2}-\frac{2\rho(x-a)(y-b)}{\sigma_1\sigma_2}+\frac{(y-b)^2}{\sigma_2^2}\right)\right]\mathrm{d}x\mathrm{d}y.\end{aligned}$$

注意到

$$\begin{aligned}&\frac{(x-a)^2}{\sigma_1^2}-\frac{2\rho(x-a)(y-b)}{\sigma_1\sigma_2}+\frac{(y-b)^2}{\sigma_2^2}\\&\quad=\left(\frac{x-a}{\sigma_1}-\frac{\rho(y-b)}{\sigma_2}\right)^2+\left(\sqrt{1-\rho^2}\,\frac{y-b}{\sigma_2}\right)^2,\end{aligned}$$

作变量代换

$$u=\frac{1}{\sqrt{1-\rho^2}}\left(\frac{x-a}{\sigma_1}-\frac{\rho(y-b)}{\sigma_2}\right),\quad v=\frac{y-b}{\sigma^2},$$

可将上面的重积分化为

$$\mathrm{Cov}(X,Y)=\frac{1}{2\pi}\int_{-\infty}^{\infty}\int_{-\infty}^{\infty}[\sqrt{1-\rho^2}\sigma_1u+\sigma_1\rho v]\sigma_2v\exp\left(-\frac{u^2+v^2}{2}\right)\mathrm{d}u\mathrm{d}v.$$

因为

$$\int_{-\infty}^{\infty}\int_{-\infty}^{\infty}uv\exp\left(-\frac{u^2+v^2}{2}\right)\mathrm{d}u\mathrm{d}v=\int_{-\infty}^{\infty}u\mathrm{e}^{-u^2/2}\mathrm{d}u\int_{-\infty}^{\infty}u\mathrm{e}^{-v^2/2}\mathrm{d}v=0,$$

$$\int_{-\infty}^{\infty}\int_{-\infty}^{\infty}v^2\exp\left(-\frac{u^2+v^2}{2}\right)\mathrm{d}u\mathrm{d}v=\int_{-\infty}^{\infty}\mathrm{e}^{-u^2/2}\mathrm{d}u\int_{-\infty}^{\infty}v^2\mathrm{e}^{-v^2/2}\mathrm{d}v=2\pi,$$

得到$\mathrm{Cov}(X,Y)=\rho\sigma_1\sigma_2$.又$\mathrm{Var}(X)=\sigma_1^2,\mathrm{Var}(Y)=\sigma_2^2$,于是$\mathrm{Corr}(X,Y)=\mathrm{Cov}(X,Y)/(\sigma_1\sigma_2)=\rho$.

3.4 大数定理和中心极限定理

在数学中大家都注意到过这样的现象:有的时候一个有限的和很难求,但一经取极限由有限过渡到无限,则问题反而好办.例如,若要对某一有限范围的 x 计算和

$$a_n(x) = 1 + x + \frac{x^2}{2!} + \frac{x^3}{3!} + \cdots + \frac{x^n}{n!},$$

则在 n 固定但很大时很难求,而一经取极限,则有简单的结果:$\lim_{n\to\infty} a_n(x) = e^x$.利用这个结果,当 n 很大时,可以把 e^x 作为 $a_n(x)$的近似值.

在概率论中也存在着这种情况.如果 $X_1, X_2, \cdots, X_n$ 是一些随机变量,则 $X_1 + \cdots + X_n$ 的分布,除了若干例外,算起来很复杂.因而自然地会提出问题:可否利用极限的方法来进行近似计算?事实证明这不仅可能,且更有利的是:在很一般的情况下,和的极限分布就是正态分布.这一事实增加了正态分布的重要性.在概率论上,习惯于把和的分布收敛于正态分布的那一类定理都叫做"中心极限定理".在本节 3.4.2 段中,我们将列述这类定理中最简单,然而也是最重要的一种情况.

在概率论中,另一类重要的极限定理是所谓"大数定理".它是由概率的统计定义"频率收敛于概率"引申而来的.为描述这一点,我们把频率通过一些随机变量的和表示出来.设做了 n 次独立试验,每次观察某事件 A 是否发生.按(1.20)式定义随机变量 $X_i\,(i = 1, \cdots, n)$.则在这 n 次试验中事件 A 一共出现了 $X_1 + \cdots + X_n$ 次,而频率为

$$p_n = (X_1 + \cdots + X_n)/n = \overline{X}_n. \tag{4.1}$$

若 $P(A) = p$,则"频率趋于概率"就是说,在某种意义下(详见下文),当 n 很大时 p_n 接近于 p.但 p 就是 X_i 的期望值,故也可以写成:

当 n 很大时$\overline{X}_n$ 接近于 X_i 的期望值.

按这个表述，问题就可以不必局限于 X_i 只取 0,1 两个值的情形.事实也是如此.这就是较一般情况下的大数定理."大数"的意思，就是指涉及大量数目的观察值 X_i，它表明这种定理中指出的现象只有在大量次数的试验和观察之下才能成立.例如，一所大学可能包含上万名学生，每人有其身高.如果我们随意观察一个学生的身高 X_1，则 X_1 与全校学生的平均身高 a 可能相去甚远.如果我们观察 10 个学生的身高而取其平均，则它有更大的机会与 a 更接近些.如观察 100 个，则其平均又能更与 a 接近些.这些都是我们日常经验中所体验到的事实.大数定理对这一点从理论的高度给予了概括和论证.

3.4.1 大数定理

定理 4.1 设 $X_1, X_2, \cdots, X_n, \cdots$ 是独立同分布的随机变量，记它们的公共均值为 a.又设它们的方差存在并记为 σ^2.则对任意给定的 $\varepsilon>0$，有

$$\lim_{n\to\infty} P(|\bar{X}_n - a| \geqslant \varepsilon) = 0. \tag{4.2}$$

($\bar{X}_n$ 的含义见(4.1)式.)(4.2)这个式子指出了"当 n 很大时，$\bar{X}_n$ 接近 a"的确切含义：它的意义是概率上的，不同于微积分意义下某一列数 a_n 收敛于数 a.按(4.2)式只是说：不论你给定怎样小的 $\varepsilon>0$，$\bar{X}_n$ 与 a 的偏离是否有可能达到 ε 或更大呢？这是可能的，但当 n 很大时，出现这种较大偏差的可能性很小，以致当 n 很大时，我们有很大的(然而不是百分之百的)把握断言 $\bar{X}_n$ 很接近 a.拿上面学生身高的那个例子来说，即使你抽了 100 个以至 1 000 个学生，你有没有绝对的把握说，这 100 个或 1 000 个学生的平均身高一定很接近全校学生的平均身高 a 呢？没有，因为理论上不能排除这种可能性：你碰巧把全校中那 100 或 1 000 个最高的学生都抽出来了.这时你计算的 $\bar{X}_n$ 就会与 a 有很大差距.但我们也能相信，如果抽样真是随机的(每一名学生有同等被抽出的机会)，则随着抽样次数增多，这样的可能性会愈来愈小.这就是(4.2)式的意思.像(4.2)式这样的收敛性，在概率论中叫做"$\bar{X}_n$ 依概率收敛于 a".

为了证明定理 4.1，需要下面的概率不等式：

马尔科夫不等式 若 Y 为只取非负值的随机变量，则对任给常数 $\varepsilon>0$，有

$$P(Y \geqslant \varepsilon) \leqslant E(Y)/\varepsilon. \tag{4.3}$$

设 Y 为连续型变量，密度函数为 $f(y)$.因为 Y 只取非负值，则当 $y<0$ 时

$f(y)=0$,故

$$E(Y)=\int_0^{\infty} yf(y)\mathrm{d}y \geqslant \int_{\varepsilon}^{\infty} yf(y)\mathrm{d}y.$$

因为在$[\varepsilon,\infty)$内总有 $y\geqslant\varepsilon$,且$\int_{\varepsilon}^{\infty} f(y)\mathrm{d}y$ 就是$P(Y\geqslant\varepsilon)$,故

$$E(Y)\geqslant\int_{\varepsilon}^{\infty} yf(y)\mathrm{d}y \geqslant \varepsilon\int_{\varepsilon}^{\infty} f(y)\mathrm{d}y = \varepsilon P(Y\geqslant\varepsilon),$$

即(4.3)式.当 Y 为离散型时证明相似,请读者自己完成.

不等式(4.3)的一个重要特例为:

契比雪夫不等式 若 $\mathrm{Var}(Y)$存在,则

$$P(|Y-EY|\geqslant\varepsilon)\leqslant\mathrm{Var}(Y)/\varepsilon^2. \tag{4.4}$$

为证此不等式,只需在(4.3)式中以$[Y-EY]^2$ 代替 Y,以 ε^2 代替 ε,并注意$P((Y-EY)^2\geqslant\varepsilon^2)=P(|Y-EY|\geqslant\varepsilon)$即可.

现在转到定理4.1的证明.利用契比雪夫不等式(4.4),并注意到 $E(\bar{X}_n)=\sum_{i=1}^{n}E(X_i)/n=na/n=a$,得

$$P(|\bar{X}_n-a|\geqslant\varepsilon)\leqslant\mathrm{Var}(\bar{X}_n)/\varepsilon^2. \tag{4.5}$$

因为$\bar{X}_n=\frac{1}{n}(X_1+\cdots+X_n)$,而 $X_1,\cdots,X_n$ 独立,有

$$\mathrm{Var}(\bar{X}_n)=\frac{1}{n^2}\sum_{i=1}^{n}\mathrm{Var}(X_i)=\frac{1}{n^2}n\sigma^2=\sigma^2/n.$$

以此代入(4.5)式,得

$$P(|\bar{X}_n-a|\geqslant\varepsilon)\leqslant\sigma^2/(n\varepsilon^2)\to 0 \quad (\text{当 } n\to\infty \text{ 时}).$$

这就证明了(4.2)式.

定理4.1的一个重要特例,即前面提到的“频率收敛于概率”:

$$\lim_{n\to\infty}P(|p_n-p|\geqslant\varepsilon)=0. \tag{4.6}$$

这个定理是最早的一个大数定理，是伯努利在 1713 年一本著作中证明的，常称为伯努利大数定理.

大数定理的研究是概率论中一个很重要、古老且至今仍很活跃的课题，有许多深刻的结果.例如，不用假定 X_i 的方差存在也可以证明(4.2)式，$X_1, X_2, \cdots$ 不必同分布甚至也可以不独立(当然，仍得有一定限制)，收敛也可以改成其他更强的形式，等等.这些都超出本书的范围之外.

在概率论中，大数定理常称为“大数定律”.这个字面上的不同，也不见得有很特殊的含义.但是，“定理”一词往往用于指那种能用数学工具严格证明的东西，而“定律”则不一定是这样，如牛顿的力学三大定律，电学中的欧姆定律之类.这牵涉到一个从哪个角度去看的问题.像(4.2)式这样有确切的数学表述，并能在一定的理论框架内证明的结果，称之为“定理”无疑是恰当的.可是，当我们泛泛地谈论“平均值的稳定性”(即稳定到理论上的期望值)时，这表述了一种全人类多年的集体经验，有些哲理的味道，而且这种意识也远早于现代概率论给以严格表述之前，因此，称之为“定律”也不算不恰当.

3.4.2 中心极限定理

中心极限定理的意义已在本节开始处阐述过了.如我们所曾指出的，这是指一类定理，下面的定理 4.2 是其中之一.

定理 4.2 设 $X_1, X_2, \cdots, X_n, \cdots$ 为独立同分布的随机变量，$E(X_i)=a$，$\mathrm{Var}(X_i)=\sigma^2\ (0<\sigma^2<\infty)$.则对任何实数 x，有

$$\lim_{n\to\infty} P\left(\frac{1}{\sqrt{n}\sigma}(X_1+\cdots+X_n-na)\leqslant x\right)=\Phi(x). \tag{4.7}$$

这里，$\Phi(x)$是标准正态分布 $N(0,1)$的分布函数，即

$$\Phi(x)=\frac{1}{\sqrt{2\pi}}\int_{-\infty}^{\infty}\mathrm{e}^{-t^2/2}\mathrm{d}t. \tag{4.8}$$

注意到 $X_1+\cdots+X_n$ 有均值 na，方差 $n\sigma^2$，故

$$(X_1+\cdots+X_n-na)/(\sqrt{n}\sigma)$$

就是 $X_1+\cdots+X_n$ 的标准化，即使其均值变为 0、方差变为 1，以与 $N(0,1)$的均值、方差符合.

(4.7)式告诉我们，虽然在一般情况下我们很难求出 $X_1+\cdots+X_n$ 的分布

的确切形式，但当 n 很大时，可以通过 $\Phi(x)$ 给出其近似值. 例如，若已知 $a=1$，$\sigma^2=4$，$n=100$，要求 $P(X_1+\cdots+X_{100}\leqslant 125)$. 因 $na=100$，$\sqrt{n}\sigma=20$，把事件 $X_1+\cdots+X_{100}\leqslant 125$ 改写为 $(X_1+\cdots+X_{100}-100)/20\leqslant 1.25$，用(4.7)式得到上述概率的近似值为 $\Phi(1.25)=0.8944$. 这里当然有一定的误差. 有许多研究工作就是为了估计这种误差，也得出了一些深刻的结果. 但是，这种误差估计要求对 X_i 的分布或其矩有一定的了解.

定理4.2通称为林德伯格定理或林德伯格—莱维定理，是由这两位学者在20世纪20年代证明的. “中心极限定理”的命名也是始于这个时期，它是波伊亚在1920年给出的. 但定理4.2并非是最早的中心极限定理. 历史上最早的中心极限定理是定理4.2的一个特例，即当 X_i 由(1.20)式定义时，如以前多次指出的，$X_1+\cdots+X_n$ 就是某事件 A 在 n 次独立试验中发生的次数. 这个特例很重要，值得单独列为一条定理.

定理4.3 设 $X_1,X_2,\cdots,X_n,\cdots$ 独立同分布，X_i 的分布是

$$P(X_i=1)=p,\quad P(X_i=0)=1-p\quad (0<p<1).$$

则对任何实数 x，有

$$\lim_{n\to\infty}P\left(\frac{1}{\sqrt{np(1-p)}}(X_1+\cdots+X_n-np)\leqslant x\right)=\Phi(x). \tag{4.9}$$

定理4.3是定理4.2的特例，只需注意 $E(X_i)=p$，$\mathrm{Var}(X_i)=p(1-p)$. 又此处 $X_1+\cdots+X_n$ 服从二项分布 $B(n,p)$，故定理4.3是用正态分布去逼近二项分布. 在第2章例1.2中曾指出过用泊松分布逼近二项分布. 二者的应用不同：(4.9)式用于 p 固定，因而当 n 很大时 np 很大；而泊松逼近则用于 p 很小(可设想成 p 随 n 变化以趋向于0)但 $np=\lambda$ 不太大时. 共同之点是 n 必须相当大.

定理4.3称为棣莫弗—拉普拉斯定理，是历史上最早的中心极限定理. 1716年棣莫弗讨论了 $p=\frac{1}{2}$ 的情形，而拉普拉斯则把它推广到一般 p 的情形.

如果 t_1,t_2 是两个正整数，$t_1<t_2$. 则当 n 相当大时，按(4.9)式，近似地有

$$P(t_1\leqslant X_1+\cdots+X_n\leqslant t_2)\approx\Phi(y_2)-\Phi(y_1), \tag{4.10}$$

其中

$$y_i=(t_i-np)/\sqrt{np(1-p)}\quad (i=1,2). \tag{4.11}$$

我们指出:若把 y_1, y_2 修正为

$$y_1 = \left(t_1 - \frac{1}{2} - np\right) \Big/ \sqrt{np(1-p)},$$
$$y_2 = \left(t_2 + \frac{1}{2} - np\right) \Big/ \sqrt{np(1-p)}, \tag{4.12}$$

再应用公式(4.10),则一般可提高精度.其道理可以从图 3.7 中看出.此图中每一矩形小条底边长为 1,底边中点为非负整数 k,而矩形的高就是 $P(X_1+\cdots+X_n=k)$,即二项概率 $b(k;n,p)$.图中的曲线则是正态分布 $N(np,np(1-p))$ 的密度函数的曲线.近似式(4.10)的意思,无非是用这条曲线下的面积来近似代替这些矩形条的面积.可是细看图形 3.7,可知,包括点 $t_1, t_1+1, \cdots, t_2$,这些小条在横轴上所占范围,是左起 $t_1-1/2$,右止 $t_2+1/2$,故曲线下的面积也应在这两个起止点之间去计算.这就是修正公式(4.12)的来由.当 n 很大时,这个修正并不很重要;但在 n 不太大时,则有比较大的影响.

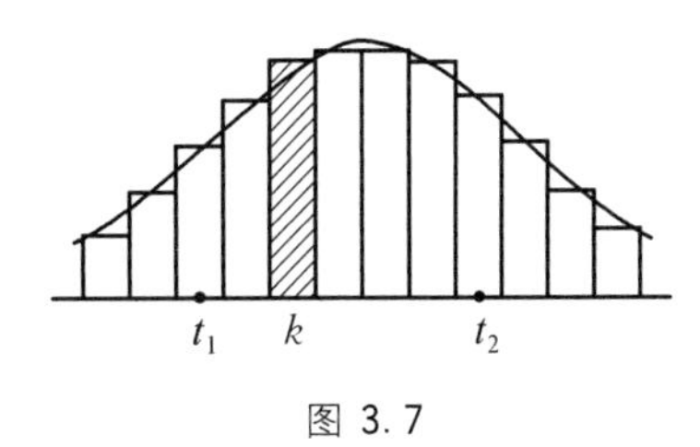

图 3.7

例 4.1 设某地区内原有一家小型电影院,因不敷需要,拟筹建一家较大型的.设据分析,该地区每日平均看电影者约有 $n=1\,600$ 人,且预计新电影院建成开业后,平均约有 3/4 的观众将去这家新影院.

现该影院在计划其座位数时,要求座位数尽可能多,但"空座达到 200 或更多"的概率又不能超过 0.1.问设多少座位为好?

设把每日看电影的人排号为 1,2,…,1 600,且令

$$X_i = \begin{cases} 1, & \text{若第 } i \text{ 个观众去新影院} \\ 0, & \text{若不然} \end{cases} \quad (i=1,\cdots,1\,600),$$

则按假定有 $P(X_i=1)=3/4$, $P(X_i=0)=1/4$.又假定各观众去不去电影院系独立选择,则 $X_1, X_2, \cdots$ 是独立随机变量.

现设座位数为 m,则按要求

$$P(X_1+\cdots+X_{1\,600} \leqslant m-200) \leqslant 0.1,$$

在这个条件下取 m 最大.这显然就是在上式取等号时.因为 $np=1\,600 \cdot (3/4)=1\,200$, $\sqrt{np(1-p)}=10\sqrt{3}$,按(4.12)式的修正,$m$ 应满足条件

$$\Phi\left(\left(m-200+\frac{1}{2}-1\,200\right)\Big/(10\sqrt{3})\right)=0.1.$$

查 $\Phi(x)$的表得知,当 $\Phi(x)=0.1$ 时,$x=-1.281\,6$*.由

$$(m-200+1/2-1\,200)/(10\sqrt{3})=-1.281\,6,$$

定出 $m=1\,377.31\approx 1\,377$.在本例中,(4.12)式的修正没有什么影响.

直到20世纪30年代,中心极限定理的研究曾是概率论的中心内容.至今其仍是一个活跃的方向,推广的方向如独立不同分布乃至非独立的情形,由中心极限定理而引起的误差的估计,以及与之相关联的问题如大偏差问题之类.

习　题

1. 计算对数正态分布的均值和方差(对数正态分布见第2章习题19).

2. 计算均匀分布 $R(a,b)$的峰度系数.

3. 计算超几何分布的均值和方差.

4. 一人有 N 把钥匙,每次开门时,他随机地拿出一把(只有一把钥匙能打开这道门),直到门打开为止.以 X 记到此时为止用的钥匙数(包括最后拿对的那一把).按以下两种情况分别计算$E(X)$:

(a) 试过不行的不再放回去;

(b) 试过不行的仍放回去.

5. 某县有 N 个农户,其年收入分别为 $a_1,\cdots,a_N$.为估计平均收入 $a=(a_1+\cdots+a_N)/N$,随机不放回地抽出 n 个农户($1\leqslant n\leqslant N$),以 $X_1,\cdots,X_n$ 记所抽出的n个农户的年收入,而以$\overline{X}=(X_1+\cdots+X_n)/n$ 去估计a.计算 $E(\overline{X})$和 $\mathrm{Var}(\overline{X})$.

6. 一盒中有 n 个不同的球,其上分别写有数字 $1,2,\cdots,n$.每次随机抽出1个,登记其号码,放回去,再抽,一直抽到登记有 r 个不同的数字为止.以 X 记到这时为止的抽球次数,计算 $E(X)$.

7. 把 r 个球随机地放入n 个盒子中,以 X 记空盒个数,计算 $E(X)$.此题如

---

* 一般 $\Phi(x)$的表上只列出当 $\Phi(x)\geqslant 1/2$ 时 x 的值.若 $\Phi(x)<1/2$,则需先由公式 $\Phi(-x)=1-\Phi(x)$,查出 $-x$,再得出 x.有的表列出的是由 $2(1-\Phi(x))$的值求 x ($x>0$).这时对本例而言,应先由 $2(1-\Phi(y))=0.2$ 定出 y,再取 $x=-y$ 即得.

直接从计算 $P(X=k)$ 出发很难，但用下述步骤可以解决：

(a) 以 $p_k(r,n)$ 记 r 个球随机放入 n 个盒中恰有 k 个空盒的概率，用全概率公式证明：

$$p_k(r+1,n)=p_k(r,n)\frac{n-k}{n}+p_{k+1}(r,n)\frac{k+1}{n};\tag{1}$$

(b) 以 m_r 记题中要计算的均值 $E(X)$. 由(a)中得出的公式(1)两边乘 k 后对 k 求和，证明：

$$m_{r+1}=\left(1-\frac{1}{n}\right)m_r\quad(r=0,1,2,\cdots),$$

再由 $m_0=n$ 即得 $m_r=n\left(1-\frac{1}{n}\right)^r$.

8. 设 n 为自然数，$f(x)=c/(1+x^2)^n$. 找常数 c，使 $f(x)$ 为概率密度函数，并计算其均值、方差.

9. 设 X_1,X_2 独立，都服从标准正态分布 $N(0,1)$. 记 $Y_1=\max(X_1,X_2)$，$Y_2=\min(X_1,X_2)$. 计算 $E(Y_1)$，$E(Y_2)$.

10. 设 X_1,X_2 独立，都服从卡方分布，而常数 b 非 0 非 1，则 X_1+bX_2 决不服从卡方分布.

11. 设 X,Y 独立，都服从标准正态分布，而 $Z=(aX^2+bY^2)/(X^2+Y^2)$，其中 a,b 为常数. 计算 $E(Z)$ 和 $\mathrm{Var}(Z)$.

12. 设随机变量 X 只取非负值，其分布函数为 $F(x)$. 证明：在以下两种情况下都有

$$E(X)=\int_0^\infty[1-F(x)]\mathrm{d}x.\tag{2}$$

(a) X 有概率密度函数 $f(x)$；

(b) X 为离散型，有分布 $P(X=k)=p_k$ $(k=0,1,2,\cdots)$.

注：公式(2)对任何非负随机变量都对，并不限于(a)，(b)两种情况. 但证明超出初等方法之外.

13. 设 X_1,X_2 独立同分布，都只取正值，则必有 $E(X_1/X_2)\geqslant 1$，等号当且仅当 X_1,X_2 只取一个值时成立.

注：按此题结论，也有 $E(X_2/X_1)\geqslant 1$ (X_1，X_2 地位平等)，故 $E(X_1/X_2)E(X_2/X_1)\geqslant 1$，但 $(X_1/X_2)(X_2/X_1)\equiv 1$.

14. 设 $X_1,\cdots,X_n$ 独立同分布,都只取正值.证明:

$$E\left(\frac{X_1}{X_1+\cdots+X_n}\right)=\frac{1}{n}.$$

15. 设 $p_1,\cdots,p_n$ 都介于0,1之间,记 p 为它们的算术平均.做两串独立试验,每串各 n 次.在第一串中,事件 A 在各次试验中发生的概率依次为 $p_1,\cdots,p_n$.在第二串中,事件 A 在各次试验中发生的概率始终保持为 p.以 Y_1 和 Y_2 分别记在第一串和第二串试验中事件 A 发生的总次数.证明:Y_1,Y_2 有相同的均值,而 $\mathrm{Var}(Y_1)\geqslant\mathrm{Var}(Y_2)$,等号当且仅当 $p_1=\cdots=p_n=p$ 时成立.试给这后一结论一个直观的解释.

16. 设随机变量 X 只取[0,1]上的值.证明:$\mathrm{Var}(X)\leqslant 1/4$.指出等号达到的情况.把这个结果推广到 X 只取 $[a,b]$ 上的值的情况.

17. 在第1章例1.2中,若先到的人必等到后到的人来了为止,问先到的人平均要等多久?

18. 设 X 服从指数分布,试计算其中位数 m 以及 $E|X-m|$.

19. 设 X 有概率密度函数 $f(x)$,令 $h(a)=E|X-a|$.证明:当 a 等于 X 的中位数 m 时,$h(a)$ 达到最小(这是中位数的一个重要性质).

20. 解第2章习题27,用如下的方法:找 b,使 $X+bY$ 和 $X-bY$ 的相关系数为0.这比用第2章的方法简单得多.

21. 设 X_1,X_2 独立,分别有概率密度函数 $f(x_1)$ 和 $g(x_2)$.试求 $Y=X_1X_2$ 的密度函数,并用所得结果证明:

$$E(Y)=E(X_1)E(X_2).$$

第 4 章

参 数 估 计

4.1 数理统计学的基本概念

从本章起,我们转入课程的第二部分——数理统计学.数理统计学与概率论是两个有密切联系的姊妹学科.大体上可以说:概率论是数理统计学的基础,而数理统计学是概率论的重要应用.

数理统计学是一门应用性很强的学科,有其方法、应用和理论基础.在西方,"数理统计学"一词是专指统计方法的数学基础理论那部分而言.在我国则有较广的含义,即包括方法、应用及理论基础都在内,而这在西方称为"统计学".在我国,因为还有一门被认为是社会科学的统计学存在,这两个名词的区别使用,有时是必要的.

4.1.1 什么是数理统计学

当我们用试验或观察的方法研究一个问题时,首先要通过适当的观察或试验取得必要的数据,然后就是对所得数据进行分析,以对所提问题做出尽可能正确的结论.为什么说"尽可能正确"呢? 因为数据一般总是带有随机性的误差.需要指出的是,这里指的误差,主要并不是通常意义上的因测量不准而导致的误差,例如测量一个人的高度,因仪器和操作的原因必然有一定的误差——自然,这种误差也是构成数据的误差的一个可能的来源.这里所说的数据误差,主要指的是由于观察和试验所及一般只能是所研究的事物的一部分,而究竟是哪一部分则是随机的.例如,一个学校有上万名学生,你从中抽出 50 人来研究该校学生的学习情况,抽取的结果(那 50 个人)不同,所得数据就不同,这完全凭机会定.我们说的随机误差主要是指这个,由于数据带有这样的随机性,通过分析这些数据而做出的结论,也就难保其不出错了.分析方法的要旨,就在于使可能产生的错误愈小愈好,发生错误的机会愈小愈好,这就需要使用概率论的工具.在此我们就可以初步看出概率论和数理统计学的密切关系.

数理统计学就是这样一门学科,它使用概率论和数学的方法,研究怎样收集(通过试验或观察)带有随机误差的数据,并在设定的模型(称为统计模型)之下,对这种数据进行分析(称为统计分析),以对所研究的问题做出推断(称为统计推断).让我们举一个例子来说明这些概念.

例 1.1 某工厂生产大批的电子元件.按第 2 章例 1.7 的理论,我们认为有理由假定元件的寿命服从指数分布,见第 2 章(1.20)式.在实际应用中,我们可以提出许多感兴趣的问题.例如:

(1) 元件的平均寿命如何?

(2) 如果你是使用单位,要求平均寿命能达到某个指定的数 l,例如 5 000 小时.问这批元件可否被接受?

在此,"元件寿命服从指数分布"提供了一个数学模型,即本问题的统计模型(参见例 1.3 中的补充说明).如果你知道了该分布中的参数 λ 的值,则据第 3 章例 1.4,我们知道平均寿命为 $1/\lambda$,于是上面两个问题马上就可以得到回答.但在实用上 λ 往往是未知的,于是我们就只好从这一大批元件中随机抽出若干个,例如 n 个,并测出其寿命分别为 $X_1,\cdots,X_n$.这 n 个元件如何选取?主要是要保证这一大批元件中,每一件有同等的被抽出的机会,而这并不是很容易办到的事情,需要想些办法,既能减轻工作量,又能尽可能保证上述同等机会的要求.

有了数据 $X_1,\cdots,X_n$ 后,一个自然的想法是:用其算术平均值 $\overline{X}=(X_1+\cdots+X_n)/n$ 去估计未知的平均寿命 $1/\lambda$.当然,$\overline{X}$不一定恰好等于 $1/\lambda$.但在实际问题中,我们不会、也不可能要求所做的估计一丝不差.但误差可能有多大?产生指定大小的误差的机会(概率)有多大?为了使这个概率降至指定的限度(例如,0.1),抽出的元件个数 n 至少应达到多少?这些问题的解决方法及有关理论,就是数理统计学的内容.

本例提出的第一个问题称为参数估计问题,因为 λ 是元件寿命分布中的一个未知参数,而我们的问题是要估计由 λ 决定的一个量,即 $1/\lambda$.也可以把问题提为要求估计参数 λ 本身,这时我们可考虑使用 $1/\overline{X}$(参见例 2.2).参数估计是最重要的统计问题之一.

现在来谈第二个问题.大家可能认为:至少就本例而言,解决了第一个问题也就解决了第二个问题,因为既然用$\overline{X}$去估计平均寿命,那就看$\overline{X}$是否不小于指定的数 l.若 $\overline{X}\geqslant l$,则接受该批产品,不然就不接受.

应当承认,这也是一个可以考虑的解法.但还应注意到,如上文所指出的:因用$\overline{X}$估计平均寿命有误差,我们得根据实际需要进行一定的调整.即把接受的准则定为$\overline{X}\geqslant l_1$,$l_1$ 是某个选定的数,可以大于、等于或小于 l.l_1 定得大些,表示我们的检验更严格,这在对元件质量要求很高且供货渠道较多时可能是适当的.

反之，l_1 定得小些，表示检验更宽松，这在对元件质量要求不很高，或急需这些元件而供货渠道很少时，也可能采取．从统计上说，无论你怎么定 l_1，理论上你都可能犯两种错误之一：一是元件平均寿命达到需求而被你拒收了；一是元件平均寿命达不到需求而被你接受了．这两种错误各有一定的规律，它们在很大程度上决定了接受准则 $\overline{X} \geqslant l_1$ 中的 l_1 的选择．

第二个问题与第一个问题不同，它不是要求对分布中的未知参数做出估计，而是要在两个决定（就本问题而言，就是接受或拒收该批产品）中选择一个．这类问题称为假设检验问题，也是最重要的统计问题之一．

4.1.2 总体

总体是指与所研究的问题有关的对象（个体）的全体所构成的集合．如在例 1.1中，那一大批元件就是问题的总体，而每一单个元件就是一个个体，所有这些个体就构成问题的总体．又如：

例 1.2 要研究某大学学生的学习情况，则该校的全体学生构成问题的总体．每一个学生则是该总体中的一个个体．

总体随所研究的范围而定．如在上例中，若你研究全国大学生的学习成绩，则总体就大多了：它包含全国所有在学的大学生．总体如何定，取决于研究目的，也受人力、物力、时间等因素的限制．

对于大多数实际问题，总体中的个体是一些实在的人或物，而问题中所注意的，并不在于这些人或物本身，而在于所关心的某种指标．例如，一个学生有身高、体重、姓氏笔画、籍贯、出身等等特征，当我们研究学生的学习成绩时，对这些都不关心，而只注意其考分如何．在例 1.1 中，我们只注意元件的寿命如何．这样，也可以把我们感兴趣的那个指标值就作为该个体（例如，大学生 A 得 90 分，即以 90 这个数代替 A），而总体就由一些数所组成．

单是这样还不行．这里有两个问题：一是总体中这样一大堆杂乱无章的数没有赋予什么数学或概率的性质，因而无法使用有力的概率论工具去研究它；二是各种总体变得没有区别．例如，大学生的学习成绩也是一堆数，一大批元件的寿命也是一堆数，大家都一样了．解决这些问题的途径，就涉及总体这个概念的核心——总体的概率分布．例如，在例 1.1 中元件寿命分布为指数分布，例 1.2 中学生的学习成绩可以假定为服从正态分布．总体分布不同，分析的方法也就不同，赋有一定概率分布的总体就称为统计总体．

因此，经过以上几步的分析，我们就得出在数理统计学中“总体”这个基本概念的要旨——总体就是一个概率分布.当总体分布为指数分布时,称为指数分布总体;当总体分布为正态分布时,称为正态分布总体,或简称正态总体,等等.两个总体,即使其所含个体的性质根本不同,只要有同一的概率分布,则在数理统计学上就视为同类总体.例如,人的寿命也可以服从指数分布,它与元件寿命的分布一样,处理二者的统计问题的方法也一样,即可视为同一类总体.

对以上所说的要做一点说明:如例 1.1 所显示的,虽然我们假定了元件寿命服从指数分布,但并没有指定其中参数 λ 的值.既然 λ 未知,原则上 λ 可取 0 到 ∞ 内任何值,故更正确地应当说:总体分布是一个概率分布族(在此为指数分布族)的一员.这个分布族包含一个参数 λ,称为单参数分布族.例 1.2 中的总体分布——正态分布 $N(\mu,\sigma^2)$ 包含两个参数 μ 和 σ^2(μ 可取任何实数值,而 σ^2 只能取大于 0 的值),是一个两参数分布族.另外,在有些情况下,我们只是假定总体有一定的概率分布,而并不明确知道其数学形式.如在例 1.1 中,也可以只承认寿命有一定的概率分布函数 $F(x)$,$F(0)=0$(因寿命总大于 0),其他别无所知.这时,总体分布不能通过若干个未知参数表达出来,这种情况称为非参数总体.对于非参数总体,虽不知其数学形式,但统计问题照样可以提出来.例如估计平均寿命的问题,不假定元件寿命分布为指数分布也有意义,且使用 $\overline{X}$ 去估计平均寿命看来仍是一个合理的方法.自然,由于分布的形式未知,进一步的讨论困难就更大,这些在以后会逐步指明.

上面所讲的总体概念,在很大程度上要归功于数理统计学最主要的奠基者、伟大的英国统计学家 R・A・费歇尔.他引进了“无限总体”这个概念——在现实问题中,当所考察的个体是由一些看得见、摸得着的对象所构成的时(如例 1.1,例 1.2),总体总是有限的.有限总体相应的分布只能是离散的,其具体形式将与个体总数有关,且缺乏一个简洁的数学形式,这会使有力的概率方法无法使用.引进无限总体的概念,在概率论上相当于用一个连续分布去逼近离散分布.当总体所含个体极多时,这种逼近所带来的误差,从应用的观点看已可以忽略不计.更好的是,事实证明:几种常见且在概率论上较易处理的分布,如指数分布和正态分布等,尤其是正态分布,对许多实用问题的总体分布给出了足够好的近似,而围绕着这些分布建立了深入而有效的统计方法.

最后,关于总体这个概念还需要说明一个问题.从一个例子入手,设有一个物体,其真实的重量 a 未知,要通过多次量测的结果去估计它.请问在这个问题中总体是什么?若不假思索,可能回答说:因为与所研究的问题有关的对象就只有这个物体,故这个物体,或者其重量 a,就构成总体.这个回答不对.其之所以不对,一则因为 a 未知.即使 a 已知(这时自然不存在估计它的问题,但量测其重量仍有意义,例如,可能是为了考察天平的准确程度如何),这个回答仍不对.因为你既然通过量测,那么,你所研究的问题实质上是"通过量测结果去估计 a 的值,其精度如何".这样,每一个可能的量测结果都是一个个体,而总体是由"一切可能的量测结果"组成的.这只是一个想像中存在的集合,因为不可能去进行无限次量测,把所有可能的量测结果一一列出来.这与我们在前面几个例子中那种看得见、摸得着的总体不同:这里的总体只是在想像中存在,它的个体是通过试验"制造"出来的——每称一次,就制造出一个量测值.这种情况在实际应用中非常多,给这种总体规定分布也一样.拿本例来说,只需说一句"量测结果服从某某分布(如正态分布)"就行.如果不绕这么一个圈子,而直接说:量测结果是随机的,它服从某某分布,可能读者会感到更易接受.上述分析是为了突出统计总体这个概念的这种抽象形式,以体现这个概念的普遍性.

在某些统计学著作中,也常把总体称为"母体".

4.1.3　样本

样本是按一定的规定从总体中抽出的一部分个体.所谓"按一定的规定",就是指总体中的每一个个体有同等的被抽出的机会.

由于我们的兴趣不在于个体本身,而在于其某一特征指标值,所得样本表现为若干个数据 $X_1,\cdots,X_n$. n 称为"样本大小"或"样本容量"、"样本量".样本 $X_1,\cdots,X_n$ 中的每一个 X_i 也称为样本.有时,为区别这种情况,把 $X_1,\cdots,X_n$ 的全体称为一"组"样本,而 X_i 称为其中的第 i 个样本.

在一个具体问题中,样本 $X_1,\cdots,X_n$ 是一些具体的数据.而在理论的研究上,则要把它看成一些随机变量.因为抽到哪一些个体是随机的,因而其指标值,即 $X_1,\cdots,X_n$,也是随机的.

设想样本是一个一个地抽出来的.第一次抽时,是从整个总体中抽一个,因而 X_1 的分布也就与总体分布相同.如果这一个不放回去,到第二次抽时,总体中已少了一个个体,其分布有了变化,因此 X_2 的分布会与 X_1 的分布略有差别.但是,如果总体中所包含的个体极多,或如理论上设想的,总体中包含无限多个个体,则抽掉一个或 n 个,对总体的分布影响极少或毫无影响.这时,$X_1,\cdots,X_n$ 独立且有相同的分布,其公共分布即总体分布.这是在应用上最常见的情形,也是理论上研究得最深入的情形,本节主要考虑这种情况.在数理统计学上,称这种情况为:$X_1,\cdots,X_n$ 是从某总体中抽出的独立随机样本,或简称为从某总体中抽出的样本.

当总体中所含个体数不太大时,情况就不同了.考察以下的例子:

例 1.3 设一批产品包含 N 个,内有废品 M 个.M 未知,因而废品率也未知.现从其中抽出 n 个,逐一检查它们是否为废品,据此去估计 p.

如果把合格品记为 0,而废品记为 1,则总体分布为离散分布:$P(X=1)=p$,$P(X=0)=1-p$.设想样本是一个一个抽出的,结果记为 $X_1,\cdots,X_n$.如果抽样是有放回的,即每抽出一个做检查以后再放回去,下次仍有同等机会被抽,则 $X_1,\cdots,X_n$ 为独立同分布,每一个的分布就是上述总体分布.若用 $\bar{X}=(X_1+\cdots+X_n)/n$(即样本中的废品率)去估计 p,则因 $X_1+\cdots+X_n$ 服从二项分布$B(n,p)$(见第 2 章例 1.1),这个估计的统计性质就由此决定了.

另一种抽样方式,即常见的做法,是一次抽出 n 个,或一个一个抽,但已抽出的不再放回.这时,用$\bar{X}$估计 p 仍是一个合理的选择,但因 $X_1+\cdots+X_n$ 已不是二项分布,而是超几何分布(见第 2 章例 1.4),这个估计的统计性质就与上面所讲的有所不同.当 N 不是很大时,这个差别不可忽视.

由此例可见,在有限总体的情况下,单由总体分布已不足以完全决定样本的分布如何,还要看抽样的方式.这样,抽样的方式也要作为一个要素加入到统计模型的内容中来.在无限总体的情况,或者是有限总体而抽样有放回的情况下,按第 2 章定义 3.1,总体分布完全决定了样本的分布,故就可以把总体分布等同于统计模型.

4.1.4 统计量

完全由样本所决定的量叫做统计量.这里要注意的是"完全"这两个字,它表明:统计量只依赖于样本,而不能依赖于任何其他未知的量.特别是,它不能依赖于总体分布中所包含的未知参数.

例如,设 $X_1,\cdots,X_n$ 是从正态总体 $N(\mu,\sigma^2)$ 中抽出的样本,则 $\bar{X}=(X_1+\cdots+X_n)/n$ 是统计量,因为它完全由样本 $X_1,\cdots,X_n$ 决定.$\bar{X}-\mu$ 不是统计量,因为 μ 未知,$\bar{X}-\mu$ 并不完全由样本所决定.

统计量可以看做是对样本的一种"加工",它把样本中所含的(某一方面的)信息集中起来.例如,上述$\bar{X}$可用于估计未知的 μ.可以这样看:原始数据$X_1,\cdots,X_n$ 中的每一个都包含有μ 的若干信息,但这些是杂乱无章的,一经集中到$\bar{X}$,就有了更明确的概念.所以,有用的统计量都是"有的放矢"的,是针对某种需要而构造的.如在上例中,若想了解有关总体方差σ^2的情况,则统计量$\overline{X}$没有什么用.从方差是反映散布程度这方面去看,下面的统计量

$$S^2 = \sum_{i=1}^{n}(X_i - \overline{X})^2/(n-1) \tag{1.1}$$

是有用的.因为S^2是样本$X_1,\cdots,X_n$的散布程度的一个合理的刻画,它应当与σ^2有密切的关系,S^2这个重要的统计量叫做“样本方差”.

有一类重要的统计量叫做样本矩,分为样本原点矩和样本中心矩.设$X_1,\cdots,X_n$为样本,k为正整数,则

$$a_k = ({X_1}^k + \cdots + {X_n}^k)/n \tag{1.2}$$

称为k阶样本原点矩.$a_1 = \overline{X}$是最重要的样本原点矩,它常称为“样本均值”.而

$$m_k = \sum_{i=1}^{n}(X_i - \overline{X})^k/n \tag{1.3}$$

称为k阶样本中心矩.

在第3章定义2.2中,我们定义过随机变量X的k阶原点矩α_k和k阶中心矩μ_k.此处定义的a_k,m_k是它们的样本对应物.有时也把α_k和μ_k称为理论矩,而把a_k,m_k称为经验矩.这个名词可以用如下的方式去解释:设总体分布F有(理论)矩α_k,μ_k.由于不知道F,也就不知道α_k,μ_k.现在有从该总体中抽出的样本$X_1,\cdots,X_n$,我们就构造一个分布F_n去模拟F.由于手头这n个样本$X_1,\cdots,X_n$的地位是平等的,一个合理的选择是把F_n取成一个离散分布,它在每个值X_i处各有概率$1/n$ $(i=1,\cdots,n)$.形式地,分布函数F_n定义为

$$F_n(x) = \{X_1,\cdots,X_n\text{ 中不大于 }x\text{ 的个数}\}/n, \tag{1.4}$$

它称为样本$X_1,\cdots,X_n$的经验分布函数.如果按第3章定义2.2计算分布F_n的k阶原点矩和中心矩,则分别得到a_k和m_k.所以,样本矩无非就是经验分布的矩.

特别值得注意的是二阶中心矩m_2,它与样本方差S^2只相差一个常数因子:$m_2 = \frac{n-1}{n}S^2$.

最有用的样本矩是一、二阶的,三、四阶的也有一些应用,四阶以上的则很少使用.

有用的统计量很多,它们都是在解决种种统计推断问题时产生的,以后将结合这些问题来介绍.

4.2 矩估计、极大似然估计和贝叶斯估计

4.2.1 参数的点估计问题

设有一个统计总体,以 $f(x;\theta_1,\cdots,\theta_k)$ 记其概率密度函数(若总体分布为连续型的)或其概率函数(若总体分布为离散型的).以后,为避免每次重复交代这两种情况,我们约定称 $f(x;\theta_1,\cdots,\theta_k)$ 为"总体分布",其具体含义视其为连续型或离散型而定.这个分布包含 k 个未知参数 $\theta_1,\cdots,\theta_k$.例如,对正态总体 $N(\mu,\sigma^2)$,有 $\theta_1=\mu,\theta_2=\sigma^2$,而

$$f(x;\theta_1,\theta_2)=(\sqrt{2\pi\theta_2})^{-1}\exp\left(-\frac{1}{2\theta_2}(x-\theta_1)^2\right)\quad(-\infty<x<\infty).$$

若总体有二项分布 $B(n,p)$,则 $\theta_1=p$,而

$$f(x;\theta_1)=\binom{n}{x}\theta_1{}^x(1-\theta_1)^{n-x}\quad(x=0,1,\cdots,n).$$

当 $k=1$,即只有一个参数时,就用 θ 代替 θ_1.

参数估计问题的一般提法是:设有了从总体中抽出的样本 $X_1,\cdots,X_n$(在 4.1 节 4.1.3 段中已说明过,当不做特殊申明时,样本就是指独立随机样本,即 $X_1,\cdots,X_n$ 独立同分布,其公共分布就是总体分布),要依据这些样本去对参数 $\theta_1,\cdots,\theta_k$ 的未知值做出估计.当然,我们也可以只要求估计 $\theta_1,\cdots,\theta_k$ 中的一部分,或估计它们的某个已知函数 $g(\theta_1,\cdots,\theta_k)$.例如,为要估计 θ_1,我们需要构造出适当的统计量 $\hat{\theta}_1=\hat{\theta}_1(X_1,\cdots,X_n)$.每当有了样本 $X_1,\cdots,X_n$,就代入函数 $\hat{\theta}_1(X_1,\cdots,X_n)$ 中算出一个值,用来作为 θ_1 的估计值.为着这样的特定目的而构造的统计量 $\hat{\theta}_1$ 叫做(θ_1 的)估计量.由于未知参数 θ_1 是数轴上的一个点,用 $\hat{\theta}_1$ 去估计 θ_1,等于用一个点去估计另一个点,所以这样的估计叫做点估计,以别于将在 4.4 节讨论的区间估计.

在本节中我们要讨论几种常用的点估计方法,这些方法大多是基于某种直观上的考虑.同一个参数往往可以用若干个看来都合理的方法去估计,因此有一个判断优劣的问题,这就要为估计量的优劣制定准则,进而研究在某种准则下寻找最优估计量的问题.这就是参数估计这个数理统计学分支的重要内容.这些概念将在以后做更具体的解释.

4.2.2 矩估计法

矩估计法是K·皮尔逊在19世纪末到20世纪初的一系列文章中引进的.这个方法的思想很简单:设总体分布为$f(x;\theta_1,\cdots,\theta_k)$,则它的矩(原点矩和中心矩都可以,此处以原点矩为例)

$$\alpha_m = \int_{-\infty}^{\infty} x^m f(x;\theta_1,\cdots,\theta_k)\mathrm{d}x \quad (\text{或} \sum_i x_i{}^m f(x_i;\theta_i,\cdots,\theta_k))$$

依赖于$\theta_1,\cdots,\theta_k$.另一方面,至少在样本大小n较大时,α_m又应接近于样本原点矩a_m.于是

$$\alpha_m = \alpha_m(\theta_1,\cdots,\theta_k) \approx a_m = \sum_{i=1}^{n} X_i{}^m/n.$$

取$m=1,\cdots,k$,并将上面的近似式改成等式,就得到一个方程组:

$$\alpha_m(\theta_1,\cdots,\theta_k) = a_m \quad (m=1,\cdots,k). \tag{2.1}$$

解此方程组,得其根$\hat{\theta}_i=\hat{\theta}_i(X_1,\cdots,X_n)$ $(i=1,\cdots,k)$,就以$\hat{\theta}_i$作为θ_i的估计$(i=1,\cdots,k)$.如果要估计的是$\theta_1,\cdots,\theta_k$的某函数$g(\theta_1,\cdots,\theta_k)$,则用$\hat{g}=\hat{g}(X_1,\cdots,X_n)=g(\hat{\theta}_1,\cdots,\hat{\theta}_k)$去估计它.这样定出的估计量就叫做矩估计.

我们来举几个例子说明这个方法.

例2.1 设$X_1,\cdots,X_n$是从正态总体$N(\mu,\sigma^2)$中抽出的样本,要估计μ和σ^2. μ是总体的一阶原点矩,按矩估计,用样本的一阶原点矩即样本均值$\overline{X}$去估计. σ^2是总体方差,即总体的二阶中心矩,可用样本的二阶中心矩m_2去估计.一般地,在估计方差时常用样本方差S^2而不用m_2,即对矩估计做了一定的修正.这种修正的理由将在下节中指出.

如果要估计的是标准差σ,则由$\sigma=\sqrt{\sigma^2}$,按矩估计法,它可以用$\sqrt{m_2}$去估计,一般用$\sqrt{S^2}=S$去估计,或者还做点修正(见下节).又当$\mu\neq 0$时(特别在$\mu>0$时,在有些问题中,μ虽未知,但事先可知$\mu>0$.如例1.2,μ是该校大学生的平均

成绩,它必须大于 0),σ/μ 称为总体的变异系数.变异系数是以均值为单位去衡量的总体的标准差.在有些问题中,反映变异程度的标准差意义如何,要看总体均值 μ 而定.比如,一大群人收入的标准差为 50 元,若其平均工资只有 70 元,则这个变异程度可算很大了;但若平均工资为 850 元,则这个变异程度不算大.所以,变异系数 σ/μ 不过是一定意义上的"相对误差".按矩估计法,为估计 σ/μ,可用 $\sqrt{m_2}/\overline{X}$,一般用 $S/\overline{X}$.

例 2.2 设 $X_1,\cdots,X_n$ 是从指数分布总体中抽出的样本,要估计参数 λ 的倒数 $1/\lambda$.前已指出:$1/\lambda$ 就是总体分布的均值,故按矩法,就用 $\overline{X}$ 去估计.如要估计的是参数 λ 本身,就用 $1/\overline{X}$ 去估计.

另一方面,如在第 3 章例 2.5 中指出的,指数分布的方差为 $1/\lambda^2$,即 $1/\lambda=\sqrt{\text{总体二阶中心矩}}$.按矩法,$1/\lambda$ 也可以用 $\sqrt{m_2}$(或 S)去估计.这个估计与 $\overline{X}$ 哪个更好?这就是需要研究的问题,见下一节.

例 2.3 设 $X_1,\cdots,X_n$ 是从区间 $[\theta_1,\theta_2]$ 上均匀分布的总体中抽出的样本,要估计 θ_1,θ_2.

前已指出(见第 3 章例 1.3 和例 2.5),这个总体分布的均值、方差分别为 $(\theta_1+\theta_2)/2$ 和 $(\theta_2-\theta_1)^2/12$.因此按矩法,建立方程

$$\overline{X}=(\theta_1+\theta_2)/2,\quad m_2=(\theta_2-\theta_1)^2/12,$$

得出 θ_1,θ_2 的解 $\hat{\theta}_1,\hat{\theta}_2$ 分别为

$$\hat{\theta}_1=\overline{X}-\sqrt{3m_2},\quad \hat{\theta}_2=\overline{X}+\sqrt{3m_2}. \tag{2.2}$$

也可以用 S 代替 $\sqrt{m_2}$.

例 2.4 在第 3 章(2.8)式和(2.9)式中曾定义了分布的偏度系数 $\beta_1=\dfrac{\mu_3}{\mu_2^{3/2}}$ 及峰度系数 $\beta_2=\dfrac{\mu_4}{\mu_2^{2}}$(或 β_2-3),并阐述了它的意义.根据矩法,这些量可分别用 $\dfrac{m_3}{m_2^{3/2}}$ 和 $\dfrac{m_4}{m_2^{2}}$ 去估计.

本例与前几例的不同之处在于:它并不要求总体分布有特定的参数形式,如正态分布、指数分布之类.总体分布为任何分布都可以,只要其三阶矩(对 β_1)或四阶矩(对 β_2)存在就行.凡是被估计的对象能直接用矩表达出来时,都属于这种情况.其中最重要的例子是均值、方差.只要总体分布的均值、方差存在,则总可

以用样本均值$\overline{X}$或样本方差S^2去估计，而不论其分布有怎样的形式.不过，在总体分布已知有某种参数形式时，总体的均值、方差也可以有比$\overline{X}$或S^2更好的估计(见后面有关的例子).

例 2.5 设总体有二项分布$B(N,p)$，$X_1,\cdots,X_n$为从该总体中抽出的样本.要估计p，矩估计为$\overline{X}/N$.

例 2.6 设总体有泊松分布$P(\lambda)$，$X_1,\cdots,X_n$为从该总体中抽出的样本，要估计λ.

由于λ是总体分布的均值，按矩估计法，可用样本均值$\overline{X}$去估计；另一方面，λ也是总体分布的方差，故按矩法，也可以用m_2或S^2去估计.这又有一个优劣的问题.对本例及例2.2来说，在合理的准则下，都可以证明用样本均值$\overline{X}$为优.在一般情况下，通常总是采取这样的原则：能用低阶矩处理的就不用高阶矩.

4.2.3 极大似然估计法

设总体有分布$f(x;\theta_1,\cdots,\theta_k)$，$X_1,\cdots,X_n$为自这个总体中抽出的样本，则样本$(X_1,\cdots,X_n)$的分布(即其概率密度函数或概率函数)为

$$f(x_1;\theta_1,\cdots,\theta_k)f(x_2;\theta_1,\cdots,\theta_k)\cdots f(x_n;\theta_1,\cdots,\theta_k),$$

记为$L(x_1,\cdots,x_n;\theta_1,\cdots,\theta_k)$.

固定$\theta_1,\cdots,\theta_k$，而看做$x_1,\cdots,x_n$的函数时，L是一个概率密度函数或概率函数.可以这样理解：若$L(Y_1,\cdots,Y_n;\theta_1,\cdots,\theta_k)>L(X_1,\cdots,X_n;\theta_1,\cdots,\theta_k)$，则在观察时出现$(Y_1,\cdots,Y_n)$这个点的可能性要比出现$(X_1,\cdots,X_n)$这个点的可能性大.把这件事反过来说，可以这样想：当已观察到$X_1,\cdots,X_n$时，若$L(X_1,\cdots,X_n;\theta_1',\cdots,\theta_k')>L(X_1,\cdots,X_n;\theta_1'',\cdots,\theta_k'')$，则被估计的参数$(\theta_1,\cdots,\theta_k)$是$(\theta_1',\cdots,\theta_k')$的可能性要比它是$(\theta_1'',\cdots,\theta_k'')$的可能性大.

当$X_1,\cdots,X_n$固定而把L看做$\theta_1,\cdots,\theta_k$的函数时，它称为“似然函数”.这个名称的意义，可根据上述分析得到理解：这个函数对不同的$(\theta_1,\cdots,\theta_k)$的取值，反映了在观察结果$(X_1,\cdots,X_n)$已知的条件下，$(\theta_1,\cdots,\theta_k)$的各种值的“似然程度”.注意，这里有些像贝叶斯公式中的推理(见第1章(3.18)式)：把观察值$X_1,\cdots,X_n$看成结果，而把参数值$(\theta_1,\cdots,\theta_k)$看成是导致这个结果的原因.现已有了结果，要反过来推算各种原因的概率.这里，参数$\theta_1,\cdots,\theta_k$有一定的值(虽然未知)，并非事件或随机变量，无概率可言，于是就改用“似然”这个词.

由上述分析就自然地导致如下的方法：应该用似然程度最大的那个点

$(\theta_1^*,\cdots,\theta_k^*)$，即满足条件

$$L(X_1,\cdots,X_n;\theta_1^*,\cdots,\theta_k^*)=\max_{\theta_1,\cdots,\theta_k}L(X_1,\cdots,X_n;\theta_1,\cdots,\theta_k) \tag{2.3}$$

的$(\theta_1^*,\cdots,\theta_k^*)$去作为$(\theta_1,\cdots,\theta_k)$的估计值，因为在已得样本$X_1,\cdots,X_n$的条件下，这个"看来最像"是真参数值．这个估计$(\theta_1^*,\cdots,\theta_k^*)$就叫做$(\theta_1,\cdots,\theta_k)$的"极大似然估计"．如果要估计的是$g(\theta_1,\cdots,\theta_k)$，则$g(\theta_1^*,\cdots,\theta_k^*)$是它的极大似然估计．

因为

$$\ln L=\sum_{i=1}^{n}\ln f(X_i;\theta_1,\cdots,\theta_k), \tag{2.4}$$

且为使L达到最大，只需使$\ln L$达到最大，故在f对$\theta_1,\cdots,\theta_k$存在连续的偏导数时，可建立方程组(称为似然方程组)：

$$\frac{\partial\ln L}{\partial\theta_i}=0\quad(i=1,\cdots,k). \tag{2.5}$$

如果这个方程组有唯一的解，又能验证它是一个极大值点，则它必是使L达到最大的点，即极大似然估计．在几个常见的重要例子中，这一点不难验证．可是，在较复杂的场合，方程组(2.5)可以有不止一组解，求出这些解很费计算，且不易判定哪一个使L达到最大．

有时，函数f并不对$\theta_1,\cdots,\theta_k$可导，甚至f本身也不连续，这时方程组(2.5)就无法应用，必须回到原始的定义2.3．

现举一些例子来说明求极大似然估计的过程．

例2.7 设$X_1,\cdots,X_n$是从正态总体$N(\mu,\sigma^2)$中抽出的样本，则似然函数为

$$L=\prod_{i=1}^{n}\left[(\sqrt{2\pi\sigma^2})^{-1}\exp\left(-\frac{1}{2\sigma^2}(X_i-\mu)^2\right)\right], \tag{2.6}$$

故

$$\ln L=-\frac{n}{2}\ln(2\pi)-\frac{n}{2}\ln(\sigma^2)-\frac{1}{2\sigma^2}\sum_{i=1}^{n}(X_i-\mu)^2.$$

求方程组(2.5)(把σ^2作为一个整体看)：

$$\begin{cases}\dfrac{\partial \ln L}{\partial \mu} = \dfrac{1}{\sigma^2}\sum_{i=1}^{n}(X_i - \mu) = 0, \\ \dfrac{\partial \ln L}{\partial(\sigma^2)} = -\dfrac{n}{2\sigma^2} + \dfrac{1}{2\sigma^4}\sum_{i=1}^{n}(X_i - \mu)^2 = 0.\end{cases}$$

由第一式得出 μ 的解为

$$\mu^* = \sum_{i=1}^{n} X_i / n = \overline{X},$$

以此代入第二式中，得到 σ^2 的解为

$$\sigma^{*2} = \sum_{i=1}^{n}(X_i - \overline{X})^2 / n = m_2.$$

我们看到：μ 与 σ^2 的极大似然估计 μ^* 和 σ^{*2} 与其矩估计完全一样．在本例中，容易肯定 (μ^*, σ^{*2}) 确是使似然函数 L 达得最大值的点．因为似然方程组只有唯一的根 (μ^*, σ^{*2})，而这个点不可能是 L 的极小值点．因为由 L 的表达式(2.6)式可知，当 $|\mu| \to \infty$ 或 $\sigma^2 \to 0$ 时，L 趋向于0，而 L 在每个点处都大于0．以下几个例子都可以按照这种方式去验证，我们就不一一重复了．

例 2.8　设 $X_1, \cdots, X_n$ 是从指数分布总体中抽出的样本，求参数 λ 的极大似然估计．

有

$$L = \prod_{i=1}^{n}(\lambda e^{-\lambda X_i}),$$

故

$$\ln L = n\ln\lambda - \lambda\sum_{i=1}^{n} X_i.$$

解方程

$$\frac{\partial \ln L}{\partial \lambda} = \frac{n}{\lambda} - \sum_{i=1}^{n} X_i = 0,$$

得 λ 的极大似然估计为

$$\lambda^* = n \Big/ \sum_{i=1}^{n} X_i = 1/\overline{X},$$

仍与其矩估计一样.但是在这里,极大似然估计只有一个,而如在例 2.2 中所指出的,λ 的矩估计依使用不同阶的矩,可以有几个.

例 2.9 设 $X_1,\cdots,X_n$ 是从均匀分布 $R(0,\theta)$ 的总体中抽出的样本,求 θ 的极大似然估计.

当 $0<X_i<\theta$ 时,X_i 的密度函数为 $1/\theta$,此外为 0.故似然函数 L 为

$$L=\begin{cases}\theta^{-n}, & \text{当 } 0<X_i<\theta\ (i=1,\cdots,n)\text{ 时}\\ 0, & \text{其他情况}\end{cases}.$$

对固定的 $X_1,\cdots,X_n$,此函数为 θ 的间断函数,故无法使用似然方程(2.5).但此例不难直接用最初的定义 2.3 去解决:为使 L 达到最大,θ 必须尽量小,但又不能太小以致 L 为 0.这个界线就在 $\theta^*=\max(X_1,\cdots,X_n)$ 处:当 $\theta\geqslant\theta^*$ 时,L 大于 0 且为 θ^{-n};当 $\theta<\theta^*$ 时,L 为 0.故唯一使 L 达到最大的 θ 值,即 θ 的极大似然估计,为 θ^*.

如果用矩估计法,则因总体分布的均值为 $\theta/2$,θ 的矩估计为 $\hat{\theta}=2\overline{X}$.这两个估计的优劣比较将在后面讨论.

例 2.10 再考虑例 2.5,有

$$L=\prod_{i=1}^{n}\left[\binom{N}{X_i}p^{X_i}(1-p)^{N-X_i}\right],$$

故

$$\ln L=\sum_{i=1}^{n}\ln\binom{N}{X_i}+\sum_{i=1}^{n}X_i\ln p+\sum_{i=1}^{n}(N-X_i)\ln(1-p),$$

作方程

$$\frac{\partial\ln L}{\partial p}=\frac{1}{p}\sum_{i=1}^{n}X_i-\left(nN-\sum_{i=1}^{n}X_i\right)\frac{1}{1-p}=0.$$

此方程的解,即 p 的极大似然估计,为 $p^*=\overline{X}/N$,与矩估计相同.

例 2.11 考虑例 2.6.容易证明:λ 的极大似然估计 $\lambda^*=\overline{X}$,与矩估计相同.

在我们所举的这些例子中(这些例子都是在应用上最常见的),矩估计与极大似然估计在多数情况下一致.这更多地是一种巧合,并非一般情形.有意思的是,在这些例子中这两种估计方法结果一致,说明这些估计是良好的.这一点当然还需要一定的理论证明.

也有这样的情况,用这两个估计方法都行不通或不易实行.下面是一个例子.

例 2.12 设总体分布有密度函数

$$f(x,\theta)=\frac{1}{\pi[1+(x-\theta)^2]} \quad (-\infty<x<\infty). \tag{2.7}$$

这个分布包含一个参数 θ,θ 可取任何实数值.这个分布叫做柯西分布,其密度作为 x 的函数,关于 θ 点对称.故 θ 是这个分布的中位数(见第 3 章 3.1.4 段).

现设 $X_1,\cdots,X_n$ 为自这个总体中抽出的样本,要估计 θ.由于

$$\int_{-\infty}^{\infty} |x| f(x,\theta)\mathrm{d}x = \infty,$$

柯西分布的一阶矩也不存在,更不用说更高阶的矩了.因此,矩估计无法使用.若用极大似然法,则将得出方程

$$\sum_{i=1}^{n} \frac{X_i-\theta}{1+(X_i-\theta)^2} = 0,$$

这个方程有许多根,且求根不容易.因此,对本例而言,极大似然法也不是理想的方法.

为估计参数 θ,有一个较简单易行但看来合理的方法可用.这个方法基于 θ 是总体分布的中位数这个事实.既然如此,我们就要设法在样本 $X_1,\cdots,X_n$ 中找一种对应于中位数的东西.这个思想其实在矩估计法中就已用过,因为总体矩在样本中的对应物就是样本矩.

现在把 $X_1,\cdots,X_n$ 按由小到大顺序排成一列,得

$$X_{(1)}\leqslant X_{(2)}\leqslant\cdots\leqslant X_{(n)}, \tag{2.8}$$

它们称为次序统计量.既然中位数是“居中”的意思,我们就在样本中找居中者:

$$\hat{m} = \begin{cases} X_{((n+1)/2)}, & \text{当 } n \text{ 为奇数时} \\ (X_{(n/2)}+X_{(n/2+1)})/2, & \text{当 } n \text{ 为偶数时} \end{cases}. \tag{2.9}$$

当 n 为奇数时,有一个居中者,为 $X_{((n+1)/2)}$;若 n 为偶数,就没有一个居中者,就把两个最居中者取平均.这样定义的 $\hat{m}$ 叫做“样本中位数”.我们就拿 $\hat{m}$ 作为 θ 的估计.

就正态总体 $N(\mu,\sigma^2)$ 而言,μ 也是总体的中位数,故 μ 也可以用样本中位数去估计.从这些例子中,我们看出一点:统计推断问题的解,往往可以从许多看来都合理的途径去考虑,并无一成不变的方法,不同解固然有优劣之分,但这种优

劣也是相对于一定的准则而言,并无绝对的价值.下述情况也并非不常见:估计甲在某一准则下优于乙,而乙又在另一准则下优于甲.

极大似然估计法的思想,始于高斯的误差理论,到 1912 年由 R·A·费歇尔在一篇论文中把它作为一个一般的估计方法提出来.自 20 世纪 20 年代以来,费歇尔自己及许多统计学家对这一估计法进行了大量的研究.总的结论是:在各种估计方法中,相对来说它一般更为优良,但在个别情况下也给出很不理想的结果.与矩估计法不同,极大似然估计法要求分布有参数的形式.比方说,如对总体分布毫无所知而要估计其均值、方差,极大似然法就无能为力.

4.2.4 贝叶斯法

贝叶斯学派是数理统计学中的一大学派.在这一段中,我们简略地介绍一下这个学派处理统计问题的基本思想.

拿我们目前讨论的点估计问题来说,无论你用矩估计也好,用极大似然估计或其他方法也好,在我们心目中,未知参数 θ 就简单地是一个未知数,在抽取样本之前,我们对 θ 没有任何了解,所有的信息全来自样本.

贝叶斯学派则不然,它的出发点是:在进行抽样之前,我们已对 θ 有一定的知识,叫做先验知识.这里,“先验”的意思并非先验论,而只是表示这种知识是“在试验之先”就有了的,也有人把它叫做验前知识,即“在试验之前”的意思.

贝叶斯学派进一步要求:这种先验知识必须用 θ 的某种概率分布表达出来,这个概率分布就叫做 θ 的“先验分布”或“验前分布”.这个分布总结了我们在试验之前对未知参数 θ 的知识.

举一个例子.设某工厂每日生产一大批某种产品,我们想要估计当日的废品率 θ.该厂在以前已生产过很多批产品,如果过去的检验有记录在,则它确实提供了关于废品率 θ 的一种有用信息,据此可以画出 θ 的密度曲线,如图 4.1(a),(b)所示.

图中,$h(\theta)$ 表示 θ 的密度函数($0\leqslant\theta\leqslant1$).图(a)表示一个较好的情况:$h(\theta)$ 在 $\theta=0$ 附近很大,而当 θ 增加时下降很快.这表示该厂以往的废品率通常都很低.图(b)则表示一个不大好的情况:比较大的废品率出现的比率相当高.容易理解:这种关于 θ 的

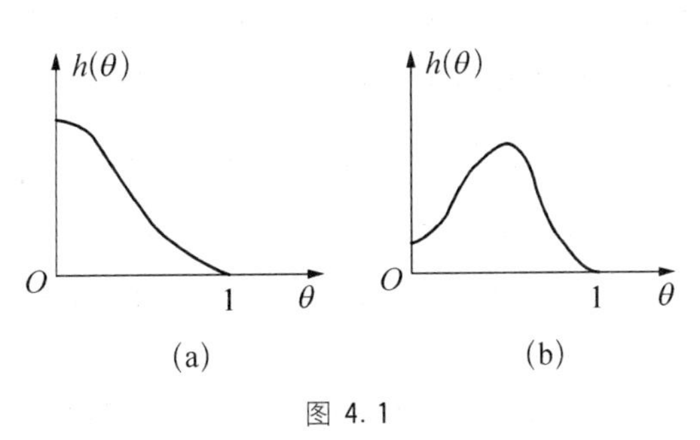

图 4.1

历史知识(即先验知识),在当前估计废品率θ时应适当地加以使用,而不应弃之不顾.这种思想与我们日常处事的习惯符合:当我们面临一个问题时,除考虑当前的情况外,往往还要注意以往的先例和经验.

问题就来了:如果这个工厂以往没有记录,或甚至是一个新开工的工厂,该怎么办?怎样去获得上文所指的先验密度$h(\theta)$?贝叶斯统计的一个基本要求是:你必须设法去定出这样一个$h(\theta)$,甚至出于你自己的主观认识*也可以,这要成为问题中一个必备的要素.正是在这一点上,贝叶斯统计遭到不少的反对和批评,而一个初接触这个问题的人也容易这样想:"这怎么行?我没有根据怎么能凭主观想像去定出一个先验密度$h(\theta)$?"关于这一点,贝叶斯学派的信奉者有自己的一套说法,这个问题非三言两语能说清楚.本书作者有一篇通俗形式的文章(见:数理统计与应用概率,1990,(4):389~400),其中对这个问题及有关问题做了仔细说明,有兴趣的读者可以参考.

现在我们转到下一个问题:已定下了先验密度之后,怎样去得出参数θ的估计?

设总体有概率密度$f(X,\theta)$(或概率函数,若总体分布为离散的),从这个总体中抽样本$X_1,\cdots,X_n$,则这组样本的密度为$f(X_1,\theta)\cdots f(X_n,\theta)$.它可视为在给定$\theta$值时$(X_1,\cdots,X_n)$的密度,根据第2章(3.5)式及该式下的一段说明,$(\theta,X_1,\cdots,X_n)$的联合密度为

$$h(\theta)f(X_1,\theta)\cdots f(X_n,\theta).$$

由此,算出$(X_1,\cdots,X_n)$的边缘密度为

$$p(X_1,\cdots,X_n)=\int h(\theta)f(X_1,\theta)\cdots f(X_n,\theta)\mathrm{d}\theta. \tag{2.10}$$

积分的范围,要看参数θ的范围而定.如上例中θ为废品率,则$0\leqslant\theta\leqslant 1$.若$\theta$为指数分布中的参数$\lambda$,则$0<\theta<\infty$,等等.由(2.10)式,再根据第2章中的公式(3.4),得到在给定$X_1,\cdots,X_n$的条件下,θ的条件密度为

$$h(\theta|X_1,\cdots,X_n)=h(\theta)f(X_1,\theta)\cdots f(X_n,\theta)/p(X_1,\cdots,X_n). \tag{2.11}$$

按照贝叶斯学派的观点,这个条件密度代表了我们现在(即在取得样本$X_1,\cdots,X_n$后)对θ的知识,它综合了θ的先验信息(以$h(\theta)$反映)与由样本带来的信

---

* 也就是说,这里允许使用主观概率,见第1章1.1节.

息.通常把(2.11)式称为 θ 的“后验(或验后)密度”,因为它是在做了试验以后才取得的.

如果把上述过程和我们在第1章中讲过的贝叶斯公式相比,就可以理解:现在我们所做的,可以说不过是把贝叶斯公式加以“连续化”而已.看表4.1中的比较.

表 4.1

	问　　题	先验知识	当前知识	后验(现在)知识
贝叶斯公式	事件 $B_1,\cdots,B_n$ 中哪一个发生了?	$P(B_1),\cdots,P(B_n)$	事件 A 发生了	$P(B_1\mid A),\cdots,P(B_n\mid A)$
此处的问题	$\theta=?$	$h(\theta)$	样本 $X_1,\cdots,X_n$	后验密度(2.11)式

由这里我们就理解到:为什么一个看来不起眼的贝叶斯公式会有如此大的影响.这一点我们在第1章中已有所论述了.

贝叶斯学派的下一个重要观点是:在得出后验分布(2.11)式后,对参数 θ 的任何统计推断都只能基于这个后验分布.至于具体如何去使用它,可以结合某种准则一起去进行,统计学家也有一定的自由度.拿此处讨论的点估计问题来说,一个常用的方法是:取后验分布(2.11)式的均值作为 θ 的估计.

还有一点需要说明一下:按上文,$h(\theta)$ 必须是一个密度函数,即必须满足 $h(\theta)\geqslant 0$,$\int h(\theta)\mathrm{d}\theta=1$ 这两个条件.但在有些情况下,$h(\theta)\geqslant 0$,但 $\int h(\theta)\mathrm{d}\theta$ 不为1,甚至为 ∞,不过积分(2.10)式仍有限,这时,由(2.11)式定义的 $h(\theta\mid X_1,\cdots,X_n)$ 作为 θ 的函数,仍满足密度函数的条件.这就是说,即使这样的 $h(\theta)$ 取为先验密度也无妨.当然,由于 $\int h(\theta)\mathrm{d}\theta$ 不为1,它已失去了密度函数的通常的概率意义.这样的 $h(\theta)$ 通常称为“广义先验密度”.

例 2.13 做 n 次独立试验,每次观察某事件 A 是否发生,A 在每次试验中发生的概率为 p,要依据试验结果去估计 p.

这个问题我们以往就是用“用频率估计概率”的方法去处理(这也是它的矩估计与极大似然估计)的,这种方法不用 p 的先验知识.现在我们用贝叶斯统计的观点来处理这个问题.

引进 $X_i=1$ 或 0,视第 i 次试验时 A 发生与否而定 $(i=1,\cdots,n)$.则

$P(X_i=1)=p$, $P(X_i=0)=1-p$. 因此,$(X_1,\cdots,X_n)$ 的概率函数为 $p^X(1-p)^{n-X}$, $X=\sum_{i=1}^n X_i$. 取 p 的先验密度为 $h(p)$,则 p 的后验密度为

$$h(p\mid X_1,\cdots,X_n)=h(p)p^X(1-p)^{n-X}\Big/\int_0^1 h(p)p^X(1-p)^{n-X}\mathrm{d}p$$
$$(0\leqslant p\leqslant 1).$$

此分布的均值为

$$\begin{aligned}\tilde{p}=\tilde{p}(X_1,\cdots,X_n)&=\int_0^1 ph(p\mid X_1,\cdots,X_n)\mathrm{d}p\\&=\int_0^1 h(p)p^{X+1}(1-p)^{n-X}\mathrm{d}p\Big/\int_0^1 h(p)p^X(1-p)^{n-X}\mathrm{d}p.\end{aligned}\tag{2.12}$$

$\tilde{p}$就是 p 在先验分布 $h(p)$之下的贝叶斯估计.

如何选择 $h(p)$? 贝叶斯本人曾提出“同等无知”的原则,即事先认为 p 取$[0,1]$内一切值都有同等可能,也就是说,取$[0,1]$内的均匀分布 $R(0,1)$作为 p 的先验分布.这时 $h(p)=1$ $(0\leqslant p\leqslant 1)$,而(2.12)式中的两个积分都可以用 B 函数表出(见第 2 章(4.22)式).由此得

$$\tilde{p}=\mathrm{B}(X+2,n-X+1)/\mathrm{B}(X+1,n-X+1).\tag{2.13}$$

根据 B 函数与 Γ 函数的关系式(第 2 章(4.25)式),以及当 k 为自然数时 $\Gamma(k)=(k-1)!$,由(2.13)式不难得到

$$\tilde{p}=(X+1)/(n+2).\tag{2.14}$$

这个估计与频率 X/n 有些差别,当 n 很大时不显著,而在 n 很小时颇为显著.从一个角度看,当 n 相当小时,用贝叶斯估计(2.14)式比用 X/n 更合理.因为当 n 很小时,试验结果可能出现 $X=0$ 或 $X=n$ 的情况.这时,依 X/n 应把 p 估计为 0 或 1,这就太极端了(我们不能仅根据在少数几次试验中 A 不出现或全出现,就判定它为不可能或必然).若按(2.14)式,则在这两种情况下分别给出估计值 $1/(n+2)$和$(n+1)/(n+2)$.这就留有一定的余地.

这个“同等无知”的原则,又称贝叶斯原则,被广泛用到一些其他的情况.不过,随着所估计的参数的范围和性质不同,该原则的具体表现形式也不同.例如,为估计正态分布 $N(\mu,\sigma^2)$中的 μ,同等无知原则给出一个广义先验密度 $h(\mu)\equiv 1$.若估计 σ,则应取 $h(\sigma)=\sigma^{-1}$ $(\sigma>0)$.若估计指数分布中的 λ,则取 $h(\lambda)=\lambda^{-1}$

$(\lambda>0)$.这些都是广义先验密度.其之所以这样做的理由,不能在此处细谈了.

这个原则也受到一些批评,其中最有力的批评是其不确定性.理由是:拿本例的 p 来说,若对 p 同等无知,则对 p^2(或 $p^3, p^4, \cdots$)也应是同等无知,因而也可以把 p^2 的密度函数取为 $R(0,1)$的密度.这时不难算出 p 的密度将为$h(p)=2p$(当 $0\leqslant p\leqslant 1$ 时,其他为 0),与本例所给不一致.另外,不言而喻,同等无知的原则是一个在确实没有什么信息时不得已而采用的办法.在实际问题中,有时是存在更确实的信息的,如本段开始讲到的那个估计废品率的情况.又如,估计一个基本上均匀的铜板在投掷时出现正面的概率 p,我们有理由事先肯定 p 离 1/2 不远.这时,可考虑取一个适当的数 $\varepsilon>0$,而把 p 的先验分布取为$[1/2-\varepsilon, 1/2+\varepsilon]$内的均匀分布.这肯定比用同等无知的原则效果要好,尤其是在试验次数 n 不大时.

例 2.14 设 $X_1, \cdots, X_n$ 是自正态总体$N(\theta,1)$中抽出的样本.为估计 θ,给出 θ 的先验分布为正态分布$N(\mu,\sigma^2)$ (μ,σ^2当然都已知).求 θ 的贝叶斯估计.

在本例中,有

$$h(\theta)=(\sqrt{2\pi}\sigma)^{-1}\exp\left[-\frac{1}{2\sigma^2}(\theta-\mu)^2\right],$$

$$f(x,\theta)=(\sqrt{2\pi})^{-1}\exp\left[-\frac{1}{2}(x-\theta)^2\right].$$

故由公式(2.11)知,θ 的后验密度为

$$h(\theta \mid X_1,\cdots,X_n) = \exp\left[-\frac{1}{2\sigma^2}(\theta-\mu)^2-\frac{1}{2}\sum_{i=1}^{n}(X_i-\theta)^2\right]\Big/ I, \quad (2.15)$$

其中 I 是一个与 θ 无关而只与 $\mu, \sigma, X_1, \cdots, X_n$ 有关的数.简单的代数计算表明

$$-\frac{1}{2\sigma^2}(\theta-\mu)^2-\frac{1}{2}\sum_{i=1}^{n}(X_i-\theta)^2=-\frac{1}{2\eta^2}(\theta-t)^2+J, \quad (2.16)$$

其中

$$t=(n\overline{X}+\mu/\sigma^2)/(n+1/\sigma^2), \quad (2.17)$$

$$\eta^2=1/(n+1/\sigma^2), \quad (2.18)$$

而 J 与 θ 无关.以(2.16)式代入(2.15)式,得

$$h(\theta \mid X_1,\cdots,X_n) = I_1\exp\left[-\frac{1}{2\eta^2}(\theta-t)^2\right],$$

这里,$I_1 = Ie^J$ 与 θ 无关. I_1 不必直接算,因为 $h(\theta|X_1,\cdots,X_n)$作为 θ 的函数是一个概率密度函数,它必须满足条件

$$\int_{-\infty}^{\infty} h(\theta \mid X_1,\cdots,X_n)\mathrm{d}\theta = 1,$$

这就决定了 $I_1 = (\sqrt{2\pi}\eta)^{-1}$. 因此,$\theta$ 的后验分布就是正态分布$N(t,\eta^2)$,其均值 t 就是 θ 的贝叶斯估计$\tilde{\theta}$:

$$\tilde{\theta} = t = \frac{n}{n+1/\sigma^2}\overline{X} + \frac{1/\sigma^2}{n+1/\sigma^2}\mu. \tag{2.19}$$

把$\tilde{\theta}$写成(2.19)式的形状很有意思.设想两个极端情况:一个是只有样本信息而毫无先验信息,这就是我们以前讨论的情况,这时用样本均值$\overline{X}$去估计 θ. 另一个是只有先验信息 $N(\mu,\sigma^2)$而没有样本信息,这时,我们只好用先验分布的均值 μ 作为 θ 的估计.由(2.19)式看出:当两种信息都存在时,θ 的估计为二者的折衷.它是上述两个极端情况下的估计 $\overline{X}$ 和 μ 的加权平均,权之比为 $n:1/\sigma^2$.这个比值很合理:n 为样本数目,n 愈大,样本信息愈多,$\overline{X}$的权就该更大.对 μ 而言,其重要性则要看 σ^2的大小. σ^2愈大,表示先验信息愈不肯定(θ 在 μ 周围的散布很大).反之,σ^2很小时,仅根据先验信息,已有很大把握肯定 θ 在 μ 附近不远处.因此,μ 的权应与 σ^2 成反比.公式(2.19)恰好体现了上述分析.

目前,在国际统计界及应用统计工作者中,贝叶斯学派已有很大影响.其原因在于它确实有一些别的方法所不具备的优点.这些在今后我们还将看到.在我国,贝叶斯方法也开始受到重视并得到一些应用.对把数理统计学方法作为一种工具的应用工作者来说,对这个学派的方法有必要有一定的了解.

4.3 点估计的优良性准则

从前节的例子中我们屡屡看到:同一个参数往往有不止一种看来都合理的估计法.因此,自然会提出其优劣比较的问题.

初一看觉得这个问题很容易回答:设 $\hat{\theta}_1$ 和 $\hat{\theta}_2$ 两个估计量都用于估计 θ,则看哪一个的误差小,就哪一个为优.但是,由于 θ 本身未知,就不知道估计误差有

多大，这还不是最主要的．主要问题在于：$\hat{\theta}_1$，$\hat{\theta}_2$ 的值都与样本有关．一般情况是：对某些样本，$\hat{\theta}_1$ 的误差小于 $\hat{\theta}_2$ 的误差，而对另一些样本则反之．一个从整体上看不好的估计，在个别场合下可能表现很好．反之，一个很不错的估计，由于抽到了不易出现的样本，其表现也可以很差．如例 1.2 中估计学生学习成绩（以其考分衡量）的问题，大家都会同意：如抽出 100 个学生，以其平均成绩作为估计值，比以抽出的第一个学生的成绩作为估计值要好．但也可能发生这种情况：所抽第一个学生的成绩很接近于全校总平均，而 100 个学生的平均成绩反而与这个总平均有较大差距．

由此可见，在考虑估计量的优劣时，必须从某种整体性能去衡量它，而不能看它在个别样本之下的表现如何．这里所谓"整体性能"，有两种意义：一是指估计量的某种特性，具有这种特性就是好的，否则就是不好的．如下文要讲的"无偏性"，即属于此类．二是指某种具体的数量性指标．两个估计量，指标小者为优．如下文讲到的"均方误差"，即属于此类．应当注意的是：这种比较，归根到底，也还是相对性的．具有某种特性的估计是否一定就好？这在一定程度上要看问题的具体情况，不是绝对的．下文在讲述无偏估计时还会涉及这一点，作为比较准则的数量性指标，也可以有很多种．很有可能：在甲指标之下 $\hat{\theta}_1$ 优于 $\hat{\theta}_2$，而在乙指标下则反之．

我们这样说，当然不是认为优良性准则和估计量的优劣比较毫无意义．相反，这些很有意义，且是参数估计这个分支学科研究的中心问题．我们是想提醒读者，不要把这些准则绝对化了．每种准则在某种情况下都有其局限性．

4.3.1 估计量的无偏性

设某统计总体的分布包含未知参数 $\theta_1,\cdots,\theta_k$，$X_1,\cdots,X_n$ 是从该总体中抽出的样本，要估计 $g(\theta_1,\cdots,\theta_k)$．$g$ 为一已知函数．设 $\hat{g}(X_1,\cdots,X_n)$ 是一个估计量．如果对任何可能的 $(\theta_1,\cdots,\theta_k)$，都有

$$E_{\theta_1,\cdots,\theta_k}[\hat{g}(X_1,\cdots,X_n)]=g(\theta_1,\cdots,\theta_k),\tag{3.1}$$

则称 $\hat{g}$ 是 $g(\theta_1,\cdots,\theta_k)$ 的一个无偏估计量．记号 $E_{\theta_1,\cdots,\theta_k}$ 是指：求期望值时，是在各样本 $X_1,\cdots,X_n$ 的分布中的参数为 $\theta_1,\cdots,\theta_k$ 时去做的．比如，我说 X_1，X_2 是取自正态总体 $N(\theta,1)$ 的样本，要计算和 X_1+X_2 的期望值．这要看参数值 θ 等于多少：$\theta=1$ 时，期望值为 2；$\theta=2.5$ 时，期望值为 5．标出 E_θ，就明白显示是在哪个 θ 值之下去计算期望值，也表示 θ 值可以流动．这在定义(3.1)式中尤其有意义．

因为在参数估计问题中,我们并不知参数的真值,它能在一定范围内流动.如废品率 p,可在[0,1]内流动.当比较两个估计量时,需要对种种可能的参数值去比较.故在 $E_{\theta_1,\cdots,\theta_k}$ 这个记号中强调指出某一个($\theta_1,\cdots,\theta_k$)以及其可以流动,是重要的.在不致引起混淆时,我们也可以简写为 E.

估计量的无偏性有两个含义.第一个含义是没有系统性的偏差.不论你用什么样的估计量 $\hat{g}$ 去估计 g,总是时而(对某些样本)偏低,时而(对另一些样本)偏高.无偏性表示,把这些正、负偏差在概率上平均起来,其值为0.比如用一杆秤去称东西,误差来源有二:一是秤本身结构制作上的问题,使它在称东西时,倾向于给出偏高或偏低的值,这属于系统误差;另一种是操作上和其他随机性原因,使称出的结果有误差,这属于随机误差.在此,无偏性的要求相应于秤没有系统误差,但随机误差总是存在.因此,无偏估计不等于在任何时候都给出正确无误的估计.

另一个含义是由定义(3.1)式结合大数定理(见第3章定理4.1)引申出来的.设想每天把这个估计量 $\hat{g}(X_1,\cdots,X_n)$ 用一次,第 i 天的样本记为 $\hat{g}(X_1^{(i)},\cdots,X_n^{(i)})$ $(i=1,2,\cdots,N,\cdots)$.则按大数定理,当 $N\to\infty$ 时,各次估计值的平均,即 $\sum_{i=1}^{N}\hat{g}(X_1^{(i)},\cdots,X_n^{(i)})/N$,依概率收敛到被估计的值 $g(\theta_1,\cdots,\theta_k)$.所以,若估计量有无偏性,则在大量次数使用取平均时,能以接近于100%的把握无限逼近被估计的量.如果没有无偏性,则无论使用多少次,其平均也会与真值保持一定距离——这个距离就是系统误差.

由此可见,估计量的无偏性是一种优良的性质.但是,在一个具体的问题中,无偏性的实际价值如何,还必须结合这个问题的具体情况去考察.如在称东西那个例子中,若你经常去这家商店买东西,而该店用的秤是无系统误差的,这等于说,店里在秤上显示的重量是你所买的东西的真实重量的无偏估计,则尽管在具体某一次购买中店里可能少给或多给了你一些,从长期平均看,无偏性保证了双方都不吃亏.在此,无偏性有很现实的意义.

现在设想另一种情况:工厂每周进原料一批.在投入使用前,由实验室对原料中某些成分含量的百分率 p 做一个估计,根据估计值 $\hat{p}$ 采取相应的工艺调整措施.无论 $\hat{p}$ 比真正的 p 偏高或偏低,都会有损于产品质量.在此,即使 $\hat{p}$ 是 p 的无偏估计,在长期使用中,估计的正、负偏差的效应并不能抵消.这样,$\hat{p}$ 的无偏性就不见得很有实用意义了.

例 3.1 设 $X_1,\cdots,X_n$ 是从某总体中抽出的样本,则样本均值 $\overline{X}$ 是总体分

布均值 θ 的无偏估计.

这是因为,按照定义,每个样本 X_i 的分布与总体分布一样,因此其均值 $E(X_i)$就是 θ,而

$$E(\overline{X}) = \sum_{i=1}^{n} E(X_i)/n = n\theta/n = \theta.$$

据此可知:在正态总体 $N(\mu,\sigma^2)$中用$\overline{X}$估计 μ,在指数分布总体中用$\overline{X}$估计 $1/\lambda$,在二项分布总体中用$\overline{X}/N$ 估计 p,以及在泊松分布总体中用$\overline{X}$估计 λ 等,都是无偏估计.

例 3.2 由(1.1)式定义的样本方差 S^2 是总体分布方差 σ^2的无偏估计.

为证明这一点,以 a 记总体分布均值,即 $E(X_i)=a$.也有 $E(\overline{X})=a$,把 $X_i-\overline{X}$写为$(X_i-a)-(\overline{X}-a)$,则有

$$\begin{aligned}\sum_{i=1}^{n}(X_i-\overline{X})^2 &= \sum_{i=1}^{n}[(X_i-a)-(\overline{X}-a)]^2\\ &= \sum_{i=1}^{n}(X_i-a)^2-2(\overline{X}-a)\sum_{i=1}^{n}(X_i-a)+n(\overline{X}-a)^2.\end{aligned}$$

注意到 $\sum_{i=1}^{n}(X_i-a)=n(\overline{X}-a)$, 有

$$\sum_{i=1}^{n}(X_i-\overline{X})^2 = \sum_{i=1}^{n}(X_i-a)^2-n(\overline{X}-a)^2.$$

因 $a=E(X_i)=E(\overline{X})$,有

$$E(X_i-a)^2=\mathrm{Var}(X_i)=\sigma^2 \quad (i=1,\cdots,n),$$

$$E(\overline{X}-a)^2 = \mathrm{Var}(\overline{X}) = \sum_{i=1}^{n}\mathrm{Var}(X_i)/n^2 = n\sigma^2/n^2 = \sigma^2/n.$$

于是得到

$$E(S^2) = \frac{1}{n-1}E\left(\sum_{i=1}^{n}(X_i-\overline{X})^2\right) = \frac{1}{n-1}(n\sigma^2-n\cdot\sigma^2/n) = \sigma^2.$$

这就说明了 S^2 是 σ^2的无偏估计.

这就解释了为什么要在样本二阶中心矩 $m_2=\sum_{i=1}^{n}(X_i-\overline{X})^2/n$ 的基础上,把分母 n 修正为$n-1$以得到 S^2.这与以前讲过的一点也相合:在第 2 章的附录

B中我们曾讲到 $\sum_{i=1}^{n}(X_i-\overline{X})^2$ 的自由度为 $n-1$.这正好是正确的除数,这件事不是一个巧合.

在这里我们还可以对"自由度"这个概念赋予另一种解释:一共有 n 个样本,有 n 个自由度.用 S^2 估计方差 σ^2,自由度本应为 n.但总体均值 a 也未知,用 $\overline{X}$ 去估计,用掉了一个自由度,故只剩下 $n-1$ 个自由度.

如果总体均值 a 已知,则不用 S^2 而用 $\sum_{i=1}^{n}(X_i-a)^2/n$ 去估计总体方差 σ^2 (在 a 未知时不能用).这是 σ^2 的无偏估计,分母为 n,不用改为 $n-1$.因为此处 n 个自由度全保留下了(a 已知,不用估计,没有用去自由度).

例 3.3 由上例易推知:用 S 去估计总体分布的标准差 σ(方差 σ^2 的正平方根),不是无偏估计.事实上,据第3章(2.2)式及上例的结果,有

$$\sigma^2=E(S^2)=\mathrm{Var}(S)+(ES)^2.$$

由于方差总非负:$\mathrm{Var}(S)\geqslant 0$,有 $\sigma\geqslant E(S)$.因而 $E(S)\leqslant\sigma$.即如果用 S 去估计 σ,总是系统地偏低.在一些情况下,可以通过简单的调整达到无偏估计.办法是把 S 乘上一个大于1的、与样本大小 n 有关的因子 c_n,得 c_nS.适当选择 c_n,可以使 $E(c_nS)=c_nE(S)=\sigma$.对正态分布总体 $N(\mu,\sigma^2)$ 而言,不难证明(习题21)

$$c_n=\sqrt{\frac{n-1}{2}}\Gamma\left(\frac{n-1}{2}\right)\Big/\Gamma\left(\frac{n}{2}\right). \tag{3.2}$$

由 $E(S)\leqslant\sigma$ 看出:在例2.3中给出的均匀分布 $R(\theta_1,\theta_2)$ 中 θ_1,θ_2 的估计量(2.2)式,即使把 m_2 改成 S^2,也是有偏的($\hat{\theta}_1$ 偏高,$\hat{\theta}_2$ 偏低).可以证明(习题22):能找到常数 c_n,使 $\overline{X}-c_nS$ 和 $\overline{X}+c_nS$ 分别是 θ_1,θ_2 的无偏估计,但 c_n 的具体数值不易定出来.

例 3.4 我们已经知道:矩估计不必是无偏的,极大似然估计也如此.事实上,在例2.7中,我们已求出正态总体 $N(\mu,\sigma^2)$ 的方差 σ^2 的极大似然估计就是样本二阶中心矩 m_2,而我们已知后者不是无偏的.再看一个例子:例2.9中我们找出均匀分布 $R(0,\theta)$ 中 θ 的极大似然估计是 $\theta^*=\max(X_1,\cdots,X_n)$.不用计算即知 θ^* 偏低.因为每个样本 X_i 都在 $(0,\theta)$ 内,故其最大值,即 θ^*,也在这个区间内.下面通过计算 $E_\theta(\theta^*)$ 证明这一点,并找出调整因子 c_n.此例对下面还有用.

先算 θ^* 的分布函数 $G(x,\theta)$.因为 $0<\theta^*<\theta$,有

$$G(x,\theta)=0 \quad (x\leqslant 0),$$

$$G(x,\theta)=1 \quad (x\geqslant \theta).$$

若 $0<x<\theta$,则为了事件$\{\theta^*\leqslant x\}$发生,必须$\{X_1\leqslant x\},\cdots,\{X_n\leqslant x\}$这 n 个事件同时发生.由于各样本独立,且都有均匀分布 $R(0,\theta)$,有 $P(X_i\leqslant x)=x/\theta$,因而

$$G(x,\theta)=(x/\theta)^n.$$

对 x 求导数,得到 θ^* 的概率密度函数为

$$g(x,\theta)=\begin{cases} nx^{n-1}/\theta^n, & \text{当 } 0<x<\theta \text{ 时} \\ 0, & \text{其他} \end{cases}. \tag{3.3}$$

由此得到

$$E_\theta(\theta^*)=\int_0^\theta xg(x,\theta)\mathrm{d}x = n\int_0^\theta x^n\mathrm{d}x/\theta^n=\frac{n}{n+1}\theta. \tag{3.4}$$

看出以 θ^* 估计 θ 系统偏低,且$\dfrac{n+1}{n}\theta^*$为 θ 的无偏估计.

4.3.2 最小方差无偏估计

一个参数往往有不止一个无偏估计,从这些众多的无偏估计中,我们想挑出那个最优的.这牵涉到两个问题:一是为优良性制定一个准则;二是在已定的准则之下,如何去找到最优者.这涉及较深的理论问题,许多内容都超出本课程范围之外,这里我们只能做一个很初步的介绍.

1. 均方误差

设 $X_1,\cdots,X_n$ 是从某一带参数 θ 的总体中抽出的样本,要估计 θ.若我们采用估计量 $\hat{\theta}=\hat{\theta}(X_1,\cdots,X_n)$,则其误差为 $\hat{\theta}(X_1,\cdots,X_n)-\theta$.这个误差随样本 $X_1,\cdots,X_n$ 的具体值而定,也是随机的,因而其本身无法取为优良性指标.我们把它平方以消除符号,得$(\hat{\theta}(X_1,\cdots,X_n)-\theta)^2$,然后取它的均值,即取

$$M_{\hat{\theta}}(\theta)=E_\theta[\hat{\theta}(X_1,\cdots,X_n)-\theta]^2 \tag{3.5}$$

作为 $\hat{\theta}$ 的误差大小从整体角度的一个衡量.这个量愈小,就表示 $\hat{\theta}$ 的误差平均来讲比较小,因而也就愈优.$M_{\hat{\theta}}(\theta)$就称为估计量 θ 的“均方误差”(误差平方的平均).不言而喻,均方误差小并不能保证 $\hat{\theta}$ 在每次使用时一定给出小的误差.它有

时也可以有较大的误差,但这种情况出现的机会较少.

用均方误差的观点就容易回答前面提到过的一个问题:用100个学生的平均成绩作为全校学生平均成绩的估计,比用抽出的第一个学生的成绩去估计好.事实上,这两个估计分别是$\overline{X}=(X_1+\cdots+X_{100})/100$和$X_1$.总体分布为正态$N(\mu,\sigma^2)$,$\overline{X}$和$X_1$的均方误差分别为

$$E(\overline{X}-\mu)^2=\sigma^2/100,\quad E(X_1-\mu)^2=\sigma^2,$$

故X_1的均方误差是$\overline{X}$的100倍.

均方误差并不是唯一可供选择的准则.例如,平均绝对误差$E_\theta|\hat{\theta}(X_1,\cdots,X_n)-\theta|$,以及许多别的准则,看来都很合理,且在某些场合下还确有其优点,但是,由于平方这个函数在数学上最易处理,使这个准则成为一切准则中应用和研究得最多的.

按第3章(2.2)式,有

$$M_{\hat{\theta}}(\theta)=\mathrm{Var}_\theta(\hat{\theta})+[E_\theta(\hat{\theta})-\theta]^2. \tag{3.6}$$

即均方误差由两部分构成:一部分是$\mathrm{Var}_\theta(\hat{\theta})$,即$\hat{\theta}$的方差,表示$\hat{\theta}$自身变异的程度;另一部分中,$E_\theta(\hat{\theta})-\theta$表示$\hat{\theta}$这个估计量的系统偏差.如果$\hat{\theta}$为$\theta$的无偏估计,则第二项为0,而这时有

$$M_{\hat{\theta}}(\theta)=\mathrm{Var}_\theta(\hat{\theta}). \tag{3.7}$$

2. 最小方差无偏估计

从前面的讨论看到:若局限于无偏估计的范围,且采用均方误差的准则,则两个无偏估计$\hat{\theta}_1$和$\hat{\theta}_2$的比较归结为其方差的比较:方差小者为优.

例3.5 设$X_1,\cdots,X_n$是从均匀分布总体$R(0,\theta)$中抽出的样本.在例3.4中已指出过θ的两个无偏估计:$\hat{\theta}_1=2\overline{X}$,$\hat{\theta}_2=\dfrac{n+1}{n}\max(X_1,\cdots,X_n)$.有(参看第3章例2.5)

$$\mathrm{Var}_\theta(\hat{\theta}_1)=4\mathrm{Var}_\theta(\overline{X})=\frac{4}{n}\mathrm{Var}_\theta(X_1)=\frac{4}{n}\frac{1}{12}\theta^2=\frac{\theta^2}{3n}.$$

为计算$\hat{\theta}_2$的方差,仍以θ^*记$\max(X_1,\cdots,X_n)$.按θ^*的密度函数(3.3)式,得

$$E_\theta(\theta^*)=\frac{n}{n+1}\theta,$$

$$E_\theta(\theta^{*2}) = n\int_0^\theta x^{n+1}\mathrm{d}x/\theta^n = \frac{n}{n+2}\theta^2,$$

因此

$$\mathrm{Var}_\theta(\theta^*) = E_\theta(\theta^{*2}) - [E_\theta(\theta^*)]^2 = \frac{n}{(n+1)^2(n+2)}\theta^2.$$

从而

$$\mathrm{Var}_\theta(\hat{\theta}_2^*) = \left(\frac{n+1}{n}\right)^2\mathrm{Var}_\theta(\theta^*) = \frac{1}{n(n+2)}\theta^2.$$

当 $n>1$ 时，总有 $n(n+2)>3n$. 故除非 $n=1$，$\hat{\theta}_2$ 的方差总比 $\hat{\theta}_1$ 的方差小，且这一点不论未知参数 θ 取什么值都对. 因此，在“方差小者为优”这个准则下，$\hat{\theta}_2$ 优于 $\hat{\theta}_1$. 当 $n=1$ 时，$\hat{\theta}_1$ 与 $\hat{\theta}_2$ 重合.

如果 $\hat{\theta}$ 是 θ 的一个无偏估计，且它的方差对 θ 的任何可能取的值，都比任何其他的无偏估计的方差小，或至多等于它，则在“方差愈小愈好”这个准则下，$\hat{\theta}$ 就是最好的，它称为 θ 的“最小方差无偏估计”，简记为 MVU 估计*.

定义 3.1 设 $\hat{\theta}$ 为 $g(\theta)$ 的无偏估计. 若对 $g(\theta)$ 的任何一个无偏估计 $\hat{\theta}_1$，都有

$$\mathrm{Var}_\theta(\hat{\theta}) \leqslant \mathrm{Var}_\theta(\hat{\theta}_1)$$

对 θ 的任何可能取的值都成立，则称 $\hat{\theta}$ 为 $g(\theta)$ 的一个最小方差无偏估计（MVU 估计）.

由例 3.5 知 $\hat{\theta}_2$ 的方差小于 $\hat{\theta}_1$ 的方差，但我们并不能由此就肯定 $\hat{\theta}_2$ 就是 θ 的 MVU 估计，因为也可能还存在其他的无偏估计，其方差比 $\hat{\theta}_2$ 的方差更小. 那么，怎样去寻找 MVU 估计呢？在数理统计学中给出了一些方法，我们只能简略地介绍其中的一个. 这个方法的思想如下：先研究一下，在 $g(\theta)$ 的一切无偏估计中，方差最小能达到多少呢？如果我们求出了这样一个方差的下界，则如某个估计 $\hat{\theta}$ 的方差达到这个下界，那它必定就是 MVU 估计.

3. 求 MVU 估计的一种方法：克拉美—劳不等式

我们只考虑单参数的情况. 设总体的概率密度函数或概率函数 $f(x,\theta)$ 只包含一个参数，$X_1,\cdots,X_n$ 为从该总体中抽出的样本，要估计 $g(\theta)$. 记

---

* MVU 是 Minimum Variance Unbiased（最小方差无偏）的缩写.

$$I(\theta) = \int\left[\left(\frac{\partial f(x,\theta)}{\partial\theta}\right)^2\Big/ f(x,\theta)\right]\mathrm{d}x, \tag{3.8}$$

这里,积分的范围为 x 可取的范围.例如,对指数分布总体,为 $0<x<\infty$;对正态总体,则 $-\infty<x<\infty$.如果总体分布是离散的,则(3.8)式改为

$$I(\theta) = \sum_i\left(\frac{\partial f(a_i,\theta)}{\partial\theta}\right)^2\Big/ f(a_i,\theta), \tag{3.9}$$

这里,求和 $\sum_i$ 遍及总体的全部可能值 $a_1,a_2,\cdots$.为确定计,我们下面就连续型的情况去讨论.对离散型的情况,只需做相应的修改,有如把(3.8)式修改为(3.9)式.

克拉美—劳不等式 在一定的条件下,对 $g(\theta)$ 的任一无偏估计 $\hat{g}=\hat{g}(X_1,\cdots,X_n)$,有

$$\mathrm{Var}_\theta(\hat{g})\geqslant(g'(\theta))^2/(nI(\theta)), \tag{3.10}$$

其中 n 是样本大小.

这个不等式给出了 $g(\theta)$ 的无偏估计的方差的一个下界,即(3.10)式右边.如果 $g(\theta)$ 的某个无偏估计的方差正好达到了(3.10)式右端,则它就是 $g(\theta)$ 的 MVU 估计.这个不等式的成立有一定的条件.实际上,在其表述中,就包含了要求 $\partial f(x,\theta)/\partial\theta$ 和 $g'(\theta)$ 存在的条件,其他的条件将在下文推导中看出.

记

$$\begin{aligned} S = S(X_1,\cdots,X_n,\theta) &= \sum_{i=1}^n \partial\ln f(X_i,\theta)/\partial\theta \\ &= \sum_{i=1}^n \frac{\partial f(X_i,\theta)}{\partial\theta}\Big/ f(X_i,\theta). \end{aligned}$$

因为 $f(x,\theta)$ 为密度,有 $\int f(x,\theta)\mathrm{d}x = 1$.两边对 θ 求导,并假定(这就是条件之一)左边求导可搬到积分号内,有

$$\int\frac{\partial f(x,\theta)}{\partial\theta}\mathrm{d}x = 0.$$

因此

$$\begin{aligned} E_\theta\left[\frac{\partial f(X_i,\theta)}{\partial\theta}\Big/ f(X_i,\theta)\right] &= \int\left(\frac{\partial f(x,\theta)}{\partial\theta}\Big/ f(x,\theta)\right)f(x,\theta)\mathrm{d}x \\ &= \int\left(\frac{\partial f(x_i,\theta)}{\partial\theta}\right)\mathrm{d}x = 0. \end{aligned} \tag{3.11}$$

于是，由 $X_1,\cdots,X_n$ 的独立性，有

$$
\begin{aligned}
\mathrm{Var}_\theta(S) &= \sum_{i=1}^n \mathrm{Var}_\theta\left(\frac{\partial f(X_i,\theta)}{\partial\theta}\bigg/ f(X_i,\theta)\right) \\
&= \sum_{i=1}^n E_\theta\left[\frac{\partial f(X_i,\theta)}{\partial\theta}\bigg/ f(X_i,\theta)\right]^2 \\
&= n\int\left[\frac{\partial f(x,\theta)}{\partial\theta}\bigg/ f(x_i,\theta)\right]^2 f(x,\theta)\mathrm{d}x \\
&= n\boldsymbol{I}(\theta).
\end{aligned}
$$

按第 3 章定理 3.1 的 2°，有

$$
[\mathrm{Cov}_\theta(\hat{g},S)]^2 \leqslant \mathrm{Var}_\theta(\hat{g})\mathrm{Var}_\theta(S) = n\boldsymbol{I}(\theta)\mathrm{Var}_\theta(\hat{g}). \tag{3.12}
$$

由(3.11)式有 $E_\theta(S)=0$. 按第 3 章(3.2)式，有

$$
\begin{aligned}
\mathrm{Cov}_\theta(\hat{g},S) &= E_\theta(\hat{g}S) \\
&= \int\cdots\int \hat{g}(x_1,\cdots,x_n)\sum_{i=1}^n\left[\frac{\partial f(x_i,\theta)}{\partial\theta}\bigg/ f(x_i,\theta)\right] \\
&\quad\cdot\prod_{i=1}^n f(x_i,\theta)\mathrm{d}x_1\cdots\mathrm{d}x_n.
\end{aligned}
$$

由乘积的导数公式可知

$$
\sum_{i=1}^n\left[\frac{\partial f(x_i,\theta)}{\partial\theta}\bigg/ f(x_i,\theta)\right]\prod_{i=1}^n f(x_i,\theta) = \frac{\partial f(x_1,\theta)\cdots f(x_n,\theta)}{\partial\theta},
$$

以此代入上式，并假定对 θ 求偏导数可移至积分号外面（这又是一个条件！），则得

$$
\mathrm{Cov}_\theta(\hat{g},S) = \frac{\partial}{\partial\theta}\int\cdots\int \hat{g}(x_1,\cdots,x_n)f(x_1,\theta)\cdots f(x_n,\theta)\mathrm{d}x_1\cdots\mathrm{d}x_n.
$$

但上式右边的积分就是 $E_\theta(\hat{g})$，因 $\hat{g}$ 为 $g(\theta)$ 的无偏估计，这个积分就是 $g(\theta)$. 故上式右边为 $g'(\theta)$，因而得到 $\mathrm{Cov}_\theta(\hat{g},S)=g'(\theta)$，以此代入(3.12)式，即得(3.10)式.

不等式(3.10)是瑞典统计学家 H·克拉美和印度统计学家C·R·劳在 1945～1946 年各自独立得出的，故文献中一般称为克拉美—劳不等式. 这个不

等式在数理统计学中有多方面的应用,此处求 MVU 估计是其中之一.

顺便提一下:(3.10)式中 $I(\theta)$这个量的表达式(3.8),最初是由英国统计学家 R·A·费歇尔在 20 世纪 20 年代提出的,后人称之为"费歇尔信息量".此量出现在(3.10)式中,并非偶然的巧合.从(3.10)式我们可以对为什么把 $I(\theta)$称为"信息量"获得一点直观的理解:$I(\theta)$愈大,(3.10)式中的下界愈低,表示 $g(\theta)$的无偏估计更有可能达到较小的方差——即有可能被估计得更准确一些.$g(\theta)$是通过样本去估计的,$g(\theta)$能估得更准,表示样本所含的信息量愈大.一共有 n 个样本,如把总信息量说成是(3.10)式右边的分母 $nI(\theta)$,则一个样本正好占有信息量 $I(\theta)$.$I(\theta)$这个量在数理统计学中很重要,有多方面的应用,但大多超出本课程的范围.

不等式(3.10)并不直接给出找 MVU 估计的方法.它的使用方式是:先要由直观或其他途径找出一个可能是最好的无偏估计,然后计算其方差,看是否达到了(3.10)式右端的界限,若达到了,就是 MVU 估计.同时,还得仔细验证不等式推导过程中所有的条件是否全满足,这有时是不大容易的.在以下诸例中,我们都略去了这步验证.

例 3.6 设 $X_1,\cdots,X_n$ 为抽自正态总体$N(\theta,\sigma^2)$的样本,σ^2已知(因而只有一个参数 θ),要估计 θ.本例中

$$f(x,\theta)=(\sqrt{2\pi}\sigma)^{-1}\exp\left[-\frac{1}{2\sigma^2}(x-\theta)^2\right],$$

因而

$$\begin{aligned}I(\theta)&=(\sqrt{2\pi}\sigma)^{-1}\int_{-\infty}^{\infty}\frac{1}{\sigma^4}(x-\theta)^2\exp\left[-\frac{1}{2\sigma}(x-\theta)\right]^2\mathrm{d}x\\&=\frac{1}{\sigma^4}\sigma^2=\frac{1}{\sigma^2}.\end{aligned}$$

故按不等式(3.10),θ 的无偏估计的方差不能小于σ^2/n.而$\overline{X}$是 θ 的一个无偏估计,其方差正好是 σ^2/n,故$\overline{X}$就是 θ 的 MVU 估计.

虽然我们是在 σ^2已知的条件下证得$\overline{X}$为 θ 的 MVU 估计的,但不难推知,这个结论当σ^2未知时也对.证明留给读者(习题 23).

例 3.7 指数分布的费歇尔信息量 $I(\lambda)$为

$$I(\lambda)=\int_0^{\infty}\left(\frac{1}{\lambda}-x\right)^2\lambda\mathrm{e}^{-\lambda x}\mathrm{d}x=\lambda^{-2}.$$

故若要由大小为 n 的样本去估计总体均值 $g(\lambda)=1/\lambda$，则按(3.10)式，$1/\lambda$ 的无偏估计的方差不能小于

$$[g'(\lambda)]^2/(nI(\lambda))=1/(n\lambda^2).$$

而样本均值 $\overline{X}$ 是 $1/\lambda$ 的一个无偏估计，方差正好为 $1/(n\lambda^2)$. 故 $\overline{X}$ 是 $1/\lambda$ 的 MVU 估计.

例 3.8 回到例 3.6. 若均值 θ 已知，而要估计方差 σ^2，则不难证明：$\sum_{i=1}^{n}(X_i-\theta)^2/n$ 是 σ^2 的 MVU 估计，计算留给读者(在计算费歇尔信息量时，注意要把 σ^2 作为一个整体看. 可以引进新参数 $\lambda=\sigma^2$ 再计算).

如果 θ,σ^2 都未知而要估计 σ^2，则可以证明：样本方差 S^2 为 σ^2 的 MVU 估计，但这个证明已超出本课程的范围之外.

例 3.9 为估计均匀分布 $R(0,\theta)$ 中的参数 θ，在例 3.5 中引进过两个无偏估计 $\hat{\theta}_1=2\overline{X}$ 和 $\hat{\theta}_2=\dfrac{n+1}{n}\max(X_1,\cdots,X_n)$，并证明了 $\hat{\theta}_2$ 优于 $\hat{\theta}_1$. 事实上，可以证明：$\hat{\theta}_2$ 就是 θ 的 MVU. 但这个结论不能利用不等式(3.10)去证明. 这是因为总体的密度函数并非 θ 的连续函数，它有一个间断点：$\theta=x$(注意：是把 $f(x,\theta)$ 中的 x 固定，作为 θ 的函数时的间断点)，故导数 $\partial f(x,\theta)/\partial\theta$ 非处处存在. 证明 $\hat{\theta}_2$ 为 θ 的 MVU 估计要用另外的方法，此处不能讲了.

下面举一个离散型总体的例子.

例 3.10 总体分布为二项分布 $B(N,p)$，概率函数为

$$f(x,p)=\binom{N}{x}p^x(1-p)^{N-x}\quad(x=0,1,\cdots,N).$$

由此算出费歇尔信息量(按(3.9)式)

$$I(p)=\frac{1}{p^2(1-p)^2}\sum_{x=0}^{N}(x-Np)^2\binom{N}{x}p^x(1-p)^{N-x}.$$

右边这个和不是别的，正是总体方差，故这个和等于 $Np(1-p)$(第 3 章例 2.2). 因此

$$I(p)=Np^{-1}(1-p)^{-1}.$$

按(3.10)式，p 的无偏估计(基于大小为 n 的样本)的方差不能小于 $p(1-p)/(nN)$. 现 $\overline{X}/N$ 为 p 的一个无偏估计，其方差为

$$(\overline{X}\text{ 的方差})/N^2 = \text{总体方差}/(nN^2) = Np(1-p)/(nN)^2$$
$$= p(1-p)/(nN).$$

因此，$\overline{X}/N$ 就是 p 的 MVU 估计.

特别当 $N=1$ 时，得出："用频率估计概率"是 MVU 估计. 在例 2.13 中，我们曾求出 p 的贝叶斯估计(2.14)式，并指出过它与频率这个估计相比，可能有某些优点. 这就看出："最小方差无偏"这个准则也不是绝对的.

例 3.11 仿例 3.10 可以证明：在泊松分布 $P(\lambda)$ 的总体中估计 λ，$\overline{X}$ 是 MVU 估计. 证明留给读者.

4.3.3 估计量的相合性与渐近正态性

1. 相合性

在第 3 章中我们曾证明过大数定理. 这个定理说：若 $X_1, X_2, \cdots, X_n, \cdots$ 独立同分布，其公共均值为 θ. 记 $\overline{X}_n = \sum_{i=1}^{n} X_i/n$，则对任给 $\varepsilon>0$，有

$$\lim_{n\to\infty} P(|\overline{X}_n - \theta| \geqslant \varepsilon) = 0. \tag{3.13}$$

(在证明这个定理时假定了 X_i 的方差存在且有限. 但我们曾指出：方差存在的条件并非必要.)

现在我们可以从估计的观点对(3.13)式做一个解释. 我们把 $X_1, X_2, \cdots, X_n$ 看做从某一总体中抽出的样本，抽样的目的是估计该总体的均值 θ. 概率 $P(|\overline{X}_n - \theta| \geqslant \varepsilon)$ 是"当样本大小为 n 时，样本均值 $\overline{X}_n$ 这个估计与真值 θ 的偏离达到 ε 这么大或更大"的可能性. (3.13)式表明：随着 n 的增加，这种可能性愈来愈小，以至趋于 0. 这就是说，只要样本大小 n 足够大，用样本均值去估计总体均值，其误差可以任意小. 在数理统计学上，就把 $\overline{X}_n$ 称为 θ 的"相合估计". 字面的意思是：随着样本大小的增加，被估计的量与估计量逐渐"合"在一起了.

相合性的一般定义就是这个例子的引申.

定义 3.2 设总体分布依赖于参数 $\theta_1, \cdots, \theta_k$，$g(\theta_1, \cdots, \theta_k)$ 是 $\theta_1, \cdots, \theta_k$ 的一个给定函数. 设 $X_1, X_2, \cdots, X_n$ 为自该总体中抽出的样本，$T(X_1, \cdots, X_n)$ 是 $g(\theta_1, \cdots, \theta_k)$ 的一个估计量. 如果对任给 $\varepsilon>0$，有

$$\lim_{n\to\infty} P_{\theta_1, \cdots, \theta_k}(|T(X_1, \cdots, X_n) - g(\theta_1, \cdots, \theta_k)| \geqslant \varepsilon) = 0, \tag{3.14}$$

而且这对$(\theta_1,\cdots,\theta_k)$一切可能取的值都成立,则称 $T(X_1,\cdots,X_n)$是 $g(\theta_1,\cdots,\theta_k)$的一个相合估计.

记号 $P_{\theta_1,\cdots,\theta_k}$ 的意义,表示概率是在参数值为$(\theta_1,\cdots,\theta_k)$时去计算的(参看前面关于记号 $E_{\theta_1,\cdots,\theta_k}$ 的说明).在讲述大数定理时,我们曾引进过"依概率收敛"的术语.使用这个术语,相合性可简单地描述为:如果当样本大小无限增加时,估计量依概率收敛于被估计的值,则称该估计量是相合估计.

相合性是对一个估计量的最基本的要求.如果一个估计量没有相合性,那么,无论样本大小多大,我们也不可能把未知参数估计到任意预定的精度.这种估计量显然是不可取的.

如同样本均值的相合性那样,常见的矩估计量的相合性都可以基于大数定理得到证明.我们再以用二阶中心矩 $m_2(n)=\sum_{i=1}^{n}(X_i-\overline{X}_n)^2/n$ 为例.以 a 和 σ^2分别记总体的均值和方差.注意到

$$\begin{aligned}\sum_{i=1}^{n}(X_i-a)^2&=\sum_{i=1}^{n}[(X_i-\overline{X}_n)+(\overline{X}_n-a)]^2\\&=\sum_{i=1}^{n}(X_i-\overline{X}_n)^2+n(\overline{X}_n-a)^2,\end{aligned}$$

知

$$m_2(n)=\frac{1}{n}\sum_{i=1}^{n}(X_i-a)^2-(\overline{X}_n-a)^2.$$

依大数定理,$\sum_{i=1}^{n}(X_i-a)^2/n$ 依概率收敛于$E(X_i-a)^2=\sigma^2$,而$\overline{X}_n-a$ 依概率收敛于0.故 $m_2(n)$依概率收敛于σ^2,即它是总体方差σ^2的相合估计.因为样本方差与样本二阶中心矩只相差一个因子 $n/(n-1)$,而当 $n\to\infty$ 时这个因子趋于1,知样本方差也是总体方差的相合估计.这样可以证明:前面例子中的许多估计都有相合性.

极大似然估计在很一般的条件下也有相合性.其证明比较复杂,不能在此讨论了.

2. 渐近正态性

估计量是样本 $X_1,\cdots,X_n$ 的函数,其确切分布要用第 2 章 2.4 节的方法去求.除了若干简单的情况以外,这常是难以实现的.例如,样本均值可算是最简单

的统计量,它的分布也不易求得.

可是,正如在中心极限定理中所显示的,当 n 很大时,和的分布渐近于正态分布.理论上可以证明,这不只是和所独有的,许多形状复杂的统计量,当样本大小 $n\to\infty$ 时,其分布都渐近于正态分布.这称为统计量的"渐近正态性".至于哪些统计量具有渐近正态性,其确切形式如何,这都是很深的理论问题,在我们这个课程的范围内无法细加介绍了.

估计量的相合性和渐近正态性称为估计量的大样本性质.指的是:这种性质都是对样本大小 $n\to\infty$ 来谈的.对一个固定的 n,相合性和渐近正态性都无意义.与此相对,估计量的无偏性概念是对固定的样本大小来谈的,不需要样本大小趋于无穷.这种性质称为"小样本性质".因此,大、小样本性质之分不在于样本的具体大小如何,而在于样本大小趋于无穷与否.

4.4 区间估计

4.4.1 基本概念

如前所述,点估计是用一个点(即一个数)去估计未知参数.顾名思义,区间估计就是用一个区间去估计未知参数,即把未知参数值估计在某两个界限之间.例如,估计一个人的年龄在 30 岁到 35 岁之间;估计所需费用在 1 000~1 200 元之间,等等.区间估计是一种很常用的估计形式,其好处是把可能的误差用醒目的形式标出来了.你估计费用需 1 000 元,我相信多少会有误差.误差是多少?单从你提出的 1 000 元这个数字还给不出什么信息.你若估计费用在 800~1 200 元之间,则人们会相信你在做出这估计时,已把可能出现的误差考虑到了,多少给人们以更大的信任感.

现今最流行的一种区间估计理论是原籍波兰的美国统计学家 J·奈曼在 20 世纪 30 年代建立起来的.他的理论的基本概念很简单.为书写简单计,我们暂设总体分布只包含一个未知参数 θ,且要估计的就是 θ 本身.如果总体分布包含若干个未知参数 $\theta_1,\cdots,\theta_k$,而要估计的是 $g(\theta_1,\cdots,\theta_k)$,基本概念并无不同.这将在后面的例子中看到.

设 $X_1,\cdots,X_n$ 是从该总体中抽出的样本.所谓 θ 的区间估计,就是以满足条件 $\hat{\theta}_1(X_1,\cdots,X_n)\leqslant\hat{\theta}_2(X_1,\cdots,X_n)$ 的两个统计量 $\hat{\theta}_1,\hat{\theta}_2$ 为端点的区间 $[\hat{\theta}_1,\hat{\theta}_2]$.一旦有了样本 $X_1,\cdots,X_n$,就把 θ 估计在区间 $[\hat{\theta}_1(X_1,\cdots,X_n),\hat{\theta}_2(X_1,\cdots,X_n)]$ 之内.不难理解,这里有两个要求:

(1) θ 要以很大的可能性落在区间 $[\hat{\theta}_1,\hat{\theta}_2]$ 内,也就是说,概率

$$P_\theta(\hat{\theta}_1(X_1,\cdots,X_n)\leqslant\theta\leqslant\hat{\theta}_2(X_i,\cdots,X_n)) \tag{4.1}$$

要尽可能大.

(2) 估计的精密度要尽可能高.比方说,要求区间的长度 $\hat{\theta}_2-\hat{\theta}_1$ 尽可能小,或某种能体现这个要求的其他准则.

例如,估一个人的年龄在某一区间内,例如[30,35]内.我们要求这个估计尽量可靠,即该人的年龄有很大把握的确在这个区间内.同时,也要求区间不能太长.比如,估计一人的年龄在 10～90 岁之间,当然可靠了,但精度太差,用处不大.

但这两个要求是相互矛盾的.区间估计理论和方法的基本问题,莫不在于在已有的样本资源的限制下,怎样找出更好的估计方法,以尽量提高此二者——可靠性和精度,但终归有一定的限度.奈曼提出并为现今所广泛接受的原则是:先保证可靠度,在这个前提下尽量使精度提高.为此,他引进了如下的定义:

定义 4.1 给定一个很小的数 $\alpha>0$.如果对参数 θ 的任何值,概率(4.1)式都等于 $1-\alpha$,则称区间估计 $[\hat{\theta}_1,\hat{\theta}_2]$ 的置信系数为 $1-\alpha$.

区间估计也常称为"置信区间".字面上的意思是:对该区间能包含未知参数 θ 可置信到何种程度.

有时,我们无法证明概率(4.1)式对一切 θ 都恰好等于 $1-\alpha$,但知道它不会小于 $1-\alpha$,则我们称 $1-\alpha$ 是 $[\hat{\theta}_1,\hat{\theta}_2]$ 的"置信水平".按此,置信水平不是一个唯一的数.因为若概率(4.1)式总不小于 0.8,那它也总不小于 0.7,0.6,….也就是说,若 β 为置信水平,则小于 β 的数也是置信水平,置信系数是置信水平中的最大者.在实用上,人们并不总是把这两个术语严加区别,这要看各人的习惯.

定义 4.1 中的 α,一般以取为 0.05 的最多,还有 0.01,0.10,以至 0.001 等,也视情况需要而使用.这几个数字本身并无特殊意义,主要是这样标准化了以后对造表方便.

区间估计理论的主要问题,按奈曼的上述原则,就是在保证给定的置信系数之下,去寻找有优良精度的区间估计.而这个"优良",也可以有种种准则.这方面

现已有了一些结果，但在本课程范围之内，我们无法去涉及这些较深的理论问题．我们所能做的，就是从直观出发去构造看来是合理的区间估计．这就是下面两段要讨论的问题．

4.4.2 枢轴变量法

从一个简单例子入手．设 $X_1,\cdots,X_n$ 为抽自正态总体 $N(\mu,\sigma^2)$ 的样本，σ^2 已知，要求 μ 的区间估计．

先找一个 μ 的良好的点估计．在此可选择样本均值 $\overline{X}$．由总体为正态易知

$$\sqrt{n}(\overline{X}-\mu)/\sigma\sim N(0,1). \tag{4.2}$$

以 $\Phi(x)$ 记 $N(0,1)$ 的分布函数．对 $0<\beta<1$（一般取 β 很小），用方程

$$\Phi(u_\beta)=1-\beta \tag{4.3}$$

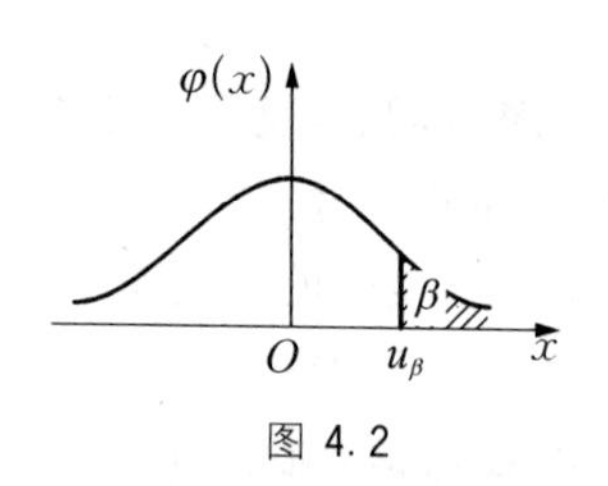

图 4.2

定义记号 u_β．u_β 称为分布 $N(0,1)$ 的“上 β 分位点”．其意义是：$N(0,1)$ 分布中大于 u_β 的那部分的概率就是 β．图 4.2 中画出的是 $N(0,1)$ 的密度函数 $\varphi(x)=(\sqrt{2\pi})^{-1}\mathrm{e}^{-x^2/2}$ 的图形，斜线部分标出的面积为 β．

上 β 分位点的概念可推广到任何分布 F：满足条件 $F(v_\beta)=1-\beta$ 的点 v_β 就是分布函数 F 的上 β 分位点．在数理统计学的应用中，除正态分布外，“统计三大分布”的上分位点很常用．以后，我们分别用 $\chi_n^2(\beta)$，$t_n(\beta)$ 和 $F_{n,m}(\beta)$ 记自由度为 n 的卡方分布、自由度为 n 的 t 分布以及自由度为 (n,m) 的 F 分布的上 β 分位点，这些都有表可查．

另外，读者还需注意：在有的著作中使用“下分位点”，分布函数 F 的下 β 分位点是指满足条件 $F(w_\beta)=\beta$ 的点 w_β．上、下分位点之间的换算不难：分布 F 的下 β 分位点就是其上 $1-\beta$ 分位点．当分布 F 的密度函数 f 关于原点对称（即 $f(-x)=f(x)$）时，F 的上、下 β 分位点只相差一个符号．本书以后只使用上分位点．

现在回到 μ 的区间估计问题．由(4.2)式及 μ_β 的定义，并注意到 $\Phi(-t)=1-\Phi(t)$，有

$$\begin{aligned}P(-u_{\alpha/2}\leqslant\sqrt{n}(\overline{X}-\mu)/\sigma\leqslant u_{\alpha/2})&=\Phi(u_{\alpha/2})-\Phi(-u_{\alpha/2})\\&=(1-\alpha/2)-\alpha/2=1-\alpha.\end{aligned}$$

此式可改写为

$$P(\overline{X}-\sigma u_{\alpha/2}/\sqrt{n}\leqslant\mu\leqslant\overline{X}+\sigma u_{\alpha/2}/\sqrt{n})=1-\alpha.$$

此式指出

$$[\hat{\theta}_1,\hat{\theta}_2]=[\overline{X}-\sigma u_{\alpha/2}/\sqrt{n},\ \overline{X}+\sigma u_{\alpha/2}/\sqrt{n}]\tag{4.4}$$

可作为 μ 的区间估计,置信系数为 $1-\alpha$.

由这个例子悟出一种找区间估计的一般方法,可总结为以下几条:

1° 找一个与要估计的参数 $g(\theta)$有关的统计量 T,一般是其一个良好的点估计(此例中 T 为$\overline{X}$);

2° 设法找出 T 和$g(\theta)$的某一函数 $S(T,g(\theta))$,其分布 F 要与θ 无关(在此例中,$S(T,g(\theta))$为$\sqrt{n}(\overline{X}-\mu)/\sigma$,分布 F 就是$\Phi(x)$),S 称为“枢轴变量”;

3° 对任何常数 $a<b$,不等式 $a\leqslant S(T,g(\theta))\leqslant b$ 要能改写为等价的形式 $A\leqslant g(\theta)\leqslant B$,$A$,$B$ 只与T,a,b 有关,而与θ 无关;

4° 取分布 F 的上 $\alpha/2$ 分位点 $w_{\alpha/2}$ 和上 $1-\alpha/2$ 分位点 $w_{1-\alpha/2}$,则有 $F(w_{\alpha/2})-F(w_{1-\alpha/2})=1-\alpha$,因此

$$P(w_{1-\alpha/2}\leqslant S(T,g(\theta))\leqslant w_{\alpha/2})=1-\alpha.$$

根据第 3°条,不等式 $w_{1-\alpha/2}\leqslant S(T,g(\theta))\leqslant w_{\alpha/2}$可改写为 $A\leqslant g(\theta)\leqslant B$ 的形式,A,B与 T 有关,因而与样本有关.$[A,B]$就是 $g(\theta)$的一个置信系数为 $1-\alpha$ 的区间估计.

现在举一些例子来说明这个方法,这些例子包含了许多常用的重要区间估计.

例 4.1 从正态总体 $N(\mu,\sigma^2)$中抽取样本 $X_1,\cdots,X_n$,μ 和σ^2都未知,求 μ 的区间估计.

μ 的点估计仍取为样本均值$\overline{X}$.作为枢轴变量,再取$\sqrt{n}(\overline{X}-\mu)/\sigma$ 已不行.因为虽然这个变量的分布 $N(0,1)$与参数无关,但因σ未知,条件 3°已不满足.现把σ改为样本标准差S,则枢轴变量的一切条件都满足了,因为(见第 2 章(4.34)式)变量$\sqrt{n}(\overline{X}-\mu)/S$ 服从自由度为$n-1$ 的 t 分布,与参数无关.由此出发用 4°,并注意 t 分布的密度关于 0 对称,因而 $t_{n-1}(1-\alpha/2)=-t_{n-1}(\alpha/2)$,得 μ 的区间估计为

$$[\overline{X}-St_{n-1}(\alpha/2)/\sqrt{n},\ \overline{X}+St_{n-1}(\alpha/2)/\sqrt{n}],\tag{4.5}$$

置信系数为 $1-\alpha$. 它称为"一样本 t 区间估计".

例如,为估计一个物件的重量 μ,把它在天平上重复称了5次,得结果为(单位为克):

$$5.52,\quad 5.48,\quad 5.64,\quad 5.51,\quad 5.43.$$

假定此天平无系统误差,且随机误差服从正态分布,则总体分布为 $N(\mu,\sigma^2)$,μ 即未知的重量,方差 σ^2 也未知. 算出

$$\overline{X}=(5.52+\cdots+5.43)/5=5.516,$$

$$\begin{aligned} S &= \sqrt{\frac{1}{5-1}\left[(5.52-5.516)^2+\cdots+(5.43-5.516)^2\right]} \\ &= \frac{1}{2}\sqrt{0.02412}=0.078. \end{aligned}$$

查表,知 $t_4(0.025)=2.776$. 以这些数值代入(4.5)式,得 μ 的置信系数为0.95的区间估计为[5.419,5.613].

[5.419,5.613]是一个具体的区间,μ 是一个虽然未知、但其值确定的数. [5.419,5.613]这个区间或者包含 μ,或者不包含,二者只居其一. 说这个区间的置信系数为0.95,其确切意义应当是:它是根据所有的数据,用一个其置信系数为0.95的方法做出的. 可见,"置信系数"一词是针对方法的,用这个方法做出的区间估计,平均100次中有95次的确包含所要估计的值. 一旦算出具体区间,就不能再说它有95%的机会包含要估计的值了. 这一点意义上的理解必须分清,正如说一个人长于挑西瓜:他挑的瓜,平均100个中有95个好的. 某天他给你挑一个,结果或好或坏,必居其一,不是95%地好. 但是,考虑到他挑瓜的技术,我对他挑的瓜比较放心,这就是置信系数.

区间估计(4.5)式叫做一样本 t 区间估计,"一样本"是指这里只有一个总体,因而只有一组样本,以别于下例.

例4.2　设有两个正态总体,其分布分别为 $N(\mu_1,\sigma^2)$ 和 $N(\mu_2,\sigma^2)$. 注意方差相同. 设 μ_1,μ_2,σ^2 都未知. 现从这两个总体中分别抽出样本 $X_1,\cdots,X_n$ 和 $Y_1,\cdots,Y_m$. 要求 $\mu_1-\mu_2$ 的区间估计.

记 $\overline{X}$ 和 $\overline{Y}$ 分别为 X_i 和 Y_j 的样本均值,而

$$S=\left[\sum_{i=1}^{n}(X_i-\overline{X})^2+\sum_{j=1}^{m}(Y_j-\overline{Y})^2\right]^{1/2}\Big/\sqrt{n+m-2}.$$

据第2章(4.36)式,知

$$T=\sqrt{\frac{mn}{m+n}}[(\overline{X}-\overline{Y})-(\mu_1-\mu_2)]/S\sim t_{n+m-2}$$

的分布不依赖于参数 μ_1,μ_2,σ^2. 它适合于作为枢轴变量的条件,按4°,定出 $\mu_1-\mu_2$ 的区间估计为

$$\left[(\overline{X}-\overline{Y})-St_{n+m-2}(\alpha/2)\sqrt{\frac{n+m}{nm}},\ (\overline{X}-\overline{Y})+St_{n+m-2}(\alpha/2)\sqrt{\frac{n+m}{nm}}\right],\tag{4.6}$$

置信系数为 $1-\alpha$. 这个区间称为"两样本 t 区间估计",是应用上常用的区间估计之一.

如考虑上例,设有另一个物件,其重量 μ_2 也未知. 在这同一架天平上称4次,得结果为

$$5.45,\quad 5.40,\quad 5.34,\quad 5.51.$$

把上例中的 μ 记为 μ_1. 因是同一架天平,方差不变. 要对两物件重量之差 $\mu_1-\mu_2$ 做区间估计,可用(4.6)式. 算出

$$\overline{Y}=(5.45+\cdots+5.51)/4=5.425,$$

$$\sum_{j=1}^{n}(Y_j-\overline{Y})^2=(5.45-5.425)^2+\cdots+(5.51-5.425)^2=0.015\,70.$$

结合前例数据,算出

$$\overline{X}-\overline{Y}=-0.091,$$

$$S=\sqrt{0.024\,12+0.015\,70}/\sqrt{5+4-2}=0.075.$$

又 $\sqrt{(n+m)/nm}=\sqrt{9/20}=0.671$. 取 $\alpha=0.05$, 查 t 分布表得 $t_7(0.025)=2.365$. 把这些都代入(4.6)式,算出 $\mu_1-\mu_2$ 的区间估计为 $[-0.210, 0.028]$, 置信系数为0.95.

在实际问题中,两个总体方差相等的假定往往只是近似成立. 当方差之比接近1时,用(4.6)式产生的误差不大(这里的"误差"一词是指实际的置信系数与名义的置信系数 $1-\alpha$ 有出入). 如果差别较大,则必须假定两个正态总体分别有

方差σ_1^2和σ_2^2，σ_1^2和σ_2^2都未知．在这样的假定下求$\mu_1-\mu_2$的区间估计问题，是数理统计学上一个著名的问题，叫贝伦斯—费歇尔问题．因为这两位学者分别在1929年和1930年研究过这个问题，他们以及后来的研究者提出过一些解法，但还没有一个被公认为是最满意的．

例4.3 再考虑例4.1，但现在要求做σ^2的区间估计．

据第2章(4.33)式，有$(n-1)S^2/\sigma^2 \sim \chi_{n-1}^2$．于是，$(n-1)S^2/\sigma^2$适合枢轴变量的条件．按4°，得$\sigma^2$的区间估计为

$$[(n-1)S^2/\chi_{n-1}^2(\alpha/2),\ (n-1)S^2/\chi_{n-1}^2(1-\alpha/2)], \tag{4.7}$$

置信系数为$1-\alpha$．类似地，若另有一正态总体$N(\mu_2,\sigma_2^2)$及从中抽出的样本$Y_1,\cdots,Y_m$，要做方差比σ_1^2/σ_2^2的区间估计．记S_1^2和S_2^2分别为$X_1,\cdots,X_n$和$Y_1,\cdots,Y_m$的样本方差，按第2章(4.35)式，有

$$(S_2^2/\sigma_2^2)/(S_1^2/\sigma_1^2) \sim F_{m-1,n-1}.$$

即$\lambda S_2^2/S_1^2 \sim F_{m-1,n-1}$，其中$\lambda=\sigma_1^2/\sigma_2^2$．于是得到枢轴变量．按4°，得出比值$\lambda$的置信系数为$1-\alpha$的区间估计为

$$[(S_1^2/S_2^2)F_{m-1,n-1}(1-\alpha/2),\ (S_1^2/S_2^2)F_{m-1,n-1}(\alpha/2)]. \tag{4.8}$$

例4.4 设$X_1,\cdots,X_n$为抽自指数分布总体的样本，要求其参数λ的区间估计．

在第2章2.4.3段中曾证明$2n\lambda\bar{X} \sim \chi_{2n}^2$，故$2n\lambda\bar{X}$可作为枢轴变量．由4°，得$\lambda$的区间估计为

$$[\chi_{2n}^2(1-\alpha/2)/(2n\bar{X}),\ \chi_{2n}^2(\alpha/2)/(2n\bar{X})], \tag{4.9}$$

置信系数为$1-\alpha$．若要求总体均值$1/\lambda$的区间估计，则为

$$[2n\bar{X}/\chi_{2n}^2(\alpha/2),\ 2n\bar{X}/\chi_{2n}^2(1-\alpha/2)]. \tag{4.10}$$

从这些例子可以看出“枢轴变量法”这个名称的由来．拿本例来说，变量$2n\lambda\bar{X}$起了一个“轴心”的作用，把一个变量(即$2n\lambda\bar{X}$)介于某两个界限之间的不等式轻轻一转，就成为未知参数λ介于某两个界限之间的不等式．

对离散型变量来说，枢轴变量法不易使用．不仅由于满足条件1°～4°的枢轴变量$S(T,g(\theta))$大多不存在，即使存在了，由于其分布F为离散的，对指定的β，一般也不一定存在确切的上β分位点．对离散型总体的参数去找具有所指定的

置信系数的区间估计方法，超出本书范围之外.在下一段中，对二项分布和泊松分布的参数这两个重要情况，将给出一种基于极限分布的方法.

在实用中，除了指定的置信系数外，往往还对于区间估计的长度，或其他某种反映其精度的量，有一定的要求.在有些情况下这个问题比较好处理.例如，$N(\mu,\sigma^2)$当σ^2已知时，μ的区间估计(4.4)式的长为$2\sigma u_{\alpha/2}/\sqrt{n}$.要使这个长度不超过指定的$L>0$，只需取$n$为不小于$(2\sigma u_{\alpha/2}/L)^2$的最小整数即可.

对例4.3中正态分布方差或方差比的估计，由于方差本身的意义，在实际问题中，考虑估计值与它相差多少倍，往往比考虑估计值与其差的绝对值更好.这就要求，例如，区间(4.7)式的右端不超过左端的L倍($L>1$)，即

$$\chi_{n-1}{}^2(\alpha/2)/\chi_{n-1}{}^2(1-\alpha/2)\leqslant L.$$

在给定了L之后，可以查χ^2分布表，找一个最小的n使上式成立即可.对方差比的情况，以及指数分布参数λ(或$1/\lambda$)的情况，也完全类似地处理.

对t区间估计，则情况不同.拿一样本t区间估计(4.5)式来说，其长$2St_{n-1}(\alpha/2)/\sqrt{n}$与$S$有关，而$S$与样本有关，故无法决定这样一个$n$，它能保证在任何情况下都有$2St_{n-1}(\alpha/2)/\sqrt{n}\leqslant L$.1945年，美国统计学家斯泰因提出了一个“两阶段抽样”的方法来解决这个问题：先抽出样本$X_1,\cdots,X_n$，算出样本标准差S如前.根据S的大小决定追加抽样的数目，S愈大，追加抽样次数愈多.具体公式如下：先引进记号$[\alpha]=$不超过α的最大整数，例如$[3.12]=3$，$[2]=2$等.追加抽样次数m的公式为

$$m=\begin{cases}0, & \text{若 } n\leqslant[4t_{n-1}{}^2(\alpha/2)S^2/L^2]+1\\ n-1-[4t_{n-1}{}^2(\alpha/2)S^2/L^2], & \text{其他情况}\end{cases}.$$

记原有样本和追加样本全体的样本均值为$\widetilde{X}$，则可以证明，长为L的区间估计$[\widetilde{X}-L/2,\widetilde{X}+L/2]$有置信系数$1-\alpha$.

4.4.3 大样本法

大样本法就是利用极限分布，主要是中心极限定理，以建立枢轴变量，它近似满足枢轴变量的条件2°.最好通过例子来说明.

例4.5 某事件A在每次试验中发生的概率为p.做n次独立试验，以Y_n记A发生的次数，要求p的区间估计.

设 n 相当大，则按定理 4.3，近似地有 $(Y_n - np)/\sqrt{np(1-p)} \sim N(0,1)$. 于是，$(Y_n - np)/\sqrt{np(1-p)} \sim N(0,1)$ 可取为枢轴变量. 由

$$P(-u_{\alpha/2} \leqslant (Y_n - np)/\sqrt{np(1-p)} \leqslant u_{\alpha/2}) \approx 1-\alpha, \tag{4.11}$$

可改写为

$$P(A \leqslant p \leqslant B) \approx 1-\alpha, \tag{4.12}$$

其中 A, B 是二次方程

$$(Y_n - np)^2/(np(1-p)) = u_{\alpha/2}{}^2$$

的两个根，即

$$A, B = \frac{n}{n + u_{\alpha/2}{}^2}\left(\hat{p} + \frac{u_{\alpha/2}{}^2}{2n} \pm u_{\alpha/2}\sqrt{\frac{\hat{p}(1-\hat{p})}{n} + \frac{u_{\alpha/2}{}^2}{4n^2}}\right), \tag{4.13}$$

A 取负号，B 取正号，$\hat{p} = Y_n/n$.

因为(4.11)式和(4.12)式只是近似的，故区间估计$[A, B]$的置信系数也只是近似地等于 $1-\alpha$. 当 n 较大，例如 $n \geqslant 30$ 时，相去不远. 实际上，n 太小时，找 p 的区间估计意义不大. 因为这种区间都失之过长，实际意义不大. 这可由下面的分析看出：由于 $0 \leqslant \hat{p} \leqslant 1$，$\hat{p}(1-\hat{p})$ 的最大值可为 1/4. 这时，区间$[A, B]$的长，在把 $\hat{p}(1-\hat{p})$ 改为 1/4 后，为 $u_{\alpha/2}/\sqrt{n + u_{\alpha/2}{}^2}$. 取 $\alpha = 0.05$，有 $u_{\alpha/2} = 1.96$. 若要求这个区间的长不超过 0.3(这是一个很低的要求)，必须 $1.96/\sqrt{n + (1.96)^2} \leqslant 0.3$. 算出 n 至少应为 39. 可以看出：在试验次数 n 低于 40 时，求 p 的区间估计没有多大实用意义.

例 4.6 设 $X_1, \cdots, X_n$ 为抽自有泊松分布 $P(\lambda)$ 的总体的样本，求 λ 的区间估计.

记 $Y_n = X_1 + \cdots + X_n$. 设 n 相当大，注意到泊松分布的均值、方差都是 λ，由第 3 章定理 4.2，知 $(Y_n - n\lambda)/\sqrt{n\lambda}$ 近似地有分布 $N(0,1)$. 仿前例的做法，即得到 λ 的区间估计$[A, B]$，A, B 为二次方程

$$(Y_n - n\lambda)^2 = n\lambda u_{\alpha/2}{}^2$$

的两个根，即

$$A, B = \overline{X} + u_{\alpha/2}{}^2/(2n) \pm u_{\alpha/2}\sqrt{u_{\alpha/2}{}^2/(4n^2) + \overline{X}/n}, \tag{4.14}$$

A 取负号,B 取正号,$\overline{X}=Y_n/n$.

例 4.7 设某总体有均值θ,方差σ^2.θ和σ^2都未知,从这个总体中抽出样本$X_1,\cdots,X_n$,要做θ的区间估计.

因为对总体分布没有做任何假定,要作出满足条件 1°～4°的枢轴变量是不可能的.但是,若 n 相当大,则据中心极限定理(第 3 章定理 4.2),有$\sqrt{n}(\overline{X}-\theta)/\sigma\sim N(0,1)$.但此处$\sigma$未知,仍不能以$\sqrt{n}(\overline{X}-\theta)/\sigma$作为枢轴变量.因为 n 相当大,样本均方差 S 是σ的一个相合估计,故可近似地用 S 代σ,得

$$\sqrt{n}(\overline{X}-\theta)/S\sim N(0,1).$$

由此就不难得出θ的区间估计

$$[\overline{X}-Su_{\alpha/2}/\sqrt{n},\ \overline{X}+Su_{\alpha/2}/\sqrt{n}].$$

它的置信系数,当 n 相当大时,近似地为$1-\alpha$.近似的程度如何,不仅取决于 n 的大小,还要看总体的分布如何.

例 4.8 考虑在例 4.2 中提出的贝伦斯—费歇尔问题:$X_1,\cdots,X_n$ 是从正态总体$N(\mu_1,\sigma_1^2)$中抽出的样本,$Y_1,\cdots,Y_m$ 是从正态总体$N(\mu_2,\sigma_2^2)$中抽出的样本,要求$\mu_1-\mu_2$的区间估计.

在本例中,有

$$[(\overline{X}-\overline{Y})-(\mu_1-\mu_2)]/\sqrt{\sigma_1^2/n+\sigma_2^2/m}\sim N(0,1). \tag{4.15}$$

这里没有近似:分布是严格成立的.但是,由于σ_1,σ_2 未知,(4.15)式并不构成枢轴变量.如果 n,m 都相当大,则σ_1^2和σ_2^2分别可用 X 样本的样本方差S_1^2 和 Y 样本的样本方差S_2^2 近似地代替,得

$$[(\overline{X}-\overline{Y}-(\mu_1-\mu_2)]/\sqrt{S_1^2/n+S_2^2/m}\sim N(0,1). \tag{4.16}$$

与(4.15)式不同,(4.16)式只是近似,而非严格.(4.16)式可作为枢轴变量,从而得出$\mu_1-\mu_2$的区间估计.当然,其置信系数只是近似的.

例 4.5～例 4.8 所导出的区间估计,叫做“大样本区间估计”.一般地,如果一个统计方法是基于有关变量当样本大小 n 很大时的极限分布,则称这一统计方法为“大样本方法”.反之,若依据的是有关变量的确切分布,则称为“小样本方法”.如例 4.1～例 4.4 导出的区间估计就是小样本区间估计,这不在于 n 多大多小.在例 4.1～例 4.4 中,即使样本大小 $n=10^{10}$,仍是小样本方法.对例 4.5

而言，因使用的是极限分布，即使 $n=40$，仍算是大样本方法. 不言而喻，大样本方法只有在样本大小较大时才宜于使用.

4.4.4 置信界

在实际问题中，有时我们只对参数 θ 的一端的界限感兴趣. 例如，θ 是在一种物质中某种杂质的百分率，则我们可能只关心其上界，即要求找到这样一个统计量 $\bar{\theta}$，使 $\{\theta\leqslant\bar{\theta}\}$ 的概率很大. $\bar{\theta}$ 就称为 θ 的置信上界(或上限). 又如，θ 是某种材料的强度，则我们可能只关心其下界，即要求找到这样一个统计量 $\underline{\theta}$，使 $\{\theta\geqslant\underline{\theta}\}$ 的概率很大. $\underline{\theta}$ 就称为 θ 的置信下界(或下限). 下面给出正式的定义，为行文简单，就以一个参数 θ 的情况为例.

定义 4.2 设 $X_1,\cdots,X_n$ 是从某一总体中抽出的样本，总体分布包含未知参数 θ，$\bar{\theta}=\bar{\theta}(X_1,\cdots,X_n)$ 和 $\underline{\theta}=\underline{\theta}(X_1,\cdots,X_n)$ 都是统计量(它们与 θ 无关)，则

1° 若对 θ 的一切可取的值，有

$$P_\theta(\bar{\theta}(X_1,\cdots,X_n)\geqslant\theta)=1-\alpha, \tag{4.17}$$

则称 $\bar{\theta}$ 为 θ 的一个置信系数为 $1-\alpha$ 的置信上界.

2° 若对 θ 的一切可取的值，有

$$P_\theta(\underline{\theta}(X_1,\cdots,X_n)\leqslant\theta)=1-\alpha, \tag{4.18}$$

则称 $\underline{\theta}$ 为 θ 的一个置信系数为 $1-\alpha$ 的置信下界.

把(4.17)式和(4.18)式与区间估计的置信系数的定义去比较，看出：置信上、下界无非是一种特殊的置信区间，其一端为 ∞ 或 $-\infty$. 因此，前面用于求区间估计的方法都很容易平行地移至此处. 例如，找 $N(\mu,\sigma^2)$ 的均值 μ 的置信下界，假定 σ^2 已知，以 $\sqrt{n}(\bar{X}-\mu)/\sigma$ 为枢轴变量，其分布为 $N(0,1)$，有

$$P(\sqrt{n}(\bar{X}-\mu)/\sigma\leqslant u_\alpha)=1-\alpha,$$

此式可改写为

$$P(\mu\geqslant\bar{X}-u_\alpha\sigma/\sqrt{n})=1-\alpha. \tag{4.19}$$

把(4.19)式与(4.18)式比较，即知 $\bar{X}-u_\alpha\sigma/\sqrt{n}$ 为 μ 的一个置信下界，置信系数为 $1-\alpha$. 将这个方法用于以前讨论过的诸例，得出一些置信上、下界的结果. 例如(记号均见有关各例)：

(1) 例 4.1 中，μ 的置信上、下界分别为(正号为上界)

$$\overline{X} \pm St_{n-1}(\alpha)/\sqrt{n}.$$

(2) 例 4.2 中,$\mu_1 - \mu_2$ 的置信上、下界分别为(正号为上界)

$$(\overline{X} - \overline{Y}) \pm St_{n+m-2}(\alpha)\sqrt{\frac{m+n}{mn}}.$$

(3) 例 4.3 中,σ^2的置信上界为$(n-1)S^2/\chi_{n-1}{}^2(1-\alpha)$,置信下界为$(n-1)S^2/\chi_{n-1}{}^2(\alpha)$.

以上置信系数都是 $1-\alpha$,其余各例都与此类似.我们注意到一点:置信区间中的 $\alpha/2$ 在这里都被 α 取代.这是由于区间估计是双侧的,共为 α 的概率由两边均分,各占 $\alpha/2$;而置信界则是单侧的.

4.4.5 贝叶斯法

用贝叶斯法处理统计问题的基本思想,已在 4.2 节 4.2.4 段中阐述过了.用它来处理区间估计问题,在概念上和做法上都很简单.沿用 4.2 节 4.2.4 段中的记号,在有了先验分布密度 $h(\theta)$ 和样本 $X_1,\cdots,X_n$ 后,算出后验密度 $h(\theta|X_1,\cdots,X_n)$.再找两个数$\hat{\theta}_1,\hat{\theta}_2$ 都与 $X_1,\cdots,X_n$ 有关,使

$$\int_{\hat{\theta}_1}^{\hat{\theta}_2} h(\theta \mid X_1,\cdots,X_n)\mathrm{d}\theta = 1-\alpha. \tag{4.20}$$

区间$[\hat{\theta}_1,\hat{\theta}_2]$的意思是:在所得后验分布之下,$\theta$ 落在这个区间内的概率为 $1-\alpha$.因此,$[\hat{\theta}_1,\hat{\theta}_2]$可作为 θ 的一个区间估计,其后验信度为$1-\alpha$."后验"是指"有了样本以后"的意思.因此,所谓"后验信度为 $1-\alpha$",可以解释为:在已有了样本以后,我对区间$[\hat{\theta}_1,\hat{\theta}_2]$能包含未知参数 θ 的相信程度为 $1-\alpha$.这与奈曼理论中的置信系数的含义相似,但理论观念上有别.因为这里整个架构根本不同.

如果要找贝叶斯上、下界,则只需把(4.20)式分别改为

$$\int_{-\infty}^{\hat{\theta}} h(\theta \mid X_1,\cdots,X_n)\mathrm{d}\theta = 1-\alpha \quad (\text{上界}) \tag{4.21}$$

和

$$\int_{\hat{\theta}}^{\infty} h(\theta \mid X_1,\cdots,X_n)\mathrm{d}\theta = 1-\alpha \quad (\text{下界}). \tag{4.22}$$

对(4.20)式而言,还有一个问题:满足条件(4.20)式的 $\hat{\theta}_1,\hat{\theta}_2$ 很多,如何决

定一对？一般是以使$\hat{\theta}_1-\hat{\theta}_2$最小为原则*（也可以是使$\hat{\theta}_2/\hat{\theta}_1$最小，这要看参数的性质与实际问题中的要求如何而定）.下面将通过例子解释这一点.

例 4.9　考虑例 2.14.在该例中所规定的先验分布之下，找θ的区间估计.

在该例中已找出θ的后验分布为$N(t,\eta^2)$，t,η^2分别由(2.17)式和(2.18)式决定，这个密度函数在t点处达到最大值，然后在两边对称地下降.由此易见，如要找$\hat{\theta}_1$和$\hat{\theta}_2$满足(4.20)式，它只有在$\hat{\theta}_1,\hat{\theta}_2=t\pm c$时才能使$\hat{\theta}_2-\hat{\theta}_1$最小.由正态分布即知，$c$必须取为$\eta u_{\alpha/2}$.于是，得出贝叶斯区间估计

$$[t-\eta u_{\alpha/2},\ t+\eta u_{\alpha/2}],$$

其后验信度为$1-\alpha$.

例 4.10　考虑例 2.13.在此已求出当取$R(0,1)$为先验分布时，p的后验密度为

$$h(p\mid X_1,\cdots,X_n)=p^X(1-p)^{n-X}/\mathrm{B}(X+1,n-X+1)\quad(0\leqslant p\leqslant 1).\tag{4.23}$$

要找$\hat{p}_1,\hat{p}_2$，使

$$\int_{\hat{p}_1}^{\hat{p}_2}p^X(1-p)^{n-X}\mathrm{d}p/\mathrm{B}(X+1,n-X+1)=1-\alpha,$$

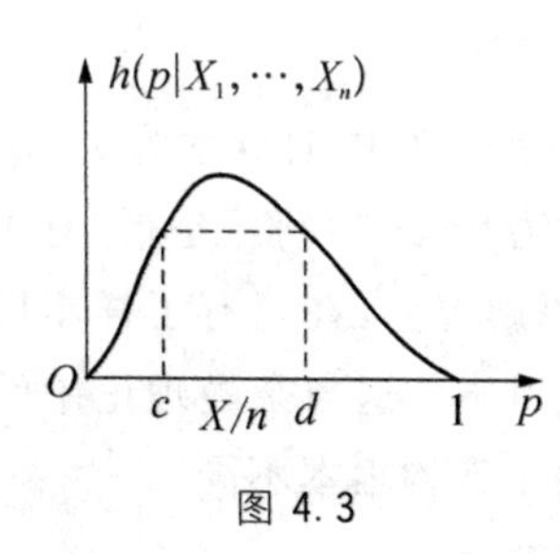

图 4.3

并使$\hat{p}_2-\hat{p}_1$最小，问题就麻烦一些.(4.23)式的图形大致如图 4.3 所示.它在点$p=X/n$处达到最大，然后往两边下降.故只有图中c,d那种对子，才能使$d-c$最小.方法是：先在X/n左边取定一个值c.由方程

$$c^X(1-c)^{n-X}=p^X(1-p)^{n-X},$$

以p为未知量，解出$p=d$.从图 4.3 看出，d必大于X/n.计算积分

$$\int_c^d p^X(1-c)^{n-X}\mathrm{d}p/\mathrm{B}(X+1,n-X+1)=A.$$

---

* 另一种可取的方法是找$\hat{\theta}_1,\hat{\theta}_2$，使

$$\int_{-\infty}^{\hat{\theta}_1}h(\theta\mid X_1,\cdots,X_n)\mathrm{d}\theta=\alpha/2,\qquad\int_{\hat{\theta}_2}^{\infty}h(\theta\mid X_1,\cdots,X_n)\mathrm{d}\theta=\alpha/2.$$

若 $A>1-\alpha$,表示 c 取得太小;若 $A<1-\alpha$,则表示 c 取得太大.经过几次调整后,即可找到足够接近的近似值.

与奈曼的理论相比,我们看出,这里求区间估计的过程容易多了.固然,在寻找适合(4.20)式的 $\hat{\theta}_1$ 和 $\hat{\theta}_2$ 时,往往计算很繁,但并无原则困难,用计算机也很容易实现.但用奈曼的方法,则涉及麻烦的分布问题.如例 4.1~例 4.4 这几个例子,就基于有关的统计量服从 t 分布、卡方分布和 F 分布等.这不是常有的情况,而只是少见的几个特例(幸好这几个特例在实际中用得很多).往往由于分布问题无法解决,而只好求助于大样本理论.实用上往往样本不很大,使我们对由此而产生的误差(即实际的置信系数与名义的置信系数的距离)不甚了然.贝叶斯方法则不存在这些问题.当然,贝叶斯方法有其自身的问题,即先验分布如何定,这一点我们在前面已提过了.

习　题

1. 设 $X_1,\cdots,X_n$ 是抽自负二项分布的样本,求 p 的矩估计与极大似然估计.

2. (a) 设 $a_1,\cdots,a_n$ 是 n 个实数,定义函数 $h(a)=\sum_{i=1}^{n}|a_i-a|$.证明:当 a 为 $a_1,\cdots,a_n$ 的样本中位数(见(4.29)式)时,$h(a)$ 达到最小值;

(b) 设 $X_1,\cdots,X_n$ 为自具有概率密度函数 $\frac{1}{2}e^{-|x-\theta|}$ 的总体中抽出的样本(这个分布叫拉普拉斯分布),求参数 θ 的矩估计与极大似然估计.

3. 设 $X_1,\cdots,X_n$ 为抽自均匀分布 $R(\theta,2\theta)$ 的样本,求 θ 的矩估计与极大似然估计.

4. (a) 证明:

$$f(x;a,\sigma)=(\sqrt{2\pi}\sigma^3)^{-1}(x-a)^2\exp\left(-\frac{1}{2\sigma^2}(x-a)^2\right)\quad(-\infty<x<\infty)$$

作为 x 的函数是概率密度,其中 a,σ 为参数($-\infty<a<\infty$, $\sigma>0$);

(b) 设 $X_1,\cdots,X_n$ 为抽自此总体的样本,求 a 和 σ^2 的矩估计;

(c) 列出 a,σ^2 的极大似然估计所满足的方程,并指出一种迭代求解的方法.

5. 设 X 为抽自泊松分布 $P(\lambda)$ 的样本(样本大小为 1),参数 λ 有先验密度

$h(\lambda)=e^{-\lambda}$ ($\lambda>0$；当 $\lambda\leqslant 0$ 时 $h(\lambda)=0$)．试求 λ 的贝叶斯估计．

6. 设 $X_1,\cdots,X_n$ 为抽自指数分布的样本，分布中的参数 λ 有先验密度 $h(\lambda)=\lambda e^{-\lambda}$ ($\lambda>0$；当 $\lambda\leqslant 0$ 时 $h(\lambda)=0$)．求 λ 的贝叶斯估计．

7. (a) 设 N,n,m 都是自然数，$n\leqslant N$．证明组合公式$\left(\text{注意：当 } a<b \text{ 时 } \binom{a}{b}=0\right)$：

$$\sum_{m=0}^{N}\binom{m}{x}\binom{N-m}{n-x}=\binom{N+1}{n+1}\quad(x=0,1,\cdots,n);$$

(b) 设 X 为抽自超几何分布

$$P_M(X=x)=\binom{m}{x}\binom{N-M}{n-x}\Big/\binom{N}{n}$$

的样本，M 为未知参数，其先验分布为

$$P(M=k)=1/(N+1)\quad(k=0,1,\cdots,N).$$

试利用(a)的结果证明：M 的贝叶斯估计为

$$\hat{M}(x)=(N+2)(X+1)/(n+2)-1.$$

8. 设 X 为抽自二项分布 $B(n,p)$ 的样本，n 已知，p 为未知参数．证明：对任何常数 c,d，可找到 p 的先验分布(可以为广义的)，使 p 的贝叶斯估计为 $(X+c)/(n+d)$．

9. 设 X 为抽自二项分布 $B(n,p)$ 的样本，n 已知，而 p 为未知参数．

(a) 作 p^2 的一个无偏估计；

(b) 证明：若 $g(p)$ 有无偏估计存在，则 $g(p)$ 必是 p 的不超过 n 阶的多项式；

(c) 反过来，对 p 的任一不超过 n 阶的多项式 $g(p)$，它的无偏估计必存在．

10. 设 $X_1,\cdots,X_n$ 为抽自 $R(0,\theta)$ 的样本．

(a) 证明：$\hat{\theta}_1=\max(X_1,\cdots,X_n)+\min(X_1,\cdots,X_n)$ 是 θ 的一个无偏估计；

(b) 证明：对适当选择的常数 c_n，$\hat{\theta}_2=c_n\min(X_1,\cdots,X_n)$ 是 θ 的无偏估计．但这个估计的方差比另外两个无偏估计 $\hat{\theta}_3=\overline{X}$ 和 $\hat{\theta}_4=\dfrac{n+1}{n}\max(X_1,\cdots,X_n)$ 都大(除非 $n=1$)．

11. 设 X 为抽自泊松分布 $P(\lambda)$ 的样本.

(a) 证明：$g(\lambda)=\mathrm{e}^{-2\lambda}$ 的唯一的无偏估计 $\hat{\theta}(X)$ 为：

$$\hat{\theta}_1(X)=\begin{cases}1, & \text{当 } X \text{ 为偶数时} \\ -1, & \text{当 } X \text{ 为奇数时}\end{cases};$$

(b) 你认为(a)中的估计是否合理？如不合理，试提出一个合理的估计.

12. 设 $X_1,\cdots,X_n$ 为抽自正态总体 $N(a,\sigma^2)$ 的样本，则已知 $\hat{\theta}_1=\frac{1}{n-1}\sum_{i=1}^{n}(X_i-\overline{X})^2$ 为 σ^2 的一个无偏估计. 证明：$\hat{\theta}_2=\frac{n-1}{n+1}\hat{\theta}_1$ 虽非 σ^2 的无偏估计，但 $\hat{\theta}_2$ 的均方误差较小，即：$E(\hat{\theta}_2-\sigma^2)^2<E(\hat{\theta}_1-\sigma^2)^2$.

本题及习题 11 都说明：无偏估计不一定是最好的选择.

13. 设在习题 12 中 a 已知.

(a) 则 $\hat{\theta}_3=\frac{1}{n}\sum_{i=1}^{n}(X_i-a)^2$ 也是 σ^2 的无偏估计，且其方差小于上题中的估计 $\hat{\theta}_1$ 的方差；

(b) 进一步证明：$\hat{\theta}_3$ 是 σ^2 的 MVU 估计.

14. 设 $X_1,\cdots,X_n$ 是从具有概率密度函数

$$f(x,\theta)=\begin{cases}2\sqrt{\theta/\pi}\exp(-\theta x^2), & \text{当 } x>0 \text{ 时} \\ 0, & \text{当 } x\leqslant 0 \text{ 时}\end{cases}$$

的总体中抽出的样本. 证明：对适当选择的常数 c，$\hat{\theta}=c\sum_{i=1}^{n}X_i{}^2/n$ 是 $1/\theta$ 的 MVU 估计.

15. (a) 若 $\hat{\theta}_1,\hat{\theta}_2$ 都是 θ 的 MVU 估计，则 $(\hat{\theta}_1+\hat{\theta}_2)/2$ 也是；

(b) 若 $\hat{\theta}$ 是 θ 的 MVU 估计，而 $a\neq 0$ 和 b 都是已知常数，则 $a\hat{\theta}+b$ 是 $a\theta+b$ 的 MVU 估计.

16. 设 $X_1,\cdots,X_n$ 为从某一个具有均值 θ 而方差有限的总体中抽出的样本. 证明：对任何常数 $c_1,\cdots,c_n$，只要 $\sum_{i=1}^{n}c_n=1$，则 $\sum_{i=1}^{n}c_iX_i$ 必是 θ 的无偏估计. 但是，只有在 $c_1=c_2=\cdots=c_n=1/n$ 时，方差达到最小（指在上述形式的估计类中达到最小. 实际可以证明：$\overline{X}$ 在 θ 的一切无偏估计类中方差也达到最小）.

17. 设 $X_1,\cdots,X_n$ 为抽自均匀分布 $R(0,\theta)$ 中的样本. 证明：对任给的 $1-\alpha$ $(0<1-\alpha<1)$，可找到常数 c_n，使 $[\max(X_1,\cdots,X_n),\ c_n\max(X_1,\cdots,X_n)]$ 为 θ

的一个置信系数为 $1-\alpha$ 的区间估计.

18. 设 $X_1,\cdots,X_n$ 和 $Y_1,\cdots,Y_m$ 分别是抽自正态总体 $N(\theta,\sigma_1^2)$ 和 $N(\theta,\sigma_2^2)$ 的样本，σ_1^2 和 σ_2^2 都已知.

(a) 找常数 c,d，使 $\hat{\theta}=c\overline{X}+d\overline{Y}$ 为 θ 的无偏估计，并使其方差最小(在所有形如 $a\overline{X}+b\overline{Y}$ 的无偏估计类中最小)；

(b) 基于 $\hat{\theta}$，作出 θ 的置信系数为 $1-\alpha$ 的置信区间.

19. 设 $X_1,\cdots,X_n$ 是抽自具有参数 λ_1 的指数分布的样本，$Y_1,\cdots,Y_m$ 是抽自具有参数为 λ_2 的指数分布的样本，试求 λ_2/λ_1 的区间估计.

20. 设 X_1,X_2 为抽自具有密度函数

$$f(x,\theta)=\begin{cases}e^{\theta-x}, & \text{当 } x\geqslant\theta \text{ 时}\\0, & \text{当 } x<\theta \text{ 时}\end{cases}$$

的总体的样本. 参数 θ 的先验密度为

$$h(\theta)=\begin{cases}e^{-\theta}, & \text{当 } \theta>0 \text{ 时}\\0, & \text{当 } \theta\leqslant 0 \text{ 时}\end{cases},$$

求 θ 的贝叶斯区间估计.

21. 证明(3.2)式.

22. 设 $X_1,\cdots,X_n$ 为抽自均匀分布总体 $R(\theta_1,\theta_2)$ 的样本. 证明：存在只依赖于 n 的常数 c_n，使 $\overline{X}-c_nS$ 和 $\overline{X}+c_nS$ 分别是 θ_1 和 θ_2 的无偏估计.

23. 设 $X_1,\cdots,X_n$ 为抽自正态总体 $N(\theta,\sigma^2)$ 的样本，θ 和 σ^2 都未知. 证明：$\overline{X}$ 仍为 θ 的 MVU 估计.

第 5 章

假 设 检 验

5.1 问题提法和基本概念

5.1.1 例子与问题提法

假设检验的概念在第4章4.1节中就曾提到了.这里,我们先通过对几个常用例子的分析,总结出假设检验问题提法的形式.然后在这个基础上,引进关于假设检验的一些基本概念.

例1.1 在第4章4.1节中,我们曾提到一个在元件寿命服从指数分布的假定下,通过对抽出的若干个元件进行测试所得的数据(样本)去判定“元件平均寿命不小于5 000小时”是否成立的问题.

我们把与这个问题有关的事项,用统计学的语言清楚列出如下:

(1) 我们有一个总体,即所考察的那一大批元件的寿命.我们对总体分布做了一个假定,即它服从指数分布(第2章(1.20)式),该分布包含了一个未知参数λ.

(2) 我们有从该总体中抽出的样本$X_1,\cdots,X_n$(即抽出的那n个元件测试出的寿命).

(3) 我们有一个命题,其正确与否完全取决于未知参数λ的值,即“$1/\lambda\geqslant 5\,000$”.它把参数$\lambda$的所有可能取的值$0<\lambda<\infty$分成两部分:一部分是$H_0=\{\lambda|\lambda\leqslant 1/5\,000\}$,一部分是$H_1=\{\lambda|\lambda>1/5\,000\}$.$H_0$内的$\lambda$值使上述命题成立,而$H_1$内的$\lambda$值则使上述命题不成立.故我们的命题可记为“$\lambda$属于$H_0$”,或用符号写为“$\lambda\in H_0$”,以至简记为“$H_0$”.

(4) 我们的任务是利用所获得的样本$X_1,\cdots,X_n$去判断命题“$\lambda\in H_0$”是否成立.之所以能这么做,当然是因为样本中包含了总体分布的信息,也就包含了“$\lambda\in H_0$”是否成立的信息.

在数理统计学上,把类似于上述“$\lambda\in H_0$”这种命题称为一个“假设”或“统计假设”.“假设”这个词在此就是一个其正确与否有待通过样本去判断的陈述.不要把它和通常意义相混.例如,在数学上常说“假设某函数处处连续”之类的话,那是一个所讨论的问题中已被承认的前提或条件,与此处所讲的完全不同.

在数理统计学中,通用"检验"一词来代替上文的"判断"."检验"一词有动词和名词两种含义.动词含义是指判断全过程的操作,而名词的含义则是指判断准则.例如,就本例而言,一个看来合理的判断准则是:"当$\overline{X} \geqslant C$时认为假设$\lambda \in H_0$正确,不然就认为它不正确."(C是一个适当的常数,以后再谈.)这就是一个检验(名词)."认为假设正确"在统计上称为接受该假设;"认为假设不正确"在统计上称为否定或拒绝该假设.到此为止,统计问题可以说已经完成了.至于接受或否定假设以后如何办(如在本例中,若认为$\lambda \leqslant 1/5\ 000$不成立,该如何处理),这不是我们要考虑的事.

以下几例的解释都与上述过程完全平行.

例 1.2 有人给我一根金条,他说其重量为 312.5 克.我现在拿到一架精密天平上重复称n次,得出结果为$X_1, \cdots, X_n$.我假定此天平上称出的结果服从正态分布$N(\mu, \sigma^2)$(这是一个假定,它已被承认,不是检验对象).这时,我要检验的假设为:"$\mu = 312.5$".在本例中,σ可以已知或未知.如果σ未知,则总体分布含多个参数,但假设可以只涉及其中一个.问题也可以是检验方差(当然,在方差σ^2未知时).比如,人家告诉我这架天平的误差方差为$10^{-4}(\mathrm{g}^2)$,我怀疑它是否如此,这时我可以拿一个物件在该天平上称n次,得$X_1, \cdots, X_n$,利用这些数据去检验假设"$\sigma^2 = 10^{-4}$".仍假定总体为正态分布$N(\mu, \sigma^2)$,μ就是那个物件的重量,它可以已知(例如拿一个其重量已经测定的物体去称),也可以未知.

例 1.3 某工厂一种产品的一项质量指标假定服从正态分布$N(\mu_1, \sigma^2)$.现在对其制造工艺做了若干变化,人们说结果质量起了变化或有了改进.我想通过样本来检验一下.

假定修改工艺后,质量指标仍服从正态分布,且只均值可能有变,而方差不变,即分布为$N(\mu_2, \sigma^2)$.我把要检验的假设定为

$$H_0: \{\mu_1 = \mu_2\},$$

或(设均值大时质量为优)

$$H_0': \{\mu_1 \geqslant \mu_2\}.$$

这要仔细解释一下.

选H_0,是针对"质量起了变化"的说法.由于你不能凭空说μ_2不等于μ_1,我就先作假设H_0.如果经过检验H_0被否定了,则我承认质量起了变化,不然就只好仍维持H_0.自然,你可能辩驳说,为何不取$\{\mu_1 \neq \mu_2\}$作为假设去检验?这不也

一样:你接受了它,即为质量确有变化;若否定了它,则认为无变化.从表面上看,这个提法无可非议,因为两种提法从实质上看只是表述方式不同.但有其不可这样做的理由,这一点在以后将予以解释,现在还说不清楚.

选 H_0',是针对"质量有了改进"的说法,与上文类似.

本例中 σ^2 可以是已知或未知,在应用上以未知的情况居多.又"工艺变化前后质量方差一样"是一个多少有点人为的假定(一般地,质量的改进也常反映在其波动变小上,即方差会小些).如假定前后方差不一样,则得到贝伦斯—费歇尔检验问题,这是数理统计学上的一个著名的问题,其区间估计形式已在前章讲过了.

如果不认为质量的平均值有多大问题,而问题在其方差上,则假定在工艺改变前后质量指标的分布分别为 $N(\mu_1,\sigma_1^2)$ 和 $N(\mu_2,\sigma_2^2)$.这时,要检验的假设可以是"$\sigma_1^2=\sigma_2^2$"或"$\sigma_1^2\leqslant\sigma_2^2$".

例 1.4 甲、乙两位棋手下棋,共下 n 局,甲 m 胜 $n-m$ 负(设无和局).根据这一结果,对两位棋手的技艺是否有差别下一个判断.

若以 p 记每局中甲胜的概率,则乙胜的概率为 $1-p$.假定每局的结果独立(这很接近事实,除非其中一位或两位的心理素质差,以致已赛各局的结果显著地影响着他的情绪),则若以 X 记在 n 局中甲胜的局数,将有 $X\sim B(n,p)$.我们的问题可提为:检验假设"$p=1/2$".

例 1.5 有一颗供赌博或其他用途的骰子,怀疑它是否均匀,要用投掷若干次的结果去检验它.若以掷出点数的概率分布来表示,所要检验的内容可表为假设

$$H_0: p_1 = p_2 = \cdots = p_6 = 1/6. \tag{1.1}$$

这里,p_i 是骰子掷出 i 点的概率.这意味着把骰子的均匀性解释为:它掷出任何一点的机会都相同.

从以上诸例我们明确了假设检验问题的提法.现在介绍假设检验中几个常用的名词.

(1) 原假设和对立假设

在假设检验中,常把一个被检验的假设叫做原假设,而其对立面就叫做对立假设.如在例 1.1 中,原假设为 $H_0: \lambda\leqslant 1/5\,000$,故对立假设为 $H_1: \lambda>1/5\,000$.在例 1.5 中,原假设 H_0 为(1.1)式,而对立假设为 H_1:"$p_1,\cdots,p_6$ 不完全相同."

原假设中的"原"字,字面上可解释为"原本有的".如在例 1.2 中,你可以说

$\mu=312.5$原本就不存在问题，只因有人怀疑，才提出了也存在 $\mu\neq312.5$ 的可能. $\mu=312.5$ 是“原有”的，而 $\mu\neq312.5$ 是“后来的”. 这样的解释也并非处处适合(见下文). 的确，对这个“原”字不必硬加一种解释.

原假设又常称为“零假设”或“解消假设”*. 这个名词的含义拿例 1.3 中的假设 $H_0: \mu_1=\mu_2$ 去看最贴切. 因为 $\mu_1-\mu_2$ 反映工艺变化后所产生的效应，这个假设 H_0 把这个效应化为零了，或把这个效应“解消”了. 不难理解，在有些情况下这个名词也并非很贴切，故也有不少人不高兴用这个名称.

对立假设就是与原假设对立的意思. 这个词既可以指全体，也可以指一个或一些特殊情况. 例如对例 1.1，我们说对立假设是 $\lambda>1/5\,000$，这是指全体. 但也可以说 $\lambda=1.5$ 是一个对立假设，这无非是指 1.5 这个值是对立假设的一个成员. 对立假设也常称为“备择假设”，其含义是：在抛弃原假设后可供选择的假设.

(2) 检验统计量、接受域、否定域、临界域和临界值

在检验一个假设时所使用的统计量称为检验统计量. 拿例 1.1 来说，我们前面已提到了一个在直观上合理的检验：当 $\bar{X}\geqslant C$ 时接受原假设，不然就否定. 这里用的检验统计量是 $\bar{X}$.

使原假设得到接受的那些样本($X_1,\cdots,X_n$)所在的区域 A，称为该检验的接受域；而使原假设被否定的那些样本所成的区域 R，则称为该检验的否定域. 否定域有时也称为拒绝域、临界域. 如在例 1.1 中，刚才所提到的检验的接受域为

$$A=\{(X_1,\cdots,X_n)\mid X_1+\cdots+X_n\geqslant nC\},$$

否定域为

$$R=\{(X_1,\cdots,X_n)\mid X_1+\cdots+X_n< nC\}.$$

A 与 R 互补，知其一即知其二. 定一个检验，等价于指定其接受域或否定域.

在上述检验中，C 这个值处于一个特殊的地位：$\bar{X}$的值一越过 C 这个界线，结论就由接受变为否定. 这个值 C 称为检验统计量$\bar{X}$的临界值. 当心中明确了用什么统计量时，也可以说“检验的临界值”. 例如，若心中已明确用统计量 $X_1+\cdots+X_n$，则临界值为 nC. 也可以有不止一个临界值. 如在例 1.1 中，若要检验的原假设改为“$\lambda=1/5\,000$”，则一个合理的检验法是：当 $C_1\leqslant\bar{X}\leqslant C_2$ 时，接

---

* 零假设或解消假设都从英语 Null Hypothesis 一词而来.

受；不然就否定. C_1,C_2 是两个适当选定的常数，它们都是临界值.

(3) 简单假设和复合假设

不论是原假设还是对立假设，若其中只含一个参数值，则称为简单假设；否则就称复合假设.

如在例1.1中，原假设 $\lambda\leqslant 1/5\,000$ 包含所有大于0而不超过 $1/5\,000$ 的 λ 值，它是复合的；对立假设 $\lambda>1/5\,000$ 也为复合的. 再看例1.2. 若 σ^2 已知，则原假设只含参数 μ 的一个值312.5，故是一个简单假设；若 σ^2 未知，则原假设包含了所有形如

$$(312.5,\sigma^2)$$

(σ^2 任意)的参数值，故是复合的. 这里的要点是：在决定一个假设是简单还是复合时，要考虑到总体分布中的一切参数，而不只是直接出现在假设中的那部分参数. 如在本例中，σ^2 虽然不出现在假设中，但因为它是总体分布的未知参数，故仍要考虑进来. 这种参数(如此处的 σ^2)在数理统计学上称赘余参数*. 在区间估计中这个名词也常提到，例如在正态总体 $N(\mu,\sigma^2)$ 中，μ,σ^2 都未知，要做 μ 的区间估计，这时 σ^2 就是赘余参数.

5.1.2 功效函数

功效函数是假设检验中最重要的概念之一. 在以下将看到：同一个原假设可以有许多检验法，其中自然有优劣之分. 这种区分的依据，就取决于检验的功效函数.

例1.6 再考虑例1.1，并设我们取定了如下的检验：

$$\Phi:\ \text{当}\ \overline{X}\geqslant C\ \text{时接受，不然就否定.} \tag{1.2}$$

如果我们使用这个检验，则原假设 $H_0:\lambda\leqslant 1/5\,000$ 被接受或否定都是随机事件，因为其发生与否，要看样本 $X_1,\cdots,X_n$ 如何，而样本是随机的. 在此，原假设被否定的概率为

$$\beta_\Phi(\lambda)=P_\lambda(\overline{X}<C).$$

P_λ 的意义以前解释过，它是指事件$\{\overline{X}<C\}$的概率是在总体分布的参数值为 λ

---

* 英语为Nuisance Parameter. 也有译为"多余参数"或"讨厌参数"的，含有使问题复杂化的意味.

时去计算的.因为(见第 2 章例 4.9)$2\lambda(X_1+\cdots+X_n)\sim\chi_{2n}{}^2$,故如以 K_{2n} 记 $\chi_{2n}{}^2$ 的分布函数,则有

$$\begin{aligned}\beta_\Phi(\lambda) &= P_\lambda(X_1+\cdots+X_n<nC)\\ &= P_\lambda(2\lambda(X_1+\cdots+X_n)<2\lambda nC)\\ &= K_{2n}(2\lambda nC).\end{aligned}\qquad(1.3)$$

其值与 λ 有关,且随 λ 上升而增加.因为 λ 愈大,离开原假设 $\lambda\leqslant 1/5\,000$就愈远,一个合理的检验法就应当用更大的概率去否定它.

函数(1.3)就称为检验(1.2)的功效函数.由此,提出下面一般定义:

定义 1.1 设总体分布包含若干个未知参数 $\theta_1,\cdots,\theta_k$. H_0 是关于这些参数的一个原假设,设有了样本 $X_1,\cdots,X_n$,而 Φ 是基于这些样本而对 H_0 所做的一个检验.则称检验 Φ 的功效函数为

$$\beta_\Phi(\theta_1,\cdots,\theta_k)=P_{\theta_1,\cdots,\theta_k}(\text{在检验 }\Phi\text{ 之下},H_0\text{ 被否定}),\qquad(1.4)$$

它是未知参数 $\theta_1,\cdots,\theta_k$ 的函数.

容易明白:当某一特定参数值 $(\theta_1^0,\cdots,\theta_k^0)$ 使 H_0 成立时,我们希望 $\beta_\Phi(\theta_1^0,\cdots,\theta_k^0)$ 尽量小(当 H_0 成立时,我们不希望否定它).反之,若 $(\theta_1^0,\cdots,\theta_k^0)$ 属于对立假设,则我们希望 $\beta_\Phi(\theta_1^0,\cdots,\theta_k^0)$ 尽量大(当 H_0 不成立时,我们希望否定它).(同一个原假设的)两个检验 Φ_1,Φ_2 哪一个更好地符合了这个要求,哪一个就更好.

由于当 $(\theta_1,\cdots,\theta_k)$ 属于对立假设时我们希望功效函数值 $\beta_\Phi(\theta_1,\cdots,\theta_k)$ 尽可能大,故在 $(\theta_1,\cdots,\theta_k)$ 属于对立假设时,称 $\beta_\Phi(\theta_1,\cdots,\theta_k)$ 为检验 Φ 在 $(\theta_1,\cdots,\theta_k)$ 处的“功效”.这个称呼只用于对立假设处.因为当 $(\theta_1,\cdots,\theta_k)$ 属于原假设时,$\beta_\Phi(\theta_1,\cdots,\theta_k)$ 以小为好,这时称它为“功效”就不合情理了.

5.1.3 两类错误,检验的水平

在检验一个假设 H_0 时,有可能犯以下两类(或两种)错误之一:① H_0 正确,但被否定了;② H_0 不正确,但被接受了.可能犯哪一类错误,要视总体分布中有关的参数值而定.如在例 1.1 中,若参数 λ 的值为 0.000 1,则我们只可能犯第一种错误;而当 $\lambda=0.001$ 时,则只可能犯第二种错误.

若以 $\theta_1,\cdots,\theta_k$ 记总体分布的参数,$\beta_\Phi(\theta_1,\cdots,\theta_k)$记检验 Φ 的功效函数,则犯第一、二类错误的概率 $\alpha_{1\Phi}(\theta_1,\cdots,\theta_k)$ 和 $\alpha_{2\Phi}(\theta_1,\cdots,\theta_k)$ 分别为

$$\alpha_{1\Phi}(\theta_1,\cdots,\theta_k)=\begin{cases}\beta_\Phi(\theta_1,\cdots,\theta_k), & \text{当}(\theta_1,\cdots,\theta_k)\in H_0\text{ 时}\\ 0, & \text{当}(\theta_1,\cdots,\theta_k)\in H_1\text{ 时}\end{cases}, \tag{1.5}$$

$$\alpha_{2\Phi}(\theta_1,\cdots,\theta_k)=\begin{cases}0, & \text{当}(\theta_1,\cdots,\theta_k)\in H_0\text{ 时}\\ 1-\beta_\Phi(\theta_1,\cdots,\theta_k), & \text{当}(\theta_1,\cdots,\theta_k)\in H_1\text{ 时}\end{cases}. \tag{1.6}$$

这里，H_1 是对立假设.

在检验一个假设 H_0（对立假设 H_1）时，我们希望犯两种错误的概率都尽量小.看表达式(1.5)式和(1.6)式，即得出我们在上一段中已提到过的结论，即在选择一个检验 Φ 时，要使其功效函数 β_Φ 在 H_0 上尽量小而在 H_1 上尽量大.但这两方面的要求是矛盾的.正好像在区间估计中，你要想增大可靠性即置信系数，就会使区间长度变大而降低精度，反之亦然.在区间估计理论中，是用“保一望二”的原则解决了这个问题，即使置信系数达到指定值，在这个限制之下使区间精度尽可能大.在假设检验中也是这样办：先保证第一类错误的概率不超过某指定值 α（α 通常较小，最常用的是 $\alpha=0.05$ 和 0.01，有时也用到 0.001，0.10，以至 0.20 等值），再在这个限制下，使第二类错误的概率尽可能小.

定义 1.2 设 Φ 是原假设 H_0 的一个检验，$\beta_\Phi(\theta_1,\cdots,\theta_k)$ 为其功效函数，α 为常数 ($0\leqslant\alpha\leqslant1$).如果

$$\beta_\Phi(\theta_1,\cdots,\theta_k)\leqslant\alpha\quad(\text{对任何}(\theta_1,\cdots,\theta_k)\in H_0), \tag{1.7}$$

则称 Φ 为 H_0 的一个水平为 α 的检验，或者说检验 Φ 的水平为 α、检验 Φ 有水平 α.

显然，若 α 为 Φ 的水平，而 $\alpha_1>\alpha$，则 α_1 也是检验 Φ 的水平.这样，一个检验的水平并不唯一.为克服这点不方便之处，通常只要可能，就取最小可能的水平作为检验的水平.不少著作中就直接把水平定义为满足(1.7)式的最小的 α.这样做，唯一性的问题解决了，固然是好，但也有其不便之处，即有时我们只知道(1.7)式成立，而无法证明 α 已达到最小，这时就不能称 α 为 Φ 的水平，不知如何称呼.因此，我们维持定义 1.2，但有这样一个默契：只要可能，尽量找最小的 α.

以上所说的叫做“固定(或限制)第一类错误概率的原则”，是目前假设检验理论中一种流行的做法.你可以问：为什么不固定第二类错误概率而在这个前提下尽量减小第一类错误的概率？回答是：你这么做并非不可以，但是，大家约定统一在一个原则下，讨论问题比较方便些.这还不是主要理由.从实用的观点看，确实，在多数假设检验问题中，第一类错误被认为更有害，更需要控制.这一点将

结合下一节中实例的讨论再做说明.也有些情况,确实第二类错误的危害更大,这时有必要控制这个概率.换句话说,"控制第一类错误概率"的原则也并非是绝对的,可视情况的需要而变通.

5.1.4 一致最优检验

定义 1.3 沿用定义 1.2 的记号.设 Φ 为一个水平 α 的检验,即满足(1.7)式.若对任何其他一个水平 α 的检验 g,必有

$$\beta_\Phi(\theta_1,\cdots,\theta_k) \geqslant \beta_g(\theta_1,\cdots,\theta_k) \quad (\text{对任何}(\theta_1,\cdots,\theta_k) \in H_1), \tag{1.8}$$

这里 H_1 为对立假设,则称 Φ 是假设检验问题 $H_0:H_1$ 的一个水平 α 的一致最优检验.

简单地说,水平 α 的一致最优检验,就是在一切水平 α 的检验中,其功效函数在对立假设 H_1 上处处达到最大者.或者说,是在一切其第一类错误概率不超过 α 的检验中,第二类错误概率处处达到最小者.难就难在"处处"这两个字."一致最优"中的"一致",就是指这个"处处"而言.就拿两个检验 Φ_1 和 Φ_2 的比较来谈.为清楚计,不妨设原假设 H_0 为 $\theta\leqslant 1$,对立假设 H_1 为 $\theta>1$.设 Φ_1 和 Φ_2 都是水平 α 的检验,其功效函数分别如图 5.1 中的实线和虚线所示.在对立假设 θ_1 处,β_{Φ_1} 大于 β_{Φ_2};而在 θ_2 处,则是 β_{Φ_2} 大于 β_{Φ_1}.故在这两个检验 Φ_1,Φ_2 中,没有一个在对立假设各点处处优于另一个.由于水平 α 的检验非常多,其中能有一个一致最优者就不是常见的情况,而是较少有的例外.更确定地说,只在总体分布只依赖于一个参数 θ,而原假设 H_0 是 $\theta\leqslant\theta_0$ 或 H_0 是 $\theta\geqslant\theta_0$ 的情形,且对总体分布的形式有一定的限制时,一致最优检验才存在.其他情况则是稀有的例外.在下节我们讨论一些具体检验时,将指明哪些是一致最优检验.有的情况的证明将在本章附录中给出.

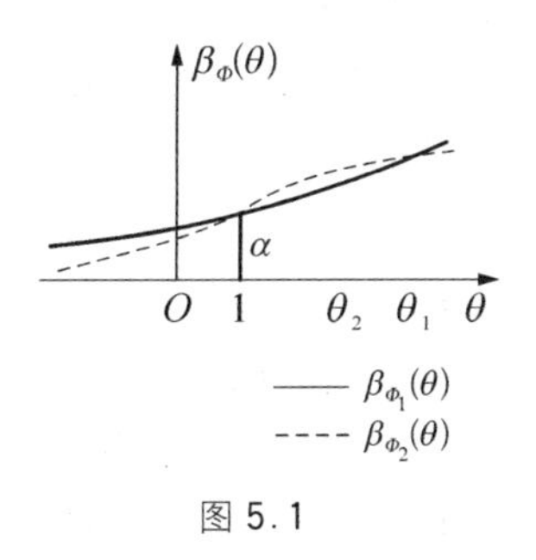

图 5.1

由于一致最优的条件太高,在假设检验理论中也引入了另一些优良准则.这些都超出了本课程的范围之外,不能在此介绍了.

本节所讲的假设检验理论的基本概念,特别是限制第一类错误概率的原则及一致最优检验等,是 J·奈曼(前在"区间估计"一节中已提到)和英国统计学家 E·S·皮尔逊(K·皮尔逊的儿子)合作,自 1828 年起开始引进的.基于这些概念所发展的假设检验理论,一般称为奈曼—皮尔逊理论.从统计学的历史看,

最早引进假设检验并对之做了重要贡献的统计学家,还要算我们以前多次提到过的K·皮尔逊和R·A·费歇尔.皮尔逊的工作将在本章5.3节中介绍.

5.2　重要参数检验

本节中我们将讨论几个常用的检验.构造检验,也有一些带一般性的方法.但这些方法在应用上比较成功的情况,很大一部分也就是本节要讲到的几个常用例子.所以,我们不采取从介绍这种一般方法出发再回到具体例子的讲法,而在每一个具体问题中,从直观想法出发去构造看来是合理的检验.

这种直观方法是基于参数的点估计.原则上很简单:考虑一个单参数的情形.设被检验的原假设是 H_0: $\theta=\theta_0$,或 $\theta\leqslant\theta_0$,或 $\theta\geqslant\theta_0$.有了样本以后,先找 θ_0 的一个适当的点估计 T.如果 $\theta=\theta_0$ 成立,则 T 与 θ_0 相去不应太远,故直观上看,应当在 $|T-\theta_0|>$ 某常数 C 时否定 H_0,而在 $|T-\theta_0|\leqslant C$ 时接受 H_0(也可以两边不对称,故一般也可以:在 $C_1\leqslant T\leqslant C_2$ 时接受 H_0,不然就否定 H_0).如果要检验的原假设是 $\theta\leqslant\theta_0$,则应当在 $T>C$ 时否定 H_0,这看起来很简单.但问题在于,我们对检验有一定的水平要求,上述简单处理有时无法满足这一要求,而需要在上述基础上做一些修改.这就没有定规了,从以下实例的讨论中,读者能悟出这里面的问题所在.

本节的另一个任务是通过这些例子的解说,加深对上一节所述一般概念的理解,并阐明若干在前节没有深入发挥的论点.

5.2.1　正态总体均值的检验

设 $X_1,\cdots,X_n$ 是自正态总体 $N(\theta,\sigma^2)$ 中抽出的样本,我们来讨论有关均值 θ 的假设检验问题.在应用上常见到的形式有(θ_0 是一给定的数):

1°　H_0: $\theta\geqslant\theta_0$, H_1: $\theta<\theta_0$;

2°　$H_0{}'$: $\theta\leqslant\theta_0$, $H_1{}'$: $\theta>\theta_0$;

3°　$H_0{}''$: $\theta=\theta_0$, $H_1{}''$: $\theta\neq\theta_0$.

这里,H_0,$H_0{}'$和 $H_0{}''$为原假设,H_1,$H_1{}'$,$H_1{}''$为对立假设.以后都按这个次

序:原假设在前.

分两种情况讨论:

1. 方差 σ^2 已知

先考虑检验问题 1°. 以 $\bar{X}$ 记样本均值,$\bar{X}$ 是 θ 的估计. 故 $\bar{X}$ 愈大,直观上看与原假设 H_0 愈符合. 反之,$\bar{X}$ 愈小,则与对立假设 H_1 愈符合. 由此得出一个直观上合理的检验 Φ 是

$$\Phi: \text{当} \bar{X} \geqslant C \text{ 时接受原假设} H_0, \text{当} \bar{X} < C \text{ 时否定} H_0. \tag{2.1}$$

要定出常数 C,使检验有给定水平 α,为此要考虑 Φ 的功效函数 $\beta_\Phi(\theta)$. 按定义 (1.1) 式,有

$$\beta_\Phi(\theta) = P_\theta(\bar{X} < C) = P_\theta(\sqrt{n}(\bar{X} - \theta)/\sigma < \sqrt{n}(C - \theta)/\sigma).$$

当总体有正态分布 $N(\theta, \sigma^2)$ 时,$\sqrt{n}(\bar{X} - \theta)/\sigma$ 服从标准正态分布 $N(0,1)$. 以 Φ 记其分布函数,有

$$\beta_\Phi(\theta) = \Phi(\sqrt{n}(C - \theta)/\sigma). \tag{2.2}$$

当 θ 增加时,$\sqrt{n}(C - \theta)/\sigma$ 下降,故 $\beta_\Phi(\theta)$ 也下降,这样一来,要使 $\beta_\Phi(\theta) \leqslant \alpha$(当 $\theta \geqslant \theta_0$ 时),只要 $\beta_\Phi(\theta_0) = \alpha$ 即可. 按记号 u_α 的定义(见第 4 章(4.3)式),应取 C 满足 $\sqrt{n}(C - \theta_0)/\sigma = u_{1-\alpha} = -u_\alpha$,由此得

$$C = \theta_0 - \sigma u_\alpha / \sqrt{n}. \tag{2.3}$$

(2.1)式和(2.3)式结合决定了检验 Φ. 以 C 代入(2.2)式,得到 Φ 的功效函数为

$$\beta_\Phi(\theta) = \Phi(\sqrt{n}(\theta_0 - \theta)/\sigma - u_\alpha). \tag{2.4}$$

当 $\theta < \theta_0$,即属于对立假设 H_1 时,$\beta_\Phi(\theta)$ 愈大愈好. 怎样才能使 $\beta_\Phi(\theta)$ 大呢? 从公式(2.4)分析,并牢记分布函数是非降的,易得出以下几条结论:

(a) θ 愈小,$\beta_\Phi(\theta)$ 愈大. 直观的解释是:θ 愈小,则离原假设 H_0 愈远,愈易和原假设分辨开,即犯错误(第二类)的概率应愈小,因而 $\beta_\Phi(\theta)$ 应愈大. 当 $\theta < \theta_0$ 但 θ 接近 θ_0 时,$\beta_\Phi(\theta) \approx \alpha$. 由于 α 一般是很小的数,这时犯第二类错误的概率 $1 - \beta_\Phi(\theta) \approx 1 - \alpha$ 很接近 1.

(b) 对固定的 $\theta < \theta_0$,σ 愈大,$\beta_\Phi(\theta)$ 愈小. 直观的解释是:σ 愈大,表示误差的

方差愈大，θ 与 θ_0 的差别被“淹没”在误差中，不易被检出，因而犯错误的概率就大了．正如一杆秤误差愈大，愈不易分别出两件其重量略有不同的物件孰轻孰重．反之，σ 愈小，$\beta_\Phi(\theta)$愈大，表示 θ 与 θ_0 的差别愈易检出．

(c) α 愈大，则 u_α 愈小，而 $\beta_\Phi(\theta)$就愈大．直观上的解释是：α 愈大，表示能容许的第一类错误概率增大，这时，作为补偿，第二类错误的概率应有所降低，即 $\beta_\Phi(\theta)$应增加．这里明白看出两种错误概率的矛盾关系．

如果我们提出要求：“犯第二种错误的概率要小于指定的 $\beta>0$”，该怎么办？这等于要求

$$\beta_\Phi(\theta) \geqslant 1-\beta \quad (\theta<\theta_0). \tag{2.5}$$

但是，当 $\theta<\theta_0$ 但 θ 接近 θ_0 时，$\beta_\Phi(\theta)\approx\alpha$，而因为 α,β 都很小，一般有 $\alpha<1-\beta$．这就看出：要求(2.5)式无法达到．我们只能放松一点，要求对某个指定的 $\theta_1<\theta_0$，有

$$\beta_\Phi(\theta) \geqslant 1-\beta \quad (\theta\leqslant\theta_1). \tag{2.6}$$

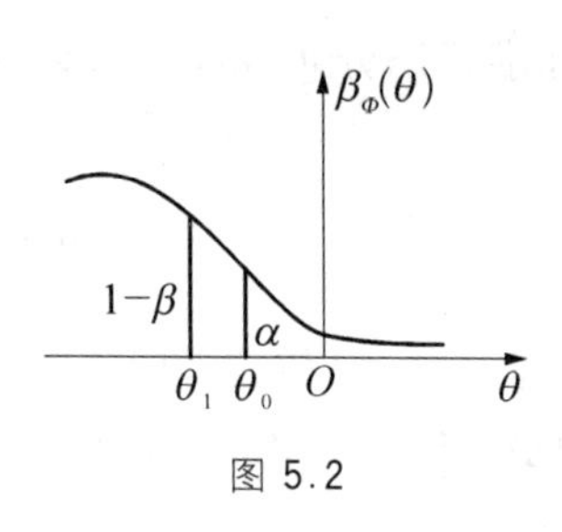

图 5.2

因为 $\beta_\Phi(\theta)$随 θ 增加而下降(图5.2)，(2.6)式等价于要求

$$\beta_\Phi(\theta_1) \geqslant 1-\beta. \tag{2.7}$$

按(2.4)式，此即

$$\Phi(\sqrt{n}(\theta_0-\theta_1)/\sigma-u_\alpha) \geqslant 1-\beta,$$

或者说$\sqrt{n}(\theta_0-\theta_1)/\sigma-u_\alpha\geqslant u_\beta$，即

$$n \geqslant \sigma^2(u_\alpha+u_\beta)^2/(\theta_0-\theta_1)^2. \tag{2.8}$$

就是说，样本大小至少应达到(2.8)式右边那么大．例如，若 $\sigma^2=1,\alpha=\beta=0.05$，$\theta_0-\theta_1=0.5$，则

$$n\geqslant(1.6449+1.6449)^2/(0.5)^2=43.2911,$$

即 $n\geqslant44$，样本大小至少为44．(2.6)式中 θ_1 的选择，当然要看实际需要而定．它表示对 θ_1 这样接近于 θ_0 的值而言，无论是接受还是否定 $\theta\geqslant\theta_0$ 都不大要紧．(2.8)式中 n 与 σ^2成正比，即当方差 σ^2愈大时，为达到一定的分辨率(在此可以用$|\theta_0-\theta_1|$来刻画)，所需要的样本数也愈多．

对检验问题2°，仿照上述讨论，容易得出基于检验统计量$\overline{X}$的检验是

$$\Phi'\text{: 当}\bar{X}\leqslant\theta_0+\sigma u_\alpha/\sqrt{n}\text{时接受}H_0'\text{: }\theta\leqslant\theta_0\text{，不然就否定}H_0'. \tag{2.9}$$

此检验的水平为 α，功效函数为

$$\beta_\Phi'(\theta) = 1-\Phi(\sqrt{n}(\theta_0-\theta)/\sigma+u_\alpha). \tag{2.10}$$

若选定 $\theta_1>\theta_0$，而要求 $\beta_\Phi'(\theta)\geqslant 1-\beta\ (\theta\geqslant\theta_1)$，则得最小所需样本大小 n 仍由(2.8)式决定.

如果样本$(X_1,\cdots,X_n)$使得

$$\theta_0-\sigma u_\alpha/\sqrt{n}\leqslant\bar{X}\leqslant\theta_0+\sigma u_\alpha/\sqrt{n}, \tag{2.11}$$

则按检验问题1°的提法，应接受 H_0: $\theta\geqslant\theta_0$；而按检验问题2°的提法，则应接受 H_0': $\theta\leqslant\theta_0$. 从常理看这有矛盾. 其实，这反映了统计推断的一种特点，它不是按那种“非此即彼”的逻辑. 这类现象我们以前就碰到过了：做一个参数 θ 的点估计，据同一组样本你可以做出若干不同的估计，讲起来都有其合理性；做区间估计时，不仅用不同的枢轴变量可导出不同的估计，即使用同一个枢轴变量，界限可以有不同选择，置信系数可以有高低，都可导致不同的区间，这些我们都不认为有矛盾. 此处亦然，关键在于原假设的选定并非任意，而要看问题中提法上的“倾向性”. 此语可通过下面的实例来解释.

假定某工厂生产的一种产品，其质量指标服从正态分布 $N(\theta,\sigma^2)$，且假定 σ^2 已知. θ 为平均质量指标，设 θ 愈大，质量愈好，而 θ_0 为达到优级的界限. 某商店经常从该厂进货，商店提出的条件是按批验收，只有通过原假设 $\theta\geqslant\theta_0$ 的检验的批次才被接受. 于是，有两种情况：

(1) 根据过去较长一段时期的记录，商店相信该厂产品质量总的来说是好的，当然这不排斥偶尔也出现较差的批次. 于是，它同意把 $\theta\geqslant\theta_0$ 作为原假设并选定一个较低的检验水平 α，例如 $\alpha=0.05$ 甚至 $\alpha=0.01$. 这样做对工厂有利，因为这保证了优质的批次(即 $\theta\geqslant\theta_0$ 的批次)只以很低的概率 α 被拒收，而非优质的批次仍能以不很小的概率被接受. 从商店的角度考虑，他们也认为这样做并非不利：一则因为该厂产品质量一贯表现好，故检验可放宽些，要有很强的证据(即 $\bar{X}<\theta_0-\sigma u_\alpha/\sqrt{n}$)才否定 $\theta\geqslant\theta_0$. 二则因为，既然大多数批次质量是优等的，取较小的 α，保证了这样的批次能以很大的机会通过检验，这对商店有利；又因为质量差的批次本来就不多，即使这样的批次有较大比例混过检验，影响也不大.

(2) 反之，若以往一段时期的记录表明，工厂的产品质量并不很好，这样，商

店就可能坚持以 $\theta \leqslant \theta_0$ 作为原假设，并选定一个较低的水平 α. 这样做，表明商店要求要有较强的证据(即 $\overline{X} > \theta_0 + \sigma u_\alpha/\sqrt{n}$)才能相信这批产品质量为优. 等于说一个人一向表现不好，则必须有较显著的好的表现，才能相信他确有进步. 这样做就达到了至少把 $100(1-\alpha)\%$ 的非优批次拒之门外的目的.

由此可见(从以商店为主动的一方看)，同一个问题(即 $\theta \geqslant \theta_0$ 或否)，由于对背景的了解不同而采取了不同的态度，具体是通过选择何者作为原假设来体现的. 到这里，也就不难理解当样本满足(2.11)式时，两个原假设 H_0 和 H_0' 都能接受的表面矛盾：你的产品质量一贯很好时，我认为这组样本尚未构成这批产品非优的有力证据；你的产品质量一贯不好时，我认为这同一样本尚未构成这批产品为优的有力证据. 出发点不同，并无矛盾可言.

最后，对于检验问题 3°，H_0''：$\theta = \theta_0$ 而 H_1''：$\theta \neq \theta_0$，直观上看合理的检验规则是：当 θ 的估计值 $\overline{X}$ 离 θ_0 较远时否定 H_0''，不然就接受 H_0''，即

$$\Phi''\text{：当 } |\overline{X} - \theta_0| \leqslant C \text{ 时接受 } H_0''\text{，不然就否定 } H_0''. \tag{2.12}$$

选择 C，使检验 Φ'' 有指定的水平 α. 这等于要求

$$\begin{aligned} 1 - \alpha &= P_{\theta_0}(|\overline{X} - \theta_0| \leqslant C) \\ &= P_{\theta_0}(|\sqrt{n}(\overline{X} - \theta_0)/\sigma| \leqslant \sqrt{n}C/\sigma) \\ &= \Phi(\sqrt{n}C/\sigma) - \Phi(-\sqrt{n}C/\sigma) \\ &= 2\Phi(\sqrt{n}C/\sigma) - 1, \end{aligned}$$

即 $\Phi(\sqrt{n}C/\sigma) = 1 - \alpha/2$，这导出 $\sqrt{n}C/\sigma = u_{\alpha/2}$ 或

$$C = \sigma u_{\alpha/2}/\sqrt{n}. \tag{2.13}$$

(2.12)式与(2.13)式结合，决定了 Φ''.

可以证明(见附录A)：检验 Φ 和 Φ' 分别是检验问题 1°和 2°的水平 α 的一致最优检验. 而 Φ'' 则不然，它不是检验问题 3°的水平 α 的一致最优检验. 更有甚者，可以证明：检验问题 3°的一致最优检验根本不存在. 直观上这一点不难解释：问题 1°，2°是所谓"单侧"的，即对立假设和原假设各据一侧，这时，检验法则只需照顾一头. 而检验问题 3°是所谓"双侧"的，即对立假设分据原假设的两边，它迫使检验法则采取一种折衷的形态，这就损害了其最优性.

以上我们详尽地讨论了检验问题1°～3°当方差已知时的情况，但在实用上方差一般未知．我们之所以对这一情况做仔细讨论，是因为这个场合足够简单，使我们有可能借此对一些重要概念做出清楚的解释，以便举一反三．现在转到第二种情况的讨论．

2. 方差σ^2未知

仍以检验问题1°为例．这时，从原则上看，制定检验Φ(见(2.1)式)的想法仍适用，但困难在于：由(2.3)式所决定的常数C依赖于未知参数σ，无法确定．这就需要在上述想法的基础上做一定的修改，如本节开始处所曾提到的．

把由(2.1)式和(2.3)式决定的检验Φ改写成等价形式：

$$\Phi\text{：当}\sqrt{n}(\bar{X}-\theta_0)/\sigma \geqslant -u_\alpha\text{ 时接受 }H_0\text{，不然就否定 }H_0.$$

这里σ未知，我们可考虑用其估计值S代替，其中$S^2=\sum_{i=1}^n(X_i-\bar{X})^2/(n-1)$为样本方差．但在用$S$代替$\sigma$后，分布也起了变化：由正态分布变为自由度$n-1$的$t$分布(当$\theta=\theta_0$时，见第2章(4.34)式)，因而常数$u_\alpha$也要相应改为$t_{n-1}(\alpha)$．经过这一修改，得到检验

$$\Psi\text{：当}\sqrt{n}(\bar{X}-\theta_0)/S \geqslant -t_{n-1}(\alpha)\text{时接受 }H_0\text{，不然就否定 }H_0. \quad (2.14)$$

其水平为α．要证明这一点，就得考虑检验Ψ的功效函数

$$\beta_\Psi(\theta,\sigma) = P_{\theta,\sigma}(\sqrt{n}(\bar{X}-\theta_0)/S < -t_{n-1}(\alpha)). \quad (2.15)$$

可以证明：这个函数只依赖于$\delta=(\theta-\theta_0)/\sigma$，它是$\delta$的下降函数，且当$\delta=0$即$\theta=\theta_0$时其值为$\alpha$．这最后一条容易证明：因为当$\theta=\theta_0$时，统计量$\sqrt{n}(\bar{X}-\theta_0)/S\sim t_{n-1}$(第2章(4.34)式)，再根据$t_{n-1}$的密度函数关于0对称及记号$t_{n-1}(\alpha)$的意义，即有

$$\beta_\Psi(\theta_0,\sigma) = P_{\theta_0,\sigma}(\sqrt{n}(\bar{X}-\theta_0)/S > t_{n-1}(\alpha)) = \alpha.$$

利用$\beta_\Psi(\theta,\sigma)$是$\delta=(\theta-\theta_0)/\sigma$的下降函数知，当$\theta>\theta_0$时即当$\delta>0$时，$\beta_\Psi(\theta,\sigma)\leqslant\beta_\Psi(\theta_0,\sigma)=\alpha$，这证明了检验$\Psi$有水平$\alpha$．关于$\beta_\Psi(\theta,\sigma)$只依赖于$\delta$且是$\delta$的下降函数的证明，见附录B．

类似的论据给出检验问题2°和3°的水平α的检验，分别记为Ψ'和Ψ''：

Ψ'：当$\sqrt{n}(\bar{X}-\theta_0)/S \leqslant t_{n-1}(\alpha)$时接受$H_0'$，不然就否定$H_0'$， (2.16)

Ψ''：当$|\sqrt{n}(\bar{X}-\theta_0)/S| \leqslant t_{n-1}(\alpha/2)$时接受$H_0''$，不然就否定$H_0''$. (2.17)

这三个检验统称为 t 检验*，是应用上最重要的检验之一. 由于 σ 未知，这些检验的性质也就较为复杂. 例如，不论你怎么指定一个 $\theta_1<\theta_0$，无法找到一个样本大小 n，使当 $\theta\leqslant\theta_1$ 时，检验 Ψ 接受H_0：$\theta\geqslant\theta_0$ 的概率不超过充分小的 $\beta>0$（见附录 B），而在 σ 已知时这是可以做到的. 又如，在 σ 已知时，单侧检验 Φ 和 Φ' 都是一致最优的，但 σ 未知时，除非检验水平 $\alpha\geqslant 1/2$，t 检验 Ψ 和 Ψ'都不是一致最优检验.

例 2.1 两厂生产同一产品，其质量指标假定都服从正态分布，标准规格为均值等于 120. 现从甲厂抽出 5 件产品，测得其指标值为

$$119,\ 120,\ 119.2,\ 119.7,\ 119.6;$$

从乙厂也抽出 5 件产品，测得其指标值为

$$110.5,\ 106.3,\ 122.2,\ 113.8,\ 117.2.$$

要根据这些数据去判断该两厂产品是否符合预定规格 120.

这可以提为假设检验问题 H_0：$\theta=120$，H_1：$\theta\neq 120$，方差 σ^2未知. 对甲厂数据，算出$\bar{X}=119.5$，$S=0.4$，取 $\alpha=0.05$，查表得 $t_{n-1}(\alpha/2)=t_4(0.025)=2.776$，有

$$\sqrt{n}\,|\bar{X}-\theta_0|/S=\sqrt{5}\,|119.5-120|/0.4=2.795>2.776.$$

对乙厂数据，算出$\bar{X}=114$，$S=6.105$，从而

$$\sqrt{n}\,|\bar{X}-\theta_0|/S=\sqrt{5}\,|114-120|/6.105=2.198<2.776.$$

故按 0.05 的水平，结论是：甲厂产品与规格不符，但未发现乙厂产品不符合规格的有力证据.

这个结论可能使不少人感到难以接受. 因为甲厂 5 件产品都与标准值 120 相差很少，反倒认为不合规格；而乙厂 5 件产品中除一件外，都比规格值 120 低

---

* 更确切一些，(2.15)式和(2.16)式称为"一样本单侧 t 检验（一样本表示只有一组样本 $X_1,\cdots,X_n$），(2.17)式称为"一样本双侧 t 检验". 有时也把 σ 已知时的检验Φ，Φ'和 Φ''称为"u 检验"，但不如 t 检验的名称用得广.

不少,反倒认为可以通过.这是为什么?

我们说,问题不能这么简单地看:

(a) 首先,我们注意到,甲厂的 $S=0.4$ 远低于乙厂的 $S=6.105$.这表明,甲厂的产品规格比乙厂稳定得多.

(b) 也正因为甲厂产品规格很齐整(误差很小),所以,与标准值 120 的细微差别(此处 $\overline{X}=119.5$ 比 120 只差 0.5)也被检出来了.不能不承认:甲厂产品的平均规格,有很大可能略低于标准值 120.虽然只略低一些,也是事实,不能委之于随机误差.至于这样一个差别的实际重要性如何,那要另当别论了,此处只讲统计上的显著性——即差异不能用随机误差解释.统计上显著的差异不一定有现实重要性.

(c) 乙厂抽出的几件产品的指标大多远低于标准值 120,使我们很有理由怀疑,该厂产品平均规格达不到 120.但是,由于该厂产品质量波动太大,所测得的数据尚不能很有把握认为其平均规格确与 120 有差距,而非随机性影响所致,就是说,现有数据可能太少了些.

所以,对乙厂我们首先认为:其产品质量波动太大,应当改进.至于其平均规格是否与 120 有差距的问题,可以补充一些数据后再检定,最好是先采取措施把方差缩小些,再决定这个问题.

5.2.2 两个正态总体均值差的检验

设 $X_1,\cdots,X_n$ 是从正态总体 $N(\theta_1,\sigma^2)$ 中抽出的样本,$Y_1,\cdots,Y_m$ 是从正态总体 $N(\theta_2,\sigma^2)$ 中抽出的样本.θ_1,θ_2 都未知,σ^2 可以是已知或未知.注意,两个总体有同一方差 σ^2.

给定常数 θ_0,所要考虑的检验问题是:

1° $H_0:\theta_1-\theta_2\geqslant\theta_0$, $H_1:\theta_1-\theta_2<\theta_0$;

2° $H_0':\theta_1-\theta_2\leqslant\theta_0$, $H_1':\theta_1-\theta_2>\theta_0$;

3° $H_0'':\theta_1-\theta_2=\theta_0$, $H_1'':\theta_1-\theta_2\neq\theta_0$.

在应用上常见的情况是 σ^2 未知,而 $\theta_0=0$.

所有概念上的讨论与前一段没有本质差异.先说 σ^2 已知的情形.以 $\overline{X}$ 和 $\overline{Y}$ 分别记 X 样本和 Y 样本的均值,则 $\overline{X}-\overline{Y}$ 为 $\theta_1-\theta_2$ 的估计.于是对问题 1°而言,一个合适的检验是当 $\overline{X}-\overline{Y}\geqslant C$ 时接受 H_0,不然就否定 H_0.如何根据给定的检验水平 α 去决定常数 C,其过程与决定检验(2.1)式中的 C 而得到(2.3)式一样.所不同的是:这里 $\overline{X}-\overline{Y}$ 的方差是 $(1/n+1/m)\sigma^2$,因而相应地,

(2.3)式中的$\sqrt{n}$要改为$\sqrt{nm/(n+m)}$.这样得到$C=\theta_0-\sigma u_\alpha\sqrt{(n+m)/nm}$.如果引进统计量

$$U=\sqrt{\frac{nm}{n+m}}(\overline{X}-\overline{Y}-\theta_0)/\sigma, \tag{2.18}$$

则问题1°的一个水平α的检验为

$$g: 当 U\geqslant -u_\alpha 时接受 H_0, 不然就否定 H_0.$$

类似地,问题2°,3°的水平α的检验为

$$g': 当 U\leqslant u_\alpha 时接受 H_0', 不然就否定 H_0',$$

$$g'': 当 |U|\leqslant u_{\alpha/2} 时接受 H_0'', 不然就否定 H_0''.$$

对σ^2未知的情况,处理也与前一段一样,即通过样本对其进行估计,以估计值代替σ^2.这里有两组样本可用于估计σ^2,将其综合,得出较好的估计值

$$S^2=\frac{1}{n+m-2}\left(\sum_{i=1}^{n}(X_i-\overline{X})^2+\sum_{j=1}^{m}(Y_j-\overline{Y})^2\right).$$

以S代替U中的σ,得检验统计量

$$T=\sqrt{\frac{nm}{n+m}}(\overline{X}-\overline{Y}-\theta_0)/S. \tag{2.19}$$

按第2章(4.36)式,当$\theta_1-\theta_2=\theta_0$时,$T$服从自由度为$n+m-2$的$t$分布$t_{n+m-2}$.基于$T$,做出在$\sigma^2$未知时,检验问题1°～3°的水平$\alpha$的检验$h$,$h'$和$h''$,分别为

$$h: 当 T\geqslant -t_{n+m-2}(\alpha) 时接受 H_0, 不然就否定 H_0, \tag{2.20}$$

$$h': 当 T\leqslant t_{n+m-2}(\alpha) 时接受 H_0', 不然就否定 H_0', \tag{2.21}$$

$$h'': 当 |T|\leqslant t_{n+m-2}(\alpha/2) 时接受 H_0'', 不然就否定 H_0''. \tag{2.22}$$

这三个检验h,h',h''都称为“两样本t检验”,h和h'是单侧的,而h''是双侧的.它们都属于应用上重要的检验.问题提法中有一个不大自然的条件——两总体有同一方差,不做这一假定就无法使用t分布.这是一个为了迁就数学上的简单化而对实用背景有所损失的例子.所幸的是:只要两个总体方差之比与1相差不太大,则经验表明,使用t检验是可以令人满意的.

例 2.2 甲、乙两厂生产同一种产品，其质量指标假定分别服从正态分布 $N(\theta_1,\sigma^2)$ 和 $N(\theta_2,\sigma^2)$. 现从该两厂分别抽出若干件产品，测得其指标值：

甲厂：2.74，2.75，2.72，2.69（$X_1,\cdots,X_4$）；

乙厂：2.75，2.78，2.74，2.76，2.72（$Y_1,\cdots,Y_5$），

要通过这些数据来检验这两厂产品质量何者为优.

在这种问题中，你可以用估计的方法去处理：甲厂样本平均 $\overline{X}=2.725$，乙厂样本平均 $\overline{Y}=2.75$，因 $\overline{Y}>\overline{X}$，从所抽样本看乙厂较优. 但这还不甚令人信服，因为这个差距也可以是由抽样的随机性而来，不一定反映本质.

也可以用区间估计的方法来处理这个问题. 算出

$$\overline{X}-\overline{Y}=-0.025,$$

$$\begin{aligned}S^2&=\left[\sum_{i=1}^{4}(X_i-\overline{X})^2+\sum_{j=1}^{5}(Y_j-\overline{Y})^2\right]/(4+5-2)\\&=0.000\,585\,71,\end{aligned}$$

从而 $S=0.024\,2$，$n=4$，$m=5$. 取置信系数 0.95，查表得 $t_7(0.025)=2.365$. 用第 4 章(4.6)式得 $\theta_1-\theta_2$ 的区间估计为

$$-0.025\pm 0.024\,2\times 2.365\sqrt{9/20}=[-0.063,\ 0.013].$$

这个区间既包含大于 0 的值，也包含小于 0 的值，表示 $\theta_1>\theta_2$，$\theta_1=\theta_2$ 和 $\theta_1<\theta_2$ 三种情况都有可能. 区间整个偏向于负轴一边，显示情况略有利于乙厂. 但最大差距也只达到 0.063. 如果这么大小的差距并无实际重要性，则可以说，区间估计的结果显示了两厂产品的质量水平大体相当.

如果要用假设检验来处理这个问题，则结果取决于原假设的提法，而这要参考问题的背景. 例如，若以往的记录表明：甲厂产品质量一般或经常优于乙厂，现在我们想通过实测检验一下目前情况如何. 这时，我们取 H_0：$\theta_1-\theta_2\geqslant 0$ 为原假设. 这个取法，配之以较低的检验水平，保证了必须有很强的证据才能否定 H_0——即改变对现状的看法. 这是因为，这个现状，即 H_0，已经历了一段时期的考验，除非实测结果表现出很不利于它，人们还是倾向于把数据中表现出来的不利于它的差异委之于随机性.

按 $\theta_0=0$，$\overline{X}-\overline{Y}=-0.025$，$S=0.024$，算出(2.19)式的统计量 T 的值为 -1.540. 查表得 $t_7(0.05)=1.895$. 因为 $-1.540>-1.895$，按 t 检验，应接受 H_0，即维持“甲厂产品质量优于乙厂”的看法. 或者说，实测数据没有提供改变这

个看法的有力证据.

如果我们一开始就采用 H_0': $\theta_1-\theta_2\leqslant 0$ 作为原假设,则所得数据当然也使它通过.这种表面上的矛盾已在前面解释过了.

如果我们不涉及以往两厂产品质量上的表现,而单纯以"中立"的态度来对待这个比较问题,则合适的原假设是 H_0'': $\theta_1-\theta_2=0$.用所得数据检验的结果,仍接受 H_0.这个结论也与我们上文的分析一致.

我们把上面的问题的提法做一点变化,借此解释一下显著性和显著性检验这两个概念.

某工厂用一定工艺生产某种产品有相当长时间.现有人提出对工艺做些更改,以图改进产品质量.设在工艺改变前后产品质量指标的分布分别为 $N(\theta_1,\sigma^2)$ 和 $N(\theta_2,\sigma^2)$.如果 $\theta_2>\theta_1$,就表示产品质量确有改进.现要通过试验来决定此项工艺改变是否可取.为此,抽取工艺改变前后的产品各若干个,以测定其质量.以 $X_1,\cdots,X_n$ 和 $Y_1,\cdots,Y_m$ 分别记工艺改变前后的抽样测定数据.

即便不从统计学方法的角度去考虑,人们也多半会采用如下的判据:计算 $\overline{Y}-\overline{X}$,只有当 $\overline{Y}-\overline{X}$ 达到或超过某个界限 C 时,才认为工艺改变后产品质量有"显著"提高,因而值得采用.这个界限 C 可以通过改变工艺所需费用与所得收益的分析去确定.但这种不涉及统计方法的分析有一点不足之处,即它没有考虑随机误差的影响.采用假设检验的观点去分析这个问题,是克服这一不足之处的一个方法.

按假设检验的观点,我们应当把 H_0: $\theta_1\geqslant\theta_2$ 取为原假设.如以前多次讲过的,这个取法,辅之以较低的检验水平 α,保证了它不会轻易被否定,必须有很强的证据才能使我们接受"工艺改变确能提高产品质量"的看法.按检验 h(见(2.20)式),这只有在

$$\overline{Y}-\overline{X}>St_{n+m-2}(\alpha)\sqrt{(n+m)/nm} \tag{2.23}$$

时成立.

当这种情况出现时——也就是说,原假设 $\theta_1\geqslant\theta_2$ 在水平 α 上被否定时,我们说 $\overline{Y}-\overline{X}$ 达到了"显著性",即差异如此显著,以致可以否定 $\theta_1\geqslant\theta_2$.因此之故,这一检验也就称为"显著性检验".

从统计学的观点看,达到显著性无非是指:在给定水平上,差异 $\overline{Y}-\overline{X}$ 已不能仅由随机性来解释,而也有 $\theta_2>\theta_1$ 的原因.统计上的显著性不一定意味着 $\overline{Y}-\overline{X}$ 很大.实际上,由(2.23)式看出:若 n,m 很大,或 S 很小,则 $\overline{Y}-\overline{X}$ 只需略

大于 0 就可以达到显著性. 由此可见,是否达到显著性并非应否采取某种行动(在此为修改工艺)的唯一依据,还必须结合其他方面的考虑,如前面所曾提到的.

从某种意义上说,任何一个检验都可以理解为显著性检验. 但"显著性检验"这个名词最常用于有关某种效应或差异是否存在的那种问题,且我们主观上是希望该效应存在的. 如在本例中,我们自然希望工艺的修改确有助于产品质量的提高. 这与例 2.2 中那种种情况选择原假设时所依据的考虑不同. 在这种情况下,我们有理由倾向于相信原假设成立.

所以,你可以简单地把"显著性检验"理解为"希望原假设被否定的那种检验". 显著性检验的特点不在于检验自身,而在于其在使用中的含义如何.

5.2.3 正态分布方差的检验

正态分布方差的检验包括一个正态分布方差的检验和两个正态分布的方差之比的检验. 和正态分布均值的检验相比,方差的检验在应用上较少一些,但也有一些应用. 例如,一种仪器或一种测定方法的精度(指其内在误差,不是指由于没有调准而产生的偏离)是否达到某种界限,当一种产品的质量问题主要在于波动太大时,可能需要检验方差;方差比检验可用于检验两个方差相等的假定(如在两样本 t 检验中)是否合理等.

先考虑一个正态总体的情况. 设 $X_1, \cdots, X_n$ 是从正态总体$N(\theta, \sigma^2)$中抽出的样本. σ^2未知,θ 可以已知或未知. 以下只讨论 θ 未知的情况(θ 已知的情况读者自己给出). 设 $\sigma_0{}^2$ 为给定的数,可以提出以下几个检验问题:

1° $H_0: \sigma^2 \geqslant \sigma_0{}^2$, $H_1: \sigma^2 < \sigma_0{}^2$;

2° $H_0{}': \sigma^2 \leqslant \sigma_0{}^2$, $H_1{}': \sigma^2 > \sigma_0{}^2$;

3° $H_0{}'': \sigma^2 = \sigma_0{}^2$, $H_1{}'': \sigma^2 \neq \sigma_0{}^2$.

先考虑问题 1°. 取 σ^2的估计 $S^2 = \sum_{i=1}^{n}(X_i - \overline{X})^2/(n-1)$. 问题 1° 的一个直观上合理的检验为

$$\varphi: \text{当} \sum_{i=1}^{n}(X_i - \overline{X})^2 \geqslant C \text{ 时接受} H_0, \text{不然就否定 } H_0. \qquad (2.24)$$

为定出 C,要计算 φ 的功效函数. 以 $K_{n-1}(x)$ 记自由度为 $n-1$ 的卡方分布函数,则按第 2 章(4.33)式,有

$$\begin{aligned}\beta_{\varphi}(\theta,\sigma) &= P_{\theta,\sigma}\left(\sum_{i=1}^{n}(X_i-\overline{X})^2 < C\right)\\ &= P_{\theta,\sigma}\left(\sum_{i=1}^{n}(X_i-\overline{X})^2/\sigma^2 < C/\sigma^2\right)\\ &= K_{n-1}(C/\sigma^2).\end{aligned}\tag{2.25}$$

注意 $\beta_{\varphi}(\theta,\sigma)$ 与均值 θ 无关,且为 σ^2 的下降函数,故只需找 C,使 $K_{n-1}(C/\sigma_0^2)=\alpha$.这得出

$$C=\sigma_0^2\chi_{n-1}^2(1-\alpha).\tag{2.26}$$

(2.24)式和(2.26)式结合定出了问题1°的检验 φ.类似地,得出问题2°的检验 φ' 和问题3°的检验 φ'' 分别为

$$\varphi':\text{当}\sum_{i=1}^{n}(X_i-\overline{X})^2\leqslant\sigma_0^2\chi_{n-1}^2(\alpha)\text{ 时接受 }H_0',\text{不然就否定 }H_0',\tag{2.27}$$

$$\varphi'':\text{当 }\sigma_0^2\chi_{n-1}^2\left(1-\frac{\alpha}{2}\right)\leqslant\sum_{i=1}^{n}(X_i-\overline{X})^2\leqslant\sigma_0^2\chi_{n-1}^2\left(\frac{\alpha}{2}\right)\text{时接受 }H_0'',\text{不然就否定 }H_0''.\tag{2.28}$$

例如,取样本大小 $n=30$,$\alpha=0.05$.查表得

$$\chi_{29}^2(0.025)=45.722,\quad \chi_{29}^2(0.05)=42.557,\quad \chi_{29}^2(0.975)=16.046.$$

取水平 $\alpha=0.05$,检验 φ' 要求在

$$S^2\leqslant\sigma_0^2(42.557)/29=1.467\sigma_0^2$$

时接受 $\sigma^2\leqslant\sigma_0^2$ 的假设.也就是说,在方差估计值 S^2 大约为 σ_0^2 的1.5倍时,仍得接受方差 σ_0^2.如果是双侧检验 φ'',则差距更大,它要求在

$$0.533\sigma_0^2\leqslant S^2\leqslant 1.577\sigma_0^2$$

时接受 $H_0'':\sigma^2=\sigma_0^2$.上述不等式的上界约为下界的三倍,这说明:直至像30这么大小的样本,方差检验仍甚不可靠(许多远离 σ_0^2 的值仍能被接受为等于 σ_0^2,即犯第二类错误的概率会甚大).

现考虑两个正态总体的情况.设 $X_1,\cdots,X_n$ 和 $Y_1,\cdots,Y_m$ 分别是从正态总体 $N(\theta_1,\sigma_1^2)$ 和 $N(\theta_2,\sigma_2^2)$ 中抽出的样本,可提出以下几个检验问题:

1° $H_0:\sigma_1^2/\sigma_2^2\geqslant a$, $H_1:\sigma_1^2/\sigma_2^2<a$;

2° H_0'：$\sigma_1^2/\sigma_2^2 \leqslant a$，$H_1'$：$\sigma_1^2/\sigma_2^2 > a$；

3° H_0''：$\sigma_1^2/\sigma_2^2 = a$，$H_1''$：$\sigma_1^2/\sigma_2^2 \neq a$.

这里，a 为给定的数.事实上，问题 2°可转化为问题 1°，只需调换 σ_1^2 和 σ_2^2 的位置即可.故只需考虑问题 1°和问题 3°.

考虑问题 1°.以 S_1^2 和 S_2^2 分别记 X 样本和 Y 样本的样本方差.则 S_1^2/S_2^2 为 σ_1^2/σ_2^2 的一个估计值.故问题 1°的一个直观上合理的检验为

$$\psi\text{：当 } S_1^2/S_2^2 \geqslant C \text{ 时接受 } H_0\text{，不然就否定 } H_0. \tag{2.29}$$

其功效函数为

$$\begin{aligned}\beta_\psi(\theta_1,\theta_2,\sigma_1,\sigma_2) &= P_{\theta_1,\theta_2,\sigma_1,\sigma_2}(S_1^2/S_2^2 < C)\\ &= P_{\theta_1,\theta_2,\sigma_1,\sigma_2}\left(\frac{1}{\sigma_1^2}S_1^2\Big/\frac{1}{\sigma_2^2}S_2^2 < \frac{\sigma_2^2}{\sigma_1^2}C\right)\\ &= G_{n-1,m-1}(\sigma_2^2C/\sigma_1^2).\end{aligned}$$

此处，$G_{n-1,m-1}(x)$ 是自由度为 $(n-1,m-1)$ 的 F 分布函数（见第 2 章(4.35)式）.此函数是 σ_1^2/σ_2^2 的下降函数，故只需决定 C，使 $G_{n-1,m-1}(C/a)=\alpha$ 即可.由此得

$$C = aF_{n-1,m-1}(1-a) = a/F_{m-1,n-1}(\alpha). \tag{2.30}$$

最后一式见第 2 章习题.

类似地导出检验问题 3°的一个检验为：当 $C_1 \leqslant S_1^2/S_2^2 \leqslant C_2$ 时接受原假设 H_0''，不然就否定 H_0''，其中

$$C_1 = a/F_{m-1,n-1}(\alpha/2),\quad C_2 = aF_{n-1,m-1}(\alpha/2),$$

α 为检验的水平.

5.2.4 指数分布参数的检验

指数分布的密度函数是第 2 章(1.20)式，分布函数则是该章(1.21)式.它是一个单参数分布族——只包含一个参数 λ.这个分布的重要性在于：如我们曾指出的，它描述了在一定条件下元件等的寿命分布，因此在可靠性分析中是一个基础性的分布，有不少的应用.

现设 $X_1,\cdots,X_n$ 是从这个总体中抽出的样本.在实际应用中，这可以是 n 个抽来供试验的元件，从开始试验起到失效为止各元件经历的时间.要根据这些

数据检验以下这些假设(λ_0 给定):

1° $H_0: \lambda \geqslant \lambda_0$, $H_1: \lambda < \lambda_0$;

2° $H_0': \lambda \leqslant \lambda_0$, $H_1': \lambda > \lambda_0$;

3° $H_0'': \lambda = \lambda_0$, $H_1'': \lambda \neq \lambda_0$.

我们已经知道:$\overline{X}$是 $1/\lambda$ 的无偏估计.当 H_0 成立时,$\overline{X}$应倾向于取较小的值.于是,问题1°的一个直观上合理的检验为

$$\psi: 当 \overline{X} \leqslant C 时接受 H_0, 不然就否定 H_0. \tag{2.31}$$

这个检验的功效函数不难计算.因为当参数值为 λ 时,有

$$2\lambda(X_1 + \cdots + X_n) = 2n\lambda\overline{X} \sim \chi_{2n}^2,$$

因此

$$\begin{aligned} \beta_\varphi(\lambda) &= P_\lambda(\overline{X} > C) = P_\lambda(2n\lambda\overline{X} > 2n\lambda C) \\ &= 1 - K_{2n}(2n\lambda C). \end{aligned} \tag{2.32}$$

这里,$K_{2n}(x)$是 χ_{2n}^2的分布函数.$\beta_\varphi(\lambda)$为 λ 的下降函数,故为使检验 φ 有指定的水平 α,只需取 C,使

$$\beta_\varphi(\lambda_0) = 1 - K_{2n}(2n\lambda_0 C) = \alpha.$$

这导致 $2n\lambda_0 C = \chi_{2n}^2(\alpha)$,从而

$$C = \chi_{2n}^2(\alpha)/(2n\lambda_0). \tag{2.33}$$

若指定 $\lambda_1 < \lambda_0$,而要求当 $\lambda \leqslant \lambda_1$ 时,接受原假设 H_0 的概率不超过给定的相当小的数 β,则由 $\beta_\varphi(\lambda)$ 为 λ 的下降函数,知只需有 $\beta_\varphi(\lambda_1) = 1 - \beta$,即

$$K_{2n}(\chi_{2n}^2(\alpha)\lambda_1/\lambda_0) = \beta.$$

利用此式,可用试算法结合查 χ^2 分布表去决定 n.先取一个试探性的 n 代入上式左边,若计算结果小于 β,则 n 取得太大;若计算结果大于 β,则 n 取得太小.调整 n 的值后再算.

类似地,可得到检验问题2°和3°的水平 α 的检验 φ' 和 φ'':

$$\varphi': 当 \overline{X} \geqslant \chi_{2n}^2(1-\alpha)/(2n\lambda_0) 时接受 H_0', 不然就否定 H_0', \tag{2.32'}$$

$$\varphi'': 当 \chi_{2n}^2\left(1 - \frac{\alpha}{2}\right)\Big/(2n\lambda_0) \leqslant \overline{X} \leqslant \chi_{2n}^2\left(\frac{\alpha}{2}\right)\Big/(2n\lambda_0) 时接受 H_0'', 不然就否定 H_0''. \tag{2.33'}$$

可以证明(见附录 A):φ 和 φ'都是相应假设的一致最优检验,而 φ''则不是——问题 3°没有一致最优检验.

我们来看看问题 2°.假设 $H_0{}'$可写为

$$H_0{}':\text{元件平均寿命}\geqslant 1/\lambda_0,$$

而检验 φ'可写为:"当$(1/\overline{X})/(1/\lambda_0)\geqslant \chi_{2n}{}^2(1-\alpha)/(2n)$时,接受 $H_0{}'$."这意思是说,只要观察的平均寿命 $1/\overline{X}$不小于设定的平均寿命 $1/\lambda_0$ 的 $\chi_{2n}{}^2(1-\alpha)/(2n)$倍,假设 $H_0{}'$就可以接受.取 $\alpha=0.05,n=15$,查表得

$$\chi_{2n}{}^2(1-\alpha)/(2n)=\chi_{30}{}^2(0.95)/30=18.493/30=0.6184,$$

即只要观察到的平均寿命能达到设定值的约 62%,就可接受"平均寿命不小于 $1/\lambda_0$"的假设.这看来不大能为人所接受,其解释是:一则我们选择了较小的水平 α(要求不轻易否定 H_0);二则样本大小 15 太小了些.对前者,若将 α 上升为 0.3,则相应的界限约为 $1/\lambda_0$ 的 85%.对后者,若仍维持 $\alpha=0.05$,但取 $n=100$,将得出相应的界限约为 $1/\lambda_0$ 的 84%,这已算比较合理了.

因此,在解释假设检验的结果时,切不能单纯只注意到是接受还是否定.接受是在什么条件下,否定又是在什么情况下,其含义如何,有哪些因素起作用,都需进行估量,这样才能得出切合实际的看法.

截尾寿命检验

直接将前述检验用于元件寿命检验,在实施上有一个不便之处:拿 n 个元件同时开始使用,到其全部失效时试验才能停止.这 n 个元件中难免有少数几个寿命特长的,这么一来,就必须等待很长的时间才能结束试验.为免除这个不便,在实际工作中常采用所谓截尾法.下面我们把这个方法的实施步骤介绍一下,其中涉及的分布问题就不能在此细讲了.

(1) 定数截尾法

取 n 个元件做试验.定下一个自然数 $r<n$,试验进行到有 r 个元件失效时为止.把到此时为止,全部 n 个元件的工作时间加起来记为 T,即

$$T = Y_1 + \cdots + Y_r + (n-r)Y_r. \qquad (2.34)$$

这里,Y_1 是最先失效的那个元件的失效时刻(从时刻 0 开始算起),Y_2 为第二个失效的元件的失效时刻,以此类推,第 r 个失效元件在时刻 Y_r,试验也就到此为止,余下尚有 $n-r$ 个未失效元件,它们已工作的总时间为$(n-r)Y_r$.这样得到

T 的表达式(2.34)式.不难理解:T 愈大,就愈使我们相信元件的平均寿命大.因此,比如说,问题2°的一个合理检验为:

$$\psi: \text{当 } T \geqslant C \text{ 时接受原假设 } H_0{}', \text{不然就否定 } H_0{}'. \tag{2.35}$$

可以证明*:当参数值为 λ 时,$2\lambda T \sim \chi_{2r}{}^2$.由此出发,仿照前面的推理,就不难在给定检验水平 α 之下定出(2.35)式中的 C 为

$$C = \chi_{2r}{}^2(1-\alpha)/(2\lambda_0).$$

例如,要检验某种元件平均寿命不小于5 000小时这个原假设.这相当于问题2°,并且 $\lambda_0 = 1/5\,000$.取15个元件做试验,预定到第5个失效时试验停止.于是 $n = 15, r = 5$.设前5个失效元件的工作时间依次是

$$800, 1\,200, 1\,500, 2\,000, 2\,200(\text{小时}),$$

则

$$T = 800 + 1\,200 + 1\,500 + 2\,000 + 2\,200 + 10 \times 2\,200 = 27\,500.$$

取 $\alpha = 0.05$,查表得

$$C = \chi_{10}{}^2(0.95) \times 2\,500 = 3.940 \times 2\,500 = 9\,850.$$

因为 $27\,500 > 9\,850$,应接受原假设 $\lambda \leqslant 1/5\,000$.

(2) 定时截尾法

指定一个时刻 T_0,拿 n 个元件做试验,直到时刻 T_0 为止.把到这时为止全部 n 个元件的工作总时间加起来记为 T^*,算法是:若某个元件在 T_0 之前的某个时刻 t 已失效,则该元件的工作时间为 t;若到 T_0 时刻仍未失效,则该元件的工作时间为 T_0.**显然,平均寿命愈大,则 T^* 愈倾向于取较大的值,于是得出检验

$$\psi': \text{当 } T^* \geqslant C \text{ 时接受 } H_0{}', \text{不然就否定 } H_0{}'. \tag{2.36}$$

可以证明:近似地有 $2\lambda T^* \sim \chi_{2u+1}{}^2$.这里,$u$ 是到时刻 T_0 停试时已失效的元件个数.由此出发,仿照前面的推理,即可定出在给定水平 α 时 C 的近似值(因 $2\lambda T^* \sim \chi_{2u+1}{}^2$ 只是近似成立),为

---

* 见本章习题15.

** 也可以更一般一些,对参试的 n 个元件的每一个规定不同的停试时刻 $T_1, \cdots, T_n$.总工作时间 T 的计算方法与上述相同.

$$C = \chi_{2u+1}{}^2(1-\alpha)/(2\lambda_0). \tag{2.37}$$

例如,仍取 $\lambda_0 = 1/5\,000$,$\alpha = 0.05$,取 10 个元件做试验,把 T_0 定为 1 000.到时刻 T_0 时,已有 5 个元件失效,时刻分别为 100,150,230,500 和 580,则

$$T^* = 100 + 150 + 230 + 500 + 580 + 5 \times 1\,000 = 6\,560.$$

此处 $u = 5$,按(2.37)式,有

$$C = \chi_{11}{}^2(0.95) \times 2\,500 = 4.575 \times 2\,500 = 11\,437.5.$$

因为 6 560<11 437.5,应否定原假设 $H_0{}'$.

5.2.5 二项分布参数 p 的检验

设某事件的概率为 p,p 未知.做 n 次独立试验,每次观察该事件是否发生.以 X 记该事件发生的次数,则 X 服从二项分布 $B(n, p)$.要根据 X 去检验以下一些假设:

1° H_0: $p \leqslant p_0$, H_1: $p > p_0$;

2° $H_0{}'$: $p \geqslant p_0$, $H_1{}'$: $p < p_0$;

3° $H_0{}''$: $p = p_0$, $H_1{}''$: $p \neq p_0$.

先考虑问题 1°.从直观上看,一个显然的检验法为

$$\varphi\text{: 当 } X \leqslant C \text{ 时接受 } H_0\text{,不然就否定 } H_0. \tag{2.38}$$

因 X 只取整数值,故 C 可限于整数.此检验的功效函数为

$$\begin{aligned} \beta_\varphi(p) &= P_p(X > C) = 1 - P_p(X \leqslant C) \\ &= 1 - \sum_{i=0}^{C} \binom{n}{i} p^i (1-p)^{n-i}. \end{aligned} \tag{2.39}$$

根据第 2 章习题 7,$\beta_\varphi(p)$为 p 的增函数.故只需取 C,使 $\beta_\varphi(p_0) = \alpha$,则检验 φ 将有水平 α.这相当于要选择整数 C,使

$$\sum_{i=0}^{C} \binom{n}{i} p_0{}^i (1-p_0)^{n-i} = 1 - \alpha. \tag{2.40}$$

麻烦的是,不一定正好有一个整数 C 使(2.40)式成立.较常见的情况是:存在这样一个 C_0,使

$$\sum_{i=0}^{C_0}\binom{n}{i}p_0{}^i(1-p_0)^{n-i}<1-\alpha<\sum_{i=0}^{C_0+1}\binom{n}{i}p_0{}^i(1-p_0)^{n-i},\qquad(2.41)$$

这时,我们只好取 C 为 C_0 或 C_0+1.当取 C 为 C_0 时,相当于把水平 α 升高一些,即允许犯第一类错误的概率略大一点.当取 C 为 C_0+1 时,则相当于把水平 α 降一点.只要 n 充分大,则

$$\binom{n}{C_0+1}p_0{}^{C_0+1}(1-p_0)^{n-C_0-1}$$

这一项一般很小,这种修改也就很小,不会太影响实际.因为水平 α 取为 0.05 或 0.01 等并无特殊含义,这样的修改也不产生原则问题.

但是,在 n 不很大时,有可能(2.41)式的左、右两边都与 $1-\alpha$ 有不可忽略的距离,这时如屈从一端,则对水平 α 的修改太大,可能对当事的一方不利.举例如下:

例 2.3 一工厂向商店供货,商店要求废品率不超过 $p=0.05$.经双方同意,制定抽样方案:每批(假定批量很大)抽 $n=24$ 件,检查其中废品个数 X,当 $X\leqslant C$ 时,商店接受该批产品,否则就拒收.双方约定检验水平为 $\alpha=0.05$,这意味着废品率为 0.05 的批次有 95% 可通过检查(若 $p<0.05$,通过的比率当然比 0.95 更高).问题是决定 C,按(2.40)式,要找 C 使

$$I=\sum_{i=0}^{C}\binom{24}{i}(0.05)^i(0.95)^{24-i}=0.95.$$

查二项分布表*,知

$$C=2\ 时,\ I=0.884;$$
$$C=3\ 时,\ I=0.970.$$

此两值都与约定的 0.95 有相当距离.若取 $C=2$,对商店有利;取 $C=3$,则对工厂有利.

照数字看,0.97 与 0.95 距离较近,似以把 C 取为 3 较合理.但如商店不同意,一定要坚持 0.95 这个数,则只好按如下的方式处理:

(a) 当 $X\leqslant 2$ 时接受产品(接受假设 $p\leqslant 0.05$),当 $X\geqslant 4$ 时拒收.

---

* 目前国内较仔细的二项分布表,以及其他几种常用统计表,包括正态分布、统计三大分布及泊松分布等的表,是由全国统计方法应用标准化技术委员会制定的国家标准,即《统计分布数值表》(GB4086).

(b) 若 $X=3$,则既不完全接受也不完全拒绝,而按一定的概率接受.接受的概率是

$$r=(0.95-0.884)/(0.97-0.884)=0.767.$$

可以这样设想:拿一个袋子,其中含白球767个,红球233个.每次抽样得出 $X=3$ 时,即随机从袋子中抽出一个球,如为白球,产品通过;否则就拒收.

(a),(b)二者结合,就严格维持了0.05这个约定的水平.这样的检验叫做"随机化检验",因为在(b)这个步骤中,包含了一个随机机制去决定原假设是否被接受.在所有涉及离散型分布的检验中,如要坚持约定的水平,往往得通过这样的随机化.但这种做法,一则累赘;二则对实用工作者而言往往觉得不自然.因此,除非确有必要,实用上不大采用.这里交代了以后,以下我们就不再提这个问题.

继续把问题1°看成一个产品抽样验收的问题.在实际使用中,除规定 p_0 和水平 α 外,还要指定一个较 p_0 大一些的数 p_1 及充分小的数 β,并要求检验能满足如下的条件:若 $p\geqslant p_1$,则原假设 H_0 被接受的概率不超过 β.也就是说,废品率不小于 p_1 的批次,只有至多 $100\beta\%$ 的批次能通过检验.在抽样验收中,一般使用$1-\beta_\varphi(p)$,而不使用 $\beta_\varphi(p)$.$1-\beta_\varphi(p)$称为检验 φ 的操作特征函数或OC函数,暂记为 $L_\varphi(p)$.有

$$L_\varphi(p)=\sum_{i=0}^{C}\binom{n}{i}p^i(1-p)^{n-i}. \tag{2.42}$$

于是,所提的要求可综合为

$$L_\varphi(p_0)=1-\alpha,\quad L_\varphi(p_1)=\beta. \tag{2.43}$$

如图5.3所示,为实现(2.43)式,可能试着选一个 n,按(2.40)式决定 C.定出 C 后,把 $p=p_1$ 代入(2.42)式算出 $L_\varphi(p_1)$.若 $L_\varphi(p_1)<\beta$,则 n 取得太大了;若 $L_\varphi(p_1)>\beta$,则 n 取得太小.经调整 n 值之后再重复上述试算.在应用上,对一些特定的 p_0,p_1 和 α,β 值,把 n 和 C 的值造了表.

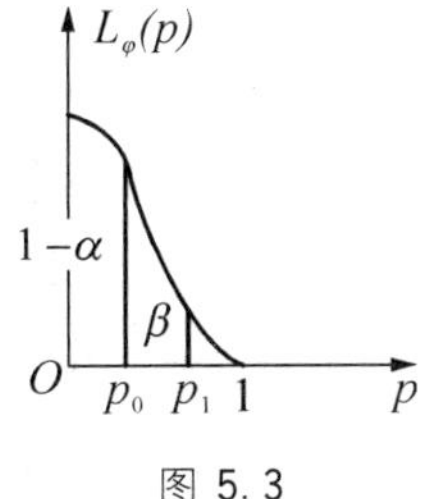

图5.3

产品抽样验收是二项分布参数问题的一项重要应用,它已经发展成为数理统计学的一个应用分支,刚才所讲的只是一种最简单的情况.在实际应用中,为了对付各种情况——例如,每批产品个数不多,而需要用超几何分布代

替二项分布；一次完成抽样可能不经济，而可以考虑多次完成，如复式抽样方案(见习题)及序贯抽样方案；产品也可以不单纯只看其是否合格，而要测定其指标值(数量验收方案)；验收可以是针对孤立的一些批次，或是连续性的，因而可以考虑在何时放宽或加严检查，等等.

检验问题2°,3°的处理方法类似.给定水平α，其检验分别为

$$\varphi'：当\ X \geqslant C\ 时接受\ H_0'，不然就否定\ H_0'， \tag{2.44}$$

其中C由关系式

$$\sum_{i=0}^{C-1}\binom{n}{i}p_0{}^i(1-p_0)^{n-i}=\alpha$$

确定；

$$\varphi''：当\ C_1 \leqslant X \leqslant C_2\ 时接受\ H_0''，不然就否定\ H_0''， \tag{2.45}$$

其中C_1,C_2分别由关系式

$$\begin{aligned}&\sum_{i=0}^{C_1-1}\binom{n}{i}p_0{}^i(1-p_0)^{n-i}=\alpha/2,\\&\sum_{i=C_2+1}^{n}\binom{n}{i}p_0{}^i(1-p_0)^{n-i}=\alpha/2\end{aligned} \tag{2.46}$$

确定.

可以证明：φ和φ'都是所给水平下的一致最优检验，而问题3°没有一致最优检验.

符号检验

符号检验的原始形态如下：假定有甲、乙两种牌号的同一产品(例如两种啤酒).为了解大众的反映如何，挑选了n个人，每人给以甲、乙两种牌号的产品各一份，请他们使用后做出评定.规定：若认为甲优于乙，则给一个“+”号；若认为乙优于甲，则给一个“-”号.以p记“认为甲比乙优”的人在整个大众(而不止限于挑出的这n个人)中所占比例，若$p=1/2$，则甲、乙两种牌子谁也不占优势.为检验是否如此(检验原假设$p=1/2$)，看这n个人的回答中正号的个数X. X服从二项分布$B(n,p)$，于是可以使用检验(2.45)式，C_1,C_2由(2.46)式给出，其中$p_0=1/2$.若$X<C_1$，则判甲不如乙；若$X>C_2$，则判乙不如甲.若$C_1 \leqslant X \leqslant$

C_2,则认为在水平 α 上尚不足以做出判断——尽管在样本中"+"、"-"号的个数有差别,但差别不够大,还不能认为它一定不是由抽样的随机性所引起的.

更进一步,在有些场合下,可以要求参试的人打分.如定下 0～100 分的范围,可以要求每个参试者对甲、乙两种牌号的产品各给一个分,如表 5.1 前两行所示.

表 5.1

参试人		1	2	…	i	…	n
评分	甲	X_1	X_2	…	X_i	…	X_n
	乙	Y_1	Y_2	…	Y_i	…	Y_n
甲-乙的符号		+	-	…	-	…	+

对这批数据可以考虑用 t 检验法:一是把 $X_1,\cdots,X_n$ 和 $Y_1,\cdots,Y_n$ 分别看做从正态总体 $N(\theta_1,\sigma^2)$ 和 $N(\theta_2,\sigma^2)$ 中抽出的样本,用两样本 t 检验(2.22)式去检验原假设 $\theta_1=\theta_2$.这个做法的问题在于:各人品味和打分尺度不同.品味较高的人也许倾向于把分给得低一些,反之则给得高一些.这不仅会破坏正态性,也会使方差 σ^2 加大而降低检验的功效.另一种想法是取差

$$Z_i=X_i-Y_i \quad (i=1,\cdots,n),$$

把 $Z_1,\cdots,Z_n$ 视为取自 $N(\mu,{\sigma_1}^2)$ 的样本(μ 作为 $\theta_1-\theta_2$,而 ${\sigma_1}^2$ 可视为上文的 $2\sigma^2$;或者,根本不必与上文的 θ_1,θ_2 和 σ^2 发生联系),而用一样本 t 检验(2.17)式去检验假设 $\mu=0$.这个做法部分地弥补了前一做法的缺点,但仍有其问题:各人在差距如何以分数反映上尺度也可能不一.同是感觉上这一点差距,有人觉得用 5 分的相差就够了,而有人可能愿意用 20 分.这也会破坏上文的正态性假设和使方差 ${\sigma_1}^2$ 增大.

现在看表 5.1 中最后一行:X_i-Y_i 的符号.这就免除了前面所讲的可能的缺点,因为此处只要一个好坏对比的意见,而不问具体程度如何,这样就回到了符号检验.

当然,符号检验也有其缺点,即它丢失了 X_i,Y_i 这些数据中相当部分的信息.如果有把握认为参试人给分的尺度并无重大差别,用 t 检验比用符号检验很可能给出更高的分辨率.因此,要不要把分数转化为符号,这是一个要依据对实

际背景的了解去考虑的问题.

在符号检验中,我们对样本 X_i, Y_i 所来自的总体的分布不需要有什么特殊的假定.这样的检验在数理统计学上称为"非参数检验",意即它不是只适用于某种特定的参数分布族,如正态分布族或指数分布族之类.非参数方法是数理统计学中的一个重要分支.

顺便说一句:符号检验中那种回答问题的方式,是在民意测验中对某问题做二者取一的回答的那种方式(你是否赞同某项措施,两位候选人中你打算投谁的票之类).在西方每值大选或总统选举之前,进行多次民意测验,每次挑选数百至数千(以至更多)的人进行调查.历史证明:这种调查与事后的结果惊人地一致.不懂统计学的人对此可能觉得难以理解:一国人民多至千万以至以亿计,为什么区区数千人的意见与全体的意见相距如此之近?其实不难解释.以 n 记调查人数,以 m 记某种特定回答(如准备投 A 的票)的人数,以 $m/n=\hat{p}$ 估计 p.因 n 甚大,可以用第 4 章(4.13)式做 p 的区间估计,它大体上就是 $\hat{p}\pm u_{\alpha/2}\sqrt{\hat{p}(1-\hat{p})/n}$.如取 $n=2\,500$, $\alpha=0.05$,则

$$u_{\alpha/2}\sqrt{\hat{p}(1-\hat{p})/n}\leqslant 1.96\sqrt{\frac{1}{2}\left(1-\frac{1}{2}\right)\Big/2\,500}=1.96\%\approx 2\%.$$

即用 $\hat{p}$ 估计 p,大约只有 $\pm 2\%$ 的误差.如果一个候选人比另一个领先 5 个百分点,则在民意测验中就能有确定的反映了.

5.2.6　泊松分布参数 λ 的检验

设有一个取非负整数值的离散总体,其分布为包含未知参数 λ 的泊松分布,如第 2 章(1.7)式所示.现设 X 为抽自该总体的样本*,要考虑以下的一些检验问题($\lambda_0>0$ 为给定常数):

1°　$H_0: \lambda\leqslant\lambda_0$, $H_1: \lambda>\lambda_0$;

2°　$H_0': \lambda\geqslant\lambda_0$, $H_1': \lambda<\lambda_0$;

3°　$H_0'': \lambda=\lambda_0$, $H_1'': \lambda\neq\lambda_0$.

先考虑问题 1°.由于 X 的均值为 λ,当 H_0 成立时,X 倾向于取较小的值,由此得出下述直观上合理的检验:

---

* 可以一般地设 $X_1,\cdots,X_n$ 为抽自该总体中的样本,但只要取 $X=X_1+\cdots+X_n$,则据第 2 章例 4.3,X 仍为泊松分布,只是参数改为 $n\lambda$.因此,只抽一个样本的限制并无损于一般性.

$$\varphi: \text{当 } X \leqslant C \text{ 时接受 } H_0\text{,不然就否定 } H_0. \tag{2.47}$$

其功效函数为

$$\beta_\varphi(\lambda) = 1 - P_\lambda(X \leqslant C) = 1 - \sum_{i=0}^{C} e^{-\lambda}\lambda^i/i!. \tag{2.48}$$

根据第 2 章习题 10,$\beta_\varphi(\lambda)$是 λ 的增加函数.故为决定 C,使检验 φ 有给定的水平 α,只需取 C,使 $\beta_\varphi(\lambda_0) = \alpha$,即

$$\sum_{i=0}^{C} e^{-\lambda_0}\lambda_0{}^i/i! = 1 - \alpha. \tag{2.49}$$

这里也有我们在讲二项分布参数的检验问题时碰到的情况,即不一定存在整数 C 使(2.49)式恰好成立,而是存在 C_0,使

$$\sum_{i=0}^{C_0} e^{-\lambda_0}\lambda_0{}^i/i! < 1 - \alpha < \sum_{i=0}^{C_0+1} e^{-\lambda_0}\lambda_0{}^i/i!. \tag{2.50}$$

这时,或者调整 α 的值,或者施行随机化(当 $X = C_0 + 1$ 时),步骤与以前讲的相同.

适合条件(2.50)式时,C_0 还可以由等式(第 2 章习题 10)

$$\sum_{i=0}^{C_0} e^{-\lambda_0}\lambda_0{}^i/i! = \int_{\lambda_0}^{\infty} e^{-t}t^{C_0}/C_0!\,dt \tag{2.51}$$

通过 χ^2 分布表得出.事实上,在上式右端的积分中作变量代换 $t = x/2$,得

$$\begin{aligned}\frac{1}{C_0!}\int_{\lambda_0}^{\infty} e^{-t}t^{C_0}\,dt &= \frac{1}{2^{C_0+1}\,C_0!}\int_{2\lambda_0}^{\infty} e^{-x/2}x^{C_0/2}\,dx \\ &= \frac{1}{2^{(2C_0+2)/2}\Gamma\left(\frac{2C_0+2}{2}\right)}\int_{2\lambda_0}^{\infty} e^{-x/2}x^{\frac{2C_0+2}{2}-1}\,dx \\ &= 1 - K_{2C_0+2}(2\lambda_0),\end{aligned} \tag{2.52}$$

此处,$K_{2C_0+2}(x)$为自由度为 $2C_0+2$ 的卡方分布函数.由(2.49)式、(2.51)式和(2.52)式,得 $K_{2C_0+2}(2\lambda_0) = \alpha$,即

$$2\lambda_0 = \chi_{2C_0+2}{}^2(1-\alpha). \tag{2.53}$$

然后查 χ^2表,用试探法.先取定一个 C_0 值,查表得出 $\chi_{2C_0+2}{}^2(1-\alpha)$.若此值小于

$2\lambda_0$，则表示 C_0 取得太小，反之则太大.实际上，从表上"$1-\alpha$"那一列从上往下看，就直接可以找到满足(2.49)式或(2.50)式的 C_0.例如，取 $\lambda_0=1.752$，$\alpha=0.05$，则 $2\lambda_0=3.504$.从 χ^2 表中头上为 $1-\alpha=0.95$ 的那一列往下看，见到

$$\chi_8{}^2(0.95)=2.733,\quad \chi_{10}{}^2(0.95)=3.940,$$

故满足(2.50)式的 C_0 为 $C_0=3$.这个方法的缺点是：它没有给出(2.50)式左、右两端的值，因而在 C_0+1 处施行随机化时的概率(即例2.3中0.767这个数)算不出来(如果所用的 χ^2 表的表头上恰有"$2\lambda_0$"这一栏，当然就不成问题).

例2.4　假定一指定地区内的人口中，每年患某种特殊疾病的人数服从泊松分布，且过去相当长一段时间内，平均每年发病人数为2.3人.但近4年内记录到的发病人数分别为3,4,1,5.问是否有明显证据表明发病率上升了？

从数字上看，发病率的上升甚为明显.从统计学的角度观察问题，就是要检验一下这表面上的增加是否达到了在一定水平 α 之下的显著性，即不能仅从偶然波动的角度去解释.

为此，以 $\lambda\leqslant 2.3$ 作为原假设，把4个年份的数字相加，得 $X=3+4+1+5=13$.要注意 X 的分布是参数为 4λ 的泊松分布，因此据 X 去进行检验时，原假设要改为 $\lambda\leqslant\lambda_0=4\times 2.3=9.2$.取 $\alpha=0.05$，查表有

$$\chi_{30}{}^2(0.95)=18.493>2\lambda_0,\quad \chi_{28}{}^2(0.95)=16.928<2\lambda_0.$$

由此知应当在 $X\leqslant 13$ 时接受 $\lambda\leqslant 9.2$，在 $X\geqslant 15$ 时否定($X=14$ 时要施行随机化，或把14放到否定域内).总之，按所得数据 $X=13$ 尚不能否定"年平均发病人数未上升"的假设.

若取 $\alpha=0.20$，则查表得

$$\chi_{26}{}^2(0.80)=19.820>2\lambda_0,\quad \chi_{24}{}^2(0.80)=18.062<2\lambda_0,$$

相当于(2.50)式中的 $C_0=11$.现 $X=13$，该否定原假设 $\lambda\leqslant 9.2$.

随着所取水平 α 的不同，在同一数据下一个假设的接受与否也可以不同，而水平的选择是人为的.由此可知，不能把检验的结果按其表面意义解释得太死.拿本例而言，如果你认为事态并非很严重，而采纳"发病人数增加"的结论将导致需要巨额经费的措施，你可以慎重一些，而采取一个较低的水平，如 $\alpha=0.05$.这时你的结论是：目前尚无十分有力的证据表明情况已恶化了，可再观察一段时间.但如你只是把这个问题作为一个单纯的科研题目，你也许会倾向于认为不必过于保守——即宁可取较大一点的水平，例如 $\alpha=0.20$.这时你的结论将是：已

有较充分的证据表明情况有了恶化.值得注意,采取这个看法犯错误的机会不超过0.2.这两种看法并无矛盾.恰恰相反,也许这两种看法的结合,使我们对本题中随机性的影响如何得到了更深入一步的理解.

对问题2°和3°,类似的讨论得到水平 α 的检验 φ' 与 φ'' 如下:

$$\varphi': \text{当 } X \geqslant C \text{ 时接受 } H_0', \text{不然就否定 } H_0', \tag{2.54}$$

其中 C 由关系式

$$\sum_{i=0}^{C-1} \mathrm{e}^{-\lambda_0} \lambda_0{}^i / i! = \alpha \tag{2.55}$$

确定,或用

$$2\lambda_0 = \chi_{2C}{}^2(\alpha) \tag{2.56}$$

确定;

$$\varphi'': \text{当 } C_1 \leqslant X \leqslant C_2 \text{ 时接受 } H_0'', \text{不然就否定 } H_0'', \tag{2.57}$$

C_1, C_2 分别由

$$\sum_{i=0}^{C_1-1} \mathrm{e}^{-\lambda_0} \lambda_0{}^i / i! = \alpha/2, \quad \sum_{i=0}^{C_2} \mathrm{e}^{-\lambda_0} \lambda_0{}^i / i! = 1 - \alpha/2 \tag{2.58}$$

确定,或用

$$2\lambda_0 = \chi_{2C_1}{}^2(\alpha/2), \quad 2\lambda_0 = \chi_{2C_2+2}{}^2(1-\alpha/2) \tag{2.59}$$

确定.

泊松分布参数检验有一个有趣的应用,即用于本节5.2.4段中讲过的定时截尾寿命检验的情形.前面我们讲的定时截尾是预定一个时刻 T_0,在时刻0时对 n 个元件(其寿命都服从参数为 λ 的指数分布)进行测试.每个参试元件如在时刻 T_0 前失效,则记下其失效时刻,而并不替换该元件.现在对试验做一点修改:开始时 n 个元件参试,不论在 T_0 之前的哪个时刻其中哪个元件失效了,就立即用一个新的元件替换上去.到时刻 T_0 时结束试验,把到那时为止失效的元件总数记为 X.如图5.4所示,表示在时刻0有3个元件参试,到时刻 T_0 结束,共有 $X=11$ 个元件失效.

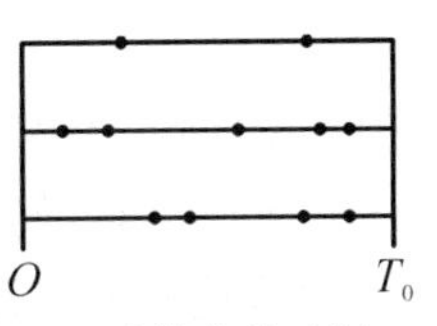

图 5.4

用第2章习题25容易推出:X 服从参数 $\nu = nT_0\lambda$ 的泊松分布.如要检验"元件平均寿命不小于 $1/\lambda_0$"即"$\lambda \leqslant$

λ_0”,可归结为在泊松总体中观察了 X,要检验假设“$\nu \leqslant nT_0\lambda_0$”.这正是我们讨论过的问题.

5.2.7 大样本检验

在上面讲的一些检验问题中,我们都知道了有关检验统计量的确切分布.据此,就可以在给定的检验水平 α 之下,决定检验统计量的临界值,即我们前面多次提到的常数 C(或 C_1, C_2(如在双侧情形)).

但在不少问题中,检验统计量在直观上看合理,但其确切分布求不出.这时,往往就求助于其极限分布,依据它去决定临界值 C.举一个例子.

例 2.5(贝伦斯—费歇尔问题) 设 $X_1,\cdots,X_n$ 和 $Y_1,\cdots,Y_m$ 分别是抽自正态总体 $N(\theta_1,\sigma_1^2)$ 和 $N(\theta_2,\sigma_2^2)$ 的样本.$\theta_1,\sigma_1^2,\theta_2,\sigma_2^2$ 全都未知,也没有假定 σ_1^2 与 σ_2^2 相等.要检验原假设“$\theta_1=\theta_2$”,对立假设是“$\theta_1 \neq \theta_2$”.也可以考虑单侧的情形,即以“$\theta_1 \leqslant \theta_2$”为原假设.

据正态分布的性质,有

$$\frac{(\bar{X}-\bar{Y})-(\theta_1-\theta_2)}{\sqrt{\sigma_1^2/n+\sigma_2^2/m}} \sim N(0,1), \tag{2.60}$$

因为 σ_1^2,σ_2^2 未知,虽则(2.60)式为确切分布,仍无法据以确定检验的临界值.于是,以 X 样本的样本方差 S_1^2 作为 σ_1^2 的估计,以 Y 样本的样本方差 S_2^2 作为 σ_2^2 的估计,分别取代(2.60)式中的 σ_1^2 和 σ_2^2,得到

$$T=\frac{(\bar{X}-\bar{Y})-(\theta_1-\theta_2)}{\sqrt{S_1^2/n+S_2^2/m}}. \tag{2.61}$$

其确切分布很复杂,但当 n,m 都较大时,其分布接近 $N(0,1)$.姑且认为它就是 $N(0,1)$,则得到原假设 $\theta_1=\theta_2$ 的下述检验法:当

$$|\bar{X}-\bar{Y}| \Big/ \sqrt{S_1^2/n+S_2^2/m} \leqslant u_{\alpha/2} \tag{2.62}$$

时接受原假设,不然就否定.

大样本检验,例如(2.62)式,在下述意义下是近似的:原先预定的检验水平是 α,而该检验的实际水平与 α 有差距.这是由于(2.61)式中 T 的分布与 $N(0,1)$ 的分布有距离.如果 n 和 m 都较大,则 T 的分布与 $N(0,1)$ 的差异就很小,而检验(2.62)式的实际水平就与其预定水平 α 相差很小.问题在于,我们一般并不清

楚对一定的 n 和 m，T 的分布与 $N(0,1)$ 的差异有多大，因而也就不能估计检验的实际水平与其名义水平究竟差多少.在区间估计中也有这个问题：由于使用了有关变量的近似分布，所做出的区间估计，其实际置信系数与名义（预定的）置信系数之间，有一个我们不了解的差距.

因此，大样本方法是一个“不得已而为之”的办法，只要有基于精确分布的方法（小样本方法），我们总是乐于采用的.可惜的是：在数理统计学的许多问题中，能找出形式足够简单且便于使用的精确分布的情况，到底还是不多.因此，大样本方法在数理统计学中占有重要的地位.

也有的情况，精确分布是知道的，但在样本大小 n 太大时计算不便，我们也时常用其较简单的极限分布去取代它.下面是一个例子.

例 2.6 再考虑 5.2.5 段讨论过的二项分布参数 p 的检验问题.以该处的问题 3°（原假设 $p=p_0$）为例，前面我们已找出检验(2.45)式，其中 C_1，C_2 由(2.46)式决定.当 n 很大时，(2.46)式中的和无法从二项分布表上查得，因而 C_1，C_2 的决定就不易.

但根据中心极限定理（第 3 章定理 4.3），当原假设 $p=p_0$ 成立而 $n\to\infty$ 时，$(X-np_0)/\sqrt{np_0(1-p_0)}$ 的分布趋向于 $N(0,1)$.近似地就把 $N(0,1)$ 作为其分布，则可提出如下的检验：当

$$|X-np_0|/\sqrt{np_0(1-p_0)}\leqslant u_{\alpha/2},$$

即

$$np_0-u_{\alpha/2}\sqrt{p_0(1-p_0)}\leqslant X\leqslant np_0+u_{\alpha/2}\sqrt{p_0(1-p_0)} \qquad (2.63)$$

时接受原假设 $p=p_0$，不然就拒绝.与(2.45)式相比较，这等于以(2.63)式两端的值作为 C_1 和 C_2 的近似值.这两个值比 C_1，C_2 的确切值（由(2.46)式决定的）要容易计算得多.

我们再提醒一下以前曾解释过的一件事情：统计方法的大小样本之分，不在于样本大小 n 多大（这无清楚界线），而全看其是否使用有关变量的极限分布.拿本例而言，若用检验(2.63)式，无论 n 多小，总是大样本方法；若用检验(2.45)式，而 C_1，C_2 由(2.46)式决定，则无论 n 多大，仍是小样本方法.

5.2.8 贝叶斯方法

贝叶斯方法的一般原则已经在第 4 章 4.2 节 4.2.4 段中阐述过，并已曾用

于点估计和区间估计问题.贝叶斯方法用于检验问题至为简单:如已经选定了先验分布,则在有了样本 $X_1,\cdots,X_n$ 后,分别算出原假设 H_0 的条件概率 $P(H_0|X_1,\cdots,X_n)$ 和对立假设 H_1 的条件概率 $P(H_1|X_1,\cdots,X_n)$.若前者大于后者,则接受原假设 H_0;若后者大于前者,则否定原假设 H_0.如果二者相等(都等于1/2),则可让其悬而不决(留待进一步考察),或随机地取其一.举例说明之.

例 2.7　考虑第4章例2.14,但此处我们讨论有关 θ 的检验问题.

1°　设原假设 H_0: $\theta\leqslant 0$,对立假设 H_1: $\theta>0$.就该例给的先验分布 $N(\mu,\sigma^2)$,已求出后验分布为正态 $N(t,\eta^2)$,其中 t,η^2 分别见第4章(2.17)式和(2.18)式.

当 $\theta\sim N(t,\eta^2)$ 时,$\theta\leqslant 0$ 的概率易算出,此处我们只关心它是否小于1/2.显然,若 $t>0$,此概率小于1/2;若 $t<0$,则此概率大于1/2;当 $t=0$ 时,则此概率恰为1/2.因此,得出在所给先验分布之下的贝叶斯检验为:

$$\begin{cases}\text{当 } t<0 \text{ 即 } \bar{X}<-\mu/(n\sigma^2)\text{ 时,接受 } H_0:\theta\leqslant 0;\\ \text{当 } t>0 \text{ 即 } \bar{X}>-\mu/(n\sigma^2)\text{ 时,否定 } H_0;\\ \text{当 } t=0 \text{ 即 } \bar{X}=-\mu/(n\sigma^2)\text{ 时,悬而不决.}\end{cases}$$

从其中看出先验信息的影响.设 $\mu>0$,则先验信息较有利于 H_1: $\theta>0$.所产生的后果是:$\bar{X}$ 必须小于一个比0更小的数 $-\mu/(n\sigma^2)$,才能接受 $\theta\leqslant 0$.若无这一先验信息的"先入之见",则公平的看法是:当 $\bar{X}<0$ 时认为 $\theta\leqslant 0$ 的可能性较大,因而接受它.先验信息的存在使我们要求更强的证据.从其影响上看,与选择检验水平 α 有相通之处:我们愈是相信原假设,就愈是倾向于选择较低的 α,而使检验更有利于原假设.当然,这只是一个比喻.在贝叶斯方法中没有"检验水平"的概念,其方法的精神与奈曼—皮尔逊理论根本不同.

2°　若取原假设为 H_0: $\theta_1\leqslant\theta\leqslant\theta_2$($\theta_1,\theta_2$ 给定),则原则上完全一样:在 $\theta\sim N(t,\eta^2)$ 时,算出 $\theta_1\leqslant\theta\leqslant\theta_2$ 的概率为

$$P(\theta_1\leqslant\theta\leqslant\theta_2\mid X_1,\cdots,X_n)=\Phi\left(\frac{\theta_2-t}{\eta}\right)-\Phi\left(\frac{\theta_1-t}{\eta}\right).\qquad(2.64)$$

我们留给读者去证明:这个函数作为 t 的函数,当 t 由 $-\infty$ 升至 ∞ 时,先增后减.由此可知,使此表达式大于1/2的 t 落在某区间 (a,b) 内(可以是空集).相应地,$\bar{X}$ 落在某区间 (A,B) 内,即贝叶斯检验为:

$$\begin{cases}\text{当 } A<\overline{X}<B \text{ 时,接受原假设 } H_0:\theta_1\leqslant\theta\leqslant\theta_2;\\ \text{当 } \overline{X}<A \text{ 或 } \overline{X}>B \text{ 时,否定 } H_0;\\ \text{当 } \overline{X}=A \text{ 或 } B \text{ 时,悬而不决.}\end{cases} \tag{2.65}$$

用非贝叶斯方法,即奈曼—皮尔逊的方法,也可以得到形式一样的检验,但临界值不同,这留作习题.

3° 最后考虑检验问题 $H_0:\theta=0,\ H_1:\theta\neq 0$.

因为后验分布为正态,θ 取一个值 0 的后验概率为 0:$P(H_0|X_1,\cdots,X_n)$总为 0.故依贝叶斯检验,不论样本如何,总要否定 H_0.

这样的解看来很不吸引人.这里面就有些思想得弄清楚.

首先,就贝叶斯方法而言,它只看后验概率的大小.0 这个值的先验概率为 0,即根本不可能之事,就是说,先天地已知道"$\theta=0$"不可能,还有什么值得去检验的?

问题就出在这个"绝对"上.如果你要检验某个物件的重量"绝对地"等于 2.567 959克,我说你不必检验,世间找不出其重量与 2.567 959 克一丝不差的物体.在这个意义上,你可以不经检验否定 $\theta=\theta_0$ 这种假设.可是在实用中,人们并不这么绝对地看问题.当人们检验 $\theta=\theta_0$ 这个假设时,他是理解为:所检验的其实是 θ 在 θ_0 附近一个可允许的限度内,且只要样本中包含的证据不与这一点相去太远,就可考虑接受.这是我们日常处理这种问题的看法.我们以前讲过的,以奈曼—皮尔逊思想为基础的检验法很好地体现了这一点.

在此,如一定要用贝叶斯方法来检验 $\theta=0$ 这个假设,就必须给 0 这个点以一个正的先验概率 p_0.剩下的 $1-p_0$ 的概率以某种方式分布在 $\theta\neq 0$ 的范围内,例如按正态分布.此处不涉及细节,有兴趣的读者可参看陈希孺、倪国熙合著的《数理统计学教程》第 204 面例 5.8.大家可能觉得:p_0 这个值毫无定准,如何给法? 在并无确实的先验信息可依时,只好凭考虑两类错误的后果去选择:如果你认为错误地否定 $\theta=0$ 后果较严重,你可以选择一个略大的 p_0,以使"$\theta=0$"难以被否定一些.这与在奈曼—皮尔逊方法中选择检验水平 α 有同一效应——须知,水平 α 的选定也并无理论依据,而是基于实际考虑.此处 p_0 的选择,不妨也作如是观.

贝叶斯方法的最大的好处是:一经选定了先验分布,则剩下的只是计算问题,而没有找检验统计量的问题,特别是没有找检验统计量的精确分布的问题.看一个例子.

例 2.8 设 $X_1,\cdots,X_n$ 为抽自正态总体 $N(\theta,\sigma^2)$ 的样本，θ 和 σ 都未知，考虑检验问题

$$H_0: a\leqslant\theta\leqslant b,\quad H_1: \theta< a \text{ 或 } \theta> b. \tag{2.66}$$

其中 a,b 都是给定的有限常数($a<b$).

在本节5.2.1段中，我们曾讨论过 $\theta\leqslant\theta_0$，$\theta\geqslant\theta_0$ 和 $\theta=\theta_0$ 等原假设的检验问题，但就是没有提到过(2.66)式，其实这个问题在应用上也有其重要性.原因就在于:用非贝叶斯的方法，这个检验所涉及的分布问题不易解决.

现用贝叶斯法，给 θ 以广义先验密度1，给 σ 以广义先验密度 σ^{-1}，并设二者独立.这等于说给 (θ,σ) 以广义先验密度 σ^{-1} $(-\infty<\theta<\infty,\sigma>0)$.由第4章(2.10)式和(2.11)式，得知在有了样本 $X_1,\cdots,X_n$ 时 (θ,σ) 的后验密度为

$$C_n\sigma^{-(n+1)}\exp\left[-\frac{1}{2\sigma^2}\sum_{i=1}^{n}(X_i-\theta)^2\right]\quad(-\infty<\theta<\infty,\sigma>0), \tag{2.67}$$

这里

$$C_n=\left(\int_0^\infty\int_{-\infty}^\infty\sigma^{-(n+1)}\exp\left[-\frac{1}{2\sigma^2}\sum_{i=1}^{n}(X_i-\theta)^2\right]\mathrm{d}\theta\mathrm{d}\sigma\right)^{-1}.$$

C_n 是一个与 θ,σ 无关但与样本有关的常数，以下的常数 D_n,E_n 等也是如此，它们没有必要去计算.将(2.67)式对 σ 从0到 ∞ 积分，得到 θ 的边缘后验密度，为

$$\begin{aligned}
&C_n\int_0^\infty\sigma^{-(n+1)}\exp\left[-\frac{1}{2\sigma^2}\sum_{i=1}^{n}(X_i-\theta)^2\right]\mathrm{d}\sigma\\
&=D_n\left(\sum_{i=1}^{n}(X_i-\theta)^2\right)^{-n/2}\\
&=D_n(S_0{}^2+n(\overline{X}-\theta)^2)^{-n/2}\\
&=D_nS_0{}^{-n}[1+n(\overline{X}-\theta)^2/S_0{}^2]^{-n/2}\\
&=E_n[1+n(\overline{X}-\theta)^2/((n-1)S^2)]^{-n/2}.
\end{aligned} \tag{2.68}$$

其中，$S_0{}^2$ 为 $\sum_{i=1}^{n}(X-\overline{X})^2$，即 $(n-1)S^2$，S^2 为样本方差.S_0，S 都与 σ,θ 无关.令

$$\theta^*=\sqrt{n}(\theta-\overline{X})/S, \tag{2.69}$$

它是 θ 的线性函数.由 θ 有密度(2.68)式，易算出 θ^* 有密度函数

$$F_n\left(1+\frac{\theta^{*2}}{n-1}\right)^{-n/2}\quad(-\infty<\theta^*<\infty). \tag{2.70}$$

把这个表达式和第2章(4.31)式比较,即知它是自由度为 $n-1$ 的 t 分布密度,因而常数 F_n 就必然是 $\Gamma\left(\frac{n}{2}\right)\Big/\left(\sqrt{2\pi}\Gamma\left(\frac{n-1}{2}\right)\right)$. 以 T_{n-1} 记自由度为 $n-1$ 的 t 分布函数,用(2.69)式和(2.70)式,即得

$$
\begin{aligned}
& P(H_0 \mid X_1, \cdots, X_n) \\
&\quad = P(a \leqslant \theta \leqslant b \mid X_1, \cdots, X_n) \\
&\quad = P(\sqrt{n}(a-\bar{X})/S \leqslant \theta^* \leqslant \sqrt{n}(b-\bar{X})/S \mid X_1, \cdots, X_n) \\
&\quad = T_{n-1}\left(\frac{\sqrt{n}(b-\bar{X})}{S}\right) - T_{n-1}\left(\frac{\sqrt{n}(a-\bar{X})}{S}\right).
\end{aligned}
$$

看它是否大于1/2,即决定是否接受原假设 H_0.

例如,取原假设为 $-1\leqslant\theta\leqslant1$,样本大小 $n=16$,且设由样本算出 $\bar{X}=0.8$, $S=2$. 则

$$
\begin{aligned}
\sqrt{n}(b-\bar{X})/S &= 4(1-0.8)/2 = 0.4, \\
\sqrt{n}(a-\bar{X})/S &= 4(-1-0.8)/2 = -3.6,
\end{aligned}
$$

因而

$$
P(-1\leqslant\theta\leqslant1 \mid X_1, \cdots, X_n) = T_{15}(0.4) - T_{15}(-3.6).
$$

查 t 分布表知上式右边为 $0.621\,119-0.086\,245=0.537\,874>1/2$,故应当接受原假设.

有意思的是看(2.69)式的 θ^*,若回到非贝叶斯的看法,即把 $\bar{X}$, S 看做随机的,而 θ 为未知常数,则如第2章(4.34)式所示,θ^* 的分布为自由度为 $n-1$ 的 t 分布 t_{n-1}. 刚才我们又证明了:在所给的(广义)先验密度之下,θ^* 的后验分布是 t_{n-1},殊途而同归,但解释截然不同. 在非贝叶斯意义下得到的 $\theta^* \sim t_{n-1}$ 无助于解决此处的检验问题,而在贝叶斯方法之下,由 θ^* 的后验分布为 t_{n-1} 立即导致检验问题的解.

顺便交代一下,20世纪30年代初,R·A·费歇尔从非贝叶斯的结果

$$
\sqrt{n}(\bar{X}-\theta)/S \sim t_{n-1} \tag{2.71}
$$

出发,用如下的推理:在上式中把 $\bar{X}$, S 看做已知常数而将 θ 看成是随机的,则(2.71)式可看做决定了 θ 的一个分布,他称之为 θ 的信仰分布(Fiducial

Distribution).其解释如下:在抽样前,我们对 θ 茫然无所知.有了样本后,仍不能确切地定出 θ.但根据样本所提供的信息,我们对 θ 取各种值的"信仰程度"有了不同.例如,我们相信 θ 取 $\overline{X}$ 附近值的程度,比相信 θ 取远离 $\overline{X}$ 的值的程度要大些.信仰分布从数量上刻画了这个相信程度.若以 F 记 θ 的信仰分布,则 $F(b)-F(a)$ 就是我们对"θ 落在区间 (a,b) 内"的信仰概率(Fiducial Probability).利用这个就可以进行统计推断——做区间估计、检验等,这个方法在数理统计学中称为信仰推断法(Fiducial Inference).

费歇尔的思想与贝叶斯学派的基本思想有共同之处,即都是把未知参数视为随机变量,可以谈论其概率分布.二者的不同之处在于贝叶斯学派要求先验分布,而费歇尔不要求.贝叶斯方法中的后验分布与费歇尔的信仰分布可以作等量观,但是,在贝叶斯方法中,由先验分布到后验分布有一定的规则遵循,即求条件分布的规则.因此,一旦先验分布指定了,后验分布并无疑义.费歇尔的信仰分布则不然,它虽不依赖什么先验分布,但不仅无一定的法则可遵循,且在较复杂的场合,简直不知从何着手.正是由于这个原因,信仰推断的方法没有能推广开来,与频率学派和贝叶斯学派鼎足而三.但是,这个方法在有些情况下有其应用,特别是在我们多次提到过的贝伦斯—费歇尔问题中,此方法颇为成功(参看前引陈希孺、倪国熙书第182～183面),目前仍有些学者对它进行研究.

再回过头说说贝叶斯检验.上面提到的那个准则,即在 $P(H_0|X_1,\cdots,X_n)>1/2$ 时接受原假设,并非一成不变的.在实际问题中,不论是接受还是否定 H_0,往往都意味着一种可能带来经济上或其他方面后果的行动.由于后果的严重性不同及当事者的承受力不同,他在做出决定时所采用的"临界概率"就不一定是1/2,可以大一些或小一些.举例言之,接受 H_0 表示兴办某一商业活动.这个活动一旦成功,大有利可图,但也很可能失败而招致一定的经济损失.一个有实力能承担这样的风险且又富于冒险精神的实业家,可能决定只要有30%的成功机会就准备一试,这时他把接受 H_0 的标准定为 $P(H_0|X_1,\cdots,X_n)\geqslant 0.3$.反之,一个实力不强且较稳健的人,也许会要求有八成把握才干.这已不单纯是统计推断问题,而是一种统计决策问题,其特点是不仅要考虑到样本提供的信息,还必须考虑到种种决定可能带来的后果.*

* 关于统计推断与统计决策的异同的论述,可参看前面所引陈希孺与倪国熙合著的书第222～225面.

5.3 拟合优度检验

拟合优度检验是为检验观察到的一批数据是否与某种理论分布符合.例如,我们考察某一产品的质量指标而打算采用正态分布模型,或考察一种元件的寿命而打算采用指数分布模型,可能事先有一些理论或经验上的根据.但这究竟是否可行?有时就需要通过样本进行检验.例如,抽取若干个产品测定其质量指标,得$X_1,\cdots,X_n$,然后依据它们以决定“总体分布是正态分布”这样的假设能否被接受.又如,有人制造了一个骰子,他声称是均匀的,即出现各面的概率都是1/6,是否如此?单审视骰子外形恐还不足以下判断,于是把骰子投掷若干次,记下其出现1点,2点,……,6点的次数,去检验这个结果与“各面概率都是1/6”的说法能否符合.

拟合优度检验在应用上很重要,除直接用于分布拟合外,列联表(见下文5.3.3段)也是一项重要应用.另外,这个问题在数理统计学的发展史上占有一定的地位.其历史情况是这样的:统计分析方法在19世纪时多用于分析生物数据,那时曾流行一种看法,认为正态分布普遍地适合于这类数据.到19世纪末,K·皮尔逊对此提出问题,他指出有些数据有显著的偏态,不适于用正态模型.他于是提出了一个包罗甚广的、日后以他的名字命名的分布族,其中包含正态分布,但也有很多偏态的.皮尔逊认为:第一步工作是根据数据从这一大族分布中挑选一个最能反映所得数据性态的分布*.第二步就是要检验所得数据与这个分布的拟合如何,这一步就是拟合优度检验.他为此引进了著名的“卡方检验法”(以后写为χ^2检验法).20世纪20年代,R·A·费歇尔对χ^2检验法做出了重要贡献,他纠正了皮尔逊工作中的一个关键性的错误(见下文).

5.3.1 理论分布完全已知且只取有限个值的情况

设有一总体X.设从某种理论,或单纯作为一种假定,认为X的分布为

---

* 我们在讲点估计时提到的“矩估计法”,就是皮尔逊为这个目的而创立的.有趣的是,目前在数理统计学中,矩法的Popularity反倒超过了皮尔逊分布族,这恐怕是皮尔逊所始料不及的.

$$H_0: P(X = a_i) = p_i \quad (i = 1, \cdots, k), \tag{3.1}$$

其中 $a_i, p_i (i=1,\cdots,k)$ 都为已知，且 $a_1,\cdots,a_k$ 两两不同，$p_i>0\ (i=1,\cdots,k)$.

现在从该总体中抽样 n 次，或者说，对 X 进行 n 次观察，得样本 $X_1,\cdots,X_n$. 要根据它们去检验(3.1)式的原假设 H_0 是否成立. 至于为什么这种检验称为拟合优度检验，将在下文解释.

先设想 n 足够大，则按大数定理，若以 ν_i 记 $X_1,\cdots,X_n$ 中等于 a_i 的个数，应有 $\nu_i/n\approx p_i$，即 $\nu_i\approx np_i$. 我们把 np_i 称为 a_i 这个“类”的理论值，而把 ν_i 称为其经验值或观察值. 如表 5.2 所示.

表 5.2

类　别	a_1	a_2	$\cdots$	a_i	$\cdots$	a_k
理论值	np_1	np_2	$\cdots$	np_i	$\cdots$	np_k
经验值	ν_1	ν_2	$\cdots$	ν_i	$\cdots$	ν_k

显然，表中最后两行差异愈小，则 H_0 愈像是对的，我们也就愈乐于接受它. 现在要找出一个适当的量来反映这种差异. 皮尔逊采用的量是

$$\begin{aligned} Z &= \sum (\text{理论值} - \text{经验值})^2 / \text{理论值} \\ &= \sum_{i=1}^{k} (np_i - \nu_i)^2 / (np_i). \end{aligned} \tag{3.2}$$

这个量中每项的分子部分好解释，分母用 np_i 则难以从直观上说清楚了，见下文.

这个统计量称为皮尔逊的拟合优度 χ^2 统计量，下文简称 χ^2 统计量. 名称的得来是因为下面这个重要定理，它是皮尔逊在 1900 年证明的.

定理 3.1 如果原假设 H_0 成立，则在样本大小 $n\to\infty$ 时，Z 的分布趋向于自由度为 $k-1$ 的 χ^2 分布，即 χ_{k-1}^2.

这个定理从理论上说明了在 Z 的定义中分母取为 np_i 的道理：若用别的值，就得不到这么简单的极限分布.

这个定理的严格证明超出了本课程的范围之外. 为使读者相信其正确性，我们对 $k=2$ 这个简单情况仔细考察一下. 在这一情况下，有

$$np_2 = n(1-p_1), \quad \nu_2 = n - \nu_1,$$

于是

$$\begin{aligned}Z &= (np_1 - \nu_1)^2/(np_1) + (n - np_1 - n + \nu_1)^2/[n(1 - p_1)]\\ &= (\nu_1 - np_1)^2/[np_1(1 - p_1)]\\ &= [(\nu_1 - np_1)/\sqrt{np_1(1 - p_1)}]^2.\end{aligned}$$

根据中心极限定理(第 3 章定理 4.3),当 $n\to\infty$ 时,$(\nu_1 - np_1)/\sqrt{np_1(1-p_1)}$的分布收敛于标准正态分布 $N(0,1)$.于是,Z 的分布收敛于标准正态变量的平方的分布,按定义,即 ${\chi_1}^2={\chi_{k-1}}^2$,因此处$k=2$.

用这个定理就可以对 H_0 做检验.显然,应当在 $Z>C$ 时否定H_0,在 $Z\leqslant C$ 时接受H_0.C 的选取根据给定的水平 α.若近似地认为 Z 的分布就是 ${\chi_{k-1}}^2$,则显然应取 C 为 ${\chi_{k-1}}^2(\alpha)$.于是得到检验:

$$\varphi\text{: 当 } Z\leqslant {\chi_{k-1}}^2(\alpha) \text{ 时接受 } H_0\text{,不然就否定 } H_0. \tag{3.3}$$

这是一个“非此即彼”的解决方式,在实用上,有时采取一种更有弹性的看法,它能提供更多的信息,且解释了“拟合优度”这个名词.

假定据一组具体数据算出的 Z 值为 Z_0.我们提出这样的问题:在 H_0 成立之下,出现像 Z_0 这么大的差异或更大的差异的可能性有多大?按定理 3.1,这个概率,暂记为 $p(Z_0)$,近似地为

$$p(Z_0) = P(Z\geqslant Z_0 \mid H_0)\approx 1 - K_{k-1}(Z_0),$$

其中 $K_{k-1}(x)$为自由度为 $k-1$ 的 χ^2分布函数.显然,这个概率愈大,就说明即使在 H_0 成立时,出现 Z_0 这么大的差异就愈不稀奇,因而就愈使人们相信 H_0 的正确性.因此之故,把 $p(Z_0)$解释为数据对理论分布(3.1)的“拟合优度”.拟合优度愈大,就表示数据与理论之间的符合愈好,该理论分布也就获得更充足的实验或观察支持.检验(3.3)不过是树立了一个门槛 α:当拟合优度 $p(Z_0)$低于 α 时,即放弃 H_0.* 自然,若取 $\alpha=0.05$,则当 $p(Z_0)=0.06$ 或$p(Z_0)=0.94$时,都接受 H_0.但后者数据对理论分布的支持显然比前者大得多:前者虽勉强过关,但已接近崩溃的边缘.

---

* 这种看法不仅适合于此处,也适合于前面所讲过的那些检验问题.举例而言,设 X 是抽自正态总体 $N(\theta,1)$的样本,要检验 H_0: $\theta\leqslant 0$.设 x_0 是 X 的具体值.可以把$P(X\geqslant x_0\,|\,\theta=0)=1-\Phi(x_0)$作为 x_0 这个数值的拟合优度.如果 $x_0>\nu_\alpha$,则拟合优度低于 α 而否定H_0.如 $\alpha=0.05$,则 $x_0=2$ 和 $x_0=100$ 都要否定 H_0,但后者提供的否定 H_0 的证据显然比前者有力得多.

例 3.1 考虑前面提到的检验骰子均匀的问题,它相当于 $a_i=i,p_i=1/6$ $(i=1,\cdots,6)$(a_i 的具体值不重要,它只是代表一个类而已).设做了 $n=6\times10^{10}$ 次投掷,得出各点出现的次数为(理论值 $np=10^{10}$):

$$\begin{aligned}&\nu_1=10^{10}-10^6,\quad \nu_2=10^{10}+1.5\times10^6,\quad \nu_3=10^{10}-2\times10^6,\\&\nu_4=10^{10}+4\times10^6,\quad \nu_5=10^{10}-3\times10^6,\quad \nu_6=10^{10}+10^6/2.\end{aligned}\tag{3.4}$$

算出这组数据的拟合优度统计量 Z 的值为

$$\begin{aligned}Z_0&=(10^{12}+2.25\times10^{12}+4\times10^{12}+16\times10^{12}+9\times10^{12}+10^{12}/4)/10^{10}\\&=3\,250.\end{aligned}$$

此处 $k=6,k-1=5$.查 χ^2 分布表,$K_5(3\,250)=0.999\,9\cdots$,故拟合优度 $p(Z_0)$ 几乎是0.这说明,实验数据极不支持"骰子均匀"这个假设.

这个结果值得玩味.如拿数据(3.4)对 p_i 做估计,则估出 p_i 的值都在 $1/6\pm10^{-4}$ 数量级之内.从实用的观点看,这恐怕可认为是足够均匀了.这种差异,即使存在,也许并无实用意义.可是,由于试验次数极大,我们达到了"明察秋毫"的地步,把这么小的差异也检测出来了.本例说明:假设检验的结果的含义必须结合其他方面的考虑(样本大小、估计值等),才能得到更合理的解释.统计上的显著性并不等于实用上的重要性,这一点在前面已提醒过了.

下面举一个反方向的例子.

例 3.2 一家工厂分早、中、晚三班,每班8小时.近期发生了一些事故,计早班6次,中班3次,晚班6次.据此怀疑事故发生率与班次有关,比方说,中班事故率小些,要用这些数据来检验一下.

我们把

$$H_0:\text{事故发生率与班次无关}\tag{3.5}$$

作为原假设.如分别以1,2,3作为早、中、晚班的代号,这个假设相当于(3.1)式中的 $a_i=i,p_i=1/3\ (i=1,2,3)$.理论值为 $np_i=15\times1/3=5$.算出 Z 的值为

$$Z_0=[(5-6)^2+(5-3)^2+(5-6)^2]/5=1.2.$$

$k-1=3-1=2$,查 χ^2 分布表,得拟合优度

$$p(Z_0)=1-K_2(1.2)=1-0.451=0.549.$$

故数据未提供否定 H_0 的证据.更清楚地说,即使事故与班次完全无关,在每一

百家工厂中,你平均会观察到 55 家,其各班次事故数表面上的差异甚至比这里观察到的还大.因此,表面上 6∶3∶6 的差异其实并不稀奇.

没有统计思想的人易倾向于低估随机性的影响.在此例中,由于观察数 $n=15$ 太小,随机性的影响就大了.读者可计算一下:若观察的总事故达到 75 次而仍维持上述比例(即早班 30 次,中班 15 次,晚班 30 次),则 $p(Z_0)$ 降至 0.05 以下,因而有较充分的理由认为三个班次有差异了.在 15 这么小的观察数之下,对目前这个结果,只宜解释为:一方面数据未能提供事故率与班次有关的支持;一方面也认为表面上的差异究竟不宜完全忽视,值得进一步观察.

5.3.2 理论分布只含有限个值但不完全已知的情况

先举两个例子.

例 3.3 回到“符号检验”中讨论过的那个问题.被调查者对甲、乙两种牌号何者为优的回答可能有三种:① 甲优;② 乙优;③ 认为一样或不回答.所谓“甲、乙两牌号一样”,这时应理解为:这三种情况的概率依次为 $p_1=\theta, p_2=\theta, p_3=1-2\theta$,对某个 $\theta\geqslant 0, \theta\leqslant 1/2$.在这里,理论分布只是部分已知(有上述形式,特别是 $p_1=p_2$),但其中包含未知参数 θ,并不完全知道.

例 3.4 想要考察特定一群人的收入与其花在文化上的支出有无关系的问题.把收入分成高、中、低三档,文化上的支出分为多、少两档,则每个人可归入六个类别中的一类,分别以 $X=1,2,\cdots,6$ 记(高,多),(高,少),…,(低,少)这六类.如果这二者独立,则应有,例如

$$P(\text{高},\text{多})=P(\text{高})P(\text{多}).$$

分别以 p_1, p_2, p_3 记 $P(\text{高}), P(\text{中}), P(\text{低})$,这三个数就是收入为高、中、低档者在全体人口中的比率,$p_1+p_2+p_3=1$.类似地,以 q_1 和 q_2 分别记 $P(\text{多})$,$P(\text{少})$,则有 $q_1+q_2=1$.这样,若独立性成立,则 X 的理论分布为

$$\begin{aligned} &P(X=1)=p_1q_1,\quad P(X=2)=p_1q_2,\quad P(X=3)=p_2q_1,\\ &P(X=4)=p_2q_2,\quad P(X=5)=p_3q_1,\quad P(X=6)=p_3q_2. \end{aligned} \tag{3.6}$$

这里,我们知道理论分布有(3.6)这种特殊形状,但并不完全知道,因为其中包含未知参数 p_1, p_2 和 q_1,其数目为 3.

这个例子代表了一类重要应用,将在下一段专门讨论.

现在我们可以提出一般的形式.设总体 X 只取有限个值 $a_1,\cdots,a_k$,其概

率为

$$P(X = a_i) = p_i(\theta_1,\cdots,\theta_r) \quad (i = 1,\cdots,k), \tag{3.7}$$

其中 $\theta_1,\cdots,\theta_r$ 为未知参数，可在一定范围内变化. 如在例 3.4 中，三个参数 p_1，p_2，q_1 的变化范围为

$$p_1 \geqslant 0,\quad p_2 \geqslant 0,\quad p_1 + p_2 \leqslant 1,\quad 0 \leqslant q_1 \leqslant 1.$$

参数个数 $r \leqslant k-2$.

设对 X 进行了 n 次观察，仍如前，以 ν_i 记 X 取 a_i 的次数. 所要检验的假设是

$$H_0:(3.7)\text{ 式对}(\theta_1,\cdots,\theta_r)\text{ 的某一组值}(\theta_1^0,\cdots,\theta_r^0)\text{ 成立}. \tag{3.8}$$

检验这个假设的步骤与前面相似，只是多了一个参数估计问题：

1°　利用数据对参数 $\theta_1,\cdots,\theta_r$ 的值做一个估计. 采用极大似然估计法，即使(略去了与 $\theta_1,\cdots,\theta_r$ 无关的因子 $n!/(\nu_1!\cdots\nu_k!)$)

$$L = p_1^{\nu_1}(\theta_1,\cdots,\theta_r)\cdot p_2^{\nu_2}(\theta_1,\cdots,\theta_r)\cdot\cdots\cdot p_k^{\nu_k}(\theta_1,\cdots,\theta_r)$$

达到最大. 取 $\ln L$，对 θ_i 求偏导数，并命之为 0，得

$$\sum_{j=1}^{k}\frac{\nu_j}{p_j(\theta_1,\cdots,\theta_r)}\frac{\partial p_j(\theta_1,\cdots,\theta_r)}{\partial\theta_i} = 0 \quad (i = 1,\cdots,r). \tag{3.9}$$

此方程组的解记为 $\hat{\theta}_1,\cdots,\hat{\theta}_r$.

2°　就以 $(\hat{\theta}_1,\cdots,\hat{\theta}_r)$ 作为 $(\theta_1,\cdots,\theta_r)$ 的真值，算出

$$p_i = p_i(\hat{\theta}_1,\cdots,\hat{\theta}_r) \quad (i = 1,\cdots,k),$$

然后按公式(3.2)算出统计量 Z 的值. 有如下的定理：

定理 3.2　在一定的条件下，若原假设(3.8)成立，则当样本大小 $n\to\infty$ 时，Z 的分布趋向于自由度为 $k-1-r$ 的 χ^2 分布，即 χ_{k-1-r}^2.

这个定理是费歇尔在 1924 年证明的，其确切条件很复杂，不在此细述了. 与皮尔逊定理 3.1 相比，差别在于自由度由 $k-1$ 下降为 $k-1-r$. 即：所减少的自由度正好等于要估计的参数个数. 在这以前，皮尔逊曾认为这个自由度仍为 $k-1$.

3° 据定理 3.2,若以 Z_0 记统计量 Z 的具体值,算出 Z_0 的拟合优度 $p(Z_0)=1-K_{k-1-r}(Z_0)$. 如给定检验水平 α,则当 $p(Z_0)<\alpha$ 时(即 $Z_0>\chi_{k-1-r}{}^2(\alpha)$时),否定 H_0.

在这几步中,最麻烦的往往是解方程组(3.9).要计算 $p(Z_0)$,得有较细的 χ^2分布表.

现在回到例 3.3.调查了 n 个人,以 ν_1,ν_2 和 ν_3 分别记回答"甲优"、"乙优"和"认为一样或不回答"的人数.例 3.3 已指出 $p_1(\theta)=p_2(\theta)=\theta,p_3(\theta)=1-2\theta$. 由此得出(3.9)式为

$$(\nu_1+\nu_2)/\theta-2\nu_3/(1-2\theta)=0,$$

其解为 $\hat{\theta}=(\nu_1+\nu_2)/(2n)$. 于是算出各类的理论值:

$$np_1(\hat{\theta})=(\nu_1+\nu_2)/2,\quad np_2(\hat{\theta})=(\nu_1+\nu_2)/2,\quad np_3(\hat{\theta})=\nu_3.$$

因此

$$Z=\left(\nu_1-\frac{\nu_1+\nu_2}{2}\right)^2\Big/\frac{\nu_1+\nu_2}{2}+\left(\nu_2-\frac{\nu_1+\nu_2}{2}\right)^2\Big/\frac{\nu_1+\nu_2}{2}=\frac{(\nu_1-\nu_2)^2}{\nu_1+\nu_2}. \quad (3.10)$$

此处 $k=3,r=1$,自由度为 $k-1-r=1$.

不难看出,(3.10)式与用以下方法算出的 Z 一致:只考虑有效回答数 $N=\nu_1+\nu_2$. 把它作为一个 $k=2,p_1=p_2=1/2$ 的假设去检验.事实上,按这个处理法,Z 值为

$$(\nu_1-N/2)^2/(N/2)+(\nu_2-N/2)^2/(N/2)=(\nu_1-\nu_2)^2/N,$$

即(3.10)式.按定理 3.1,当原假设 $p_1=p_2=1/2$ 成立时,其极限分布应为 $\chi_{2-1}{}^2=\chi_1{}^2$,与由定理 3.2 得出的一致.这个特例说明了:在有需要由数据估计的参数时,自由度确有所降低.

5.3.3　对列联表的应用

列联表是一种按两个属性做双向分类的表.例如,一群人按男女(属性 A)和有否色盲(属性 B)分类,目的是考察性别对色盲有无影响.属性也可以是在数量划分之下形成的.如在例 3.4 中,属性 A——收入可按每月 400 元以上(高)、每月 200~400 元(中)、每月 200 元以下(低)分为三档.如数据量大,档次还可以多分一些.

表5.3显示了一个 $a \times b$ 双向列联表.属性 A 有 a 个水平 $1,2,\cdots,a$,属性 B 有 b 个水平 $1,2,\cdots,b$.随机观察了 n 个个体,其中属性 A 处在水平 i,而属性 B 处在水平 j 的个体数为表中的 n_{ij}.又

表5.3 $a \times b$ 列联表

$B \backslash A$	1	2	$\cdots$	i	$\cdots$	a	和
1	n_{11}	n_{21}	$\cdots$	n_{i1}	$\cdots$	n_{a1}	$n_{\cdot 1}$
2	n_{12}	n_{22}	$\cdots$	n_{i2}	$\cdots$	n_{a2}	$n_{\cdot 2}$
$\vdots$	$\vdots$	$\vdots$		$\vdots$		$\vdots$	$\vdots$
j	n_{1j}	n_{2j}	$\cdots$	n_{ij}	$\cdots$	n_{aj}	$n_{\cdot j}$
$\vdots$	$\vdots$	$\vdots$		$\vdots$		$\vdots$	$\vdots$
b	n_{1b}	n_{2b}	$\cdots$	n_{ib}	$\cdots$	n_{ab}	$n_{\cdot b}$
和	$n_{1\cdot}$	$n_{2\cdot}$	$\cdots$	$n_{i\cdot}$	$\cdots$	$n_{a\cdot}$	n

$$n_{i\cdot} = \sum_{j=1}^{b} n_{ij}, \quad n_{\cdot j} = \sum_{i=1}^{a} n_{ij}, \tag{3.11}$$

分别是属性 A 处在水平 i 的个体数和属性 B 处在水平 j 的个体数.记

$$p_{ij} = P(\text{属性 } A,B \text{ 分别处在水平 } i,j),$$

问题是要检验 A,B 两属性独立的假设 H_0.如 H_0 为真,应有

$$p_{ij} = u_i v_j \quad (i = 1,\cdots,a;\ j = 1,\cdots,b), \tag{3.12}$$

其中

$$u_i = P(\text{属性 } A \text{ 有水平 } i), \quad v_j = P(\text{属性 } B \text{ 有水平 } j).$$

因此,H_0 成立,等价于存在 $\{u_i\},\{v_j\}$,满足

$$u_i > 0, \quad \sum_{i=1}^{a} u_i = 1; \quad v_j > 0, \quad \sum_{j=1}^{b} v_j = 1, \tag{3.13}$$

使(3.12)式成立.

在这个模型中,u_i, v_j 等充当了参数 $\theta_1,\cdots,\theta_r$ 的作用.总的独立参数个数为

$$r = (a-1)+(b-1) = a+b-2.$$

为估计 u_i, v_j,写出似然函数

$$L = \prod_{i=1}^{a}\prod_{j=1}^{b}(u_i v_j)^{n_{ij}} = \prod_{i=1}^{a} u_i^{n_{i\cdot}} \prod_{j=1}^{b} v_j^{n_{\cdot j}},$$

取对数,得

$$\ln L = \sum_{i=1}^{a} n_{i\cdot}\ln u_i + \sum_{j=1}^{b} n_{\cdot j}\ln v_j.$$

注意独立参数为 $u_1,\cdots,u_{a-1}$ 和 $v_1,\cdots,v_{b-1}$,而 $u_a = 1-u_1-\cdots-u_{a-1}$, $v_b = 1-v_1-\cdots-v_{b-1}$,故$\dfrac{\partial u_a}{\partial u_i} = -1\ (i=1,\cdots,a-1)$,$\dfrac{\partial v_b}{\partial v_j} = -1\ (j=1,\cdots,b-1)$.
由此得方程

$$0 = \frac{\partial \ln L}{\partial u_i} = \frac{n_{i\cdot}}{u_i} - \frac{n_{a\cdot}}{u_a} \quad (i = 1,\cdots,a-1),$$

$$0 = \frac{\partial \ln L}{\partial v_j} = \frac{n_{\cdot j}}{v_j} - \frac{n_{\cdot b}}{v_b} \quad (j = 1,\cdots,b-1).$$

由这个方程组,并利用(3.13)式以及

$$\sum_{i=1}^{a} n_{i\cdot} = \sum_{j=1}^{b} n_{\cdot j} = n,$$

即得解为

$$\hat{u}_i = n_{i\cdot}/n \quad (i=1,\cdots,a), \qquad \hat{v}_j = n_{\cdot j}/n \quad (j=1,\cdots,b). \quad (3.14)$$

其实,估计量(3.14)不是别的,正是用频率估计概率.例如,$n_{i\cdot}$是在 n 个个体中属性 A 取水平 i 的个体数,故 $n_{i\cdot}/n$ 正好是频率.*

由估计量(3.14)得$\hat{p}_{ij} = \hat{u}_i\hat{v}_j = n_{i\cdot}n_{\cdot j}/n^2$,因而得到第$(i,j)$格的理论值为 $n\hat{p}_{ij} = n_{i\cdot}n_{\cdot j}/n$,因此统计量 Z 为

---

* $\hat{u}_i, \hat{v}_j$ 不允许为0.实际上,若某个 $n_{i\cdot}=0$(因而$\hat{u}_i=0$),则表5.3的第 i 列全为0.这时属性 A 的水平 i 应当划去.这当然不是说属性 A 不能有水平 i,只是在样本中未出现,无法讨论,只能看做没有.

$$Z = \sum_{i=1}^{a}\sum_{j=1}^{b}(n_{ij} - n_{i}.n_{.j}/n)^2/(n_{i}.n_{.j}/n)$$
$$= \sum_{i=1}^{a}\sum_{j=1}^{b}(nn_{ij} - n_{i}.n_{.j})^2/(nn_{i}.n_{.j}), \quad (3.15)$$

自由度为 $k-1-r=ab-1-(a+b-2)=(a-1)(b-1)$.

对 $a=b=2$ 这个特例,表 5.3 有时也称为"四格表".简单的代数计算证明,这时有

$$Z = n(n_{11}n_{22} - n_{12}n_{21})^2/(n_{1}.n_{2}.n_{.1}n_{.2}), \quad (3.16)$$

自由度为 1.

例 3.5 考虑例 3.4.设随机从某特定一大群人中调查了 201 名,结果如表 5.4 所列.其中 A 表示收入,1,2,3 分别表示低、中、高;B 表示文化支出,1,2 分别表示"少"和"多".

表 5.4

B \ A	1	2	3	和
1	63	37	60	160
2	16	17	8	41
和	79	54	68	201

需分别就每个格子计算和(3.15)中的项.例如,第一个格子为

$$(201\times63-79\times160)^2/(201\times160\times79)=0.000\,2,$$

其他 5 个格子的值依次算出为 0.833 3,0.636 7,0.000 8,3.252 1,2.484 7.这 6 个数的和,即统计量 Z 的值 Z_0,为 7.207 8,自由度为 $(3-1)(2-1)=2$.查 χ^2 分布表,得拟合优度 $p(Z_0)=0.0207$.此值很低,说明"收入与文化支出无关联"的假设极不可能成立.考察所得数据,收入高者文化支出偏低.

例 3.6 有三个工厂生产同一种产品,产品分 1,2,3 三个等级.为考察各工厂的产品质量水平是否一致,从这三个工厂中分别随机地抽出产品 109 件、100 件和 91 件,每件鉴定其质量等级,结果如表 5.5 所列.

表 5.5

等级 \ 工厂	1	2	3	和
1	58	38	32	138
2	28	44	45	117
3	23	18	14	55
和	109	100	91	300

“各工厂产品质量一致”这个假设，可看做“工厂”和“质量等级”这两个属性独立的假设. 用公式(3.15)，算出统计量 Z 的值 $Z_0=13.59$. 自由度为 $(3-1)\cdot(3-1)=4$. 查 χ^2 分布表，得拟合优度为 $p(Z_0)=1-K_4(13.59)<0.01$，故结果高度显著，即有明显证据说明各工厂产品质量并不一致. 从表上数据看，1 厂质量明显优于另外两厂，而 2，3 厂的差别似不大.

本例与例 3.5 相比有一点不同. 在例 3.5 中，每一个体抽出后，才去确定其两种属性的水平，故表中边缘的数据，即 79，54，68 及 160，41，都是随机观察结果. 本例则不然，三厂各自抽样数 109，100，91 等在抽样前已定下，并非随机，每一个体在被抽出时，其 A 属性的水平事先已定(从第一厂抽的产品，事先就知其 A 属性的水平必为 1). 虽有这个差别，但理论上可以证明：定理 3.2 仍然适用.

像例 3.6 这种检验问题常称为“齐一性检验”. 因为本例更自然的看法是把三个工厂的产品看成三个分别的总体，每个总体依质量等级各有其分布，共有三个分布. 检验的假设是“这三个分布一致”(或齐一). 而像例 3.5 那种检验问题则称为“独立性检验”，其目的是判定两个属性有无关联存在.

5.3.4 总体分布为一般分布的情形

这包括总体分布为离散型，但能取无限多个值，例如泊松分布的情形，以及总体分布为连续型，例如正态分布的情形. 设 $X_1,\cdots,X_n$ 为自某总体中抽出的样本，要检验原假设

$$H_0：总体分布为 F(x), \tag{3.17}$$

其中 $F(x)$ 完全已知. 也可以带有未知参数，这时 $F(x)$ 成为 $F(x;\theta_1,\cdots,\theta_r)$. 其中 $(\theta_1,\cdots,\theta_r)$ 可以在一定的范围内取值，而(3.17)式则改为

$$H_0\text{：对其一组值}(\theta_1^0,\cdots,\theta_r^0)\text{，总体分布为 }F(x;\theta_1^0,\cdots,\theta_r^0). \tag{3.18}$$

检验这一假设的办法是：通过区间分划把它转化为已讨论过的情况.为确定计，设 F 是连续型的.把 $(-\infty,\infty)$ 分割为一些区间

$$-\infty=a_0<a_1<a_2<\cdots<a_{k-1}<a_k=\infty,$$

一共 k 个区间：$I_1=(a_0,a_1],\cdots,I_i=(a_{i-1},a],\cdots,I_k=(a_{k-1},a_k)$.如果总体的分布为 $F(x;\theta_1,\cdots,\theta_r)$，则区间 I_i 有概率

$$p_i(\theta_1,\cdots,\theta_r)=F(a_i;\theta_1,\cdots,\theta_r)-F(a_{i-1};\theta_1,\cdots,\theta_r)\quad(i=1,\cdots,k). \tag{3.19}$$

以 ν_i 记样本 $X_1,\cdots,X_n$ 中落在区间 I_i 内的个数 $(i=1,\cdots,k)$.通过这个办法，我们就回到了在 5.3.2 段中已讨论过的情况，连记号 $p_i(\theta_1,\cdots,\theta_r)$，$\nu_i$ 也一样.以下的步骤就与那里讲的完全一样，基于定理 3.2，拟合优度统计量 Z 的极限分布为 $\chi_{k-1-r}{}^2$，故分区间的数目 k 不能小于 $r+2$.

当然，通过分区间，我们实际上是用另外一个假设 $H_0{}'$ 代替了原来的假设 (3.18).$H_0{}'$ 是："对某一组值 $(\theta_1^0,\cdots,\theta_r^0)$，总体在区间 I_i 内的概率为 $p_i(\theta_1^0,\cdots,\theta_r^0)$ $(i=1,\cdots,k)$."若假设(3.18)成立，$H_0{}'$ 当然成立.反之，由 $H_0{}'$ 成立推不出假设(3.18)成立，因为 $H_0{}'$ 丝毫没有限制总体在每个区间 I_i 内的分布如何.所以，如否定了 $H_0{}'$，则更有理由否定 H_0；若接受 $H_0{}'$，则我们也接受 H_0——这个方法就是如此规定的.可以设想，若区间分得很细，则每个小区间 I_i 内的概率都不大，$H_0{}'$ 与 H_0 之间也就更接近，但是，分区间数 k 取决于样本大小 n.为了使定理 3.1 或定理 3.2 中的极限分布与 Z 的确切分布的差距缩小，就要求分区间数少一些，以使每个区间内样本数目(即 ν_i)大一些.这是两个互相矛盾的要求，在实际工作中，通常是根据样本值的情况来划分区间*，以使每个区间内所含样本数不小于 5，而区间数 k 又不要太大或太小.一般在 $40\leqslant n\leqslant 100$ 时，区间数可取为 6～8 个；当 $100\leqslant n\leqslant 200$ 时，区间数可取为 9，…，12 个；当 $n>200$ 时，区间数可适当增加，一般以不超过 20 个为宜.这样划分时，有时不能照顾到各区间(除 I_1 和 I_k 外)的长相等.

---

* 按理论的要求(为了使定理 3.1 和定理 3.2 的结论有效)，划分区间必须在未看到样本之前就做好，而不能依样本情况去划分，但实际工作中难以遵守这一点.它引起的误差一般也很小，不必拘泥.

对总体为离散型的情况,设它能取的值按大小排列为 $a_1<a_2<\cdots$.若样本 $X_1,\cdots,X_n$ 中有较多个(例如至少 5 个以上)取 a_i 为值,则 a_i 自成一组.若不然,则把相邻的几个 a_i 并成一组,分组数目的考虑与上述相同.

这个检验中最难的一部分就是计算出 $\theta_1,\cdots,\theta_r$ 的估计值 $\hat{\theta}_1,\cdots,\hat{\theta}_r$.这要通过解方程组(3.9),其中 $p_i(\theta_1,\cdots,\theta_r)$ 由(3.19)式给出.这种方程确切解的计算很难.例如,若要检验的总体分布为正态 $N(\mu,\sigma^2)$,则 $r=2,\theta_1=\mu,\theta_2=\sigma$,而

$$p_i(\mu,\sigma)=\frac{1}{\sqrt{2\pi}\sigma}\int_{a_{i-1}}^{a_i}\exp\left[-\frac{1}{2\sigma^2}(x-\mu)^2\right]\mathrm{d}x.$$

要把这样的表达式代入(3.9)式而求解是很难的,因此在应用上,常使用更易于计算的估计,如用

$$\hat{\mu}=\overline{X},\quad \hat{\sigma}=S,$$

其中 $\overline{X}$ 和 S^2 分别是样本均值和样本方差.理论上知道,用这一估计代替由(3.9)式决定的估计去计算统计量 Z,已使定理 3.2 的结论不成立了,但差距还不大,故应用上还是可以的.

以下这两个数字例子取自 H·克拉美的《统计数学方法》第 30 章.

例 3.7 有一取 0,1,2,…为值的离散变量,对其进行了 2 608 次观察,结果如表 5.6 所示.要检验其分布为泊松分布的假设.

表 5.6

i	0	1	2	3	4	5	6	7	8	9	(10	11	12)
ν_i	57	203	383	525	532	408	273	139	45	27	(10	4	2)

先是分组.对 $i=0,1,\cdots,9,\nu_i$ 都比较大,可单独成组.10,11 和 12 合并为一组,故该组的 ν_i 应改为 $10+4+2=16$.

其次是用样本估计泊松分布的参数 λ.要是用(3.9)式,则甚为麻烦.此处用其通常估计 $\overline{X}$:

$$\hat{\lambda}=\overline{X}=3.870.$$

然后据此算出各组的理论值.除最后一组外,理论值是

$$n\mathrm{e}^{-\hat{\lambda}}\hat{\lambda}^i/i!=2\,608\mathrm{e}^{-3.870}(3.870)^i/i!\quad(i=0,1,\cdots,9).$$

例如,算出 $i=0$ 时为 54.399,$i=1$ 时为 210.523 等.最后一组的理论值为

$$2\,608\sum_{i=10}^{12}\mathrm{e}^{-3.870}(3.870)^i/i!=17.075.$$

最后按公式(3.2)算出统计量 Z 的值,结果为 $Z_0=12.885$.此处 $k=11$(共分 11 个组),$r=1$(有一个参数 λ 被估计),故自由度为 $11-1-1=9$.查 χ^2 分布表,得拟合优度为 $p(Z_0)=1-K_9(12.885)=0.17$.这个拟合优度尚可,但不太好:即使总体真服从泊松分布,也有 17% 的机会产生比本例数据更大的偏离.0.17 概率的事件当然不稀奇,但这个概率毕竟偏小一些,使人不很放心.

例 3.8 瑞典斯德哥尔摩自 1841 年至 1940 年百年期间 6 月份平均温度的记录,分组后如表 5.7 所列.要检验此温度的分布服从正态分布 $N(\mu,\sigma^2)$,对某个(μ,σ^2).

表 5.7

区 间(摄氏度)	观察数 ν_i	区 间(摄氏度)	观察数 ν_i
~12.4	10	14.5~14.9	10
12.5~12.9	12	15.0~15.4	9
13.0~13.4	9	15.5~16.0	6
13.5~13.9	10	16.0~16.4	7
14.0~14.4	19	16.5~	8

克拉美给出的 μ 和 σ 估计值是 $\hat{\mu}=14.28$,$\hat{\sigma}=1.574$.利用这组估计就可以算出各组的理论值.例如,12.5~12.9 这一组是

$$100\,\frac{1}{\sqrt{2\pi}1.574}\int_{12.45}^{12.95}\exp\left[-\frac{(x-14.28)^2}{2\times(1.574)^2}\right]\mathrm{d}x=100\times0.078\,9=7.89,$$

而~12.4 这一组为

$$100\,\frac{1}{\sqrt{2\pi}1.574}\int_{-\infty}^{12.45}\exp\left[-\frac{(x-14.28)^2}{2\times(1.574)^2}\right]\mathrm{d}x=100\times0.128\,9=12.89,$$

等等,式中的积分可通过转化到标准正态分布函数去计算:

$$\frac{1}{\sqrt{2\pi}\sigma}\int_a^b \exp\left[-\frac{1}{2\sigma^2}(X-\mu)^2\right]dx = \Phi\left(\frac{b-\mu}{\sigma}\right)-\Phi\left(\frac{a-\mu}{\sigma}\right),$$

查标准正态分布表即得.

注意以上计算中的积分限,它取在相邻区间的相邻端点的中点,这符合四舍五入法则.

这样算出各组理论值后,用(3.2)式算出 Z 值.本例结果为7.86.自由度为 $k-1-r=10-1-2=7$.拟合优度为 $1-K_7(7.86)=0.85$.拟合程度很高.

如果数据一开始就用分组形式给出(原始数据没有给,或最初记录时就只记下它在何区间内),则$\hat{\mu}$和$\hat{\sigma}$只能用这个分组数据算.可用公式

$$\hat{\mu}=\frac{1}{n}\sum_i m_i\nu_i,\quad \hat{\sigma}^2=\frac{1}{n}\sum_i \nu_i(m_i-\hat{\mu})^2,$$

其中 m_i 是第 i 个组区间的中点.这时,最左、最右两个区间也要界定,可取其长为其相邻区间的长.

最后,如果理论分布 F 不包含参数,则各区间的理论值直接由 $n[F(a)-F(a_{i-1})]$算出,一切简单得多.自由度是 $k-1$,k 为分区间数目.

附　　录

A. 若干检验的一致最优性

在本章定义 1.3 中已给出了一个检验问题 $H_0:H_1$ 的水平 α 的一致最优检验的定义.它是一切水平 α 检验中其功效在对立假设 H_1 上处处达到最大的检验.如已说明的,这种检验的存在是稀有的例外,但在一些重要的单参数分布族的单侧检验问题中,以及在个别多参数检验中,它确实存在. 5.2 节中许多例子属于这种情况.这里我们来做一些讨论.

1. 简单假设下的奈曼—皮尔逊基本引理

考虑一个最简单的情况:原假设 H_0 和对立假设 H_1 中都只包含一个分布.为确定计,设分布都有密度.离散型的情况完全类似,只需把积分变成求和即可.

因此,有

$$H_0:\text{总体有密度 } f_0(x),$$

$$H_1:\text{总体有密度 } f_1(x).$$

设 $X_1,\cdots,X_n$ 为样本,则$(X_1,\cdots,X_n)$的密度,在 H_0 和 H_1 之下,分别为 $g_0(y)=f_0(x_1)\cdots f_0(x_n)$和 $g_1(y)=f_1(x_1)\cdots f_1(x_n)$.这里已简记 $y=(x_1,\cdots,x_n)$.求这个问题的水平 α 的检验,转化为下述数学问题:找 y 空间中的一个区域Q,作为检验的否定域(当$(X_1,\cdots,X_n)$落在 Q 内时否定 H_0,不然就接受 H_0).为使 Q 达到最优,就必须在条件

$$\int_Q g_0(y)\mathrm{d}y \leqslant \alpha$$

之下使 $\int_Q g_1(y)\mathrm{d}y$ 达到最大.很容易看出:为达到这一点,Q 必须这样取:把比值 $g_1(y)/g_0(y)$大的那些 y 收进来.这就是奈—皮基本引理:

奈—皮基本引理　水平 α 的一致最优检验 φ 的否定域Q 应如下取:找常数 C,使

$$Q=\{y \mid g_1(y)/g_0(y)>C\}, \tag{1}$$

而满足

$$\int_Q g_0(y)\mathrm{d}y=\alpha. \tag{2}$$

证　(2)式保证了检验 φ 的水平为α,现设 φ'为另一水平 α 的检验,其否定域为 Q'.记 Q 与Q'的公共部分为 R.Q_1 记 Q 中去掉R 的剩余部分,$Q_1{}'$记 Q'中去掉 R 的剩余部分(图 5.5),则易见

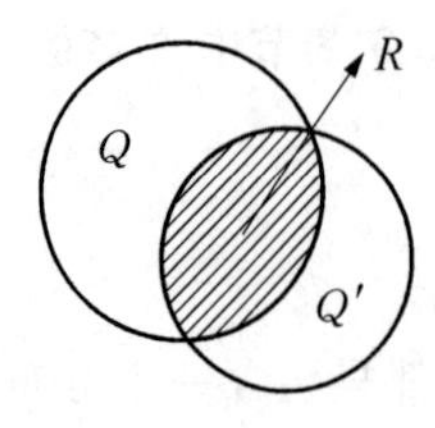

图 5.5

$$\int_Q g_1(y)\mathrm{d}y-\int_{Q'} g_1(y)\mathrm{d}y = \int_{Q_1} g_1(y)\mathrm{d}y-\int_{Q_1{}'} g_1(y)\mathrm{d}y. \tag{3}$$

由于 φ'有水平 α,有

$$\int_{Q'} g_0(y)\mathrm{d}y \leqslant \alpha.$$

再由(2)式,知

$$\int_{Q_1} g_0(y)\mathrm{d}y \geqslant \int_{Q_1{}'} g_0(y)\mathrm{d}y. \tag{4}$$

因为 $Q_1{}'$在 Q 之外,按(1)式,当 y 属于$Q_1{}'$时,有 $g_1(y) \leqslant Cg_0(y)$.而当 y 属于Q_1 时有 $g_1(y) > Cg_0(y)$.故

$$\int_{Q_1} g_1(y)\mathrm{d}y \geqslant C\int_{Q_1} g_0(y)\mathrm{d}y,$$

$$\int_{Q_1{}'} g_1(y)\mathrm{d}y \leqslant C\int_{Q_1{}'} g_0(y)\mathrm{d}y.$$

由此及(3)式,(4)式,即知

$$\int_{Q} g_1(y)\mathrm{d}y \geqslant \int_{Q'} g_1(y)\mathrm{d}y.$$

即检验 φ 的功效总不小于φ'的功效,由于φ'是任取的水平 α 的检验,故证明了 φ 是水平 α 的一致最优检验.

2. 复合假设检验的情况

现考虑一般的复合假设检验问题 $H_0 : H_1$.关于其水平 α 的一致最优检验的存在性,有如下的简单结果:

定理　在 H_0 中取定一值 θ_0,对 H_1 中的值 θ_1 建立假设检验问题:

$$H_0{}' : \theta_0; \quad H_1{}' : \theta_1. \tag{5}$$

按奈—皮基本引理,求出其水平 α 的一致最优检验 φ,如果 φ 符合以下两个条件,则它必须是原问题 $H_0 : H_1$ 的一个水平 α 的一致最优检验:

1°　检验 φ 也是$H_0 : H_1$ 的水平 α 的检验;

2°　检验 φ 不依赖于θ_1 值.

证　设φ'为 $H_0 : H_1$ 的任一水平 α 的检验,则它必是(5)式的一个水平 α 的检验.这很显然:以 $\beta_{\varphi'}(\theta)$记 φ'的功效函数.φ'为 $H_0 : H_1$ 的水平 α 检验,意味着$\beta_{\varphi'}(\theta)$在 H_0 上处处不超过 α,因而特别在 θ_0 点不超过 α.这样,φ 和 φ'都是(5)式的水平 α 的检验,而 φ 是(5)式的水平 α 的一致最优检验,故 $\beta_\varphi(\theta_1) \geqslant \beta_{\varphi'}(\theta_1)$.因

为这个事实对 H_1 中任一个 θ_1 都成立，即知 φ 为 $H_0:H_1$ 的水平 α 的一致最优检验.

在本定理中，θ_0 值如何取？对形如 $\theta\leqslant a$ 或 $\theta\geqslant a$ 这样的单侧原假设，θ_0 总是取为 a.

例 1 $X_1,\cdots,X_n$ 为抽自正态总体 $N(\theta,\sigma^2)$ 的样本，σ^2 已知，考虑检验问题

$$H_0:\theta\leqslant a;\quad H_1:\theta>a, \tag{6}$$

a 为给定常数.

按本定理，取 $\theta_0=a$，任取 $\theta_1>a$. 做检验问题

$$H_0':\theta=a;\quad H_1':\theta=\theta_1. \tag{7}$$

按奈—皮基本引理，(7)式的水平 α 的一致最优检验 φ 有否定域：

$$\left\{(x_1,\cdots,x_n)\left|\frac{\left(\frac{1}{\sqrt{2\pi}\sigma}\right)^n\exp\left[-\frac{1}{2\sigma^2}\sum_{i=1}^n(x_i-\theta_1)^2\right]}{\left(\frac{1}{\sqrt{2\pi}\sigma}\right)^n\exp\left[-\frac{1}{2\sigma^2}\sum_{i=1}^n(x_i-a)^2\right]}>C\right.\right\}.$$

取对数，易知此集合为

$$\left\{(x_1,\cdots,x_n)\mid\sigma^{-2}(\theta_1-a)\sum_{i=1}^n x_i>C_1\right\},$$

C_1 为某个常数. 因 $\theta_1-a>0,\sigma^2>0$，此集合化为

$$\left\{(x_1,\cdots,x_n)\left|\sum_{i=1}^n x_i>C_2\right.\right\} \tag{8}$$

的形状，C_2 为另一常数. 要使此检验有水平 α，应取 $C_2=na+\sqrt{n}\sigma u_\alpha$. 此值与 θ_1 无关，因而定理的条件 2°满足. 另外，这个检验的功效函数是 $1-\Phi\left(u_\alpha-\frac{\theta-a}{\sigma}\right)$，是 θ 的上升函数. 所以，这个检验也是(6)式的水平 α 的检验. 这样，条件 1°也适合. 据定理，这个检验就是(6)式的水平 α 的一致最优检验.

指数分布、二项分布和泊松分布参数的单侧假设检验问题，也可以用与本例相同的方法证明其一致最优检验存在. 留给读者作为习题.

若在本例中考察双侧假设 $H_0:\theta=a;H_1:\theta\neq a$，则一致最优检验不存在. 其理由现在也不难看出，因现在 θ_1 可以大于 a，也可以小于 a. 当 $\theta_1>a$ 时，检验

问题(7)的一致最优检验的形式如(8)式.若 $\theta_1 < a$,则一致最优检验的否定域形如

$$\left\{(x_1,\cdots,x_n)\,\middle|\,\sum_{i=1}^{n} x_i < C_3\right\},$$

与(8)式不同.因此,定理的条件 2°不满足.

B. 非中心 t 分布与 t 检验

设 X 与 Y 独立,$X \sim N(0,1)$,$Y \sim \chi_n{}^2$.又设 δ 为常数,则随机变量 $Z = (X+\delta)\Big/\sqrt{\frac{1}{n}Y}$ 的分布称为自由度 n、非中心参数 δ 的非中心 t 分布,记为 $Z \sim t_{n,\delta}$. $t_{n,\delta}$ 的分布函数将记为 $F_{n,\delta}(x)$.当 $\delta=0$ 时,就得到在第 2 章例 4.10 中介绍过的自由度为 n 的 t 分布(有时称中心 t 分布).

非中心 t 分布也是数理统计应用上的重要分布,但其分布函数 $F_{n,\delta}(x)$ 的形式很复杂,此处不去介绍.只提到一点对下文有用的性质:若 $\delta_2 > \delta_1$,则 $F_{n,\delta_2}(x) \leqslant F_{n,\delta_1}(x)$.事实上,记

$$Z_i = (X+\delta_i)\Big/\sqrt{\frac{1}{n}Y} \quad (i=1,2),$$

X,Y 如上文所述,则有 $Z_1 < Z_2$,故对任何 x 有 $P(Z_1 \leqslant x) \geqslant P(Z_2 \leqslant x)$,即 $F_{n,\delta_1}(x) \geqslant F_{n,\delta_2}(x)$.

有了这些准备,我们可以解决 5.2 节中遗留下来的有关 t 检验的问题.

设 $X_1,\cdots,X_n$ 为抽自 $N(\theta,\sigma^2)$ 中的样本,θ,σ^2 都未知,对假设检验问题

$$H_0: \theta \geqslant \theta_0; \quad H_1: \theta < \theta_0,$$

我们引进了 t 检验 ψ,由(2.14)式给出.其功效函数为(2.15)式.现易知,(2.15)式的 $\beta_\psi(\theta,\sigma)$ 为

$$\beta_\psi(\theta,\sigma) = F_{n-1,\sqrt{n}(\theta-\theta_0)/\sigma}(-t_{n-1}(\alpha)). \tag{9}$$

事实上,有

$$\sqrt{n}(\bar{X}-\theta_0)/S = \left(\frac{\sqrt{n}(\bar{X}-\theta)}{\sigma} + \frac{\sqrt{n}(\theta-\theta_0)}{\sigma}\right)\Big/\sqrt{\frac{1}{\sigma^2}S^2},$$

当参数值为(θ,σ)时,$\sqrt{n}(\bar{X}-\theta)/\sigma \sim N(0,1)$,$(n-1)S^2/\sigma^2 \sim \chi_{n-1}{}^2$,且二者独

立,故按非中心 t 分布的定义及(2.15)式,即得(9)式.

由(9)式可知,$\beta_\psi(\theta,\sigma)$为 θ 的下降函数.因当 θ 增加时,$\sqrt{n}(\theta-\theta_0)/\sigma$增加.按前面证明的性质,即知(9)式右边下降.因为 $\beta(\theta_0,\sigma)=\alpha$,知当 $\theta\geqslant\theta_0$ 时有 $\beta_\psi(\theta,\sigma)\leqslant\alpha$.这证明了:$t$ 检验(2.14)有水平 α.

其次,功效函数(9)式的形式也说明:给定 $\theta_1<\theta_0$ 及 $\beta<\alpha$,不论你取样本大小 n 多大,也无法保证对一切 $\sigma>0$ 有 $\beta_\psi(\theta_1,\sigma)\geqslant\beta$.事实上,固定 n,当 $\sigma\to\infty$ 时,有

$$\begin{aligned}\lim_{\sigma\to\infty}\beta_\psi(\theta_1,\sigma) &= \lim_{\sigma\to\infty}F_{n-1,\sqrt{n}(\theta-\theta_0)/\sigma}(-t_{n-1}(\alpha))\\ &= F_{n-1,0}(-t_{n-1}(\alpha)) = \alpha.\end{aligned}$$

这样,不论你固定 n 多大,只要 α 充分大,就可以使 $\beta_\psi(\theta_1,\sigma)<\beta$.

如果以 σ 为单位来衡量 θ_1 与 θ_0 的差距,即要求当$(\theta_1-\theta_0)/\sigma$ 固定为某个指定的 $\delta_0<0$ 时有 $\beta_\psi(\theta_1,\sigma)\geqslant\beta$ (β 为指定的小于 1 的数),则这可以做到:只需取 n 充分大,使 $F_{n-1,\sqrt{n}\delta_0}(-t_{n-1}(\alpha))\geqslant\beta$.这可以通过查非中心 t 分布表求得.

这个结果在实用上看也是合理的.在方差未知时,均值距离的实际意义如何,往往要看方差大小而定.方差愈大,固定的均值距离意义就愈小,好比秤的误差愈大,两件东西的重量就必须有更大的差别,才能较有把握地在这把秤上显示出来.(9)式中的功效函数是通过$(\theta-\theta_0)/\sigma$ 而依赖于(θ,σ),反映了这一点.

类似的结论对两样本 t 检验当然也成立,我们把细节留给读者去完成.

习　题

1. 设 X 为抽自正态总体$N(\theta,\sigma^2)$中的样本(样本大小为 1),a,b 都是给定常数,$a<b$.要找原假设 H_0: $a\leqslant\theta\leqslant b$ 的水平 α 的检验.完成以下的步骤:

1° 从直观考虑,H_0 的接受域应取为 $C_1\leqslant X\leqslant C_2$.即当 $C_1\leqslant X\leqslant C_2$ 时接受 H_0,不然就否定 H_0.写出这个检验的功效函数 $\beta(\theta)$.

2° 找出常数 C_1,C_2,使 1°中找出的 $\beta(\theta)$满足

$$\beta(a)=\beta(b)=\alpha.$$

3° 证明由 1°,2°决定的检验确是 H_0 的水平 α 检验,即当 $a\leqslant\theta\leqslant b$ 时 $\beta(\theta)\leqslant\alpha$.

4° 证明这样决定的检验满足

$$\beta(\theta) \to 1 \quad (|\theta| \to \infty).$$

解释这个结果的意义.

5° 如果 $X_1,\cdots,X_n$ 为抽自 $N(\theta,\sigma^2)$ 的样本,利用上面的结果做出 H_0 的检验.

2. 设 $X_1,\cdots,X_n$ 是抽自指数分布总体的样本,$0<a<b$,a,b 为已知常数.要检验原假设 H_0: $a\leqslant\lambda\leqslant b$.描述一下(不需详细推导)用解习题 1 的思想来解这个问题的过程.

3. 设 $X_1,\cdots,X_n$ 和 $Y_1,\cdots,Y_m$ 分别是抽自正态总体 $N(a,\sigma_1^2)$ 和 $N(b,\sigma_2^2)$ 的样本,a,b 未知而 σ_1^2,σ_2^2 已知.试做出原假设 H_0: $a=b$ 的水平 α 的检验.给定 $d_1>0$,$d_2>0$,令 $m=n$,决定 n,使当 $|a-b|\geqslant d_1$ 时,功效函数不小于 $1-d_2$.

4. 设 $X_1,\cdots,X_n$ 和 $Y_1,\cdots,Y_m$ 分别是抽自正态总体 $N(a,\sigma^2)$ 和 $N(b,\sigma^2)$ 的样本,a,b,σ^2 都未知.试仿照两样本 t 检验的做法,构造出原假设 H_0: $a=cb$ 的一个水平 α 的检验.这里,$c\neq 0$ 为已知常数.

5. 利用上题的结果解决如下的检验问题:设 $X_1,\cdots,X_n$ 和 $Y_1,\cdots,Y_m$ 分别是抽自正态总体 $N(a,\sigma_1^2)$ 和 $N(b,\sigma_2^2)$ 的样本,a,b,σ_1^2,σ_2^2 都未知,但比值 $\sigma_2^2/\sigma_1^2=c^2$ 已知,要检验原假设 H_0: $a=b$.

6. 设 $X_1,\cdots,X_n$ 为抽自具有参数为 λ_1 的指数分布的样本,$Y_1,\cdots,Y_m$ 为抽自具有参数为 λ_2 的指数分布的样本.做出原假设 H_0: $\lambda_1\leqslant\lambda_2$ 的水平 α 的检验.

7. 设 $X_1,\cdots,X_n$ 是抽自均匀分布 $R(0,\theta)$ 的样本,给定 $\theta_0>0$.做出原假设 H_0: $\theta\leqslant\theta_0$ 的水平 α 的检验.

8. 设 $X_1,\cdots,X_n$ 是从有下述密度函数的总体中抽出的样本:

$$f(x,\theta)=\begin{cases} e^{-(x-\theta)}, & \text{当 } x\geqslant\theta \text{ 时} \\ 0, & \text{当 } x<\theta \text{ 时} \end{cases} \quad (-\infty<\theta<\infty).$$

给定常数 θ_0,做出原假设 H_0: $\theta\leqslant\theta_0$ 的水平 α 的检验.

注:习题 7 和习题 8 都需要先由直观出发定出检验统计量,再根据水平 α 定临界值.

9. 设 X 为自负二项分布

$$P_\theta(X=k)=\binom{r+k-1}{r-1}p^r(1-p)^k \quad (k=0,1,2,\cdots;\ 0<\theta<1)$$

中抽出的样本.给定$\theta_0(0<\theta_0<1)$,找原假设H_0:$\theta\leqslant\theta_0$的水平α的检验.如要求水平严格地为α,如何实行随机化?

10. 在上题中,如果设θ有先验分布$R(0,1)$,求该题中原假设H_0的贝叶斯检验.

11. 在习题7中,如果设θ有先验分布$R(0,a)$(a已知,且$a>\theta_0$),试求该题中原假设H_0的贝叶斯检验.

12. 事件A在一试验中发生的概率记为p,为检验原假设H_0:$p\leqslant 1/2$是否成立,甲、乙二人分别采用下述做法:甲重复试验到A第9次出现时停止,乙重复试验到$\bar{A}$第3次出现时停止,两人都在做完第12次试验时结束试验.取检验水平$\alpha=0.05$.问:甲、乙两人分别从其试验结果中做出何种结论?你从本题结果得到什么启发?

13. 设样本$X\sim B(n_1,p_1)$,$Y\sim B(n_2,p_2)$.要检验假设H_0:$p_1=p_2$.设n_1和n_2都充分大,试做出H_0的水平α的大样本检验.

14. 设样本X服从泊松分布$P(\lambda)$.

(a) 试用中心极限定理证明:当$\lambda\to\infty$时有

$$(X-\lambda)/\sqrt{\lambda}\to N(0,1);$$

(b) 设λ_0充分大.用(a)的结果,做出原假设H_0:$\lambda=\lambda_0$的水平α的大样本检验.

15. 在5.2节5.2.4段"定数截尾"检验中,我们定义了检验统计量T(见(2.34)式),并曾指出$2\lambda T\sim\chi_{2r}{}^2$.这个结果直接证明较繁,但用下面的归纳法容易证明,试完成以下步骤:

1° 当$r=1$时,这个结果成立.为此,注意到当$r=1$时,T就是nY_1,而$Y_1=\min(X_1,\cdots,X_n)$.用第2章习题22及$f(x)=\lambda e^{-\lambda x}(x>0)$,当$x\leqslant 0$时$f(x)=0$,易求出$Y_1$的分布,因而求出$T$的分布.由此算出$2\lambda T$有密度函数$\frac{1}{2}e^{-x/2}$(当$x>0$时,下同),此即$\chi_2{}^2$的密度.

2° 设$r=k$时结果成立(归纳假设),要证明当$r=k+1$时结果也成立.为此,分别用T_k和T_{k+1}记当$r=k$和$r=k+1$时的T值,而分析一下二者的关系.如图5.6所示,分别显示出n个元件依次失效时的寿命$Y_1,\cdots,Y_n$.并为方便计，把 Y_k 和 Y_{k+1} 分别记为 a 和 b. 从图上明显看出：

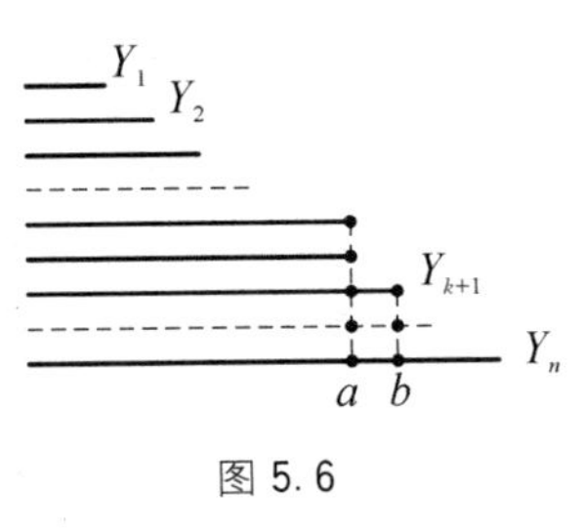

图 5.6

$$T_{k+1} = T_k + (n-k)(b-a). \tag{1}$$

$b-a$ 是什么？就是从时刻 a 起算，当时尚未失效的 $n-k$ 个元件中最早失效的那个元件的失效时间（以 a 为 0 点的时间!）. 这样一来，$(n-k)(b-a)$ 不是别的，正是 $n-k$ 个指数分布变量的最小值乘以个数 $n-k$（这里用了指数分布的无后效性：当一个元件在时刻 a 尚未失效时，其以 a 为起点以后的寿命，仍服从原来的指数分布. 见第 2 章例 1.7）. 根据 1° 中已证的，$2\lambda(n-k)(a-b) \sim \chi_2{}^2$. 另外，(1) 式右边两项有独立性，这也是根据指数分布无后效性的考虑. 而根据归纳假设，$2\lambda T_k \sim \chi_{2k}{}^2$，故由卡方分布性质，知 $2\lambda T_{k+1} \sim \chi_{2(k+1)}{}^2$. 这就完成了归纳证明.

这也是一种概率方法——不是单凭分析计算，而且利用概率的考虑. 它不仅简化了证明，也使我们明白了为什么有这个结果的道理所在.

16. 设变量 X 取 1,2,3,4 等值. 有一种理论认为，X 取这 4 个值的概率呈等比级数，即

$$P(X=2)/P(X=1) = P(X=3)/P(X=2) = P(X=4)/P(X=3).$$

为验证此理论是否正确，对 X 进行 n 次观察，发现 $\overline{X}$ 取 1,2,3,4 为值分别有 n_1, n_2, n_3, n_4 次. 试做拟合优度检验，描述步骤即可以，不必去解方程.

17. 为检验变量 X 的分布是否为指数分布（参数 λ 未知），选择适当常数 $a>0$ 及自然数 k，把区间 $[0,\infty)$ 分成 $k+1$ 份：$I_1=[0,a)$, $I_2=[a,2a)$, $\cdots$, $I_k=[(k-1)a, ka)$, $I_{k+1}=[ka,\infty)$. 用 5.3 节 5.3.4 段的方法做拟合优度检验，包括用该处所介绍的估计未知参数的方法去估计 λ. 以 n 记观察次数，n_1, n_2, $\cdots$, n_{k+1} 分别记这 n 个观察值中落入 $I_1, I_2, \cdots, I_{k+1}$ 中的个数.

18. 证明四格表的公式(3.16).

19. 对由本章(3.2)式定义的拟合优度统计量 Z，我们有定理 3.1：在原假设下 $Z \to \chi_{k-1}{}^2$ $(n\to\infty)$. 此定理未予证明，但我们可以得出若干侧证：

1°　在原假设成立时 $E(Z)=k-1$，与 $\chi_{k-1}{}^2$ 的均值一致；

2°　在原假设成立时，$\mathrm{Var}(Z)$ 也可以算出来，从其表达式易看出：$\mathrm{Var}(Z) \to 2(k-1)$ $(n\to\infty)$，即收敛于 $\chi_{k-1}{}^2$ 的方差.

1°很容易，请读者证明．2°很繁但不难．请读者指出计算$\mathrm{Var}(Z)$的详细步骤，如能坚持算出结果当然很好．

20．（此题用到附录A的方法．）

1°　考虑5.2节5.2.5段的检验问题1°．证明：由(2.38)式定义的检验φ（选择其中的C使检验水平为α）是水平α的一致最优检验．

2°　考虑5.2节5.2.6段的检验问题1°．证明：由(2.47)式定义的检验φ（选择其中的C使检验水平为α）是水平α的一致最优检验．

第6章

回归、相关与方差分析

6.1　回归分析的基本概念

本章所要讨论的题目都是在数理统计学中应用很广泛的分支.它们有一个共同点,即都是研究变量之间的关系的.这些变量可以是随机的,也可以是非随机(可以理解为能由人所控制)的,但不能全部为非随机的.它们的不同之处在于:回归分析着重在寻求变量之间近似的函数关系,相关分析则不着重这种关系,而致力于寻求一些数量性的指标,以刻画有关变量之间关系深浅的程度.第3章中讨论过的相关系数,就是这样的一个指标.方差分析着重考虑一个或一些变量对一特定变量的影响有无及大小,由于其方法是基于样本方差的分解,故得名.以上只是一个很一般的描述,在以后的叙述中将加以充实和确切化.

我们先来谈回归分析."回归"一词的来由将在后面加以解释.在现实世界中存在着大量这样的情况:两个或多个变量之间有一些联系,但没有确切到可以严格决定的程度.例如,人的身高 X 和体重 Y 有联系,一般表现为 X 大时 Y 也倾向于大,但由 X 并不能严格地决定 Y.一种农作物的亩产量 Y 与其播种量 X_1、施肥量 X_2 有联系,但 X_1,X_2 不能严格决定 Y.工业产品的质量指标 Y 与工艺参数和配方等有联系,但后者也不能严格决定 Y.

在以上诸例及类似的例子中,Y 通常称为因变量或预报量,X,X_1,X_2 等则称为自变量或预报因子.因变量、自变量的称呼借用自函数关系,它不十分妥帖,因为有时变量间并无明显的因果关系存在.例如,不好说一个人的身高是因、体重是果,因为你也可以反过来说,该人身高是因其体重大.预报量与预报因子的名称来源于实际.因为在应用中,多是借助于一些变量的值去预测另一些变量的值.比如说,用播种量和施肥量去预测产量.这个名称也非十分完善,因为在回归分析的某些应用中,并无预报的含义.迄今为止,对 X(或$(X_1,X_2,\cdots)$)和 Y 并无一种一致采用或公认为妥帖的称呼,为简单计,今后我们将固定使用自变量和因变量这一对名词.

为什么由 X_1,X_2 等不能严格决定 Y? 理由很清楚.拿农作物那个例子来说,影响产量 Y 的因素(变量)很多,远不止播种量 X_1 和施肥量 X_2 二者,其他如灌溉情况、气温变化情况、灾害(病虫害、风灾之类)等,都影响到 Y.这些因素中,有可以人为控制的(如已考虑的 X_1,X_2),有原则上可控但因技术、经济力量不及,或研究工作目标有限未予控制的,还有一大批难以控制的随机因素.因此,已考虑的因素 X_1,X_2 只能在一定程度上决定产量 Y,其余则委之于随机误差.因此,在回归分析中,因变量总是看做随机变量.至于自变量,则情况较复杂:有随机的,如人的身高、体重那个例子,不是给定身高去测体重,而是随机地抽出一个人,同时测其身高和体重,故二者都是随机变量;也有非随机的,农作物例中的播种量和施肥量即是,它们的取值可以由人控制.从数理统计学的理论上说,这二者有差别.但从实用上说,人们往往把随机自变量当做非随机去处理,但对结果的解释要小心,以后再谈.在本章 6.2 节和 6.3 节这两节中,除有特别声明外,我们将一律把自变量视为非随机的.

现设在一个问题中有因变量 Y 及自变量 $X_1,\cdots,X_p$.可以设想 Y 的值由两部分构成:一部分由 $X_1,\cdots,X_p$ 的影响所致,这一部分表为 $X_1,\cdots,X_p$ 的函数形式 $f(X_1,\cdots,X_p)$.另一部分则由其他众多未加考虑的因素,包括随机因素的影响所致,它可视为一种随机误差,记为 e.于是得到模型

$$Y = f(X_1,\cdots,X_p) + e.$$

e 作为随机误差,我们要求其均值为 0,即

$$E(e) = 0.$$

于是得到:$f(X_1,\cdots,X_p)$就是在给定了自变量 $X_1,\cdots,X_p$ 的值的条件下,因变量 Y 的条件期望值.可写为*

$$f(X_1,\cdots,X_p) = E(Y \mid X_1,\cdots,X_p).$$

函数 $f(x_1,\cdots,x_p)$称为 Y 对 $X_1,\cdots,X_p$ 的"回归函数",而方程

$$y = f(x_1,\cdots,x_p)$$

---

* 以往我们定义条件期望时,是假定所有的变量都为随机的.如今自变量 $X_1,\cdots,X_p$ 并非随机,故记号 $E(Y|X_1,\cdots,X_p)$只是一种借用.可以简单地理解为:Y 的分布依赖于参数 $X_1,\cdots,X_p$,故其期望值也应与$X_1,\cdots,X_p$ 有关.

则称为 Y 对 $X_1,\cdots,X_p$ 的“回归方程”.有时在回归函数和回归方程之前加上“理论”二字,以表明它是直接来自模型,也可以说是模型的一个组成部分,而非由数据估计所得.后者称为“经验回归函数”和“经验回归方程”.

设 ξ 为一随机变量,则 $E(\xi-c)^2$ 作为 c 的函数,在 $c=E(\xi)$ 处达到最小.由这个性质,可以对理论回归函数 $f(x_1,\cdots,x_p)$ 做下面的解释:如果我们只掌握了因素 $X_1,\cdots,X_p$,而希望利用它们的值以尽可能好地逼近 Y 的值,则在均方误差最小的意义下,以使用理论回归函数为最好.

但在实际问题中,理论回归函数一般总是未知的,统计回归分析的任务,就在于根据 $X_1,\cdots,X_p$ 和 Y 的观察值,去估计这个函数,以及讨论与此有关的种种统计推断问题,如假设检验问题和区间估计问题.所用的方法,在相当大的程度上取决于模型中的假定,也就是对回归函数 f 及随机误差 e 所做的假定.先说回归函数 f,一种情况是对 f 的数学形式并无特殊的假定,这种情况称为“非参数回归”.另一种情况,即目前在应用上最多见的情况,是假定 f 的数学形式已知,只是其中若干个参数未知.例如,$p=2$,而已知 $f(x_1,x_2)$ 形如

$$f(x_1,x_2)=c_1+c_2\mathrm{e}^{c_3x_1}+c_4\ln x_2,$$

其中 $c_1,\cdots,c_4$ 是未知参数,要通过观察值去估计.这种情况称为“参数回归”.其中在应用上最重要且在理论上发展得最完善的特例,是 f 为线性函数的情形:

$$f(x_1,\cdots,x_p)=b_0+b_1x_1+\cdots+b_px_p.$$

这种情况叫做“线性回归”,是我们今后讨论的主要对象.线性回归的限制看来较强.不过,如果自变量变化的范围不太大,而曲面 $y=f(x_1,\cdots,x_p)$ 弯曲的程度也不过分,则在该较小的范围内,它可以近似地用一个平面(即线性函数)去代替,而不致引起过大的误差.其次,有些形式上看是非线性的回归函数,可能通过自变量的代换转化为线性的,见6.3节.因此,线性回归模型有比较大的适用面,加上它处理上简便,成为一个极其重要的模型.

对随机误差 e,我们已假定其均值 $E(e)=0$.e 的方差 σ^2 是回归模型的一个重要参数,因为

$$E[Y-f(X_1,\cdots,X_p)]^2=E(e^2)=\mathrm{Var}(e)=\sigma^2,$$

σ^2 愈小,用 $f(X_1,\cdots,X_p)$ 逼近 Y 所导致的均方误差就愈小,回归方程也就愈有用.σ^2 的大小由什么决定呢?这就在于以下两点:

(1) 在选择自变量时,是否把对因变量 Y 有重要影响的那些都收进来了.

如果是这样，则未被考虑的即作为随机误差去处理的那些因素，总的起作用就较小，因而 σ^2 也就会较小. 反之，若遗漏了，或因条件关系，使某些对 Y 有重要影响的因素未被考虑，则其影响进入随机误差 e，将导致 σ^2 增大.

(2) 回归函数的形式是否选得准. 比如，理论回归函数 $f(x_1,\cdots,x_p)$ 本是一个非线性函数，而你用一个线性函数 $g(x_1,\cdots,x_p)$，则二者的差距 $f-g$ 就作为一种误差进入 e 内，而加大了它的方差.

因此在应用上，通过观察数据对误差方差 σ^2 做估计，也是很重要的. 如果估计值很大，超过了该项应用所能承受的范围，则估计所得的回归方程意义就不大. 在这个时候，就有必要再考虑一下自变量的选择是否抓着了主要因素，以及所用的回归方程的形式是否太不符合实际.

如果要处理有关的检验和区间估计问题，比方说，取定了线性回归函数 $b_0+b_1x_1+\cdots+b_px_p$，有对未知系数 b 等做假设检验和区间估计的问题，则只有在假定随机误差 e 服从正态分布 $N(0,\sigma^2)$ 时，才有满意的小样本方法. 因此，在实用回归分析中，常假定误差服从正态分布. 经验证明：对多数应用问题来说，这个假定是可以接受的，如果没有这个假定，那就需要使用大样本方法.

回归分析的应用，可以归纳为以下几个方面：

第一个方面是纯描述性的. 为简单计，以一个自变量 X 的情况为例，因变量总记为 Y. 假定在工作中我们经常要记录 X 和 Y 的值(比如说，X 代表月份，Y 代表该月的产值)，而积累了一批数据 $(X_1,Y_1),(X_2,Y_2),\cdots,(X_n,Y_n)$. 把它们标在直角坐标系上，称为散点图. 这往往是杂乱无章的，但仍可能有某种趋势存在. 如图 6.1 中的点虽然杂乱无章，但大体呈现出一种直线走向的趋势. 用回归分析的方法可找出一条较好地代表这些点的走向的直线 l. 在一定程度上，这条直线 l 描述了所观察到的这批数据所遵从的规律，虽不十分准确，但有时很有用.

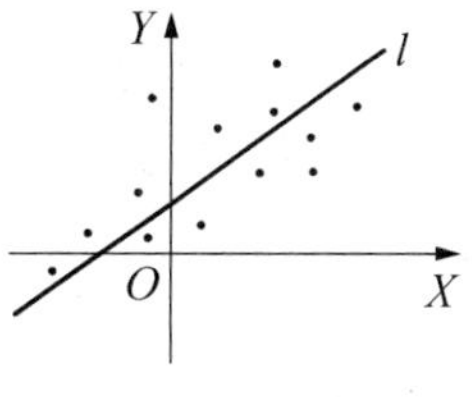

图 6.1

这种应用之所以称为描述性的，是因为它只是对数据的一种“总结”，它只涉及现有数据，不超出其外，用统计的语言说，它并不企图对数据 $(X_1,Y_1),\cdots,(X_n,Y_n)$ 所来自的总体做任何推断.

第二个方面是估计回归函数 f. 仍拿人的身高 X 和体重 Y 这个例子来说，姑且把 X 视为自变量而 Y 为因变量. 若假定 (X,Y) 服从二维正态分布，则如在第 2 章中已证明的，Y 对 X 的回归函数 $f(x)$，即条件期望 $E(Y|X=x)$，为 x 的

线性函数 b_0+b_1x.如果通过样本对 b_0 和 b_1 做出了估计 $\hat{b}_0$ 和 $\hat{b}_1$,则用 $\hat{b}_0+\hat{b}_1x$ 去估计 b_0+b_1x.在本例中,后者就是在身高为 x 的人群中的平均体重.这在应用上很有意义,因为在不少问题中,我们所关心的正是这个平均值.再拿亩产 Y 与播种量 X_1 与施肥量 X_2 的关系这个例子来说,也许我们所关心的正是在一定播种量 x_1 和一定施肥量 x_2 之下平均亩产能达到多少.这就是 Y 对 X_1, X_2 的回归函数 $f(x_1,x_2)$.

第三个方面是预测,即在特定的自变量值 $(x_{10},\cdots,x_{p0})$ 之下,去预测因变量 Y 将取的值 y_0.例如,随意碰到一个人,测出其身高为 x_0,而没有称其体重或称了没有把结果告诉你,让你去预测这个人体重有多少.这与估计身高为 x_0 的人群的平均体重 $f(x_0)=E(Y|X=x_0)$ 不同.后者并非特定的一个身高为 x_0 的人的体重,而是全体这样的人体重的平均值,而预测的对象则是这个特定的人的体重.从模型上可以这样看:设在 $X=x_0$ 处进行观察,随机误差为 e_0,而 Y 的值为 y_0,则 $y_0=f(x_0)+e_0$.为了预测 y_0,需要对 $f(x_0)$ 进行估计,同时也对随机误差值 e_0 做估计,把二者相加得出 y_0.随机误差 e_0 的值凭机会而定,没有什么好的估计方法,只能根据其均值为 0 这一点,将其值估计为 0.于是,Y 的预测值就取为回归函数 $f(x)$ 在这个点 x_0 处的估计 $\hat{f}(x_0)$.

由这里得出两条结论:一是预测问题与回归函数问题虽然在实质上很不一样(如前面所曾解释的),但二者的解则一样.因为这一点,有些著作没有强调这二者的区别所在.二是预测的精度要比估计回归函数的精度差.因为在预测中,除了估计回归函数有一个误差外,还要加上一个随机误差 e_0.这一点在考虑区间估计时能更清楚地看出来.

第四个方面是控制,在这类应用中,不妨把自变量解释为输入值,因变量解释为输出值,目标是要把输出值控制在给定的水平 y_0.若通过数据估计出了经验回归方程 $y=\hat{f}(x_1,\cdots,x_p)$,则根据这方程可调整自变量 $X_1,\cdots,X_p$ 的取值,以达到上述目的.例如,自变量 X 是用药量,而 Y 是某种生理指标,例如血压,调整用药量以使血压达到某种认为是正常的水平.

我们提一下"回归设计"这个概念,为了估计理论回归函数 $f(x_1,\cdots,x_p)$,需要对自变量 $X_1,\cdots,X_p$ 和因变量 Y 进行观测.有两种情况:一是自变量也是随机的,如人的身高、体重那个例子,这时除了一般地保证抽样的随机性以外,就没有多少可做的事情了.例如,在一大群人中抽取若干以量测其身高、体重,则只需尽力保证人群中的每一个有同等的被抽出的机会.

另一种情况是自变量是非随机的,其取值在一定限度内可由人去控制.这时，为保证取得最大的效果，应对自变量在各次试验中所取的值进行适当的规划.例如，若在将来的应用中自变量多取某区域 B 上的值，则在进行试验时就要让自变量多在这个范围内取值.也可以设想，试验点在空间的排列可能需要有某种对称性，以便于统计分析.这些问题的研究构成了回归分析的一个分支，叫做回归设计，它也可以看做试验设计这个统计学分支的一个组成部分，本章将不讨论这方面的问题.

最后我们来解释一下“回归”这个名称的由来.这个术语是英国生物学家兼统计学家 F·高尔顿在 1886 年左右提出来的.人们大概都注意到，子代的身高与其父母的身高有关.高尔顿以父母的平均身高 X 作为自变量，其一成年儿子的身高 Y 为因变量.他观察了 1 074 对父母及其一成年儿子的身高，将所得 (X, Y) 值标在直角坐标系上，发现二者的关系近乎一条直线，有如图 6.1 所示.总的趋势是 X 增加时 Y 倾向于增加——这是意料中的结果.有意思的是，高尔顿对所得数据做了深入一层的考察，而发现了某种有趣的现象.

高尔顿算出这 1 074 个 X 值的算术平均为 $\overline{X}=68$ 英寸(1 英寸为 2.54 厘米)，而 1 074 个 Y 值的算术平均为 $\overline{Y}=69$ 英寸，子代身高平均增加了 1 英寸，这个趋势现今人们也已注意到.以此为据，人们可能会这样推想：如果父母平均身高为 a 英寸，则这些父母的子代平均身高应为 $a+1$ 英寸，即比父代多 1 英寸.但高尔顿观察的结果与此不符，他发现：当父母平均身高为 72 英寸时，他们的子代身高平均只有 71 英寸，不仅达不到预计的 $72+1=73$ 英寸，反而比父母平均身高小了.反之，若父母平均身高为 64 英寸，则观察数据显示子代平均身高为 67 英寸，比预计的 $64+1=65$ 英寸要多.

高尔顿对此的解释是：大自然有一种约束机制，使人类身高分布保持某种稳定形态而不作两极分化.这就是一种使身高“回归于中心”的作用.例如，父母身高平均为 72 英寸，比他们这一代平均身高 68 英寸高出许多，“回归于中心”的力量把他们子代的身高拉回来一些：其平均身高只有 71 英寸，反比父母平均身高小，但仍超过子代全体平均 69 英寸.反之，当父母平均身高只有 64 英寸——远低于他们这一代的平均值 68 英寸时，“回归于中心”的力量将其子代身高拉回去一些，其平均值达到 67 英寸，增长了 3 英寸，但仍低于子代全体平均值 69 英寸.

正是通过这个例子，高尔顿引入了“回归”这个名词.现在我们觉得，高尔顿的例子只反映了变量关系中的一种情况，在其他涉及变量关系的众多情况中，多不必如此，故拿这个名称作为变量关系统计分析的称呼，实不见得恰当.但这个名词现今已沿用成习，如硬要改变，反觉多此一举了.

6.2 一元线性回归

本章我们只讨论回归函数为线性函数的情形(包括能转化为线性函数的情形)——称为线性回归.我们从只含一个自变量 X(因变量总是一个,记为 Y)的情况开始,称为一元线性回归.这个情况在数学上的处理足够简单,便于对回归分析的一些概念做进一步的说明.这样,假定回归模型为

$$Y = b_0 + b_1 X + e, \tag{2.1}$$

其中 b_0, b_1 为未知参数. b_0 称为常数项或截距, b_1 则称为回归系数,或更确切地,称为 Y 对 X 的回归系数. e 为随机误差,如在6.1节中已解释过的,假定

$$E(e) = 0, \quad 0 < \mathrm{Var}(e) = \sigma^2 < \infty. \tag{2.2}$$

误差方差 σ^2 未知,在6.1节中我们曾解释过这个参数的意义及其重要性.

现设对模型(2.1)中的变量 X, Y 进行了 n 次独立观察,得样本

$$(X_1, Y_1), (X_2, Y_2), \cdots, (X_n, Y_n). \tag{2.3}$$

据(2.1)式,这组样本的构造可由方程

$$Y_i = b_0 + b_1 X_i + e_i \quad (i = 1, \cdots, n) \tag{2.4}$$

来描述.这里 e_i 是第 i 次观察时随机误差 e 所取的值,它是不能观察的.由于各次观察独立及(2.2)式,对随机变量 $e_1, e_2, \cdots, e_n$,有:

$$\begin{aligned} &e_1, \cdots, e_n \text{ 独立同分布;} \\ &E(e_i) = 0, \quad \mathrm{Var}(e_i) = \sigma^2 \quad (i = 1, \cdots, n). \end{aligned} \tag{2.5}$$

以后我们还将进一步要求 e_i 遵从正态分布.

(2.4)式与(2.5)式结合,给出了样本(2.3)的概率性质.它是对理论模型(2.1)进行统计分析推断的依据.以此之故,在统计学著作中,往往更着重(2.4)

式+(2.5)式,把它称为一元线性回归模型,而理论模型(2.1)只起一个背景的作用.当然,理解(2.4)式和(2.5)式是以理解(2.1)式为基础的.

以上的叙述是假定回归函数已依据某种考虑选定了——在此选为线性形式.在实际工作中,这当然是一个要研究的问题.在某种稀少的场合下,回归函数的形式可根据某种理论上的结果给出.例如,由物理学知道,在一定温度(X)的范围内,一条金属杆的长(Y)大体上为 X 的线性函数,这时选择线性回归有充分根据.在多数应用问题中,不存在这样充分的理论根据,而在很大的程度上要依靠数据本身.例如,若数据(2.3)的散点图呈图 6.1 所示的形状,则选取线性回归函数似是妥当的.反之,若散点图呈现图 6.2(a)或图6.2(b)所示的形状,则回归函数似以取为二次多项式或指数函数为宜.在实际工作中,也常使用变量变换法.

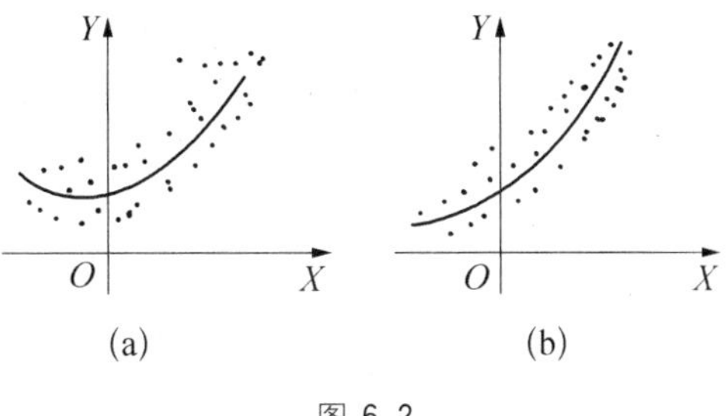

图 6.2

即在散点图与直线趋势差距较大时,设法对自变量乃至因变量进行适当的变换,使变换后的散点图更接近于直线,这样就可以对变换后的新变量进行线性回归分析,再回到原变量.在一元的情况,由于散点图可资参考,在回归函数的选择上就有较大的操作余地.对多元(多个自变量)的情况,问题就麻烦得多,选择余地也较小.

交代了这些之后,我们回到起先的出发点——(2.4)式和(2.5)式.今后总用 $\overline{X}$ 和 $\overline{Y}$ 分别记 X_i 和 Y_i 的算术平均.以前我们曾指出:把自变量 X 视为非随机的,故 $X_1,\cdots,X_n$,以及 $\overline{X}$,就简单地是已知常数.因此,可以把模型(2.4)改写为

$$Y_i = \beta_0 + \beta_1(X_i - \overline{X}) + e_i \quad (i = 1,\cdots,n), \tag{2.6}$$

其关系是

$$\beta_1 = b_1, \quad \beta_0 = b_0 + b_1\overline{X}. \tag{2.7}$$

故如估计出了 β_0 和 β_1,则由(2.7)式就得到 b_0 和 b_1 的估计.改写为(2.6)式的好处将在以后见到.这里注意到一点,即 β_1 后的因子 $X_i - \overline{X}$ 对 $i=1,\cdots,n$ 求和为 0.故把(2.4)式改写为(2.6)式有时称为模型的“中心化”.

6.2.1 β_0 和 β_1 的点估计——最小二乘法

现在我们要在模型(2.6)式和(2.5)式之下,利用数据(2.3)去估计 β_0 和 β_1. 假定我们用 α_0 和 α_1 去估计 β_0 和 β_1. 我们要定出一个准则,以衡量由此所导致的偏差. 我们从预测的眼光来看这个问题,如用 α_0 和 α_1,则回归函数 $\beta_0+\beta_1(x-\overline{X})$将用 $\alpha_0+\alpha_1(x-\overline{X})$去估计. 利用它在 X_i 点做预测,结果为

$$\hat{Y}_i=\alpha_0+\alpha_1(X_i-\overline{X})\quad(i=1,\cdots,n).\tag{2.8}$$

但我们已实际观察到在 $X=X_i$ 处 Y 的取值为 Y_i,这样就有偏离 $Y_i-\hat{Y}_i$ $(i=1,\cdots,n)$. 我们当然希望这些偏离愈小愈好. 衡量这些偏离大小的一个合理的单一指标为它们的平方和(通过平方去掉符号的影响,若简单求和,则正负偏离抵消了):

$$Q(\alpha_0,\alpha_1)=\sum_{i=1}^{n}(Y_i-\hat{Y})^2=\sum_{i=1}^{n}[Y_i-\alpha_0-\alpha_1(X_i-\overline{X})]^2.\tag{2.9}$$

由此考虑得出以下的估计法则:找 α_0,α_1 的值,使(2.9)式达到最小,以其作为 β_0,β_1 的估计. 利用多元函数求极值的方法,这只要解方程组

$$\frac{\partial Q}{\partial\alpha_0}=-2\sum_{i=1}^{n}[Y_i-\alpha_0-\alpha_1(X_i-\overline{X})]=0,\tag{2.10}$$

$$\frac{\partial Q}{\partial\alpha_1}=-2\sum_{i=1}^{n}(X_i-\overline{X})[Y_i-\alpha_0-\alpha_1(X_i-\overline{X})]=0.\tag{2.11}$$

由(2.10)式解出 α_0,将解代入(2.11)式,解出 α_1. 我们将解分别记为$\hat{\beta}_0$ 和$\hat{\beta}_1$,则

$$\hat{\beta}_0=\overline{Y},\tag{2.12}$$

$$\begin{aligned}\hat{\beta}_1&=\sum_{i=1}^{n}(X_i-\overline{X})(Y_i-\overline{Y})\Big/\sum_{i=1}^{n}(X_i-\overline{X})^2\\&=\sum_{i=1}^{n}(X_i-\overline{X})Y_i\Big/\sum_{i=1}^{n}(X_i-\overline{X})^2.\end{aligned}\tag{2.13}$$

“使(2.9)式达到最小”这个估计方法,称为“最小二乘法”. 这个重要的方法一般归功于德国大数学家高斯在 1799～1809 年间的工作. 这个方法在数理统计学中有广泛的应用. 其好处之一在于计算简便,且如我们即将看到的,这个方法导出的估计颇有些良好的性质. 其中之一是,如从公式(2.12)和(2.13)看到的,估计量$\hat{\beta}_0$ 和$\hat{\beta}_1$ 都是 $Y_1,\cdots,Y_n$ 的线性函数,即形如 $c_{n1}Y_1+\cdots+c_{nn}Y_n$ 的函

数,其中 $c_{n1},\cdots,c_{nn}$ 都是常数*.

利用模型的假定(2.6)式和(2.5)式,从公式(2.12)和(2.13)很容易推出最小二乘估计 $\hat{\beta}_0$ 和 $\hat{\beta}_1$ 的一些性质:

(1) $\hat{\beta}_0$ 和 $\hat{\beta}_1$ 分别是 β_0 和 β_1 的无偏估计.

事实上,由(2.6)式和(2.5)式,知 $E(Y_i)=\beta_0+\beta_1(X_i-\bar{X})$.故

$$\begin{aligned}
E(\hat{\beta}_0) &= \frac{1}{n}\sum_{i=1}^{n}E(Y_i) = \frac{1}{n}\sum_{i=1}^{n}[\beta_0+\beta_1(X_i-\bar{X})] \\
&= \beta_0, \\
E(\hat{\beta}_1) &= \sum_{i=1}^{n}(X_i-\bar{X})E(Y_i)/\sum_{i=1}^{n}(X_i-\bar{X})^2 \\
&= \sum_{i=1}^{n}(X_i-\bar{X})[\beta_0+\beta_1(X_i-\bar{X})]/\sum_{i=1}^{n}(X_i-\bar{X})^2 \\
&= \beta_1.
\end{aligned}$$

(2) $\hat{\beta}_0$ 和 $\hat{\beta}_1$ 的方差分别为

$$\mathrm{Var}(\hat{\beta}_0) = \frac{1}{n^2}\sum_{i=1}^{n}\mathrm{Var}(Y_i) = n\sigma^2/n^2 = \sigma^2/n, \tag{2.14}$$

$$\begin{aligned}
\mathrm{Var}(\hat{\beta}_1) &= \sum_{i=1}^{n}(X_i-\bar{X})^2\mathrm{Var}(Y_i)/[\sum_{i=1}^{n}(X_i-\bar{X})^2]^2 \\
&= \sigma^2/\sum_{i=1}^{n}(X_i-\bar{X})^2.
\end{aligned} \tag{2.15}$$

这里用到了 $Y_1,\cdots,Y_n$ 独立,$\mathrm{Var}(cY_i)=c^2\mathrm{Var}(Y_i)$, $\mathrm{Var}(c+e_i)=\mathrm{Var}(e_i)=\sigma^2$, c 为常数.从(2.15)式我们得到一点启发.在第 4 章中我们已论述过,在无偏估计中,方差小者为优,如今 $\hat{\beta}_1$ 为无偏估计,而其方差与

$$S_x^2 = \sum_{i=1}^{n}(X_i-\bar{X})^2 \tag{2.16}$$

成反比,故 S_x^2 愈大愈好.而要 S_x^2 大,样本点 $X_1,\cdots,X_n$ 必须尽量散开一些.这意味着当 X 的取值可以由我们选定时,我们不应把它们取在一个小范围内,而

---

* 对 $\hat{\beta}_1$ 而言,系数 $c_{n1},\cdots,c_{nn}$ 与样本值 $X_1,\cdots,X_n$ 有关.但此处我们把 X 视为非随机的,因此它不影响 $c_{n1},\cdots,c_{nn}$ 为常数这个论断.若 X 也是随机变量,则情况就变得复杂.

最好让它们跨越较大的范围.当然,这也要有个限度,不要把试验点取到没有实用意义的区域内去.因为范围过大,线性回归与实际回归函数的差距会增加.

(3) $\hat{\beta}_0$ 和 $\hat{\beta}_1$ 的协方差为0,即

$$\mathrm{Cov}(\hat{\beta}_0,\hat{\beta}_1) = 0. \tag{2.17}$$

事实上

$$\begin{aligned}\hat{\beta}_0 - E(\hat{\beta}_0) &= \sum_{i=1}^{n}(Y_i - E(Y_i))/n \\ &= \sum_{i=1}^{n}[Y_i - \beta_0 - \beta_1(X_i - \bar{X})]/n \\ &= \sum_{i=1}^{n} e_i/n,\end{aligned}$$

而

$$\begin{aligned}\hat{\beta}_1 - E(\hat{\beta}_1) &= \sum_{i=1}^{n}(X_i - \bar{X})(Y_i - E(Y_i))/\sum_{i=1}^{n}(X_i - \bar{X})^2 \\ &= \sum_{i=1}^{n}(X_i - \bar{X})e_i/\sum_{i=1}^{n}(X_i - \bar{X})^2.\end{aligned}$$

于是,利用 $E(e_ie_j)=E(e_i)E(e_j)=0\ (i\neq j)$,而 $E(e_i^2)=\mathrm{Var}(e_i)=\sigma^2$,得

$$\begin{aligned}\mathrm{Cov}(\hat{\beta}_0,\hat{\beta}_1) &= E[(\hat{\beta}_0 - E(\hat{\beta}_0))(\hat{\beta}_1 - E(\hat{\beta}_1))] \\ &= n^{-1}[\sum_{i=1}^{n}(X_i - \bar{X})^2]^{-1}\sigma^2\sum_{i=1}^{n}(X_i - \bar{X}) \\ &= 0.\end{aligned}$$

这个性质指出:$\hat{\beta}_0$ 和 $\hat{\beta}_1$ 不相关(见第3章定理3.2下面的说明).它显示了中心化的好处:如果考虑原模型(2.1)中参数 b_0, b_1 的最小二乘估计 $\hat{b}_0, \hat{b}_1$(见下),则二者并非不相关.

由 $\hat{\beta}_0$ 和 $\hat{\beta}_1$ 不相关一般不能推出它们独立(第3章例3.1).但是,如果 $e_1,\cdots,e_n$ 服从正态分布,则 $Y_1,\cdots,Y_n$ 也服从正态分布.$\hat{\beta}_0$ 和 $\hat{\beta}_1$ 作为 $Y_1,\cdots,Y_n$ 的线性函数,也服从正态分布*(第2章例4.8).因此在这种情况下,由 $\hat{\beta}_0,\hat{\beta}_1$ 不相关可推出它们独立(见第3章2.3节末尾).

由 β_0,β_1 的最小二乘估计 $\hat{\beta}_0,\hat{\beta}_1$,通过变换(2.7),即得模型(2.1)中的 b_0, b_1

---

* 更确切地,$(\hat{\beta}_0,\hat{\beta}_1)$ 的联合分布为二维正态分布.

的最小二乘估计分别为

$$\hat{b}_0 = \hat{\beta}_0 - \hat{b}_1\overline{X} = \overline{Y} - \hat{b}_1\overline{X}, \quad \hat{b}_1 = \hat{\beta}_1. \tag{2.18}$$

它们分别是 b_0 和 b_1 的无偏估计.利用上述$\hat{\beta}_0$,$\hat{\beta}_1$ 的方差和协方差公式,不难算出$\hat{b}_0$,$\hat{b}_1$ 的方差和$\hat{b}_0$ 与$\hat{b}_1$ 的协方差,细节留给读者.

$\hat{\beta}_0$,$\hat{\beta}_1$ 还有些更深刻的性质.例如,若误差服从正态分布,则它们分别是β_0和β_1 的最小方差无偏估计(见 4.3 节).这个事实的证明超出本书范围之外.

6.2.2 残差与误差和方差 σ^2的估计

仍以$\hat{\beta}_0$ 和$\hat{\beta}_1$ 记β_0 和β_1 的最小二乘估计.则在 $X = X_i$ 处,因变量 Y 的预测值为$\hat{Y}_i = \hat{\beta}_0 + \hat{\beta}_1(X_i - \overline{X})$,而 Y 的实际观察值为 Y_i,二者之差

$$\delta_i = Y_i - \hat{Y}_i \quad (i = 1,\cdots,n) \tag{2.19}$$

称为“残差”.

残差的作用有二:一是当模型正确时,即(2.5)式和(2.6)式正确时,它可以提供误差方差 σ^2的一个估计.理由很清楚:用 $\hat{Y}_i$ 预测 Y_i,其精度取决于随机误差的大小,即误差方差的大小.误差方差愈大,预测愈不易准确,而残差(绝对值)就倾向于取大值;反之,则倾向于取小值.往下我们证明

$$\hat{\sigma}^2 = \frac{1}{n-2}\sum_{i=1}^{n}\delta_i^{\,2} \tag{2.20}$$

是 σ^2的一个无偏估计.

为证明这个事实,注意

$$Y_i - \hat{Y}_i = \beta_0 + \beta_1(X_i - \overline{X}) + e_i - \hat{\beta}_0 - \hat{\beta}_1(X_i - \overline{X}),$$

以及

$$\beta_0 - \hat{\beta}_0 = \beta_0 - \overline{Y} = \beta_0 - \frac{1}{n}\sum_{i=1}^{n}[\beta_0 + \beta_1(X_i - \overline{X}) + e_i] = -\bar{e},$$

其中$\bar{e} = (e_1 + \cdots + e_n)/n$,而

$$\begin{aligned}\beta_1 - \hat{\beta}_1 &= \beta_1 - \sum_{j=1}^{n}(X_j - \overline{X})[\beta_0 + \beta_1(X_j - \overline{X}) + e_j]\Big/\sum_{j=1}^{n}(X_j - \overline{X})^2 \\ &= -\sum_{j=1}^{n}(X_j - \overline{X})e_j\Big/\sum_{j=1}^{n}(X_j - \overline{X})^2,\end{aligned}$$

故

$$\delta_i = e_i - \bar{e} - (X_i - \bar{X}) \sum_{j=1}^{n} (X_j - \bar{X}) e_j \Big/ \sum_{j=1}^{n} (X_j - \bar{X})^2.$$

平方,对 $i=1,\cdots,n$ 求和,注意到

$$\sum_{i=1}^{n} \left[(X_i - \bar{X}) \sum_{j=1}^{n} (X_j - \bar{X}) e_j \Big/ \sum_{j=1}^{n} (X_j - \bar{X})^2 \right]^2$$

$$= \left[\sum_{j=1}^{n} (X_j - \bar{X}) e_j \right]^2 \Big/ \sum_{j=1}^{n} (X_j - \bar{X})^2,$$

$$\sum_{i=1}^{n} (e_i - \bar{e})(X_i - \bar{X}) = \sum_{i=1}^{n} (X_i - \bar{X}) e_i,$$

即得

$$\sum_{i=1}^{n} \delta_i^2 = \sum_{i=1}^{n} (e_i - \bar{e})^2 - \left[\sum_{i=1}^{n} (X_i - \bar{X}) e_i \right]^2 \Big/ \sum_{i=1}^{n} (X_i - \bar{X})^2. \quad (2.21)$$

因为 $e_1,\cdots,e_n$ 独立同分布,有均值 0,方差 σ^2,故据第 4 章例 3.2,及第 3 章(2.2)式,有

$$E\left[\sum_{i=1}^{n} (e_i - \bar{e})^2 \right] = (n-1)\sigma^2,$$

$$E\left[\sum_{i=1}^{n} (X_i - \bar{X}) e_i \right]^2 = \mathrm{Var}\left[\sum_{i=1}^{n} (X_i - \bar{X}) e_i \right]$$

$$= \sum_{i=1}^{n} (X_i - \bar{X})^2 \mathrm{Var}(e_i)$$

$$= \sigma^2 \sum_{i=1}^{n} (X_i - \bar{X})^2.$$

以此代入(2.21)式,即得

$$E\left(\sum_{i=1}^{n} \delta_i^2 \right) = (n-2)\sigma^2.$$

于是证明了 $\hat{\sigma}^2$ 为 σ^2 的无偏估计.

$\sum_{i=1}^{n} \delta_i^2$ 称为残差平方和. 其一重要性质是:当 e_i 服从正态分布 $N(0,\sigma^2)$ 时,有

$$\sum_{i=1}^{n} \delta_i^2 / \sigma^2 \sim \chi_{n-2}^2. \quad (2.22)$$

证明见本章附录 A. 注意自由度为 $n-2$,它比样本大小 n 少 2. 这是因为有两个未

知参数 β_0 和 β_1 需要估计,用掉了两个自由度(参看第4章例3.2末尾处的说明).

残差平方和有下述便于计算的表达式:

$$\begin{aligned}\sum_{i=1}^{n}\delta_i^{\ 2} &= \sum_{i=1}^{n}(Y_i-\overline{Y})^2-\hat{\beta}_1\sum_{i=1}^{n}(X_i-\overline{X})Y_i \\ &= \sum_{i=1}^{n}Y_i^{\ 2}-n\overline{Y}^2-\hat{\beta}_1\sum_{i=1}^{n}(X_i-\overline{X})Y_i.\end{aligned} \tag{2.23}$$

此式的方便在于:在计算残差平方和时,一般已先算出了回归系数 β_1 的估计 $\hat{\beta}_1$ 及 $\overline{Y}$. 而在算 $\hat{\beta}_1$ 时,需要算出 $\sum_{i=1}^{n}(X_i-\overline{X})Y_i$,故只需再计算平方和 $\sum_{i=1}^{n}Y_i^{\ 2}$ 即可.

(2.23)式证明如下:

$$\begin{aligned}\sum_{i=1}^{n}\delta_i^{\ 2} &= \sum_{i=1}^{n}[Y_i-\overline{Y}-\hat{\beta}_1(X_i-\overline{X})]^2 \\ &= \sum_{i=1}^{n}(Y_i-\overline{Y})^2-2A+B,\end{aligned}$$

其中

$$\begin{aligned}B &= \hat{\beta}_1^{\ 2}\sum_{i=1}^{n}(X_i-\overline{X})^2=\hat{\beta}_1\Big(\hat{\beta}_1\sum_{i=1}^{n}(X_i-\overline{X})^2\Big) \\ &= \hat{\beta}_1\sum_{i=1}^{n}(X_i-\overline{X})Y_i,\end{aligned}$$

$$A=\sum_{i=1}^{n}(X_i-\overline{X})(Y_i-\overline{Y})\,\hat{\beta}_1=\hat{\beta}_1\sum_{i=1}^{n}(X_i-\overline{X})Y_i.$$

于是得到(2.23)第一式.由此得出第二式.

残差的另一方面的作用是用以考察模型中的假定(即(2.5)式和(2.6)式)是否正确.道理如下:因为在模型正确时,残差是误差的一种反映.因误差 $e_1,\cdots,e_n$ 为独立同分布,具有"杂乱无章"的性质,即不应呈现任何规律性,因此残差 $\delta_1,\cdots,\delta_n$ 也应如此.如果残差 $\delta_1,\cdots,\delta_n$ 呈现出某种规律性,则可能是模型中某方面假定与事实不符的征兆.例如,若随着 X_i 增大 $|\delta_i|$ 有上升的趋势,这可能反映模型(2.1)中误差 e 的方差与 X 的值有关且随 X 的值上升而增加.又如,设想回归函数为二次函数,则由图6.3(l 为经验回归直线)可看出,当 X_i 很大或很小时,

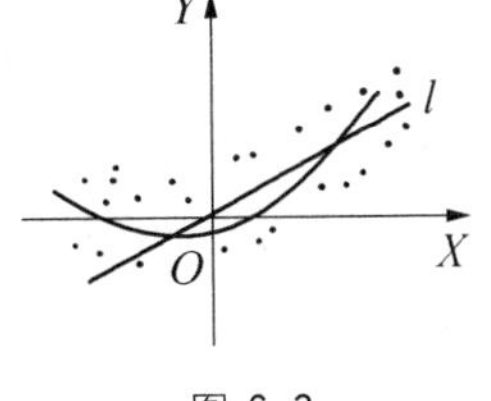

图 6.3

δ_i 取正号;而当 X_i 为中间值时,δ_i 取负号.如出现这种情况,就可以怀疑线性假定有问题.

这种通过残差去考察回归模型是否正确的做法叫做"回归诊断",它已发展为回归分析的一个分支.本书不能仔细讨论这方面的问题,有兴趣的读者可参考陈希孺、王松桂著《近代回归分析》第2章,及张启锐著《实用回归分析》第4章.

6.2.3 区间估计和预测

本段我们在(2.5)式和(2.6)式的基础上加上假定:误差 e 服从正态分布,因此,现在(2.5)式强化为

$$e_1, e_2, \cdots, e_n \text{ 独立同分布}; \quad e_i \sim N(0, \sigma^2). \tag{2.24}$$

先考虑$\hat{\beta}_1$.前已指出,它是 $Y_1, \cdots, Y_n$ 的线性函数,有均值 β_1,方差 $\sigma^2 S_x^{-2}$,S_x^2 见(2.16)式,因此

$$(\hat{\beta}_1 - \beta_1)/(\sigma S_x^{-1}) \sim N(0,1). \tag{2.25}$$

这个结果尚不能用于 β_1 的区间估计,因为 σ 未知.按6.2.2段的结果,以$\hat{\sigma}$(见(2.20)式)代替(2.25)式中的 σ.可以证明,经过这一代替,正态分布变为 t 分布(证明见附录B):

$$(\hat{\beta}_1 - \beta_1)/(\hat{\sigma} S_x^{-1}) \sim t_{n-2}. \tag{2.26}$$

这个结果就可以用来估计 β_1 的置信区间或置信上、下界,因为$(\hat{\beta}_1 - \beta_1)/(\hat{\sigma} S_x^{-1})$起了枢轴变量的作用,按第4章4.4节中的方法,得到

(1) 置信系数为 $1-\alpha$ 的β_1 的置信区间为

$$[\hat{\beta}_1 - \hat{\sigma} S_x^{-1} t_{n-2}(\alpha/2),\ \hat{\beta}_1 + \hat{\sigma} S_x^{-1} t_{n-2}(\alpha/2)];$$

(2) 置信系数为 $1-\alpha$ 的 β_1 的置信上、下界分别为

$$\hat{\beta}_1 + \hat{\sigma} S_x^{-1} t_{n-2}(\alpha) \quad \text{和} \quad \hat{\beta}_1 - \hat{\sigma} S_x^{-1} t_{n-2}(\alpha).$$

对截距 β_0 也一样做,也可以由下文对回归函数 $\beta_0 + \beta_1(x - \bar{X})$的区间估计中令 $x = \bar{X}$得到.

对回归函数 $m(x) = \beta_0 + \beta_1(x - \bar{X})$,其点估计$\hat{m}(x) = \hat{\beta}_0 + \hat{\beta}_1(x - \bar{X})$也是 $Y_1, \cdots, Y_n$ 的线性函数,因此在(2.24)式的假定下,它也服从正态分布,其均值为 $m(x)$,而方差为 $\lambda(x)$.根据(2.24)式,(2.25)式,及$\hat{\beta}_0$ 与$\hat{\beta}_1$ 独立,$\lambda(x)$为

$$\begin{aligned}\lambda(x) &= \mathrm{Var}(\hat{\beta}_0) + (x - \overline{X})^2\mathrm{Var}(\hat{\beta}_1) \\ &= \sigma^2[1/n + (x - \overline{X})^2/S_x{}^2].\end{aligned}$$

于是得到$(\hat{m}(x) - m(x))/\sqrt{\lambda(x)} \sim N(0,1)$. 以$\hat{\sigma}$代$\sigma$,可以证明

$$(\hat{m}(x) - m(x))/[\hat{\sigma}(1/n + (x - \overline{X})^2/S_x{}^2)^{1/2}] \sim t_{n-2}. \qquad (2.27)$$

由此得出

(1) 置信系数为$1-\alpha$的$m(x)$的置信区间为

$$[\hat{m}(x) - \hat{\sigma}[1/n + (x - \overline{X})^2/S_x{}^2]^{1/2}t_{n-2}(\alpha/2),$$
$$\hat{m}(x) + \hat{\sigma}[1/n + (x - \overline{X})^2/S_x{}^2]^{1/2}t_{n-2}(\alpha/2)];$$

(2) 置信系数为$1-\alpha$的$m(x)$的置信上、下界分别为$\hat{m}(x) \pm \hat{\sigma}[1/n + (x - \overline{X})^2/S_x{}^2]^{1/2}t_{n-2}(\alpha)$(+号为上界).

这个区间的长$2\hat{\sigma}[1/n + (x - \overline{X})^2/S_x{}^2]^{1/2}t_{n-2}(\alpha/2)$与$x$有关. x愈接近X样本的中心$\overline{X}$,则$(x - \overline{X})^2$愈小,而区间长度就愈小. 就是说,在估计回归函数$m(x)$时,愈靠近样本X的中心点处愈精确. 这从理论上指明了我们在前面提到过的一点事实:当我们需要在自变量X的某个范围内使用回归方程时,应当把观察点$X_1,\cdots,X_n$尽量取在这个范围内. 如图 6.4 所示,l为由样本点配出的经验回归直线,l_1和l_2分别是$m(x)$的置信区间上、下端随x变化时画出的曲线. 在X轴上的$\overline{X}$附近,l_1和l_2相距较近;而当x离$\overline{X}$愈远时,曲线愈分开. 如图所示,在X轴的x_0处,A点的纵坐标是回归函数$m(x_0)$的点估计$\hat{m}(x_0)$,而A_1,A_2点的纵坐标则分别是$m(x_0)$的置信区间的上、下两端点. 曲线l_1,l_2只能在这个意义上去理解,而不能说,"理论回归直线落在l_1,l_2之间"的概率为$1-\alpha$. 因为理论回归直线落在l_1,l_2之间,相当于说对任何x_0,$m(x_0)$落在通过x_0与纵轴平行的直线在l_1,l_2上截出的两点的纵坐标之间. *

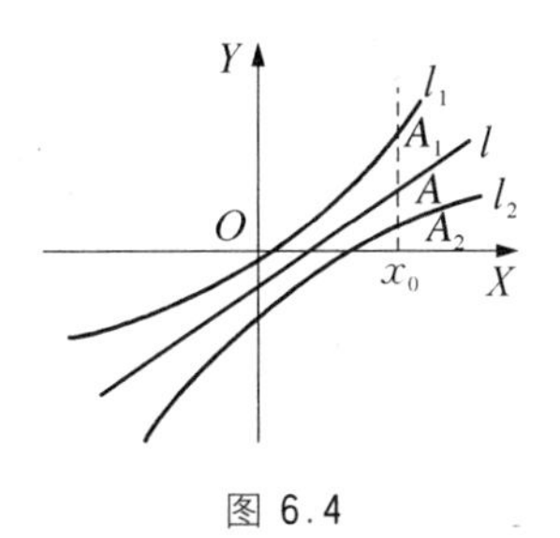

图 6.4

* 理论上可以证明:把l_1,l_2之间夹出的区域放大一点,即把l_1往上推一点,把l_2往下推一点,就可以满足这个要求. 具体来说,应以方程为$y = \hat{m}(x) \pm \hat{\sigma}[1/n + (x - \overline{X})^2/S_x{}^2] \cdot (2F_{2,n-2}(\alpha))^{\frac{1}{2}}$的曲线代替$l_1$,$l_2$($l_1$为+号). 由第 2 章习题 29 可知,这个范围比(2.28)式规定的范围宽一些.

下面来考察 Y 的区间预测.假定要在自变量 X 的给定值 x_0 处预测 Y 的值 Y_0.前已说过(见 6.1 节),就用 $\hat{m}(x_0)$ 作为 Y_0 的预测值.考虑差 $\eta = Y_0 - \hat{m}(x_0)$.它是 $Y_1, \cdots, Y_n$ 和 Y_0 的线性函数,故仍为正态分布.因 $E(Y_0) = m(x_0)$,$E[\hat{m}(x_0)] = m(x_0)$,有 $E(\eta) = 0$.为考虑其方差,注意 $Y_1, \cdots, Y_n$ 和 Y_0 独立,故 $\hat{m}(x_0)$ 与 Y_0 也独立,因此有

$$\begin{aligned}\operatorname{Var}(\eta) &= \operatorname{Var}(Y_0) + \operatorname{Var}(\hat{m}(x_0)) \\ &= \sigma^2[1 + 1/n + (x - \bar{X})^2/S_x{}^2].\end{aligned}$$

仿以前的做法,用 σ 的估计值 $\hat{\sigma}$ 代替 σ,得

$$\eta/[\hat{\sigma}(1 + 1/n + (x - \bar{X})^2/S_x{}^2)^{1/2}] \sim t_{n-2},$$

于是得到不等式

$$\begin{aligned}\hat{m}(x_0) - \hat{\sigma}[1 + 1/n + (x - \bar{X})^2/S_x{}^2]^{1/2} t_{n-2}\left(\frac{\alpha}{2}\right) &\leqslant Y_0 \\ \leqslant \hat{m}(x_0) + \hat{\sigma}[1 + 1/n + (x - \bar{X})^2/S_x{}^2]^{1/2} t_{n-2}\left(\frac{\alpha}{2}\right)&. \qquad (2.28)\end{aligned}$$

其左、右两端(所构造的区间)就是 Y_0 的置信系数为 $1-\alpha$ 的区间预测.应注意的是:与以前我们讲过的区间估计不同,此处的 Y_0 并不是一个未知的参数,其本身也有随机性.

比较(2.27)式和(2.28)式,我们看出 $m(x_0)$ 的区间估计与 Y_0 的区间预测的另一点不同之处:$m(x_0)$ 的区间估计的长为 $2\hat{\sigma}[1/n + (x - \bar{X})^2/S_x{}^2]^{1/2} t_{n-2}(\alpha/2)$.当 n 很大时,$\hat{\sigma}$ 接近于 σ,$t_{n-2}(\alpha/2)$ 接近 $u_{\alpha/2}$,这两部分保持有界*;另一个因子中,$1/n \to 0$.另一个因子,只要试验点 $X_1, \cdots, X_n$ 不过分集中于一处,以使 $\sum_{i=1}^{n}(X_i - \bar{X})^2 \to \infty$,就可以证明 $(x - \bar{X})^2/S_x{}^2 \to 0$(习题 5(b)).这样,上述区间的长将随 $n \to \infty$ 而趋于 0.Y_0 的区间预测则不然,其长度表达式中含因子 $[1 + 1/n + (x - \bar{X})^2/S_x{}^2]^{1/2}$,随着 $n \to \infty$,其值总大于 1.故不论你有多少样本,区间预测的精度仍有一个界限.这个道理我们在前面已解释过:预测问题中包含了一个无法克服的随机误差项.

---

* 由于 $\hat{\sigma}$ 是随机的,它只是在"依概率收敛"的意义上接近 σ,故 $\hat{\sigma}$ 也有很小的可能性远远偏离 σ,甚至变得很大.只是当 n 很大时,这种机会很小.

6.2.4 假设检验

最有兴趣的假设检验问题是:检验原假设

$$H_0: \beta_1 = c, \tag{2.29}$$

其中 c 是一个给定的常数,对立假设为 $H_0: \beta_1 \neq c$. 尤其是 $c=0$ 的情况. 因为 $\beta_1=0$ 表示回归函数 $m(x)$为一常数 β_0,与 x 无关. 如果 $H_0: \beta_1=0$ 被接受了,则意味着我们接受如下的说法:所选定的自变量 X 其实对因变量 Y 无影响,故研究二者之间的关系也就没有意义了.

(2.29)式的检验很容易利用(2.26)式做出:

$$\varphi: \text{当} \mid \hat{\beta}_1 - c \mid \leqslant \hat{\sigma} S_x t_{n-2}(\alpha/2) \text{ 时接受 } H_0, \text{不然就否定 } H_0. \tag{2.30}$$

这个检验 φ 有水平 α. 单边假设 $\beta_1 \leqslant c$ 或 $\beta_1 \geqslant c$ 的检验也类似地做出.

对截距 β_0 的检验也类似地做出. 例如,$\beta_0=0$ 的假设意味着回归直线通过原点,我们把细节留给读者.

例 1.1 从某大学男生中随机抽取 10 名,测得其身高(米)和体重(公斤)的数值为

$$(1.71,65),\ (1.63,63),\ (1.84,70),\ (1.90,75),\ (1.58,60),$$
$$(1.60,55),\ (1.75,64),\ (1.78,69),\ (1.80,65),\ (1.64,58).$$

以身高 X 为自变量,并把它看成非随机的,而以体重 Y 为因变量. 假定回归为线性的,算出

$$\bar{X} = (1.71 + 1.63 + \cdots + 1.64)/10 = 1.723,$$

$$\bar{Y} = (65 + 63 + \cdots + 58)/10 = 64.4,$$

$$S_x^2 = (1.71 - 1.723)^2 + \cdots + (1.64 - 1.723)^2 = 0.1062,$$

$$\sum_{i=1}^{10} (X_i - \bar{X}) Y_i = (1.71 - 1.723) \times 65 + \cdots + (1.64 - 1.723) \times 58 = 5.268.$$

由(2.12)式和(2.13)式,得出 β_0 和 β_1 的最小二乘估计值分别为

$$\hat{\beta}_0 = 64.4, \quad \hat{\beta}_1 = 5.268/0.1062 = 49.6,$$

经验回归方程为

$$y = 64.4 + 49.6(x - 1.723) = -21.06 + 49.6x.$$

当 $x = 1.62$ 时，$y = 59.29$. 这有两个解释. 一是对身高为 1.62 米的学生，其平均体重的点估计为 59.29 公斤；二是如随机抽到一个学生，量出其身高为 1.62 米，则以 59.29 公斤为其体重的预测值.

可按(2.23)式计算残差平方和. 为此算出

$$\sum_{i=1}^{10}(Y_i - \overline{Y})^2 = (65 - 64.4)^2 + \cdots + (58 - 64.4)^2 = 316.4,$$

因此按(2.23)式算出

$$\sum_{i=1}^{10}\delta_i{}^2 = 316.4 - 49.6 \times 5.268 = 54.39.$$

由此得出误差方差 σ^2 的估计值

$$\hat{\sigma}^2 = 54.39/(10 - 2) = 6.799,$$

即 $\hat{\sigma} = 2.61$. 取 $\alpha = 0.05$，查 t 分布表，得 $t_{n-2}(\alpha/2) = t_8(0.025) = 2.306$.

于是用(2.27)式和(2.28)式，得到回归函数 $m(x) = \beta_0 + \beta_1(x - \overline{X})$ 的置信区间，以及在 x 点处 Y 的取值 y 的预测区间，分别为(置信系数都是 0.95)

$$-21.06 + 49.6x - 2.61\left(0.1 + \frac{(x - 1.723)^2}{0.1062}\right)^{1/2} \times 2.306 \leqslant m(x)$$

$$\leqslant -21.06 + 49.6x + 2.61\left(0.1 + \frac{(x - 1.723)^2}{0.1062}\right)^{1/2} \times 2.306,$$

以及

$$-21.06 + 49.6x - 2.61\left(1.1 + \frac{(x - 1.723)^2}{0.1062}\right)^{1/2} \times 2.306 \leqslant y$$

$$\leqslant -21.06 + 49.6x + 2.61\left(1.1 + \frac{(x - 1.723)^2}{0.1062}\right)^{1/2} \times 2.306.$$

对 $x = 1.62$，上述两个区间分别是

$$-21.06 + 49.6x \times 1.62 \pm 2.691 = [56.6, 62.0],$$

$$-21.06 + 49.6x \times 1.62 \pm 6.343 = [53.0, 65.6].$$

可见,预测的精度比估计回归函数的精度差得多.

再考虑假设(2.29)的检验.在此例中,取 $c=0$ 是没有意义的.因为体重明摆着与身高有关,如检验假设 $\beta_1=0$,即使接受了,我们也只能归因于样本大小 n 太小,也不大会认为 $\beta_1=0$ 真可以被接受.可以考虑的假设是 c 取一个合理的数字,例如 $c=50$,40 之类."$c=50$"这个假设可理解为:在另一城市一所大学曾做过较大规模的测量,在那里比较确切地估出 $\beta_1=50$.现在换了一个城市,情况有无改变? 由于这样一种提法,且 50 这个数字先天地有一定的根据,在并无比较显著的证据的情况下,我们不愿轻易地认为 50 这个数字不适用于这所大学.因此,取一个较小的水平,例如 $\alpha=0.05$,就要算比较恰当了.具体检验可按(2.30)式.算出

$$\hat{\sigma}S_x t_{n-2}(\alpha/2)=2.61\times\sqrt{0.1062}\times 2.306=1.96,$$

令 $|\hat{\beta}_1-c|=|49.6-50|=0.4<1.96$,故应接受原假设 $\beta_1=50$.如原假设为 $\beta_1=52$,则被否定了.

现在有这样的问题:一方面,用我们的数据估出 β_1 为 49.6;另一方面,按以往资料可以接纳 $\beta_1=50$,应取何者为好? 这就要分析情况,如果以往资料可以认为是与当前资料同质的,比方说,两校都是在全国范围内招生,其学生的地域构成大体接近,则有充分理由认为,当前的 β_1 与以往的 β_1 应差不多.考虑到以往的 β_1 是依据大量数据算出的,而当前的 β_1 只根据 10 个数据,我们觉得,取以往的 β_1 也许更合适(如果 $\beta_1=50$ 被否定,自又另当别论).反之,如两校都是地方性的,其学生来源以本地居多,而两地身高、体重在关系上又有差别,则我们就可能倾向于采用当前值了.

这个例子也许并不十分典型,但有关的考虑对其他应用问题也是适用的.统计学是一种帮助我们对数据进行分析的工具,其应用不能脱离对实际问题的背景的考虑.不加区别地机械地使用公式,难免导致与实际背离的结果.

6.2.5 几个有关问题

以上我们对一元线性回归(且随机误差服从正态分布的情况)的统计分析做了较仔细的论述.在这一段中,我们提出几点在使用这些方法时值得注意的事情.

(1) 回归系数的解释问题

设想我们建立了回归方程

$$y = a + bx, \tag{2.31}$$

一般地把回归系数 b 的意义解释为:当自变量 X 增加或减少1单位时,平均地说,Y 增加或减少 b 单位.这个解释对不对?我们说,也对也不对,要看具体情况而定.

首先一个问题是 X 的变化区间.在实际应用中,真正的回归方程一般总是与线性方程有一定的偏离.在不很大的范围内,这种偏离也许不很大,不致对应用造成影响.一般总是在这个意义上,我们把回归方程认定为线性的.

日后在应用中,如果自变量值 x 超出了上述范围,则回归方程(2.31)可能已不再成立.这时 X 增加1单位是否使 Y 平均增加 b 单位的论断,也就不能成立了.例如,若 X 为每亩施肥量而 Y 为每亩的产量,可以相信,在 X 的一个合理的范围内,Y 的平均值大致随 X 线性地增长.但一超出一定的范围,例如施肥量过大时,进一步增加施肥不仅不能导致增产,反而可能导致减产.

就是自变量的值处在合理的范围内时,回归系数意义的解释仍可能有问题.分两种情况来讨论.一种情况是 X 的值在试验中可由人指定(如上述施肥量).这时,只要在日后的应用中情况与你建立回归方程时大体相同——这主要指的是 X 以外的因素对 Y 的影响要相当,则上述解释,即 X 增减1单位时 Y 平均增减 b 单位,是正确的,否则就不见得正确.仍拿上面那个例子来说,设想在建立方程(2.31)而进行的试验中,所用的田地都是底肥很不充足的,而日后你把它用到底肥很充足的田地上;或者,在试验中用的是深耕(这对肥料吸收有利),而日后用到浅耕的田地上,则结果就不见得正确了.

如果自变量 X 是与 Y 一起观察所得,而不能事先由人控制,则情况更加复杂.在这种情况下,除了满足 X 必须处在合理范围内这个限制外,还必须注意,X 值必须是在"自然而然地"产生而不是人为地制造出来的情况下,上述解释才有效.举一个极端的例子,设把 X 作为体重而 Y 作为身高,则在 X 一定的范围内,仍可建立线性回归方程(2.31).比方说,$b=0.02$,这意味着体重每增减1公斤,身高平均约增减2厘米.假如你观察一个正在长身体的青年人,在某时刻你量得他的体重 X 为52公斤,身高为158厘米.过若干时候他体重长到54公斤,你预测他身高162厘米左右,这个用法正确.因为你只是一个被动的观察者,并未设法去影响这个进程.反之,如果你用强力减肥法使一个胖子在两星期内体重下降5公斤,而预测他身高将下降10厘米左右,则恐怕不见得正确.因为 X 值的改变出于你人为的干预,违反了 X,Y 之间的关系的自然进程.再举一个例子,统计资料显示人的文化水平的提高导致出生率降低.但如某个国家孤立地进行提高人的文化水平的工作,就不一定能导致出生率预期的降低.这是因为人口出生率是由一系列的经济、社会和文化习惯等条件决定的.单抽出文化水平这个因子,其实是将它作为一个综合因子来看待.故如它的改变确实是显示了这种综合条件的改善,则应有利于出生率的降低;反之,如果其他条件(经济、社会等)并无改变甚至有了恶化,而只孤立地提高文化这个因子,则背离了建立回归方程的前提了.

(2) 回归方程的外推

所谓外推,就是在建立回归方程时所用的自变量数据的范围之外去使用回归方程(如果在自变量数据的范围之内使用,就叫做内插).一般都是不主张对回归方程做外推使用的,原因我们在以前已提过了,即理论上回归方程一般并非严格的直线.例如,回归方程是曲线 l,如果你在 $a \leqslant x \leqslant b$ 这个范围内使用,则直线 l_1 可充分好地代表它,但如外推至 c 点,则与实际情况有较大的差距了(图6.5).

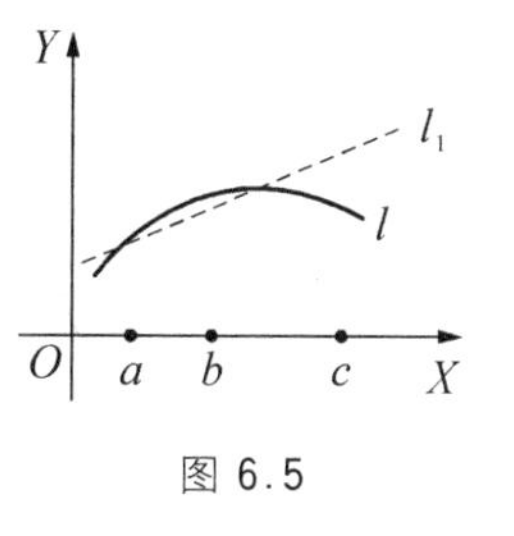

图 6.5

当然,也不能说外推在任何情况下都不行.在某种很特殊的情况下,回归方程为线性这一点有充分的理论根据,这时外推应不致导致太大的偏差.其次,如外推距离不太远,问题一般也不会很大.在没有把握而情况允许时,可以做一些试验,以考察一下回归方程在拟应用的范围内符合的程度如何.

(3) 回归方程不可逆转使用

在自变量 X 和因变量 Y 都是随机的场合,往往可以把其中任意一个取为自变量.人的身高、体重就是一个例子.这时就存在两个回归方程,如都为线性的,则分别有形状

$$y = a + bx, \quad x = c + dy. \tag{2.32}$$

有趣的是,这两个方程并不一致.意思是,若你把(2.32)式的第一个方程 $y = a + bx$ 对 x 解出,得 $x = -a/b + y/b$,则这个方程不一定就是(2.32)式的第二个方程.对实际数据配出的经验回归直线,也是这个情况.设有了数据(X_1, Y_1),…,(X_n, Y_n),把 X 作为自变量配出回归方程(用最小二乘法,下同)$y = \hat{a} + \hat{b}x$,与把 Y 作为自变量配出的回归方程 $x = \hat{c} + \hat{d}y$ 不一定相同,且一般不相同.

因此,在人的身高(X)、体重(Y)这个例子中,如你的目的是通过身高预测

体重，则你应取 Y 为因变量，以建立回归方程 $y=a+bx$. 如果什么时候你忽然需要通过体重预测身高，则你并不能利用上述方程去做，而必须从头做起，取 X 为因变量，用最小二乘法配出方程 $x=c+dy$. 后一方程用于从 y 预测 x.

表面上看，这一点颇使人感到难以理解，细想之下，道理其实不难. 为方便计，设(X,Y)的联合分布为二维正态分布 $N(a,b,\sigma_1^2,\sigma_2^2,\rho)$，则如在第2章(见该章(3.10)式)中所证明的，Y 对 X 的回归方程为

$$(y-b)=\rho\sigma_2\sigma_1^{-1}(x-a), \tag{2.33}$$

而 X 对 Y 的回归方程则为

$$(x-a)=\rho\sigma_1\sigma_2^{-1}(y-b). \tag{2.34}$$

除非 $\rho^2=1$，即 X,Y 之间有严格的线性关系，(2.33)式与(2.34)式不一样. 因为由(2.33)式得 $(x-a)=\rho^{-1}\sigma_1\sigma_2^{-1}(y-b)$，除非 $\rho^2=1$，这与(2.34)式不同. 这样看来，理论上这二者本不一致. 因此，由数据所配出的两个经验回归方程也就不会一致了.

这个论点从理论上说清楚了问题. 但在直观上，人们可能仍觉得有些难以理解. 为说明这一点，考察这样一种情况：相关系数 $\rho>0$，但很小. 这时，X,Y 有些关系，但关系很微弱：一者的变化只引起另一者很小的变化. 因此，在两个回归关系 $y=a+bx$ 和 $x=c+dy$ 中，系数 b,d 都很接近于0. 这样，二者就必然不一致了. 因由 $y=a+bx$ 得出 $x=a_1+b_1y$，其中 $b_1=b^{-1}$. 因为 b 很小，b_1 很大，故 b_1 不可能与 d 一致.

但应注意：我们强调回归方程不能逆转使用是指用于预测而言，如用于控制，则另当别论. 比如，建立了 Y 对 X 的回归方程 $y=a+bx$，为要把 Y 的值控制在 y_0，使其误差尽量小，自变量 X 应取何值？那要从 $y_0=a+bx$ 解出 $x=(y_0-a)/b$. 当然，用于控制的情况应当是自变量 X 的值能由人选择时，这时不存在做 X 对 Y 的回归的问题.

(4) 在本节的讨论中，我们都是在自变量 X 为非随机的假定下进行的. 而在应用中，又不时遇到 X 也是随机的情况，而我们也就当做 X 为非随机，仍使用本节导出的公式，这样做在理论上到底可以不可以？

这个问题的仔细分析比较复杂，不能在这里详细给出了. 我们只指出两点：一是若(X,Y)的联合分布为二维正态分布 $N(a,b,\sigma_1^2,\sigma_2^2,\rho)$，则有关回归系数的点估计、区间估计，回归函数的区间估计与区间预测，回归系数的检验等公

式,全都合用,但$\hat{\beta}_1$,$\hat{\beta}_1$ 的方差公式已不适用($\hat{\beta}_1$ 的方差表达式中含 X_i,因此处 X_i 也是随机变量,这是不可以的).$\hat{\sigma}^2$ 仍是模型(2.1)中的误差 e 的方差的无偏估计,但这个方差应是给定 X 时 Y 的条件分布的方差,即 $\sigma_2{}^2(1-\rho^2)$(见第2章(3.9)式).因此在这一场合,X 为随机变量并不影响方法的使用.我们之所以能不顾 X 是否随机而使用本节导出的公式,主要就是基于这个理由.二是若(X,Y)的分布不是正态的,虽说回归系数点估计的公式仍可用,但其他一切已不再成立了.

6.3 多元线性回归

本节我们考虑有 p 个自变量 $X_1,\cdots,X_p$ 的情形,因变量仍记为 Y.模型为

$$Y = b_0 + b_1X_1 + \cdots + b_pX_p + e. \tag{3.1}$$

其解释与(2.1)式相同.这里也有自变量为随机或非随机的区别,今后我们一律把自变量视为非随机的.在(3.1)式中,b_0 为常数项或截距,b_k 称为 Y 对 X_k 的回归系数,或称偏回归系数*.e 仍为随机误差.

现设对 $X_1,\cdots,X_p$ 和 Y 进行观察,第 i 次观察时它们的取值分别记为 $X_{1i},\cdots,X_{pi}$和 Y_i,随机误差为 e_i(注意 e_i 不可观察),则得到方程

$$Y_i = b_0 + b_1X_{1i} + \cdots + b_pX_{pi} + e_i \quad (i=1,\cdots,n). \tag{3.2}$$

这里假定

$$e_1,\cdots,e_n \text{ 独立同分布;} \quad E(e_i)=0, \quad 0<\mathrm{Var}(e_i)=\sigma^2<\infty, \tag{3.3}$$

误差方差 σ^2未知.

统计问题仍和一元回归时一样:要根据所得数据

$$(X_{1i},\cdots,X_{pi},Y_i) \quad (i=1,\cdots,n) \tag{3.4}$$

---

* 这个“偏”字的意思,约略与微积分中偏导数的“偏”字相当,其真实含义是:若只取一个自变量 X_k 而考虑 Y 与 X_k 之间的一元回归,则回归系数 b_k^* 将与(3.1)式中的 b_k 不同.

对 $b_0,\cdots,b_p$ 和误差方差 σ^2 进行估计，对回归函数 $b_0+b_1x_1+\cdots+b_px_p$ 进行估计，在自变量的给定值 $(x_1^0,\cdots,x_p^0)$ 处对因变量 Y 的取值进行预测，以及有关的假设检验问题等.在上节中对一元情况引进的不少方法和概念仍适用于此处多元的情况，但在计算和理论方面，都较一元的情况复杂.就本课程而言，我们不能对这些进行仔细的论述，只能把一些重要的结果和公式不加证明地写出来.

在讨论一元的情况时我们曾实行“中心化”，即用(2.6)式代替(2.4)式.这一变换对多元的情况很有用，方法也一样：算出每个自变量 X_k 在 n 次观察中取值的算术平均 $\bar{X}_k=(X_{k1}+\cdots+X_{kn})/n$，而后令

$$X_{ki}^* = X_{ki} - \bar{X}_k \quad (i=1,\cdots,n;\ k=1,\cdots,p), \tag{3.5}$$

即可将(3.2)式写为

$$Y_i = \beta_0 + \beta_1 X_{1i}^* + \cdots + \beta_p X_{pi}^* + e_i \quad (i=1,\cdots,n). \tag{3.6}$$

β_k 等与 b_k 等的关系是

$$\beta_k = b_k \quad (k=1,\cdots,p);\quad \beta_0 = b_0 + b_1\bar{X}_1 + \cdots + b_p\bar{X}_p. \tag{3.7}$$

如在模型(3.6)之下对 β_k 等做了估计，则可用(3.7)式将其转化为对 b_k 等的估计.在(3.6)式中有

$$X_{k1}^* + \cdots + X_{kn}^* = 0 \quad (k=1,\cdots,p).$$

以后我们只讨论(3.6)式，且为书写方便计，略去 X_{ki}^* 中的“$*$”号，仍记为 X_{ki}，即

$$Y_i = \beta_0 + \beta_1 X_{1i} + \cdots + \beta_p X_{pi} + e_i \quad (i=1,\cdots,n). \tag{3.8}$$

记住：(3.8)式中的 X_{ki} 已是经过中心化的，与(3.2)式中的 X_{ki} 不同.

在讨论多元线性回归时，采用矩阵和向量的记号很方便. m 行 n 列的矩阵常用一个大写字母(如 X, A 等)去记，有时也记为 (a_{ij})，a_{ij} 为该矩阵的 (i,j) 元，即第 i 行第 j 列的元素.当 $m=n$ 时，称为 n 阶方阵. n 阶方阵 $A=(a_{ij})$，若 $a_{ij}=1\ (i=j)$，$a_{ij}=0\ (i\neq j)$，则称为 n 阶单位阵，并记为 I 或 I_n.方阵 A 的逆方阵(如存在)记为 A^{-1}.矩阵 A 的转置矩阵将记为 A'.

向量 a 一般理解为列向量，如

$$a = \begin{pmatrix} a_1 \\ \vdots \\ a_k \end{pmatrix}$$

为 k 维列向量，a_i 为其第 i 个分量. a'则是行向量$(a_1,\cdots,a_k)$. 在矩阵或向量运算中，0 表示各元皆为零的矩阵或向量，有相应的维数.

若 A 为 $m\times n$ 阶矩阵，a 为 n 维向量，则按矩阵乘法定义，Aa 为 m 维向量. 当 A 为 n 阶方阵，而 a 为 n 维向量时，$a'Aa$ 是一个数，这种形式称为二次型. 一般在讨论二次型时总假定 A 为对称方阵，即其(i,j)元等于其(j,i)元，或 $A=A'$.

6.3.1 最小二乘估计

与一元的情形一样，令

$$Q(\alpha_0,\alpha_1,\cdots,\alpha_p)=\sum_{i=1}^{n}(Y_i-\alpha_0-X_{1i}\alpha_1-\cdots-X_{pi}\alpha_p)^2,$$

然后找 $\alpha_0,\cdots,\alpha_p$ 的值，记为$\hat{\beta}_0,\cdots,\hat{\beta}_p$，使上式达到最小. $\hat{\beta}_i$ 等就是 β_i 等的最小二乘估计. 作方程

$$\partial Q/\partial\alpha_0=0,\quad \partial Q/\partial\alpha_1=0,\quad \cdots,\quad \partial Q/\partial\alpha_p=0,$$

并加以简单的整理，即得

$$n\alpha_0=\sum_{i=1}^{n}Y_i\quad(\text{解为}\hat{\beta}_0=\overline{Y});\tag{3.9}$$

$$\begin{cases}l_{11}\alpha_1+l_{12}\alpha_2+\cdots+l_{1p}\alpha_p=\sum_{i=1}^{n}X_{1i}Y_i,\\ \cdots,\\ l_{p1}\alpha_1+l_{p2}\alpha_2+\cdots+l_{pp}\alpha_p=\sum_{i=1}^{n}X_{pi}Y_i,\end{cases}\tag{3.10}$$

此处 $l_{uv}=\sum_{i=1}^{n}X_{ui}X_{vi}$. 若引进以下的矩阵和向量*

$$X=\begin{pmatrix}X_{11}&X_{12}&\cdots&X_{1n}\\X_{21}&X_{22}&\cdots&X_{2n}\\\vdots&\vdots&&\vdots\\X_{p1}&X_{p2}&\cdots&X_{pn}\end{pmatrix},\quad L=\begin{pmatrix}l_{11}&l_{12}&\cdots&l_{1p}\\l_{21}&l_{22}&\cdots&l_{2p}\\\vdots&\vdots&&\vdots\\l_{p1}&l_{p2}&\cdots&l_{pp}\end{pmatrix},\tag{3.11}$$

---

* 矩阵 X 称为设计矩阵，但一般设计矩阵是指未经过中心化的，由原来的 X_{ij} 所构成的矩阵.

$$Y_{(n)} = \begin{pmatrix} Y_1 \\ \vdots \\ Y_n \end{pmatrix}, \quad \beta = \begin{pmatrix} \beta_1 \\ \vdots \\ \beta_p \end{pmatrix}, \quad \hat{\beta} = \begin{pmatrix} \hat{\beta}_1 \\ \vdots \\ \hat{\beta}_p \end{pmatrix}, \quad \alpha = \begin{pmatrix} \alpha_1 \\ \vdots \\ \alpha_p \end{pmatrix},$$

则 $L = XX'$,方程组(3.10)右边各元分别是向量 $XY_{(n)}$ 的相应元.于是,方程组(3.10)可简写为

$$L\alpha = XY_{(n)}. \tag{3.12}$$

方程组(3.10),即(3.12),称为正则方程.其解,即 β 的最小二乘估计,可表为

$$\hat{\beta} = L^{-1} XY_{(n)}. \tag{3.13}$$

一元情况中最小二乘估计的性质在此也成立*:

(1) $\hat{\beta}_0$,$\hat{\beta}$分别是 β_0 和 β 的无偏估计.

(2) $\mathrm{Cov}(\hat{\beta}_0, \hat{\beta}_j) = 0\ (j = 1, \cdots, p)$,即$\hat{\beta}_0$ 与每个$\hat{\beta}_j$ 都不相关.

(3) $\mathrm{Var}(\hat{\beta}_0) = \sigma^2/n$;若记

$$C = (c_{ij}) = L^{-1}, \tag{3.14}$$

则 $\mathrm{Var}(\hat{\beta}_j) = c_{jj}\sigma^2$, $\mathrm{Cov}(\hat{\beta}_j, \hat{\beta}_k) = c_{jk}\sigma^2$.由于这个性质,方阵 L^{-1} 在回归分析中有很大的重要性,一般都需要算出来.不然的话,解方程组(3.10)用通常的消元法更简便,而无需用(3.13)式.

6.3.2 误差方差 σ^2 的估计

仍如一元回归一样,定义残差

$$\delta_i = Y_i - (\hat{\beta}_0 + X_{1i}\hat{\beta}_1 + \cdots + X_{pi}\hat{\beta}_p) \quad (i = 1, \cdots, n) \tag{3.15}$$

及残差平方和 $\delta_1^2 + \cdots + \delta_n^2$.可证明

$$\hat{\sigma}^2 = (\delta_1^2 + \cdots + \delta_n^2)/(n - p - 1) \tag{3.16}$$

是 σ^2 的一个无偏估计.

当随机误差服从正态分布时,可证明 $\sum_{i=1}^{n} \delta_i^2/\sigma^2$ 服从自由度为 $n - p - 1$ 的

---

* 证明见习题 7.

χ^2 分布. 这里有 $p+1$ 个参数 $\beta_0, \beta_1, \cdots, \beta_p$ 要估计，故自由度减少了 $p+1$.

对此处多元的情况，类似于(2.23)式的结果也成立：

$$\sum_{i=1}^{n} \delta_i{}^2 = \sum_{i=1}^{n} (Y_i - \overline{Y})^2 - \left(\hat{\beta}_1 \sum_{i=1}^{n} X_{1i} Y_i + \cdots + \hat{\beta}_p \sum_{i=1}^{n} X_{pi} Y_i\right). \quad (3.17)$$

此式的方便之处在于：(3.17)式右边括号内的各项，在列出正则方程组(3.10)时已算出了，而在估计 σ^2 时，一般先估计 β_j，故 $\hat{\beta}_1, \cdots, \hat{\beta}_p$ 等也已算出了.

6.3.3 区间估计与预测

在做区间估计和预测时，要假定随机误差服从正态分布，即要把(3.3)式加强为

$$e_1, \cdots, e_n \text{ 独立同分布}; \quad e_i \sim N(0, \sigma^2) \quad (i = 1, \cdots, n). \quad (3.18)$$

这时，因 $\hat{\beta}_0, \cdots, \hat{\beta}_p$ 都是 $Y_1, \cdots, Y_n$ 的线性函数，它们都服从正态分布.

(1) 回归系数 β_j 的区间估计

已知 $E(\hat{\beta}_j) = \beta_j$, $\mathrm{Var}(\hat{\beta}_j) = c_{jj}\sigma^2$，故有 $(\hat{\beta}_j - \beta_j)/(\sqrt{c_{jj}}\sigma) \sim N(0,1)$. 以 σ 的估计 $\hat{\sigma}$ 代替上式中的 σ，则可以证明

$$(\hat{\beta}_j - \beta_j)/(\hat{\sigma}\sqrt{c_{jj}}) \sim t_{n-p-1}. \quad (3.19)$$

与一元情况相似，由此就可以做出 β_j 的区间估计

$$\hat{\beta}_j - \hat{\sigma}\sqrt{c_{jj}}\, t_{n-p-1}(\alpha/2) \leqslant \beta_j \leqslant \hat{\beta}_j + \hat{\sigma}\sqrt{c_{jj}}\, t_{n-p-1}(\alpha/2), \quad (3.20)$$

置信系数为 $1-\alpha$. 类似地做出 β_j 的置信上、下界.

(2) 回归函数的区间估计

仍记回归函数为

$$m(x) = \beta_0 + \beta_1(x_1 - \overline{X}_1) + \cdots + \beta_p(x_p - \overline{X}_p),$$

$\overline{X}_j$ 的意义前已指出，为 $\overline{X}_j = (X_{j1} + \cdots + X_{jn})/n$, $x = (x_1, \cdots, x_p)'$.

$m(x)$ 的点估计为

$$\hat{m}(x) = \hat{\beta}_0 + \hat{\beta}_1(x_1 - \overline{X}_1) + \cdots + \hat{\beta}_p(x_p - \overline{X}_p),$$

其期望值为 $m(x)$. 其方差可根据 $\hat{\beta}_0, \cdots, \hat{\beta}_p$ 的方差与协方差算出，结果为

$$\lambda^2(x)\sigma^2 = \left(\frac{1}{n} + \sum_{j,k=1}^{p} (x_j - \overline{X}_j)(x_k - \overline{X}_k) c_{jk}\right)\sigma^2.$$

于是得到$(\hat{m}(x)-m(x))/(\lambda(x)\sigma)\sim N(0,1)$.以$\hat{\sigma}$代替$\sigma$,得到

$$(\hat{m}(x)-m(x))/(\lambda(x)\hat{\sigma})\sim t_{n-p-1}. \tag{3.21}$$

由此就可做出$m(x)$的区间估计,为

$$\hat{m}(x)-\hat{\sigma}\lambda(x)t_{n-p-1}(\alpha/2)\leqslant m(x)\leqslant \hat{m}(x)+\hat{\sigma}\lambda(x)t_{n-p-1}(\alpha/2), \tag{3.22}$$

置信系数为$1-\alpha$.

在(3.22)式中令$x_1=\cdots=x_p=0$,得到原模型(3.2)中的常数项b_0的区间估计.

(3) 在自变量的值$x_0=(x_{10},\cdots,x_{p0})$处预测因变量$Y$的取值$y_0$

作为点预测,就用$\hat{m}(x_0)$.其区间预测与回归函数区间估计的差别,就在于方差多了一个σ^2,故只需把(3.22)式中的$\lambda(x)$改为$\sqrt{1+\lambda^2(x_0)}$即可:

$$\begin{aligned}\hat{m}(x_0)-\hat{\sigma}\sqrt{1+\lambda^2(x_0)}\,t_{n-p-1}(\alpha/2)&\leqslant y_0\\ &\leqslant \hat{m}(x_0)+\hat{\sigma}\sqrt{1+\lambda^2(x_0)}\,t_{n-p-1}(\alpha/2),\end{aligned} \tag{3.23}$$

其置信系数为$1-\alpha$.

6.3.4 假设检验问题

在多元回归中,因包含了多个回归系数,可以考虑的假设检验问题比一元情况要多一些.本段仍要假设随机误差服从正态分布.

(1) 单个回归系数β_j的检验

考虑原假设$H_0:\beta_j=c$,c为给定常数,利用(3.19)式,仿照一元情况的处理方式,得t检验:

$$当\ |\hat{\beta}_j-c|\leqslant\hat{\sigma}\sqrt{c_{jj}}\,t_{n-p-1}(\alpha/2)\ 时接受\ H_0,不然就否定\ H_0. \tag{3.24}$$

类似地可考虑单边假设$\beta_j\leqslant c$或$\beta_j\geqslant c$的检验问题.

在应用上,主要考虑的一种情况是$c=0$.如果假设$\beta_j=0$被接受,则可能解释为:自变量X_j对Y无影响,因而可以从回归函数中删去.但这种解释要慎重.一则是样本可能太少;二则还有其他原因,见6.3.5段.

(2) 全体回归系数皆为0的检验

即原假设为

$$H_0: \beta_1 = \beta_2 = \cdots = \beta_p = 0. \tag{3.25}$$

这个假设的检验常称为“回归显著性检验”，其意思如下：若假设(3.25)通过了，则有可能，所选的自变量 $X_1, \cdots, X_p$ 其实对因变量 Y 无影响或影响很小. 这样，配出的经验回归方程也就没有多大意义. 在实用上，这有两种情况：一是确实 $\beta_1, \cdots, \beta_p$ 都为 0 或很小，这时我们选错了自变量；二是样本太少，随机误差的干扰太大，以致各自变量的作用显示不出来. 到底是哪种情况，当然必须得对具体问题做具体分析. 但无论如何，如果假设 H_0 被接受，则总是显示，由数据配出的经验回归方程不理想，不宜径直用于实际.

反之，若 H_0 被否定，则这说明了：所选定的自变量 $X_1, \cdots, X_p$ 对因变量 Y 确有一定的影响，并非无的放矢. 通常把这说成回归达到了显著性，并进而引申解释为，所配的回归方程成立，可以有效地使用了. 这样的解释还需慎重，因为检验的结果只是告诉我们：所选自变量中，至少有一部分是重要的，但也可能尚留有并非重要的；尤其是，并不能排斥遗漏了其他重要因素的可能性. 这一切要看前期工作做得如何，不能都委之于这个检验. 我们认为，这个检验的基本意义是事后验证性的：研究者在事前根据专业知识及经验，认为已把较重要的自变量选入了，且在一定的误差限度内，认为回归函数可取为线性的，经过试验得出数据后，他可以通过这个检验验证一下原来的考虑是否有毛病. 这时，若 H_0 被否定，他可以合理地解释为：数据与他事前(试验前)的设想并不矛盾. 反之，若 H_0 被接受，则提醒他，也许他事前的考虑有欠周到之处，值得再研究一下.

这里所谈的实质上涉及一个选择回归自变量的问题. 在一项大型的研究中，看来与因变量 Y 有关的因素往往很多，而在回归方程中却只宜选进一部分关系最密切的，选多了反而不好. 前面我们强调专业知识和经验在处理这个问题中的作用，但这并不排斥统计分析的作用. 实际上，回归自变量的选择问题是回归分析中很受重视的一个课题，近三十年来出现了大量的工作. 这些在本书中无法细述了，有兴趣的读者，可参看陈希孺和王松桂所著《近代回归分析》的第 3 章.

现在我们回到假设(3.25)的检验问题. 我们只能解释一下导出检验的思想，而不能仔细证明其中所涉及的分布问题.

前面我们在原模型(3.8)之下算出了残差平方和(3.17)式，其值暂记为 R_1. 现如假设(3.25)成立，则无异乎说我们采纳新模型

$$Y_i = \beta_0 + e_i \quad (i = 1, \cdots, n). \tag{3.26}$$

在此模型下也计算其残差平方和 R_2，结果为

$$R_2 = \min_{\beta_0} \sum_{i=1}^{n} (Y_i - \beta_0)^2 = \sum_{i=1}^{n} (Y_i - \overline{Y})^2. \tag{3.27}$$

对任一模型,残差平方和愈小,则说明数据对它的拟合愈好.容易看出:数据对模型(3.26)的拟合程度决不能优于其对模型(3.8)的拟合程度,因为(3.8)式中可供选择的余地比(3.26)式大.但拟合程度相差多少,则取决于模型(3.26)是否正确,即假设(3.25)是否成立.若模型(3.26)正确,则差距要小一些,否则就大一些*.这样,R_2 和 R_1 之差 $R_2 - R_1$ 可作为假设 H_0 正确性的一种度量:$R_2 - R_1$ 愈小,H_0 愈像是成立.理论上可以证明:当 H_0 成立时,有

$$\frac{1}{\sigma^2}(R_2 - R_1) \sim \chi_p{}^2, \quad R_2 - R_1 \text{ 与 } \hat{\sigma}^2 \text{ 独立}.$$

这样,再注意当随机误差服从正态分布时有

$$(n - p - 1)\hat{\sigma}^2/\sigma^2 \sim \chi_{n-p-1}{}^2,$$

于是,由 F 分布的定义,知当原假设 H_0 成立时有

$$\frac{1}{p}(R_2 - R_1)/\hat{\sigma}^2 \sim F_{p,n-p-1}. \tag{3.28}$$

按(3.27)式和(3.17)式,得

$$R_2 - R_1 = \hat{\beta}_1 \sum_{i=1}^{n} X_{1i} Y_i + \cdots + \hat{\beta}_p \sum_{i=1}^{n} X_{pi} Y_i. \tag{3.29}$$

于是得到假设(3.25)的 H_0 的下述检验法:

$$\text{当} \frac{1}{p} \sum_{j=1}^{p} \hat{\beta}_j \sum_{i=1}^{n} X_{ji} Y_i / \hat{\sigma}^2 \leqslant F_{p,n-p-1}(\alpha) \text{ 时接受 } H_0\text{,不然就否定 } H_0, \tag{3.30}$$

检验水平为 α.这个检验称为 H_0 的 F 检验.

(3) 一部分回归系数为0

即原假设为

$$H_0: \beta_1 = \cdots = \beta_r = 0 \quad (1 \leqslant r \leqslant p). \tag{3.31}$$

---

* 这是一种直观的想法,其根据在于:与数据拟合最好的模型,是在真模型附近而不是远离它——如果远离它(这并非不可能),则表示经验回归方程与理论回归方程差距很大,整个分析就没有多大意义了.

这个检验的背景是:全体自变量按其性质分成一些组,而 $X_1, \cdots, X_r$ 是反映某方面性质的因子.(3.31)式的意义是:这方面的因子其实不影响因变量 Y 的值.

检验方法与假设(3.25)相同.以 R_3 记当假设(3.31)成立时的残差平方和,即

$$R_3 = \min_{\alpha_0, \alpha_{r+1}, \cdots, \alpha_p} \sum_{i=1}^{n} (Y_i - \alpha_0 - X_{r+1,i}\alpha_{r+1} - \cdots - X_{pi}\alpha_p)^2,$$

然后,可以证明:当随机误差服从正态分布而 H_0 成立时,有

$$\frac{1}{r}(R_3 - R_1) / \hat{\sigma}^2 \sim F_{r, n-p-1}.$$

于是得到假设(3.31)的下述检验法:

$$\text{当}\frac{1}{r}(R_3 - R_1) / \hat{\sigma}^2 \leqslant F_{r, n-p-1}(\alpha)\text{ 时接受 } H_0\text{,不然就否定 } H_0, \tag{3.32}$$

检验水平为 α.这个检验通称为假设(3.31)的 F 检验.称呼的来由显然是,所用的检验统计量有 F 分布.

直接计算 R_3 需要在新模型

$$Y_i = \beta_0 + \beta_{r+1} X_{r+1,i} + \cdots + \beta_p X_{pi} + e_i \quad (i = 1, \cdots, n) \tag{3.33}$$

之下算出 $\beta_0, \beta_{r+1}, \cdots, \beta_p$ 的最小二乘估计 $\beta_0^*, \beta_{r+1}^*, \cdots, \beta_p^*$. β_0^* 仍为 $\overline{Y}$,但 $\beta_{r+1}^*, \cdots, \beta_p^*$ 已与在原模型(3.8)之下求出的 $\beta_{r+1}, \cdots, \beta_p$ 的最小二乘估计 $\hat{\beta}_{r+1}, \cdots, \hat{\beta}_p$ 不同,因此涉及较多计算.下面的公式则只需用到原模型(3.8)下有关的量,不需涉及新模型(3.33),因此较为简单.为引进这个公式,把(3.11)式定义的方阵 L 分块为

$$L = \begin{pmatrix} L_{11} & L_{12} \\ L_{21} & L_{22} \end{pmatrix},$$

其中 L_{11} 为 r 阶方阵,记方阵

$$D = (d_{ij}) = L_{11} - L_{12} L_{22}^{-1} L_{21},$$

则

$$R_3 - R_1 = \sum_{i,j=1}^{r} d_{ij} \hat{\beta}_i \hat{\beta}_j. \tag{3.34}$$

(3.34)式中,$\hat{\beta}_i$ 等是在原模型(3.8)之下已求得的.

线性回归是统计学应用中碰得最多的.本节方法中涉及的运算,早已编入各种统计软件包,如有这种设备,则只需输入数据即可.这类简化公式也就没有多大实际意义了.

例 3.1 本例引述自张启锐著《实用回归分析》第 60 面.其目的纯粹是为了显示本节提出的那些抽象公式是怎样使用的.

本例共有三个自变量 X_1, X_2, X_3,因变量为 Y.对这些变量进行了 $n=48$ 次观测,原始数据 $(X_{1i}, X_{2i}, X_{3i}, Y_i)$ $(i=1,\cdots,48)$ 没有写出,但与本节公式的应用有关的量的计算结果为

$$\overline{X}_1 = 18.98, \quad \overline{X}_2 = 2.55, \quad \overline{X}_3 = 3.125, \quad \overline{Y} = 3.843,$$

$$L = \begin{pmatrix} 2\,052.98 & 49.15 & 782.12 \\ 49.15 & 12.46 & 13.50 \\ 782.12 & 13.50 & 577.25 \end{pmatrix},$$

$$\sum_{i=1}^{48} (Y_i - \overline{Y})^2 = 74.15,$$

$$\sum_{i=1}^{48} (X_{1i} - \overline{X}_1) Y_i = -257.59,$$

$$\sum_{i=1}^{48} (X_{2i} - \overline{X}_2) Y_i = -11.72,$$

$$\sum_{i=1}^{48} (X_{3i} - \overline{X}_3) Y_i = -141.37.$$

(1) 常数项 β_0 的最小二乘估计为 $\overline{Y}=3.843$,而回归系数 $\beta_1, \beta_2, \beta_3$ 的最小二乘估计则是下述方程组的解:

$$\begin{cases} 2\,052.98\alpha_1 + 49.15\alpha_2 + 782.12\alpha_3 = -257.59, \\ 49.15\alpha_1 + 12.46\alpha_2 + 13.50\alpha_3 = -11.72, \\ 782.12\alpha_1 + 13.50\alpha_2 + 577.25\alpha_3 = -141.37. \end{cases}$$

解 $\alpha_1, \alpha_2, \alpha_3$,即 $\beta_1, \beta_2, \beta_3$ 的最小二乘估计 $\hat{\beta}_1, \hat{\beta}_2, \hat{\beta}_3$,结果为 $\hat{\beta}_1 = -0.048\,8$, $\hat{\beta}_2 = -0.568\,8$, $\hat{\beta}_3 = -0.165\,5$.而经验回归方程为

$$\begin{aligned} y &= 3.843 - 0.048\,8(x_1 - 18.98) - 0.568\,8(x_2 - 2.55) \\ &\quad - 0.165\,5(x_3 - 3.125) \\ &= 6.737 - 0.048\,8x_1 - 0.568\,8x_2 - 0.165\,5x_3. \end{aligned} \tag{3.35}$$

为计算$\hat{\beta}_0,\cdots,\hat{\beta}_3$的方差与协方差，要算出 L 的逆方阵$C=L^{-1}$，结果为

$$C = L^{-1} = 10^{-3}\begin{pmatrix} 1.093\,1 & -2.777\,5 & -1.416\,0 \\ -2.777\,5 & 89.400\,9 & 1.672\,5 \\ -1.416\,0 & 1.672\,5 & 3.611\,9 \end{pmatrix}. \tag{3.36}$$

于是得到

$$\begin{aligned}
&\mathrm{Var}(\hat{\beta}_0) = \sigma^2/48 = 0.020\,8\sigma^2, \\
&\mathrm{Cov}(\hat{\beta}_0,\hat{\beta}_j) = 0 \quad (j = 1,2,3), \\
&\mathrm{Var}(\hat{\beta}_1) = 10^{-3}\times 1.093\,1\sigma^2, \\
&\mathrm{Var}(\hat{\beta}_2) = 10^{-3}\times 89.400\,9\sigma^2, \\
&\mathrm{Var}(\hat{\beta}_3) = 10^{-3}\times 3.611\,9\sigma^2, \\
&\mathrm{Cov}(\hat{\beta}_1,\hat{\beta}_2) = 10^{-3}\times(-2.777\,5)\sigma^2, \\
&\mathrm{Cov}(\hat{\beta}_1,\hat{\beta}_3) = 10^{-3}\times(-1.416\,0)\sigma^2, \\
&\mathrm{Cov}(\hat{\beta}_2,\hat{\beta}_3) = 10^{-3}\times 3.611\,9\sigma^2.
\end{aligned}$$

(2) 残差平方和按公式(3.17)计算，结果为

$$\begin{aligned}
\sum_{i=1}^{48}\delta_i^{\,2} &= 74.15 - (-0.048\,8)(-257.59) - (-0.568\,8)(-11.72) \\
&\quad - (-0.165\,5)(-141.37) \\
&= 31.516\,5.
\end{aligned}$$

自由度为 $n-p-1=48-3-1=44$，从而得到误差方差 σ^2的无偏估计$\hat{\sigma}^2$ 为：

$$\hat{\sigma}^2 = 31.521\,6/44 = 0.716\,3.$$

(3) 各回归系数的区间估计，取置信系数 $1-\alpha=0.95$，查 t 分布表，得 $t_{44}(0.025)=2.021\;08$. 于是按(3.20)式，β_j 的区间估计有$\hat{\beta}_j\pm\sqrt{0.716\,3}\times\sqrt{c_{jj}}\times 2.021\,08$ 的形式. 以(3.36)式中 c_{jj}的具体值代入，算出结果为：

$$\begin{aligned}
&\beta_1: -0.048\,8 \pm 0.056\,4, \\
&\beta_2: -0.568\,8 \pm 0.510\,0, \\
&\beta_3: -0.165\,5 \pm 0.102\,6.
\end{aligned} \tag{3.37}$$

(4) 回归函数

$$m(x)=\beta_0+\beta_1(x_1-18.98)+\beta_2(x_2-2.55)+\beta_3(x_3-3.125)$$

的区间估计,按公式(3.22),应为$\hat{m}(x)\pm\sqrt{0.7164}\times\lambda(x)\times 2.02108$.其中$\hat{m}(x)$即为方程(3.35)的右边的表达式,而

$$\begin{aligned}\lambda^2(x)=&1/48+[1.0931(x_1-18.98)^2+89.4009(x_2-2.55)^2\\&+3.6119(x_3-3.125)^2-2\times 2.7775(x_1-18.98)(x_2-2.55)\\&-2\times 1.416(x_1-18.98)(x_3-3.125)\\&+2\times 1.6725(x_2-2.55)(x_3-3.125)]\times 10^{-3}.\end{aligned}$$

例如,对点 $x=(18,2.7,3)'$,上式的计算结果为

$$\lambda^2(x)=0.02443,$$

于是得到

$$\hat{m}(x)=3.8263,$$

从而得到其置信系数为0.95的区间估计为

$$3.8263\pm\sqrt{0.7164}\times\sqrt{0.02443}\times 2.02108=3.8163\pm 0.2674.$$

在 x 点处 Y 的预测值 y_0 的 0.95 置信区间为$\hat{m}(x)\pm\sqrt{0.7164}(1+\lambda^2(x))^{1/2}\times 2.02108$.在点 $x=(18,2.7,3)'$处,结果为

$$3.8263\pm\sqrt{0.7164}\times\sqrt{1.02443}\times 2.02108=3.8263\pm 1.7314.$$

看出预测的精度比回归函数估计的精度差得多.

(5) 假设检验

一个回归系数为0的检验结果(取水平 $\alpha=0.05$),从各回归系数的区间估计即得出:凡是 β_j 的置信区间包含0者,原假设 $\beta_j=0$ 就被接受,不然就被否定.因此,从(3.37)式看出,$\beta_1=0$ 被接受,而 $\beta_2=0$ 及 $\beta_3=0$ 都被否定.

$\beta_1=0$ 虽然被接受,但这并不等于说一定可以把自变量 X_1 去掉.这个问题还要根据具体情况全面地去考虑,不能单凭这个检验就做出决定.

其次看原假设 H_0: $\beta_1=0,\beta_2=0$.用检验(3.32),要按(3.34)式算出 R_3-R_1.有

$$L_{11}=\begin{pmatrix}2\,052.98 & 49.15\\ 49.15 & 12.46\end{pmatrix},\quad L_{12}=\begin{pmatrix}782.12\\ 13.50\end{pmatrix},$$

$$L_{21}=(782.12,13.50),\quad L_{22}=(577.25).$$

于是

$$\begin{aligned}D&=L_{11}-L_{12}L_{22}^{-1}L_{21}\\&=\begin{pmatrix}2\,052.98 & 49.15\\ 49.15 & 12.46\end{pmatrix}-\begin{pmatrix}782.12\\ 13.50\end{pmatrix}\left(\frac{1}{577.25}\right)(782.12,13.50)\\&=\begin{pmatrix}2\,052.98 & 49.15\\ 49.15 & 12.46\end{pmatrix}-\begin{pmatrix}1\,059.70 & 18.29\\ 18.29 & 0.32\end{pmatrix}\\&=\begin{pmatrix}993.18 & 30.86\\ 30.86 & 12.14\end{pmatrix}.\end{aligned}$$

于是，据$\hat{\beta}_1=-0.048\,8,\hat{\beta}_2=-0.568\,8$，用(3.34)式，得

$$\begin{aligned}R_3-R_1&=993.18(0.048\,8)^2+12.14(0.568\,8)^2\\&\quad+2(30.86)(0.048\,8)(0.568\,8)\\&=8.006.\end{aligned}$$

又 $r=2,\hat{\sigma}^2=0.716\,4$，故

$$\frac{1}{r}(R_3-R_1)/\hat{\sigma}^2=\frac{1}{2}\times 8.006/0.716\,4=5.588.$$

查 F 分布表，知 $F_{r,n-p-1}(\alpha)=F_{2,44}(0.05)\approx 3.21$. 故 H_0 被否定.

最后考虑检验问题 $H_0:\beta_1=\beta_2=\beta_3=0$. 用检验(3.30)，其检验统计量的分子为

$$\begin{aligned}&\frac{1}{3}[(-0.048\,8)(-257.59)+(-0.568\,8)(-11.72)\\&\quad+(-0.165\,5)(-141.347)]=14.211,\end{aligned}$$

故检验(3.30)中的检验统计量的值为 $14.211/0.716\,4=19.837$. 因为 $F_{p,n-p-1}(\alpha)=F_{3,44}(0.05)\approx 2.82$，故 H_0 被否定.

6.3.5 应用上值得注意的几个问题

在一元回归应用上所曾提出过的那些值得注意之点，在此仍然有效. 多元回

归情况更加复杂，在其结果的解释上更应慎重.

(1) 设 Y 对自变量 X_j 的回归系数估计值为 $\hat{\beta}_j$，通常把它解释为：当 X_j 增减1单位时，平均说来因变量 Y 增减 $\hat{\beta}_j$ 单位. 如果 X_j 的取值能由人为控制，其范围在建立经验回归方程时所用数据的范围内，且在而后的使用时，其条件与建立回归方程时的条件相当，则这个解释可以认为是合理的.

如果 X_j 本身也是随机的，则情况复杂，不仅在一元情况下所讲的那些问题此处都存在，而且还有一个各自变量之间的相关问题. 如果自变量为随机的，它们一般不见得独立，即一个变量，例如 X_j，其值的变动往往会带动其他变量的值变动. 这时，各回归系数的值，都是在全体自变量值的联合变动的格局内起作用，孤立地抽一个去考察就不一定很现实了. 在这种情况下，尤其不能人为地去设法变动其中一个（例如 X_j）的值而强行压住其他自变量值保持不变. 在这样人为干预下所做的预测往往与实际相去甚远.

在使用线性回归时我们必须牢记一个基本点：真实的回归函数，特别在较大的范围内，很少是线性的. 线性是一种近似，它包含了一种从实际角度看往往不一定合理的假定：它认为各变量的作用与其他变量取什么值无关，且各变量的作用可以叠加. 因为若 $y = b_0 + b_1x_1 + \cdots + b_px_p$，则不论你把 $x_2, \cdots, x_p$ 的值固定在何处，当 x_1 增减1单位时，y 总是增减 b_1 单位. 事实常不如此. 例如，以 Y 记某种农作物的亩产量，X_1, X_2, X_3 记每亩播种量、施肥量与耕作深度，则 X_1 起的作用如何，与 X_2, X_3 的值有关，其他亦然. 这种现象称为各因素之间的“交互作用”. 如果专业知识或经验告诉我们，至少有一部分自变量之间有显著的交互作用存在，则在自变量值较大的范围内采用线性回归就不会有很好的效果. 且在这种情况下，单个回归系数意义的解释，也应是基于其他变量的平均而言.

(2) 在实际应用中，一个回归模型内可包含为数甚多的自变量，其中难免有些是密切相关的. 例如，若 X_1 和 X_2 高度线性相关，则 X_1 起的作用基本上可由 X_2 挑起来，反之亦然. 这样，如果你从方程中删除自变量 X_1, X_2 中的一个，而对剩下的 $p-1$ 个自变量再配出方程，实际效果与原来的相当. 这就造成下述在假设检验上看来矛盾的现象：“$\beta_1 = 0$”或“$\beta_2 = 0$”都可以被接受，而“$\beta_1 = \beta_2 = 0$”则被否定.

所以，如果自变量是随机的，则对它们之间的相关性的了解很重要. 这有助于删去那些不需要的自变量，使配出的回归方程有更好的稳定性，并简化对回归方程的解释.

(3) 为得出回归系数的估计值，要解线性方程组(3.10)，如果系数方阵 L 的

行列式 $|L|=0$，则方程组(3.10)无解. 在应用上可能碰到这样的情况：$|L|$ 不为 0，但很接近于 0. 这时，诸系数 l_{uv} 在计算上的一点点误差也可能导致方程组(3.10)的解的重大改变，因而回归系数的估计值就失掉了其稳定性和可信性.

这种情况在统计上称为"复共线性"，意指若干个自变量之间存在着高度的线性关系. 在做多元线性回归分析时，复共线性是一个很有破坏性的东西. 凡是可能，应极力予以避免. 如果各自变量取值可人为控制，自可通过适当的设计达到这一点. 如果自变量是随机的，通过分析其相关性并删去若干不必要的(可由其他自变量代替的)自变量，可能达到这一点. 如这些都不成，则不宜强行使用最小二乘法，可考虑用其他更富稳定性的方法取代. 这个问题涉及太宽，不能在此细述. 关于复共线性，张启锐的《实用回归分析》第 6 章可以参考. 关于回归系数的种种估计方法(最小二乘法以外的方法)，可参看陈希孺、王松桂著的《近代回归分析》第 4 章，以及上引张启锐的书第 9 章.

6.3.6 可转化为线性回归的模型

有时，回归函数并非自变量的线性函数，但通过取用新自变量，可以转化为线性回归去处理. 举几个例子说明这一点.

例 3.2 设有一个自变量 X 和因变量 Y. 如从某种理论考虑或数据的启示，认为回归模型有指数形式

$$Y = b_0 + b_1 e^{cX} + e,$$

其中常数 c 已知，b_0, b_1 未知，e 为随机误差. 则通过取新自变量 $Z = e^{cX}$，将其转化为一元线性回归：

$$Y = b_0 + b_1 Z + e. \tag{3.38}$$

若在原模型下对 (X, Y) 有了观测数据 $(X_1, Y_1), \cdots, (X_n, Y_n)$，则等于在新模型下有了观测数据 $(Z_1, Y_1), \cdots, (Z_n, Y_n)$，其中 $Z_i = e^{cX_i}$ $(i=1, \cdots, n)$. 若 c 也未知，则这一做法失效.

例 3.3 仍设有一个自变量 X 和因变量 Y，并认为回归函数为 X 的多项式：

$$Y = b_0 + b_1 X + b_2 X^2 + \cdots + b_p X^p + e. \tag{3.39}$$

引进 p 个新自变量 $X_1, \cdots, X_p$，其中 $X_j = X^j$ $(j=1, \cdots, p)$，则模型(3.39)转化为有 p 个自变量 $X_1, \cdots, X_p$ 的多元线性回归：

$$Y = b_0 + b_1 X_1 + \cdots + b_p X_p + e. \tag{3.40}$$

若在原模型下对(X, Y)有了观测数据$(X_1, Y_1), \cdots, (X_n, Y_n)$，则等于在新模型(3.40)下有了观测数据

$$(X_{1i}, \cdots, X_{pi}, Y_i) \quad (i = 1, \cdots, n),$$

其中 $X_{ji} = X_i{}^j (j=1, \cdots, p;\ i=1, \cdots, n)$.

(3.39)式称为"多项式回归"，是一个应用较多的回归模型.经过转化后的回归模型(3.40)成为多元的.变换以后的自变量 $X_1, \cdots, X_p$ 之间有严格的函数关系，这没有关系.因为在前面讨论线性回归时，并没有对自变量之间可能有的关系做过任何限制.

在模型(3.39)之下，假设"$b_p = 0$"有特殊的意义.比方说，一开始我们较有把握认为取二阶多项式已够了，但还不太放心，希望检验一下.于是我们取模型(3.39)而令 $p=3$.若假设"$b_3 = 0$"通过了，则数据不与我们原先的想法(回归取为二阶多项式已足够)矛盾，否则就需调整原来的想法.

多个变元的多项式回归也一样变换.例如，包含两个自变量 X_1, X_2 的二次多项式回归模型

$$Y = b_0 + b_1 X_1 + b_2 X_2 + b_3 X_1{}^2 + b_4 X_2{}^2 + b_5 X_1 X_2 + e,$$

可通过采用新自变量

$$Z_1 = X_1, \quad Z_2 = X_2, \quad Z_3 = X_1{}^2, \quad Z_4 = X_2{}^2, \quad Z_5 = X_1 X_2$$

化为多元线性模型

$$Y = b_0 + b_1 Z_1 + \cdots + b_5 Z_5 + e.$$

在有些情况下，不仅自变量可施行变换，对因变量也这样做.例如，X, Y 有回归方程 $y = b_0 e^{b_1 x}$，b_0, b_1 未知，这不是线性的，也不能通过自变量的变换化为线性的.但若令 $Z = \ln Y$，则 $Z = \ln b_0 + b_1 X = \beta_0 + \beta_1 X$ $(\beta_0 = \ln b_0, \beta_1 = b_1)$，从而化为线性的.

不过，对因变量所做的变换，较之对自变量所做的变换，存在一个理论上的问题.即自变量的变换不改变模型中的随机误差 e 这一项，因此，有关 e 的假设(如均值为0，方差非0有限，或 e 服从正态分布之类)全都保持有效.对因变量的变换则不然.拿本例来说，原模型为

$$Y = b_0 e^{b_1 X} + e, \tag{3.41}$$

把 Y 换成 $Z=\ln Y$,得 $Z=\ln(b_0 e^{b_1 X}+e)$,形式上可写为

$$Z = b_0 + b_1 X + \varepsilon \quad (\varepsilon = \ln(1 + e b_0^{-1} e^{-b_1 X})). \tag{3.42}$$

ε 已不能满足 e 原有的条件,甚至还和 X 有关.

因此,在对因变量做变换时,我们不是拘泥于从(3.41)式到(3.42)式这种形式运算,而是从头开始:我们觉得并认定,若取 $Z=\ln Y$ 为因变量,则 X,Z 的回归很近似线性,不妨就认为它有(3.42)式的形式而 ε 满足以往对 e 施加的条件.这有其道理可讲:因为反正原模型(3.41)中 e 的性质也无非是一种假定而已,并非先天绝对无误,转化成(3.42)式后,我们未尝不可对 ε 做出类似的假定,并无先天的理由认为:对 ε 的假定一定不如对 e 的假定那样符合事实.

更进一步,为达到线性回归,有时对自变量和因变量都要施加变换,其方法和道理与上同.例如,若回归方程为 $y=b_0 e^{b_1/x}$,则通过变换 $u=1/x$, $v=\ln y$,转化为线性型 $v=\ln b_0+b_1 u$.

6.4 相关分析

在相关分析中,所涉及的变量都是随机的,且处于平等的地位,故用 $X_1,\cdots,X_p$ 来记,而不用 Y.

6.4.1 相关系数的估计和检验

设(X_1,X_2)服从二维正态分布 $N(a,b,\sigma_1^2,\sigma_2^2,\rho)$,其概率密度函数见第2章(2.7)式.在第3章指出,a,σ_1^2分别是 X_1 的均值、方差,b,σ_2^2分别是 X_2 的均值、方差,而 ρ 是 X_1,X_2 之间的相关系数.在第3章3.3节中仔细论述了相关系数的意义,尤其是指出了:当总体分布为正态时,相关系数确实是变量之间的相关性的合理指标,而在非正态情况下则只是线性相关程度的度量.

相关系数 ρ 的公式是

$$\rho = \mathrm{Cov}(X_1,X_2)/(\mathrm{Var}(X_1)\mathrm{Var}(X_2))^{1/2}. \tag{4.1}$$

这个公式启发了 ρ 的一个估计方法，即矩估计法.设 $(X_{11},X_{21}),\cdots,(X_{1n},X_{2n})$ 为 (X_1,X_2) 的 n 个独立同分布的观察值，按矩法，分别以 $\left(\bar{X}_j=\sum_{i=1}^{n}X_{ji}/n\right.$ $\left.(j=1,2)\right)$

$$\sum_{i=1}^{n}(X_{1i}-\bar{X}_1)^2/(n-1),$$

$$\sum_{i=1}^{n}(X_{2i}-\bar{X}_2)^2/(n-1),$$

$$\sum_{i=1}^{n}(X_{1i}-\bar{X}_1)(X_{2i}-\bar{X}_2)/(n-1)$$

去估计 $\mathrm{Var}(X_1)$，$\mathrm{Var}(X_2)$ 和 $\mathrm{Cov}(X_1,X_2)$.由此，按(4.1)式，得出 ρ 的估计为

$$r=\frac{\sum_{i=1}^{n}(X_{1i}-\bar{X}_1)(X_{2i}-\bar{X}_2)}{\left[\sum_{i=1}^{n}(X_{1i}-\bar{X}_1)^2\sum_{i=1}^{n}(X_{2i}-\bar{X}_2)^2\right]^{1/2}}. \tag{4.2}$$

r 称为“样本相关系数”.

对 ρ 的检验，最有兴趣的是原假设

$$H_0:\rho=0. \tag{4.3}$$

对立假设为 $\rho\neq0$. H_0 表示 X_1,X_2 独立(在第3章中已指出这在非正态情况下不成立).一个显然的检验方法是：计算 r，且

$$\text{当}\ |r|\leqslant C\ \text{时接受}\ H_0,\text{不然就否定}\ H_0. \tag{4.4}$$

常数 C 与样本大小 n 及检验水平 α 有关.要决定 C，必须求出在 $\rho=0$ 时样本相关系数 r 的分布.这个分布不很复杂，但我们这里无法介绍推导过程了，只指出：当 $\rho=0$ 时，有*

$$\sqrt{n-2}\,r/\sqrt{1-r^2}\sim t_{n-2}. \tag{4.5}$$

由于 $|r|\leqslant C$ 等价于 $|\sqrt{n-2}\,r/\sqrt{1-r^2}|\leqslant\sqrt{n-2}\,C/\sqrt{1-C^2}$，由(4.5)式不难定

---

* 证明见习题8.

出:当给定检验水平 α 时,(4.4)式中的 C 应取为方程 $\sqrt{n-2}\,C/\sqrt{1-C^2}=t_{n-2}(\alpha/2)$ 的解,即

$$C = t_{n-2}(\alpha/2)\Big/\sqrt{n-2+t_{n-2}{}^2(\alpha/2)}. \tag{4.6}$$

对 $n=20,30,\cdots,100$,由(4.6)式算出的 C 列于表6.1中($\alpha=0.05$).当样本大小 n 为20时,即使样本相关系数 r 达到 ± 0.4,尚不足以推断 ρ 异于0.随着 n 增加,这个界限逐步下降,但即使 n 达到100,这个界限也还大约在0.2.这说明:要发现两个变量之间较微弱的相关,样本大小 n 必须很大才行.同时也说明了:对较小的 n,r 的精度很差,意义不大.

表 6.1

n	20	30	40	50	60	70	80	90	100
C	0.441	0.360	0.328	0.290	0.254	0.235	0.220	0.207	0.197

当 $\rho\neq 0$ 时样本相关系数 r 的分布问题,在20世纪初曾是K·皮尔逊和R·A·费歇尔等统计学大师着力研究的对象,最后被费歇尔在1915年解决了,其形式极为复杂,在此不能细述了.

6.4.2 偏相关

在统计学上,相关系数作为随机变量之间相关程度的刻画,用得很多.但在其解释上则应注意几点:一是统计相关不能等同于因果关系,这一点我们在第3章中已指出过了.例如,分别以 X_1,X_2 记一个人的饮食和衣着消费,则 X_1,X_2 有较强的相关性.但很难说这二者有何因果关系:说好吃的人多半好穿,或者好穿的人多半好吃,未见得可信.但既然如此,为什么在观察结果上又会显示出较强的相关呢?这就涉及另一个需要注意之点:所考虑的变量(如此处的 X_1,X_2)并非孤立的,它们除彼此可能有的影响外,还受到一大批其他变量(不妨暂称为 $X_3,\cdots,X_p$ 等)的影响.由于这个原因,相关系数有时被称为“完全相关系数”.意思是说,在其中总结了由一切影响带来的相关性.这个说法解释了上面提出的那个问题:为何看来彼此并无密切因果关系的变量,在观察结果上会显示出较强的相关性.原因就在于被其他因素带动起来了.拿上例来说,如以 X_3 记人的收入,则一般说来,收入高的人各方面消费都倾向于高,它带动了 X_1(吃)和 X_2(穿)增

长,以致使二者显示出较强的正相关.可以设想,如果能用某种方式把 X_3 的影响消去,则 X_1,X_2 可能显示很不一样的相关性质.例如,它可以转为负相关.因为在一定收入的人中,在吃、穿中的一个方面消费大的人,一般会导致另一方面消费的减少.

一般地,设有 p 个随机变量 $X_1,X_2,X_3,\cdots,X_p$.把 $X_3,X_4,\cdots,X_p$ 的影响从 X_1,X_2 中消去,剩余的部分分别记为 X_1'和 X_2'.则 X_1',X_2'的相关系数称为 X_1,X_2 对$(X_3,\cdots,X_p)$的偏相关系数,并记为 $\rho_{12\cdot(34\cdots p)}$.在以上论述中,“消去”一词的含义并未严格界定,但一般是在最小二乘法的意义下.例如,从 X_1 中消去 $X_3,\cdots,X_p$ 的影响,指的是找一个线性式

$$L_1(X_3,\cdots,X_p) = c_0 + c_3X_3 + \cdots + c_pX_p,$$

使 $E[X_1 - L_1(X_3,\cdots,X_p)]^2$ 达到最小,剩余就是

$$X_1' = X_1 - L_1(X_3,\cdots,X_p).$$

同理,找线性式

$$L_2(X_3,\cdots,X_p) = d_0 + d_3X_3 + \cdots + d_pX_p,$$

使 $E[X_2 - L_2(X_3,\cdots,X_p)]^2$ 最小,剩余是

$$X_2' = X_2 - L_2(X_3,\cdots,X_p).$$

X_1,X_2 对$(X_3,\cdots,X_p)$的偏相关系数 $\rho_{12\cdot(34\cdots p)}$ 就是 X_1',X_2'的相关系数.要算出其表达式,就需要算出上文的线性式 L_1 和 L_2.下面我们对 $p=3$ 这个简单情况来计算一下.分别以 $a_1,a_2,a_3;\sigma_1^2,\sigma_2^2,\sigma_3^2$记 X_1,X_2 和 X_3 的均值和方差,以 $\rho_{12},\rho_{13},\rho_{23}$分别记 X_1,X_2 之间,X_1,X_3 之间和 X_2,X_3 之间的相关系数.

关于找一个线性式 $L_1(X_3)$使 $E[X_1 - L_1(X_3)]^2$ 达到最小的问题,已在第3章3.3节中讨论过了,按该章的(3.5)式,用此处的记号,有

$$L_1(X_3) = a_1 + \sigma_1\sigma_3^{-1}\rho_{13}(X_3 - a_3),$$

同理有

$$L_2(X_3) = a_2 + \sigma_2\sigma_3^{-1}\rho_{23}(X_3 - a_3).$$

故有

$$X_1' = X_1 - a_1 - \sigma_1\sigma_3^{-1}\rho_{13}(X_3 - a_3),$$

$$X_2' = X_2 - a_2 - \sigma_2\sigma_3^{-1}\rho_{23}(X_3 - a_3).$$

显然,$E(X_1')=E(X_2')=0$,而按第3章(3.6)式,用此处的记号,有

$$\mathrm{Var}(X_1') = \sigma_1^2(1-\rho_{13}^2),\quad \mathrm{Var}(X_2') = \sigma_2^2(1-\rho_{23}^2). \tag{4.7}$$

而

$$\begin{aligned}
\mathrm{Cov}(X_1',X_2') &= E(X_1'X_2') \\
&= E[(X_1-a_1)(X_2-a_2)] - \sigma_1\sigma_3^{-1}\rho_{13}E[(X_3-a_3)(X_2-a_2)] \\
&\quad - \sigma_2\sigma_3^{-1}\rho_{23}E[(X_1-a_1)(X_3-a_3)] \\
&\quad + \sigma_1\sigma_3^{-1}\rho_{13}\sigma_2\sigma_3^{-1}\rho_{23}E[(X_3-a_3)]^2 \\
&= \sigma_1\sigma_2\rho_{12} - \sigma_1\sigma_3^{-1}\rho_{13}\sigma_2\sigma_3\rho_{23} - \sigma_2\sigma_3^{-1}\rho_{23}\sigma_1\sigma_3\rho_{13} + \sigma_1\sigma_2\sigma_3^{-2}\rho_{13}\rho_{23}\sigma_3^2 \\
&= \sigma_1\sigma_2\rho_{12} - \sigma_1\sigma_2\rho_{13}\rho_{23} \\
&= \sigma_1\sigma_2(\rho_{12} - \rho_{13}\rho_{23}).
\end{aligned} \tag{4.8}$$

由(4.7)式和(4.8)式,得

$$\begin{aligned}
\rho_{12\cdot(3)} &= \mathrm{Corr}(X_1',X_2') \\
&= \mathrm{Cov}(X_1',X_2')/[\mathrm{Var}(X_1')\mathrm{Var}(X_2')]^{1/2} \\
&= (\rho_{12}-\rho_{13}\rho_{23})/[(1-\rho_{13}^2)(1-\rho_{23}^2)]^{1/2}.
\end{aligned} \tag{4.9}$$

细察表达式(4.9),有如下的构造:把 X_1,X_2,X_3 之间的相关系数,连同 X_i 与 X_i 之间的相关系数 $\rho_{ii}=1$ 也在内,排列成一个三阶方阵(称为 X_1,X_2,X_3 的"相关阵")

$$P = \begin{pmatrix} \rho_{11} & \rho_{12} & \rho_{13} \\ \rho_{21} & \rho_{22} & \rho_{23} \\ \rho_{31} & \rho_{32} & \rho_{33} \end{pmatrix} = \begin{pmatrix} 1 & \rho_{12} & \rho_{13} \\ \rho_{12} & 1 & \rho_{23} \\ \rho_{13} & \rho_{23} & 1 \end{pmatrix},$$

此处用了 $\rho_{ii}=1,\rho_{ij}=\rho_{ji}$.则其(1,1)元的子式,即划掉 P 的第一行、第一列所剩下的行列式,等于 $P_{11}=1-\rho_{23}^2$.同样,(2,2)元的子式为 $P_{22}=1-\rho_{13}^2$,(1,2)元的子式为 $\rho_{12}-\rho_{13}\rho_{23}$.因此

$$\rho_{12\cdot(3)} = P_{12}/\sqrt{P_{11}P_{22}}.$$

这个表达式,可以证明,能推广到 p 个自变量 $X_1,X_2,X_3,\cdots,X_p$ 的情况.仍以 ρ_{ij} 记 X_i,X_j 之间的相关系数($\rho_{ii}=1,\rho_{ij}=\rho_{ji}$),$P$ 记其相关阵:

$$P = \begin{pmatrix} \rho_{11} & \rho_{12} & \cdots & \rho_{1p} \\ \rho_{21} & \rho_{22} & \cdots & \rho_{2p} \\ \vdots & \vdots & & \vdots \\ \rho_{p1} & \rho_{p2} & \cdots & \rho_{pp} \end{pmatrix}. \tag{4.10}$$

而以 P_{uv} 记 P 的 (u,v) 元的子式，即从 P 中划去第 u 行、第 v 列所成的行列式，则

$$\rho_{12\cdot(34\cdots p)} = P_{12}/\sqrt{P_{11}P_{22}}. \tag{4.11}$$

从表达式(4.9)看出一个现象.设 $\rho_{12}>0$，但不太接近于1.即 X_1,X_2 为正相关，但相关程度不是非常密切.又 ρ_{13},ρ_{23} 都很接近1，则(4.9)式的分子将小于0，即 $\rho_{12\cdot(3)}<0$.就是说，尽管 X_1,X_2 的通常相关系数为正，其偏相关系数可以为负.这拿前面举的那个 X_1 = 吃的支出，X_2 = 穿的支出，X_3 = 收入的例子可做一个印证. X_1,X_2 的(完全)相关 ρ_{12} 大于0，但 ρ_{13},ρ_{23} 看来都为正且很大，故 $\rho_{12\cdot(3)}$ 当小于0:从吃、穿支出中消去收入的影响，等于在固定收入的情况下考虑二者的关系，其相关为负就不难理解了.当然，反过来也可能，即 $\rho_{12}<0$，但 $\rho_{12\cdot(3)}>0$.

因此，在涉及多个变量相互影响的问题中，不仅考虑完全相关系数，而且考虑种种有意义的偏相关系数(在全部 p 个自变量中，可任选出 $k\geqslant3$ 个：$X_{i_1},\cdots,X_{i_k}$，而考虑 X_{i_1},X_{i_2} 对 $(X_{i_3},\cdots,X_{i_k})$ 的偏相关系数.其计算仍按(4.11)式，只是在 P 中要把不是 $i_1,\cdots,i_k$ 的那些行、列都划去)，这样对整个相关的图景就可获得深入一层的了解.

读者也不要误以为偏相关系数高于完全相关系数，这二者各说明“相关”这个概念的一个侧面，其含义不同.在什么情况下哪一种相关更为贴切，要看问题的性质.

如果对 $(X_1,\cdots,X_p)$ 进行了 n 次观察，得样本

$$(X_{1i},\cdots,X_{pi}) \quad (i=1,\cdots,n),$$

则可以用前面的方法(见(4.2)式)估计 X_u 与 X_v 的相关系数，即计算样本相关系数 r_{uv}：

$$r_{uv} = \sum_{i=1}^{n}(X_{ui}-\overline{X}_u)(X_{vi}-\overline{X}_v)\Big/\Big[\sum_{i=1}^{n}(X_{ui}-\overline{X}_u)^2\sum_{i=1}^{n}(X_{vi}-\overline{X}_v)^2\Big]^{1/2},$$

其中 $\overline{X}_k=(X_{k1}+\cdots+X_{kn})/n\ (k=1,\cdots,p)$.有 $r_{uu}=1,r_{uv}=r_{vu}$.以 r_{uv} 代替

P 中的 ρ_{uv},得样本相关阵

$$R = \begin{pmatrix} r_{11} & r_{12} & \cdots & r_{1p} \\ r_{21} & r_{22} & \cdots & r_{2p} \\ \vdots & \vdots & & \vdots \\ r_{p1} & r_{p2} & \cdots & r_{pp} \end{pmatrix}, \tag{4.12}$$

然后用

$$r_{12\cdot(34\cdots p)} = R_{12}/\sqrt{R_{11}R_{22}} \tag{4.13}$$

去估计 $\rho_{12\cdot(34\cdots p)}$.它称为样本偏相关系数.

如果要检验有关 $\rho_{12\cdot(34\cdots p)}$ 的假设,则必须假定变量服从正态分布.在这种假定下,可以证明:原假设

$$H_0: \rho_{12\cdot(34\cdots p)} = 0 \tag{4.14}$$

的一个水平 α 的检验为

$$\begin{cases} |r_{12\cdot(34\cdots p)}| \leqslant t_{n-p}(\alpha/2)/[n-p+t_{n-p}{}^2(\alpha/2)]^{1/2},\text{接受 } H_0; \\ |r_{12\cdot(34\cdots p)}| > t_{n-p}(\alpha/2)/[n-p+t_{n-p}{}^2(\alpha/2)]^{1/2},\text{否定 } H_0. \end{cases} \tag{4.15}$$

此检验与前述相关系数为 0 的检验的差别仅在于,把(4.6)式中的 $n-2$ 换为 $n-p$.

例 4.1 随机抽取 1 000 人,调查其(每年)吃的支出(X_1)、衣着支出(X_2)和收入(X_3),算出的样本相关系数分别为 $r_{12}=0.57$,$r_{13}=0.82$,$r_{23}=0.80$.对 $n=1\,000$,$\alpha=0.05$,$t_{n-2}(\alpha/2)$和 $t_{n-3}(\alpha/2)$都可取为 1.96.于是易算得 $|r_{12}|>t_{n-2}(\alpha/2)/\sqrt{n-2+t_{n-2}{}^2(\alpha/2)}$,因而 X_1,X_2 的(完全)相关在 $\alpha=0.05$ 的水平上为显著的,且为正相关.按公式(4.13),算出

$$r_{12\cdot(3)} = (r_{12} - r_{13}r_{23})/\sqrt{(1-r_{13}{}^2)(1-r_{23}{}^2)} = -0.73,$$

它在水平 $\alpha=0.05$ 时为高度的负相关.

6.4.3 复相关

设有若干个随机变量 $X_1,\cdots,X_p$.可能有这种情况:X_1 对每个 $X_j(j\geqslant 2)$的相关性不一定很显著,但全体 $X_2,\cdots,X_p$ 合起来,则与 X_1 有较显著的相关性.例如,设 X_1 为某种水田农作物的产量,$X_2,\cdots,X_p$ 为该作物生长期那几个月的

各月降雨量(例如3,4,5,6月),亩产与指定一月的降雨量肯定有关,但不一定十分大,而全体这几个月的降雨情况,则肯定与亩产有更大的相关性.这种以 X_1 为一方,$X_2,\cdots,X_p$ 全体为一方之间的相关,称为 X_1 与 $(X_2,\cdots,X_p)$ 的"复相关".

这种复相关的定义,与偏相关有其相似之处,就是也要找 $X_2,\cdots,X_p$ 的一个线性式 $L(X_2,\cdots,X_p)=c_0+c_2X_2+\cdots+c_pX_p$,使 $E[X_1-L(X_2,\cdots,X_p)]^2$ 达到最小.然后,X_1 与 $L(X_2,\cdots,X_p)$ 的通常相关系数,就定义为 X_1 和 $(X_2,\cdots,X_p)$ 之间的"复相关系数",并记为 $\rho_{1(23\cdots p)}$.

求 $L(X_2,\cdots,X_p)$ 的方法,与第3章3.3节所用方法相似(那里解决了 $p=2$ 的情况).仔细推导过程不在此写出了,我们只给出最后的结果为

$$\rho_{1(23\cdots p)}=\sqrt{1-|P|/P_{11}}. \tag{4.16}$$

这里,$|P|$ 为(4.10)式所定义的方阵 P 的行列式,P_{11} 如前,是方阵 P 的(1,1)元的子式.

如果对 $(X_1,X_2,\cdots,X_p)$ 进行了 n 次观察,得样本 $(X_{1i},X_{2i},\cdots,X_{pi})$ $(i=1,\cdots,n)$,则由此计算出样本相关阵 R(见(4.12)式).以 R 取代(4.16)式中的 P,得样本复相关系数

$$r_{1(23\cdots p)}=\sqrt{1-|R|/R_{11}}, \tag{4.17}$$

它可作为 $\rho_{1(23\cdots p)}$ 的估计.

关于复相关系数的检验,实用上有兴趣的是

$$H_0:\rho_{1(23\cdots p)}=0. \tag{4.18}$$

直观上看,一个显然的检验方法是

$$\text{当 } r_{1(23\cdots p)}\leqslant C \text{ 时接受 } H_0\text{,不然就否定 } H_0. \tag{4.19}$$

要依据检验水平 α 去决定(4.19)式中的常数 C,就必须求出当 H_0 成立时 $r_{1(23\cdots p)}$ 的分布.可以证明:当正态假定成立且 H_0 为真时,$r_{1(23\cdots p)}{}^2$ 的分布为所谓"B分布",其密度函数 $f(x)$ 为

$$f(x)=\begin{cases}\dfrac{1}{\mathrm{B}\left(\dfrac{p-1}{2},\dfrac{n-p}{2}\right)}x^{\frac{p-3}{2}}(1-x)^{\frac{n-p-2}{2}}, & \text{当 } 0<x<1 \text{ 时}\\ 0, & \text{其他}\end{cases}, \tag{4.20}$$

其中 $B\left(\frac{p-1}{2},\frac{n-p}{2}\right)$曾在第 2 章的附录中定义过.用这个分布去决定(4.19)式中的 C,可以通过 F 分布表.因为在(4.20)式的基础上可以证明:在 H_0 成立时有

$$\frac{n-p}{p-1}\frac{r_{1(23\cdots p)}{}^2}{1-r_{1(23\cdots p)}{}^2}\sim F_{(p-1)/2,(n-p)/2}, \tag{4.21}$$

$F_{a,b}$为自由度为(a,b)的 F 分布(见第 2 章例 4.11).由(4.21)式,定出在给定水平 α 时,(4.19)式中的 C 为

$$C=\left[\left(\frac{p-1}{n-p}F_{(p-1)/2,(n-p)/2}(\alpha)\right/\left(1+\frac{p-1}{n-p}F_{(p-1)/2,(n-p)/2}(\alpha)\right)\right]^{1/2}. \tag{4.22}$$

在以上的叙述中,$X_1,\cdots,X_p$ 也可以只是所考察的全部变量中的一部分.例如,X_1 代表亩产量,$X_2,\cdots,X_p$ 代表所考察的全部气象因子,如有关各月的降水量、月平均气温等,而 $X_{p+1},\cdots,X_q$ 等则代表与田间管理有关的因子,另外还可以有别的因子.我们可以考虑 X_1 与$(X_2,\cdots,X_p)$的复相关,以看看亩产量与气象因子相关的程度如何,可以考虑 X_1 与$(X_{p+1},\cdots,X_q)$的复相关,以看看亩产量与管理因子相关的程度如何,等等.上面所说的估计和检验方法当然仍然适用.

6.5 方差分析

方差分析是我们多次提到过的英国大统计学家费歇尔在 20 世纪 20 年代创立的.那时他在英国一个农业试验站工作,需要进行许多田间试验.为分析这种试验的结果,他发明了方差分析法,尔后这个方法被用于其他的领域,尤其是工业试验数据的分析中,取得了很大的成功.

这里已经点明:方差分析所针对的数据,是经过一定的“设计”的试验的数据,并非任何杂乱无章的数据都适于使用方差分析法的.说清楚一些,为了能有效地使用方差分析法,试验在安排上必须满足一定的要求.在数理统计学中有一个专门分支,叫“试验的设计与分析”,就是专为讨论这个问题.其中的“分析”,主

要是指方差分析,但也不限于此.

本书以其性质所限,不可能深入地从理论上阐述这些问题,或涉及过多细节.这一节的目的,只在于结合几种最简单的情况,介绍一下方差分析的基本思想和做法,也顺便解释一下试验设计的某些重要概念.

6.5.1 单因素完全随机化设计

假定某个农业地区原来不曾种植小麦,现在打算种植这种作物.各地已有过一些优良品种,但因本地区并无种植小麦的经验,不知道哪一个品种最适合本地区(有最高的产量),甚至也不知道这些品种对本地区是否有差别.为此进行一个田间试验.取一大块地,将其分成形状、大小都相同的 n 小块.设供选择的品种有 k 个.我们打算其中的 n_1 小块种植品种 1,n_2 小块种植品种 2,等等,$n_1+n_2+\cdots+n_k=n$. $n_1,n_2,\cdots,n_k$ 的选取并无严格限制.例如,让 $n_1=n_2=\cdots=n_k$(如 n/k 为整数),就是一种常用的选择.当然,也可能有某种原因使得另外的选择更好.这没有关系,不妨碍试验数据的分析.

分配数目定了,接着就要定出哪些小块分给哪些品种.而这是用随机化的方法来定的,做法如下:取 n 张纸片,上面分别写上数字 $1,2,\cdots,n$.把它们混乱并放入一个盒子里,然后一张一张地依次抽出来.最先抽出的 n_1 个号码给品种 1,其次抽出的 n_2 个号码给品种 2,以此类推——当然,事先已把上述 n 小块地从 1 到 n 标了号.例如,$n_1=3$.若最先抽出的 3 张纸条上面的数字依次是 10,12,3,则品种 1 种植在标号为 3,10 和 12 的这 3 小块地上.

以上就是这个简单的品种试验的设计过程.不要看它简单,它却包含了由费歇尔指出的"试验设计三原则"中的两条(另一条将在 6.5.4 段中解释):

(1) 重复.即上述 $n_1,n_2,\cdots,n_k$ 都大于 1.每个品种不是只种植在一个小块上,而是多个小块,即有重复.这样做的原因就是因为有随机误差存在,而只有通过重复才能对这种误差的影响做出估计.在本例中,随机误差的来源,有各小块地在条件上的差别,有在进行田间操作和管理上的不均匀性(如施肥时各小块地受肥总会略有差别),及其他可以设想和未曾注意到的种种原因.

随机误差的存在干扰了我们发现品种间差别的工作.两品种间如果虽有些差别,但相对于随机误差来说没有大到一定的程度,就可能被随机误差所掩盖.品种间由数据上显示的差别,究竟是实质性的还是表面的,只有拿随机误差这把尺子去衡量才有定准.由此可见随机误差的影响的估计的重要性,而重复的目的正在于此.

(2) 随机化.在本试验中共有 n 个小地块.虽然在选择那一大块地时我们可能已力求其各部分条件尽量均匀,但在划分为 n 个小块后,各块的条件总会有些差别.如果某个品种正好分到了条件好的那些小块,则它可能显示出较高产量,而这并非由于该品种优于其他品种.

为了使小块的分配不致因为人为的因素而偏于某一个或某些品种,我们采用前面所描述的那种随机化分配方式,即哪些小块分配给哪些品种完全凭机会.这种设计之所以称为"完全随机化",是指在分配小块时,除了随机化这一原则外,别无其他条件限制.这是相对于有些试验而言,在那些试验中,除随机化以外,还有别的条件限制小块的分配——只是部分地随机化.

现在可以说,随机化这个原则在统计学中算是确立了.在其提出的早期,部分地以至如今,并非没有反对的意思.支持随机化原则的主要理由有二:一是人为的选择并不能保证有好的效果,人们对各试验单元(在此为各小块)的情况往往并无充分了解,甚至有时了解的情况是错误的;二是用随机化设计所取得的试验数据,往往有便于进行分析的统计模型.

在本例中,影响我们感兴趣的指标——亩产量的因素只有一个,即种子品种.所考虑的不同的种子品种有 k 个.每一个具体的品种,都称为"品种"这个因素的一个"水平",故品种这个因素一共有 k 个水平.以此之故,本试验称为单因素 k 水平的试验.n_i 称为水平 i 的"重复度".

如果要考虑几种不同的配方对一种工业产品质量的影响,则是一个以"配方"为因素的单因素试验,有几个配方参与试验,就有几个水平.如要比较几种降压药对治疗高血压的作用,则是一个以"药品"为因素的单因素试验,水平数就是参与试验的药品数,等等.在实际问题中,往往有若干个因素参与试验,这时就有多因素试验,见本节 6.5.3 段和 6.5.5 段.

6.5.2 单因素完全随机化试验的方差分析

设问题中涉及一个因素 A,有 k 个水平,如上例中的 k 个种子品种.以 Y_{ij} 记第 i 个水平的第 j 个观察值.如上例,Y_{ij} 是种植品种 i 的第 j 小块地上的亩产量.模型为

$$Y_{ij} = a_i + e_{ij} \quad (j = 1,\cdots,n_i;\ i = 1,\cdots,k), \tag{5.1}$$

a_i 表示水平 i 的理论平均值,称为水平 i 的效应.拿上例来说,a_i 就是品种 i 的平均亩产量,e_{ij} 为随机误差.假定

$$E(e_{ij}) = 0,\quad 0 < \mathrm{Var}(e_{ij}) = \sigma^2 < \infty,\quad 一切\ e_{ij}\ 独立同分布. \tag{5.2}$$

因素 A 的各水平的高低优劣，取决于其理论平均值 a_i 的大小．故对模型(5.1)，我们头一个关心的事情，就是诸 a_i 是否全相同．如果是，则表示因素 A 对所考察的指标 Y 其实无影响．这时我们就说因素 A 的效应不显著，否则就说它显著．当然，在实际应用中，所谓“显著”，是指诸 a_i 之间的差异要大到一定的程度．这个“一定的程度”，则是与随机误差相比而言的．这一点在下文的讨论中会有所体现．我们把所要检验的假设写为

$$H_0:\ a_1 = a_2 = \cdots = a_k. \tag{5.3}$$

为检验这个假设，我们做如下的分析：模型(5.1)中全部 $n = n_1 + \cdots + n_k$ 个观察值各不相同．为什么各 Y_{ij} 的值会有差异？从模型(5.1)看，不外乎两个原因：一是各 a_i 可能有差异．例如，若 $a_1 > a_2$，这就使 Y_{1j} 倾向于大于 Y_{2j}．二是随机误差的存在．这一分析启发了如下的想法：找一个衡量全部 Y_{ij} 的变异的量，它自然地取为($n = n_1 + \cdots + n_k$)

$$SS = \sum_{i=1}^{k}\sum_{j=1}^{n_i}(Y_{ij} - \bar{Y})^2 \quad \left(\bar{Y} = \sum_{i=1}^{k}\sum_{j=1}^{n_i} Y_{ij}/n\right). \tag{5.4}$$

SS 愈大，表示 Y_{ij} 之间的差异愈大．然后，设法把 SS 分解为两部分：一部分表示随机误差的影响，记为 SS_e；一部分表示因素 A 的各水平理论平均值 $a_1,\cdots,a_k$ 的不同带来的影响，记为 SS_A．

SS_e 这一部分可如下分析：固定一个 i，考虑其一切观察值 $Y_{i1},Y_{i2},\cdots,Y_{in_i}$．它们之间的差异与诸 a_i 的不等无关，而可以完全委之于随机误差．反映 $Y_{i1},\cdots,Y_{in_i}$ 的差异程度的量是 $\sum_{j=1}^{n_i}(Y_{ij} - \bar{Y}_i)^2$，其中

$$\bar{Y}_i = (Y_{i1} + \cdots + Y_{in_i})/n_i \quad (i = 1,\cdots,k). \tag{5.5}$$

$\bar{Y}_i$ 是水平 i 的观察值的算术平均，它可以作为 a_i 的估计．把上述平方和对 i 相加，得

$$SS_e = \sum_{i=1}^{k}\sum_{j=1}^{n_i}(Y_{ij} - \bar{Y}_i)^2. \tag{5.6}$$

SS_A 就是 SS 与 SS_e 之差．可以证明：

$$SS_A = SS - SS_e = \sum_{i=1}^{k} n_i(\overline{Y}_i - \overline{Y})^2. \tag{5.7}$$

为证此式，只需把分解式

$$Y_{ij} - \overline{Y} = (Y_{ij} - \overline{Y}_i) + (\overline{Y}_i - \overline{Y})$$

两边平方，先固定 i 对 j 求和，注意

$$\sum_{j=1}^{n_i}(Y_{ij} - \overline{Y}_i)(Y_i - \overline{Y}) = (\overline{Y}_i - \overline{Y})\sum_{j=1}^{n_i}(Y_{ij} - \overline{Y}_i) = 0,$$

然后对 $i=1,\cdots,k$ 求和即可. 细察 SS_A 的表达式，它确可以用于衡量诸 a_i 之间的差异程度. 因 $\overline{Y}_i$ 是 a_i 的估计，a_i 之间差异愈大，$\overline{Y}_i$ 之间的差异也就倾向于大，而由(5.7)式看出，SS_A 的值也会倾向于大.

在统计学上，通常把上文的 SS 称为“总平方和”，SS_A 称为“因素 A 的平方和”，SS_e 称为“误差平方和”. 而分解式 $SS = SS_A + SS_e$ 就称为(本模型的)“方差分析”. 名称的来由显然：像 SS，SS_A，SS_e 这种表达式，都是属于样本方差那一类的形状.

从上面的分析就得到假设(5.3)的一个检验法：当比值 SS_A/SS_e 大于某一给定界限时，否定 H_0，不然就接受 H_0. 为了根据所给的检验水平 α 确定这一界限，要假定随机误差 e_{ij} 满足正态分布 $N(0,\sigma^2)$. 可以证明，若记

$$MS_A = SS_A/(k-1), \quad MS_e = SS_e/(n-k), \tag{5.8}$$

则在正态假定之下且当 H_0 成立时，有

$$MS_A/MS_e \sim F_{k-1,n-k}. \tag{5.9}$$

据(5.9)式，即得(5.3)的假设 H_0 的检验如下：

$$\text{当 } MS_A/MS_e \leqslant F_{k-1,n-k}(\alpha) \text{ 时接受 } H_0\text{，不然就否定 } H_0. \tag{5.10}$$

这个检验称为假设(5.3)的 F 检验，名称显然来由于(5.9)式.

(5.8)式中的 MS_A 和 MS_e，分别称为因素 A 和随机误差的“平均平方和”. 被除数 $k-1$ 和 $n-k$ 分别称为这两个平方和的自由度. MS_e 的自由度为 $n-k$ 比较好理解，因为按以前多次指出的：平方和 $\sum_{j=1}^{n_i}(Y_{ij} - \overline{Y}_i)^2$ 的自由度为 $n_i - 1$，故对 i 求和，得自由度 $(n_1 - 1) + \cdots + (n_k - 1) = n - k$. MS_A 的自由度为 $k-1$，

初一看好像难以理解,因为一共有 k 个平均值 $a_1,\cdots,a_k$. 但我们重视的是它们之间大小的比较,因此,不同的有关量其实只有 $a_2-a_1,a_3-a_1,\cdots,a_k-a_1$(以 a_1 为基准)等 $k-1$ 个,故自由度只应为 $k-1$. 二者自由度之和为 $(n-k)+(k-1)=n-1$,恰好是总平方和的自由度.

在统计应用上常把上述计算列成表格,称为方差分析表.

表 6.2 单因素完全随机化试验的方差分析表

项 目	SS	自由度	MS	F 比	显著性
A(例如,品种)	SS_A	$k-1$	MS_A	MS_A/MS_e	*,**或无
误 差	SS_e	$n-k$	MS_e	—	—
总 和	SS	$n-1$	—	—	—

表 6.2 中的各栏,除"显著性"一栏外,都已解释过了."显著性"一栏是这样的:把算出的 F 比,即 MS_A/MS_e,与 $F_{k-1,n-k}(0.05)=c_1$ 和 $F_{k-1,n-k}(0.01)=c_2$ 比较. 若 $F>c_2$,用双星号"* *",表示 A 这个因素的效应"高度显著",意思是,即使指定 $\alpha=0.01$ 这样的检验水平,原假设(5.3)也要被否定. 如果 $c_1<F\leqslant c_2$,则用一个星号"*"表示 A 的效应"显著",意即在 $\alpha=0.05$ 的水平上,原假设(5.3)要被否定. 如果 $F\leqslant c_1$,则不加"*"号("显著性"一栏空着),表示因素 A 的效应"不显著". 当然,这里用的 $\alpha=0.05$ 和 $\alpha=0.01$ 是比较通用的习惯,并非一定要如此不可. 应用者可根据特定的需要改用其他值,如(0.05,0.10),(0.10,0.20),(0.001,0.01)等.

例 5.1 设上述品种试验中,包含有 $k=3$ 个品种,分别重复 4 次、5 次和 3 次,数据为(单位:公斤/亩):

品种 1:390, 410, 372, 385;

品种 2:375, 348, 354, 364, 362;

品种 3:413, 383, 408.

全部 12 个数的算术平均为 380.33. 总平方和为

$$SS=(390-380.33)^2+(410-380.33)^2+\cdots+(408-380.33)^2$$
$$=5\,274.67,$$

其自由度为 $12-1=11$.

三个品种各自数据的算术平均,分别为 389.25,360.60 和 401.33. 因此算

出误差平方和为

$$\begin{aligned} SS_e &= (390-389.25)^2+\cdots+(385-389.25)^2 \\ &\quad +(375-360.60)^2+\cdots+(362-360.60)^2 \\ &\quad +(413-401.33)^2+\cdots+(408-401.33)^2 \\ &= 1\,686.62, \end{aligned}$$

其自由度为 $n-k=12-3=9$.

品种平方和 SS_A 可由 $SS_A=SS-SS_e$ 算出.但为了验算,常单独算出,再验证等式 $SS=SS_A+SS_e$ 是否成立(由于计算中取的位数有限,不一定严格相同).如果不成立,就表示计算中有错误,必须从头查一查.对此例,按(5.7)式有

$$\begin{aligned} SS_A &= 4\times(389.25-380.33)^2+5\times(360.60-380.33)^2 \\ &\quad +3\times(401.33-380.33)^2 \\ &= 3\,588.05, \end{aligned}$$

其自由度为 $3-1=2$.于是

$$MS_A = 3\,588.05/2 = 1\,794.03,$$
$$MS_e = 1\,686.62/9 = 187.40,$$

因素 A 的 F 比为

$$MS_A/MS_e = 1\,794.68/187.40 = 9.00.$$

查表得 $F_{2,9}(0.05)=4.26$,$F_{2,9}(0.01)=8.02$.因 $9.00>8.02$,故品种效应是高度显著的.以上计算结果列成方差分析表,如表 6.3 所示.

表 6.3

项　目	SS	自由度	MS	F 比	显著性
品　种	3 588.05	2	1 794.68	9.00	* *
误　差	1 686.62	9	187.40	—	
总　和	5 274.67	11	—	—	

检验的结果表明:不同品种的产量之间的差异,在统计上高度显著.

就本例而言,如检验的结果不显著,则一般就不再做进一步的分析了.因为既然假设(5.3)被接受,各品种的效果视作同一,也就没有多少好说的了.但在实

际工作中，最好还不要这么简单地下结论. 有两点还可以考察一下：

(1) 各水平理论平均值的点估计 $\overline{Y}_1,\cdots,\overline{Y}_k$ 之间的差异如何. 若这个差异没有大到有实际意义的程度，则加强了上述结论，即各品种间的差异即使存在，其实际意义也很有限.

(2) 若 $\overline{Y}_1,\cdots,\overline{Y}_k$ 的差异，从应用观点看，达到了比较重要的程度，则原假设(5.3)之所以被接受，是由于随机误差的影响太大. 误差方差 σ^2 的一个无偏估计量是 MS_e，可以考察一下 $\sqrt{MS_e}$ 的值. 若从应用的角度看这个值太大，则看来本试验在精度上欠理想——这不止是假设(5.3)的检验问题，还有下文要谈到的区间估计问题. 这时，如条件允许，应考虑增大试验规模，以及改进试验，以图尽量缩小随机误差的影响.

如果检验的结果为显著，则等于说有充分理由相信各理论平均值 $a_1,\cdots,a_k$ 并不全相同. 但这并不是说它们中一定没有相同的. 如 $k=3$ 时，可能 a_1 与 a_2 之间差别不显著，而它们与 a_3 之间的差别显著. 就指定的一对 a_u,a_v 之间的比较，可通过求 a_u-a_v 的区间估计. 方法如下：按(5.2)及 e_{ij} 服从正态分布的假定，不难知道

$$\overline{Y}_u-\overline{Y}_v\sim N\left(a_u-a_v,\left(\frac{1}{n_u}+\frac{1}{n_v}\right)\sigma^2\right),$$

于是

$$\sqrt{\frac{n_un_v}{n_u+n_v}}[(\overline{Y}_u-\overline{Y}_v)-(a_u-a_v)]/\sigma\sim N(0,1).$$

记 $\hat{\sigma}^2=MS_e$，$\hat{\sigma}^2$ 为 σ^2 的无偏估计. 以 $\hat{\sigma}$ 代替上式中的 σ，可以证明

$$\sqrt{\frac{n_un_v}{n_u+n_v}}[(\overline{Y}_u-\overline{Y}_v)-(a_u-a_v)]/\hat{\sigma}\sim t_{n-k}. \tag{5.11}$$

由此出发，就得出 a_u-a_v 的置信系数为 $1-\alpha$ 的置信区间是

$$(\overline{Y}_u-\overline{Y}_v)-\sqrt{\frac{n_u+n_v}{n_un_v}}\hat{\sigma}t_{n-k}\left(\frac{\alpha}{2}\right)\leqslant a_u-a_v$$

$$\leqslant(\overline{Y}_u-\overline{Y}_v)+\sqrt{\frac{n_u+n_v}{n_un_v}}\hat{\sigma}t_{n-k}\left(\frac{\alpha}{2}\right). \tag{5.12}$$

取 $\alpha=0.05$，算出本例中各 a_u-a_v 的区间估计为

$$a_1 - a_2: 28.65 \pm 16.96,$$
$$a_3 - a_1: 12.08 \pm 23.65,$$
$$a_3 - a_2: 40.73 \pm 22.62.$$

第一个和第三个区间不含 0,且全在 0 的右边,这显示 a_3 和 a_1 都在给定的水平 $\alpha = 0.05$ 上显著地大于 a_2.第二个区间包含 0,故虽然从点估计上看 a_3 大于 a_1,但在 0.05 的水平上达不到显著性.所以,单从统计分析的角度看,如果要在品种 1,2,3 中挑一个最好的,则除品种 2 外,品种 1 和品种 3 都可考虑.因为毕竟 a_3 的点估计大于 a_1 的点估计,若无其他的特殊理由,我们就宁肯挑品种 3.

读者想必已注意到:区间估计(5.12)式与第 4 章中所讲的两样本 t 区间估计基本上一致,不同之处在于:这里误差方差 σ^2 的估计 $\hat{\sigma}^2$ 用到了全部样本,而不只是 $Y_{u1}, \cdots, Y_{un_u}$ 及 $Y_{v1}, \cdots, Y_{vn_v}$.如果品种数很多,则涉及的相互比较非常之多.例如,若有 5 个品种,则总共将涉及 $\binom{5}{2} = 10$ 组比较,即有 10 个区间估计要做.这不仅很不方便,而且理论上也有问题.问题在于:虽则对一对固定的 u, v,置信区间(5.12)成立的概率为 $1-\alpha$,但多个区间(每个区间的概率为 $1-\alpha$)同时成立的概率就会小于 $1-\alpha$.区间数愈多,差距愈大.例如,取 5 个品种,有 10 组 $a_u - a_v$ 要做区间估计,若每个区间估计的置信系数为 0.95,则这 10 个区间估计同时都包含所要估计的参数的概率,将降至 0.6 左右.为了克服这一困难,统计学中引进了一种叫做“多重比较法”的方法,它考虑到了上面指出的那个问题.这个内容已超出本书范围之外,不能在此介绍了.

6.5.3 两因素完全试验的方差分析

一般情况下,在一个试验中要考虑好几个对指标可能有影响的因素.例如,在一项工业试验中,影响产品质量指标 Y 的因素可能有反应温度、反应压力、反应时间和某种催化剂的添加量.若反应温度有 k_1 个不同的可能选择,其他三个因素分别有 k_2, k_3 和 k_4 种不同的选择,则可供选择的试验组合一共有 $k_1 \times k_2 \times k_3 \times k_4$ 种,而这个试验也就称为一个 $k_1 \times k_2 \times k_3 \times k_4$ 试验.如果每一种可能的组合都做一次试验,则试验称为是“完全”的.若只对一部分组合做试验,则称为“部分实施”.在实际应用中部分实施很常见,因为完全试验往往规模太大,为条件所不允许,且有时并无必要.要做部分实施,就有一个如何去选择那些实际进行试验的组合的问题.这里面有很多数学和统计问题,它们构成“试验设计”这门学科的主要内容之一.本节的 6.5.5 段与这个内容有关.

这种试验，不论是完全试验还是部分实施，都有一个随机化的问题（或分区组的问题），见6.5.4段．如在上述工业试验中，若全部试验要由几个人和几台设备去做，则因人的技术和操作水平有差异，设备性能优劣有差异，需要用在前面描述过的随机化方法，把要做的试验随机地分配给这几个人和几台设备．

为书写简便计，这里我们讨论两因素完全试验的情况．设有两个因素 A，B，分别有 k，l 个水平（例如 A 为品种，有 k 个；B 为播种量，考虑 l 种不同的数值，如20公斤/亩，25公斤/亩，等等）．A 的水平 i 与 B 的水平 j 的组合记为 (i,j)，其试验结果记为 $Y_{ij}(i=1,\cdots,k;j=1,\cdots,l)$．统计模型定为

$$Y_{ij}=\mu+a_i+b_j+e_{ij}\quad(i=1,\cdots,k;j=1,\cdots,l).\tag{5.13}$$

为解释这个模型，首先把右边分成两部分：e_{ij} 为随机误差，它包含了未加控制的因素（A，B 以外的因素）及大量随机因素的影响．假定

$$E(e_{ij})=0,\quad 0<\mathrm{Var}(e_{ij})=\sigma^2<\infty,\quad 全体\ e_{ij}\ 独立.\tag{5.14}$$

另一部分为 $\mu+a_i+b_j$，它显示水平组合 (i,j) 的平均效应．它又分解为三部分：μ 是总平均（一切水平组合效应的平均），是一个基准．a_i 表示由 A 的水平 i 带来的增加部分．a_i 愈大，表示因素 A 的水平 i 愈好（设指标愈大愈好），故 a_i 称为因素 A 的水平 i 的效应．b_j 有类似的解释．调整 μ 的值，我们可以补充要求：

$$a_1+\cdots+a_k=0,\quad b_1+\cdots+b_l=0.\tag{5.15}$$

事实上，如(5.15)式不成立，则分别以 $\overline{a}$ 和 $\overline{b}$ 记各 a_i 的平均值和各 b_j 的平均值，把 μ 换为 $\mu+\overline{a}+\overline{b}$，$a_i$ 换为 $a_i-\overline{a}$，b_j 换成 $b_j-\overline{b}$，则(5.13)式不变，而(5.15)式成立．

约束条件(5.15)给了 a_i，b_j 的意义一种更清晰的解释：$a_i>0$ 表示 A 的水平 i（的效应）在 A 的全部水平的平均效应之上，$a_i<0$ 则相反．另外，这个约束条件也给了 μ，a_i 和 b_j 的一个适当的估计法：把 Y_{ij} 对一切 i，j 相加．注意到(5.15)式，有

$$\sum_{i=1}^{k}\sum_{j=1}^{l}Y_{ij}=kl\mu+\sum_{i=1}^{k}\sum_{j=1}^{l}e_{ij}.$$

因上式右边第二项有均值0，即知

$$Y_{..}=\sum_{i=1}^{k}\sum_{j=1}^{l}Y_{ij}/(kl)\tag{5.16}$$

是 μ 的一个无偏估计.其次,有

$$\sum_{j=1}^{l} Y_{ij} = l\mu + la + \sum_{j=1}^{l} e_{ij}.$$

于是,记

$$Y_{i\cdot} = \sum_{j=1}^{l} Y_{ij}/l, \quad Y_{\cdot j} = \sum_{i=1}^{k} Y_{ij}/k. \tag{5.17}$$

知 $Y_{i\cdot}$ 为 $\mu + a_i$ 的一个无偏估计.于是得到 a_i 的一个无偏估计为

$$\hat{a}_i = Y_{i\cdot} - Y_{\cdot\cdot} \quad (i = 1, \cdots, k). \tag{5.18}$$

同法得到 b_j 的一个无偏估计为

$$\hat{b}_j = Y_{\cdot j} - Y_{\cdot\cdot} \quad (j = 1, \cdots, l). \tag{5.19}$$

它们适合约束条件:$\hat{a}_1 + \cdots + \hat{a}_k = 0$, $\hat{b}_1 + \cdots + \hat{b}_l = 0$.

下面要进行方差分析,即要设法把总平方和

$$SS = \sum_{i=1}^{k} \sum_{j=1}^{l} (Y_{ij} - Y_{\cdot\cdot})^2$$

分解为三个部分:SS_A,SS_B 和 SS_e,分别表示因素 A,B 和随机误差的影响.这种分解的主要目的是检验假设:

$$H_{0A}: a_1 = \cdots = a_k = 0 \tag{5.20}$$

和

$$H_{0B}: b_1 = \cdots = b_l = 0. \tag{5.21}$$

H_{0A}成立表示因素 A 对指标其实无影响.在实际问题中,绝对无影响的场合少见,但如影响甚小以致被随机误差所掩盖时,这种影响事实上等于没有.因此,拿 SS_A 和 SS_e 的比作为检验统计量正符合这一想法.

所要做的分解可如下得到:把 $Y_{ij} - Y_{\cdot\cdot}$ 写为

$$Y_{ij} - Y_{\cdot\cdot} = (Y_{i\cdot} - Y_{\cdot\cdot}) + (Y_{\cdot j} - Y_{\cdot\cdot}) + (Y_{ij} - Y_{i\cdot} - Y_{\cdot j} + Y_{\cdot\cdot}), \tag{5.22}$$

两边平方,对 i,j 求和.注意到

$$\sum_{i=1}^{k} (Y_{i\cdot} - Y_{\cdot\cdot}) = 0, \quad \sum_{j=1}^{l} (Y_{\cdot j} - Y_{\cdot\cdot}) = 0,$$

$$\sum_{i=1}^{k} (Y_{ij} - Y_{i\cdot} - Y_{\cdot j} + Y_{\cdot\cdot}) = \sum_{j=1}^{l} (Y_j - Y_{i\cdot} - Y_{\cdot j} + Y_{\cdot\cdot}) = 0,$$

即知所有交叉积之和皆为0,而得到

$$\begin{aligned} SS &= l\sum_{i=1}^{k}(Y_{i\cdot}-Y_{\cdot\cdot})^2+k\sum_{j=1}^{l}(Y_{\cdot j}-Y_{\cdot\cdot})^2 \\ &\quad+\sum_{i=1}^{k}\sum_{j=1}^{l}(Y_{ij}-Y_{i\cdot}-Y_{\cdot j}+Y_{\cdot\cdot})^2 \\ &= SS_A+SS_B+SS_e. \end{aligned} \tag{5.23}$$

第一个平方和可以作为因素 A 的影响的衡量,从前述 $Y_{i\cdot}-Y_{\cdot\cdot}$ 作为 a_i 的估计可以理解.第二个平方和同样解释.至于第三个平方和可作为随机误差的影响这一点,直接看不甚明显.可以从两个角度去理解:在 SS 中去掉 SS_A 和 SS_B 后,剩余下的再没有其他系统性因素的影响,故只能作为 SS_e.另外,由模型(5.13)及约束条件(5.15),易知

$$Y_{ij}-Y_{i\cdot}-Y_{\cdot j}+Y_{\cdot\cdot}=e_{ij}-e_{i\cdot}-e_{\cdot j}+e_{\cdot\cdot}, \tag{5.24}$$

这里面已毫无 μ,a_i,b_j 的影响,而只含随机误差.

读者可能不很满足于上面的推导,即怎么想到把 $Y_{ij}-Y_{\cdot\cdot}$ 拆成(5.22)式而得出(5.23)式?对此,我们的回答是:

(1) 并非在任何模型中总平方和 SS 都有适当的分解,这要看设计如何.比方说,如在全部 kl 个组合中少做了1个(即有一个 Y_{ij} 未观察),则分解式做不出来.

(2) 在能进行分解时,方差分析提供了进行分解的一般方法.使用这个一般方法也能得到(5.23)式.但是,由于在本模型下通过(5.22)式更易实现,我们就不用这个一般方法.

得到分解式(5.23)后,我们就可以像单因素情况那样,写出方差分析表,见表6.4.

表6.4 两因素完全试验的方差分析表

项目	SS	自由度	MS	F 比	显著性
A	SS_A	$k-1$	MS_A	MS_A/MS_e	*,**或无
B	SS_B	$l-1$	MS_B	MS_B/MS_e	
误差	SS_e	$(k-1)(l-1)$	MS_e	—	—
总和	SS	$kl-1$	—	—	—

SS_A,SS_B 的自由度分别为其水平数减去 1,这一点与单因素情况相同.总和的自由度为全部观察值数目 kl 减去 1.剩下的就是误差平方和的自由度:

$$(kl-1)-(k-1)-(l-1)=(k-1)(l-1).$$

MS 就是 SS 除以其自由度.显著性的意义也与单因素的情况相同.如果 A 那一行的显著性位置标上了一个星号,即表示在水平 0.05 之下原假设 H_{0A} 被否定.双星则相当于水平 0.01,称为高度显著.如以前曾指出过的,0.05 和 0.01 这两个数字只是一种习惯,不一定拘泥.

例 5.2 在一个农业试验中,考虑 4 种不同的种子品种($k=4$)和 3 种不同的施肥方法($l=3$).试验数据列于表 6.5 中(单位:公斤/亩).

表 6.5

品种 \ 施肥方法	1	2	3
1	292	316	325
2	310	318	317
3	320	318	310
4	370	365	330

算出

$$Y_{..}=324.25,$$

$$Y_{1.}=311,\quad Y_{2.}=315,\quad Y_{3.}=316,\quad Y_{4.}=355,$$

$$Y_{.1}=323,\quad Y_{.2}=329.25,\quad Y_{.3}=320.50,$$

$$SS=(292-324.25)^2+\cdots+(330-324.25)^2=5\,444.75,$$

$$SS_A=3[(311-324.25)^2+\cdots+(355-324.25)^2]=3\,824.25,$$

$$SS_B=4[(323-324.25)^2+\cdots+(320.50-324.25)^2]=162.50,$$

$$SS_e=5\,444.75-3\,834.25-162.50=1\,458.$$

列出方差分析表如表 6.6 所示.

表 6.6

项　目	SS	自由度	MS	F 比	显著性
A(品种)	3 824.25	3	1 274.75	5.246	*
B(施肥法)	162.50	2	81.25	0.344	
误　差	1 458.00	6	243.00	—	
总　和	5 444.75	11	—	—	

只有品种因素达到了显著性,而“施肥方法”这个因素未达到显著性.在 $\alpha=0.05$ 的水平上,没有充分证据证明:不同的施肥法对产量有显著的影响.

任一因素两个不同水平的效应差的区间估计与(5.12)式相似.此处更简单一些:如估计的是 a_u-a_v,则 $n_u=n_v=l$;如估计的是 b_u-b_v,则 $n_u=n_v=k$. $\hat{\sigma}$仍是$(MS_e)^{1/2}$.当 k 或 l 较大时,涉及的比较为数甚多,因而也存在单因素情况下曾指出的那种问题.

应用上的一个重要问题,是选择一个水平组合(i,j),使其平均产量 $\mu+a_i+b_j$ 达到最大.选择的方法如下:如在本例中,因素 A 的效应显著,则选 i,使 a_i 在 $a_1,\cdots,a_k$ 中达到最大.从统计上说,若 a_i 和 a_r 的差异不显著(即 a_i-a_r 的区间估计包含 0),则选 a_r 也可以.但若无特别理由,总是选使 $a_1,\cdots,a_k$ 达到最大的那个 i.因素 B 的效应不显著,故从统计上说,选择其任一水平 j 都可以.但一般如无特殊原因,总是选 j,使 b_j 在 $b_1,\cdots,b_l$ 中达到最大.拿本例来说,应选取 $i=4,j=2$.注意,在 Y_{41},Y_{42},Y_{43}中,最大的并非 Y_{42},而是 Y_{41}.

还有一点要注意:在采纳模型(5.13)时,我们事实上引进了一种假定,即两因素 A,B 对指标的效应是可以叠加的.换一种方式说,因素 A 的各水平的优劣比较,与因素 B 处在哪个水平无关,反之亦然.更一般的情况是:A,B 两因子有“交互作用”.这时在模型(5.13)中,还要加上表示交互作用的项 c_{ij}.这时不仅统计分析复杂化了,尤其是分析结果的解释也复杂化了.本书不涉及这种情况.在一个特定的问题中,交互作用是否需要考虑,在很大程度上取决于问题的实际背景和经验.有时,通过试验数据的分析也可以看出一些问题.例如,若误差方差 σ^2的估计 MS_e 反常地大,则有可能是由于交互作用所致.因为可以证明:若交互作用确实存在而未加考虑,则它的影响进入随机误差而增大了 MS_e.

6.5.4 单因素随机区组试验的方差分析

在本节 6.5.1 段中，我们讲述了费歇尔的试验设计三原则中的两个，即重复和随机化.第三个原则是“分区组”，就是我们现在要介绍的.

为解释“区组”这个概念，看一个简单例子.设有一个包含 3 个品种的试验，每个品种重复 5 次，于是一共要准备 15 小块形状、大小一样的田地.这些地可能散布在一个很大的范围内，因而各小块的条件会存在较大的差别，以致使试验误差加大.固然，我们可以通过完全随机化的方法保证不发生人为的系统性偏差，但这并不能克服由于这 15 小块地的内在不均匀性而带来的误差.

因此我们考虑如下的设计：选择 5 个村子，每个村准备 3 小块地，条件尽可能均匀，但不同村的地块在条件上可以有较大的差别.由于 3 这个数字较小，准备 3 小块相当均匀的地块，比准备 15 小块均匀地块，就更容易做到.

然后，我们让每个品种在每个村子里的 3 小块地中各占一块，哪个品种占哪一块由随机化决定.这样，我们就有一种不完全的随机化：每个村子中的 3 块地必须种 3 个品种，这一条不能变（如用完全随机化，有可能某个品种在某个村子里占 2 块或 3 块地），但在同一村子里则用随机化.

同一村子里的 3 小块地，就构成一个区组.区组的大小，在本例中即小块地的数目，为 3.它正好等于品种这个因素的水平数.

上述设计就叫做“随机区组设计”.“随机”的含义是在每个区组内实行随机化.这种设计的优点，从本例中看得很清楚：由于每个品种在 5 个村子里各占有一块地，即使各村子之间有较大差异，也不会使任一品种有利或不利，因此可以缩小误差.

一般地，区组就是一组其条件尽可能均匀的试验单元，区组大小，即所含试验单元个数，等于所考察的因素的水平数*，因而在每一区组内，各水平都可以实现一次且仅一次，在区组内实行随机化.区组的数目则没有限制，可多可少.

区组的例子很多.例如，要比较一种产品的 4 种不同的配方，每种配方重复 5 次，一共做 20 次.如果由 5 个人操作，则考虑到各人操作水平不同而带来的误差，可让每一个人对这 4 个配方都操作一次，以抵消人的影响.这时，可以径直把

---

* 满足这个条件的区组称为“完全区组”.也可以考虑这样的设计，其区组大小，即所含试验单元数，比因素水平数少.这种区组称为“不完全区组”，其设计问题很复杂.

每个人看做一个区组(严格地说,是每人所做的那4个配方构成一个区组).为要比较一种病的几种治疗方法,要对一些患者做临床试验.病情不同,病人年龄、身体条件等的不同,会带来误差.因此要把病人分组:条件尽可能相似的病人分在一组,病人个数即治疗方法个数,在每一组内,每个治疗方法施加于一个病人(用随机化)时,每一组病人就构成一个区组,等等.

随机区组试验的统计分析,与上段讲的两因素试验完全一样,只要把其中的一个因素看做区组就行.例如因素 A 有 k 个水平,每个水平做 l 次试验,分 l 个区组(每个区组大小为 k).以 Y_{ij} 记因素 A 的水平 i 在第 j 个区组内的试验值(例如,第 i 个种子品种在第 j 个村子里那小块地上的亩产量),则有模型(5.13),其中 μ,a_i,e_j 的意义同前,而 b_j 则称为(第 j 个区组的)"区组效应",意思是第 j 个区组优于和劣于全部区组的平均的量.拿上述品种试验来说,若某个村子田地条件特别好,则该村子(区组)的 b_j 值就高.这样,表6.4的方差分析表,及其计算过程,完全适用于此处.所不同的是:现在因素 B 解释为区组,而 SS_B 则是"区组平方和".

由于我们所关心的只有一个因素 A,故在方差分析表6.4中,我们首先感兴趣的是因素 A 的效应是否达到显著.但区组效应是否达到显著也有一定的意义,它表明区组的划分是否成功(即是否真达到了如下的要求:区组内各试验单元很均匀,而不同区组内的试验单元则有较大差异).如区组效应达到显著,则表明区组划分至少有一定的效果,否则就难说,甚或可能有反效果.这个问题我们略多说几句.若在(5.13)式中去掉标志区组的那一项 b_j,即当成一个完全随机化的模型去分析,则 SS 和 SS_A 仍不变,而 SS_e 则将成为(5.23)式中的 SS_B 与 SS_e 之和.由此看出:如果 $MS_B<MS_e$(指表6.4中的 MS_e),则在完全随机化模型之下误差方差的估计,反而比在随机区组设计之下为低,再加上自由度的损失(完全随机化设计之下误差方差估计的自由度为 $k(l-1)$,而在随机区组设计之下只有 $(k-1)(l-1)$),就使 A 和 F 比要达到显著性更难,即:如果因素 A 确有效应,则当区组划分不当时,会降低发现这种效应的机会.

由此可见,不是在任何场合下划分区组都好.若没有足够理由显示不同区组间确有显著差异,则宁肯不分.如以前提过的那个比较4种配方,由5个人操作的例子.不同的人在操作技术上多少总会有差异,但如没有根据认为他们之间有颇大差异,则分区组不一定有利.在实际工作中,这种界限不易掌握,这里只能作为一条一般性的原则谈一下.

例 5.3 重新考察例5.2,把"施肥方法"这个因子理解为区组.即表6.5中的数据,看做 4 个品种在 3 个村子里种植的结果.据该例分析,品种 A 的效应在 $\alpha=0.05$ 的水平上达到显著(但在 $\alpha=0.01$ 的水平上则否),区组效应达不到显著.更有甚者,区组的 $MS(=81.25)$ 还小于误差的 $MS(=243.00)$,说明在本例中分区组没有带来什么好处.

现如果把表 6.5 中数据当做一个完全随机化试验的结果,则

$$SS = 5\,444.75, \quad SS_A = 3\,824.25\ (\text{与以前相同}),$$

$$SS_e = 162.50 + 1\,458.00 = 1\,620.50.$$

SS_e 的自由度为 $4(3-1)=8$,而 $MS_e = 1\,620.50/8 = 202.56$. A 的 F 比为 $MS_A/MS_e = 6.29$,也超过了 $F_{3,8}(0.05) = 4.07$,即也得出 A 的效应为显著的结论.

6.5.5 多因素正交表设计及方差分析

例如,若一个试验中涉及 4 个因素 A,B,C,D,分别有 k,l,p 和 q 个水平,在效应叠加(无交互作用)的假定下,模型为

$$Y_{ijuv} = \mu + a_i + b_j + c_u + d_v + e_{ijuv}, \tag{5.25}$$

其意义与(5.13)式相似.如做全面试验,即对

$$1 \leqslant i \leqslant k, \quad 1 \leqslant j \leqslant l, \quad 1 \leqslant u \leqslant p, \quad 1 \leqslant v \leqslant q \tag{5.26}$$

范围内的(i,j,u,v)都观察了 Y_{ijuv},则方差分析与模型(5.13)相似.但是,这个做法需要做 $klpq$ 次试验,这往往太多了.如果因素数目更多,则所需试验次数大得不现实.

因此,在实用中一般只做部分实施,即对(5.26)式范围内的部分(i,j,u,v)做试验.问题在于:这一部分不能随心所欲地取,其取法必须保持某种平衡性,以达到以下两个目的:

(1) 模型(5.25)中的有关参数 μ, a_i, b_j, c_u, d_v 等仍能得到适当的估计.

(2) 总平方和 SS 仍能进行分解,以列出像表 6.4 那样的方差分析表.

这个问题如何解决,其细节已远超出本课程的范围.在这里,我们只介绍一种叫做"正交表"的工具,它简便易用,在实用中广为流传.

看表 6.7 所示这张表.这个表一共有 8 行、5 列.这两个数字(8,5)有其意义:8 表示如用这个表安排试验,则必须做 8 次试验,不能多也不能少;5 表示最

多能安排 5 个因素，不能多，可以少.

表 6.7 $L_8(4\times2^4)$正交表

行号 \ 列号	1 A	2 B	3 C	4 D	5	试验结果
1	1	1	1	1	1	134
2	1	2	2	2	2	220
3	2	1	1	2	2	188
4	2	2	2	1	1	242
5	3	1	2	1	2	268
6	3	2	1	2	1	290
7	4	1	2	2	1	338
8	4	2	1	1	2	320

L 是正交表记号. L_8 表示表有 8 行. 4×2^4 表示：表中有 1 列(即第 1 列)含有数字 1,2,3,4,有 4 列含数字 1,2. 其之所以称为正交表，是因为这个表满足以下两个条件：

(1) 每列中含不同数字的个数一样. 例如，第 1 列含不同数字 1,2,3,4,每种 2 个；第 2～5 列都是含不同数字 1,2,每种 4 个.

(2) 任一列中同一数字那些位置，在其他列中被该列所有不同数字占据，且个数相同. 例如，第 3 列中数字 1 占据 1,3,6,8 行的位置，而在第 1 列中，这 4 个位置恰被该列不同数字 1,2,3,4 各占据 1 次. 在第 5 列中，这 4 个位置则被该列不同数字 1,2 各占据 2 次.

凡是满足这两个条件的表就叫做正交表. 至于如何去构造出这种表，那涉及许多深刻的数学问题. 实用上，把已造出的有实用价值的正交表汇集起来附于种种统计学著作中，实用者按需要取用即可.

下面来谈谈怎样利用正交表 $L_8(4\times2^4)$安排试验. 这里所讲的当然也适用于一般的正交表. 归纳起来有以下几条：

(1) 因素的水平只能是 4 或 2,为 4 的至多只能有一个，为 2 的至多 4 个.

(2) 若试验要分区组(例如在两台设备上做)，则区组大小只能为 2 或 4.

(3) 为确定计，设试验中涉及 4 种配方(因素 A,水平 4),2 种温度(因素 B,水平 2),2 种压力(因素 C,水平 2)，并分 2 个区组. 则配方这个因素 A 必须标在第 1 列的头上，因素 B,C 和区组都是 2 种水平，可在 2～5 列中任选 3 列标上，还有一个空白列.设选定表6.7的1～4列(D表示区组),则设计的意义如下:每一行读A,B,C所在的三列.例如,第1行为(1,1,1),这表示第1号试验是:A,B,C都处在1水平.第2行为(1,2,2),表示第2号试验为:A处在1水平,B,C都处在2水平.第7行为(4,1,2),表示A处在4水平,B在1水平,C在2水平,等等.区组划分则看D这一列,同一数字属于一个区组.在这里,D列的数字1在第1,4,5,8行,故第1,4,5,8号试验划在一个区组内,剩下的第2,3,6,7号试验划在一个区组内.

这样一个设计必能达到表6.7前面提出的两条要求.第(1)条很容易证明,第(2)条不能在此细证了.考虑(5.25)式,其中$k=4,l=p=q=2$.对a_i,b_j,c_u,d_v等也加上约束条件(类似(5.15)式):

$$\sum_1^4 a_i = 0,\quad \sum_1^2 b_j = 0,\quad \sum_1^2 c_u = 0,\quad \sum_1^2 d_v = 0. \tag{5.27}$$

按(5.25)式写出上述8号试验的方程:

$$\begin{aligned}
Y_{1111} &= \mu + a_1 + b_1 + c_1 + d_1 + e_{1111},\\
Y_{1222} &= \mu + a_1 + b_2 + c_2 + d_2 + e_{1222},\\
Y_{2112} &= \mu + a_2 + b_1 + c_1 + d_2 + e_{2112},\\
Y_{2221} &= \mu + a_2 + b_2 + c_2 + d_1 + e_{2221},\\
Y_{3121} &= \mu + a_3 + b_1 + c_2 + d_1 + e_{3121},\\
Y_{3212} &= \mu + a_3 + b_2 + c_1 + d_2 + e_{3212},\\
Y_{4122} &= \mu + a_4 + b_1 + c_2 + d_2 + e_{4122},\\
Y_{4211} &= \mu + a_4 + b_2 + c_1 + d_1 + e_{4211}.
\end{aligned}$$

把这8个方程相加,各Y_{ijuv}之和记为$\sum\limits_{i,j,u,v} Y_{ijuv}$,各$e_{ijuv}$之和记为$\sum\limits_{i,j,u,v} e_{ijuv}$,则由(5.27)式易见

$$\sum_{i,j,u,v} Y_{ijuv} = 8\mu + \sum_{i,j,u,v} e_{ijuv},$$

由此可知$\overline{Y} = \sum\limits_{i,j,u,v} Y_{ijuv}/8$为$\mu$的一个无偏估计.

把第1列为1处的那些Y_{ijuv}相加,得(仍用(5.27)式)

$$Y_{1111} + Y_{1222} = 2\mu + 2a_1 + e_{1111} + e_{1222},$$

由此知,$(Y_{1111}+Y_{1222})/2-\overline{Y}$为$a_1$的无偏估计.顺此以往,对任何$a_i,b_j,c_u$,

d_v 都可求得其无偏估计. 例如, 要求 c_2 的无偏估计, 只需把 c 所在那列数字 2 对应的试验值相加, 用(5.27)式, 得

$$Y_{1222}+Y_{2221}+Y_{3121}+Y_{4122}=4\mu+4c_2+e_{1222}+e_{2221}+e_{3121}+e_{4122},$$

于是得到$(Y_{1222}+Y_{2221}+Y_{3121}+Y_{4122})/4-\overline{Y}$是 c_2 的一个无偏估计.

总之, 在任何一个正交表中, 某因素水平 i 的效应(例如本例的 a_i)的估计, 等于该因素水平 i 的所有观察值的算术平均减去全部观察值的算术平均.

接着就是计算各因素的平方和, 例如 SS_A. 如 A 有 k 个水平, 其各水平的效应 a_i 的估计记为$\hat{a}_1,\cdots,\hat{a}_k$(其计算已如上述), 又总试验次数为 n, 则

$$SS_A=n(\hat{a}_1^2+\cdots+\hat{a}_k^2)/k. \tag{5.28}$$

误差平方和可以由总平方和 $SS=\sum\limits_{i,j,u,v}(Y_{ijuv}-\overline{Y})^2$ 减去各因素的平方和求得. 其自由度等于 $n-1$ 减去各因素的自由度——每一因素的自由度等于其水平数减去 1.

例 5.4 设表 6.7 中各次试验的结果如该表右边一列所示, 我们来做出上述计算.

(1) 首先算出全部试验值的算术平均

$$\overline{Y}=(134+220+\cdots+320)/8=250$$

及总平方和

$$SS=(134-250)^2+(220-250)^2+\cdots+(320-250)^2=32\,832.$$

(2) 估计各因素 A,B,C 各水平的效应及区组(D)效应

$$\hat{a}_1=(134+220)/2-250=-73,\quad \hat{a}_2=-35,\quad \hat{a}_3=29,\quad \hat{a}_4=79.$$

这四者之和应为 0, 这可以作为计算是否有错的一个验证. 又

$$\hat{b}_1=-18,\ \hat{b}_2=18;\quad \hat{c}_1=-17,\ \hat{c}_2=17;\quad \hat{d}_1=-9,\ \hat{d}_2=9.$$

(3) 按公式(5.28)算出各效应及区组平方和

$$SS_A=8(73^2+35^2+29^2+79^2)/4=27\,272,$$

$$SS_B=8(18^2+18^2)/2=2\,592,\quad SS_C=2\,312,\quad SS_D=648,$$

其自由度分别为 3,1,1,1. 误差平方和为

$$SS_e=32\,832-27\,272-2\,592-2\,312-648=8,$$

其自由度为$(8-1)-3-1-1-1=1$. 于是

$$MS_A = SS_A/3 = 9\,090.67, \quad MS_B = SS_B, \quad \cdots, \quad MS_e = SS_e.$$

列出方差分析表,如表 6.8 所示.

表 6.8

项　目	SS	自由度	MS	F 比	显著性
A(配方)	27 272	3	9 090.7	11 36.33	* *
B(温度)	2 592	1	2 592	324	*
C(压力)	2 312	1	2 312	289	*
D(区组)	648	1	648	81	
误　差	8	1	8	—	
总　和	32 832	7	—	—	

查 F 分布表,得

$$F_{3,1}(0.05) = 216, \quad F_{1,1}(0.05) = 161,$$

$$F_{3,1}(0.01) = 540, \quad F_{1,1}(0.01) = 405.$$

故配方这个因素的效应达到高度显著,温度和压力这两个因素则达到显著,区组效应未达到显著.

某些正交表(不是所有的)也可以考虑因素间的交互作用.这时,表头的安排就不能像无交互作用时那么自由,而要受到某种规则的限制,具体规则由一个与该正交表配套的“交互作用表”给出.这些都已超出本书范围,不能在此多讲了.

附　　录

A. (2.22)式的证明

注意到两个行向量(n 维)

$$b_1' = \left(\frac{1}{\sqrt{n}}, \frac{1}{\sqrt{n}}, \cdots, \frac{1}{\sqrt{n}}\right),$$

$$b_2' = \left(\frac{X_1 - \overline{X}}{S_x}, \frac{X_2 - \overline{X}}{S_x}, \cdots, \frac{X_n - \overline{X}}{S_x}\right)$$

都是单位长(注意(2.16)式)且正交,可以补充 $n-2$ 个行向量 $b_3{}',\cdots,b_n{}'$,使方阵

$$B=\begin{pmatrix}b_1{}'\\b_2{}'\\\vdots\\b_n{}'\end{pmatrix}$$

为正交方阵.做变换

$$\begin{pmatrix}Z_1\\Z_2\\\vdots\\Z_n\end{pmatrix}=B\begin{pmatrix}Y_1\\Y_2\\\vdots\\Y_n\end{pmatrix},$$

则因为 $Y_1,Y_1,\cdots,Y_n$ 独立,各有方差为 σ^2 的正态分布,按第2章的附录A中的引理的证法,易证得 $Z_1,\cdots,Z_n$ 也独立,并各有方差为 σ^2 的正态分布.

现证明

$$E(Z_i)=0\quad(i\geqslant 3).\tag{1}$$

为此,记 $b_i{}'=(b_{i1},\cdots,b_{in})$,则

$$\begin{aligned}E(Z_i)&=\sum_{j=1}^{n}b_{ij}E(Y_j)=\sum_{j=1}^{n}b_{ij}[\beta_0+\beta_1(X_j-\overline{X})]\\&=\beta_0\sum_{j=1}^{n}b_{ij}+\beta_1\sum_{j=1}^{n}b_{ij}(X_j-\overline{X}).\end{aligned}$$

因为 b_i 与 b_1,b_2 都正交,上式右边两个和都为0.由此证明了(1)式.

另外注意

$$Z_1=\frac{1}{\sqrt{n}}(Y_1+\cdots+Y_n)=\sqrt{n}\,\overline{Y},$$

$$Z_2=\frac{1}{S_x}\sum_{i=1}^{n}(X_i-\overline{X})Y_i,$$

$$\begin{aligned}Z_2{}^2&=\frac{1}{S_x{}^2}\sum_{i=1}^{n}(X_i-\overline{X})Y_i\cdot\sum_{i=1}^{n}(X_i-\overline{X})Y_i\\&=\hat{\beta}_1\sum_{i=1}^{n}(X_i-\overline{X})Y_i,\end{aligned}$$

由于正交变换使平方和不变，有

$$Y_1^2+\cdots+Y_n^2=Z_1^2+\cdots+Z_n^2$$
$$=n\bar{Y}^2+\hat{\beta}_1\sum_{i=1}^{n}(X_i-\bar{X})Y_i+\sum_{i=3}^{n}Z_i^2.$$

将此式与(2.23)式结合，得

$$\sum_{i=1}^{n}\delta_i^2=\sum_{i=3}^{n}Z_i^2=\sigma^2\sum_{i=3}^{n}Z_i^2/\sigma^2.$$

由于 $Z_3/\sigma, Z_4/\sigma, \cdots, Z_n/\sigma$ 是独立同分布的 $N(0,1)$ 变量，有 $(Z_3^2+\cdots+Z_n^2)/\sigma^2\sim\chi_{n-2}^2$. 于是证明了(2.22)式.

B. (2.26)式的证明

由于 $Z_1, Z_2, \cdots, Z_n$ 独立，知 Z_2 与 $\sum_{i=3}^{n}Z_i^2$ 独立. 又 Z_2 为有方差 σ^2 的正态分布而 $\sum_{i=3}^{n}Z_i^2/\sigma^2\sim\chi_{n-2}^2$，故按 t 分布的定义，有

$$\frac{Z_2-E(Z_2)}{\sigma}\Bigg/\sqrt{\frac{1}{n-2}\frac{1}{\sigma^2}\sum_{i=3}^{n}Z_i^2}\sim t_{n-2}. \tag{2}$$

但 $\sum_{i=3}^{n}Z_i^2/(n-2)=\sum_{i=1}^{n}\delta_i^2/(n-2)=\hat{\sigma}^2$，而因 $E(\hat{\beta}_1)=\beta_1$，有

$$Z_2-E(Z_2)=\hat{\beta}_1S_x-E(\hat{\beta}_1S_x)=(\hat{\beta}_1-\beta_1)S_x.$$

故

$$\frac{Z_2-E(Z_2)}{\sigma}\Bigg/\sqrt{\frac{1}{n-2}\frac{1}{\sigma^2}\sum_{i=3}^{n}Z_i^2}=(\hat{\beta}_1-\beta_1)/(\hat{\sigma}S_x^{-1}).$$

此式与(2)式结合，即证明了(2.26)式.

习　题

1. 在模型(2.6)中用配方的方法（不求助于求偏导数），以决定最小二乘估

计(2.12)式和(2.13)式,并由此得出残差平方和的表达式(2.23).

2. 在模型(2.6)中,假定(2.5)成立,仍记残差为 $\delta_1,\cdots,\delta_n$. 证明以下各点:

(a) $E(\delta_i)=0\ (i=1,\cdots,n)$;

(b) $\delta_1,\cdots,\delta_n$ 不相互独立;

(c) $\mathrm{Var}(\delta_i)=\left(1-\dfrac{1}{n}-(X_i-\bar{X})^2/S^2\right)\sigma^2\ \left(S^2=\sum\limits_{i=1}^{n}(X_i-\bar{X})^2\right)$;

(d) $\mathrm{Cov}(\delta_i,\delta_j)=-\left(\dfrac{1}{n}+(X_i-\bar{X})(X_j-\bar{X})/S^2\right)\sigma^2\ (i\neq j)$.

3. 设样本 $X_1,\cdots,X_n\sim N(a,\sigma^2)$, $Y_1,\cdots,Y_m\sim N(b,\sigma^2)$, a,b,σ^2都未知,为要估计$b-a$或检验假设H_0: $b-a=c$ (c 已知),可利用线性回归的理论去做. 指出具体怎样做的办法.

4. 考虑过原点的线性回归模型

$$Y_i=bX_i+e_i\quad(i=1,\cdots,n),$$

误差 $e_1,\cdots,e_n$ 仍假定满足条件(2.5).

(a) 给出 b 的最小二乘估计$\hat{b}$;

(b) 给出残差平方和 $R=\sum\limits_{i=1}^{n}\delta_i^2$ 的表达式,并证明:$R/(n-1)$是误差方差σ^2的无偏估计. 这与不一定过原点的模型有何不同? 为何有这个不同?

(c) 用附录 A 中的方法,证明当误差服从正态分布时,有 $R/\sigma^2\sim\chi_{n-1}^2$;

(d) 给出回归系数 b 的区间估计.

5. 考虑回归模型(2.4),而 c_1,c_2 为已知常数. 假定(2.5)成立且设误差服从正态分布,求c_1a+c_2b 的区间估计.

6. 在一元线性回归的讨论中出现几个有趣而初等的数学问题. 现列举如下,请读者考虑:

(a) 由习题 2 的(c),根据方差非负,可知:对任意 n 个实数 $X_1,\cdots,X_n$,有

$$(X_i-\bar{X})^2\Big/\sum_{j=1}^{n}(X_j-\bar{X})^2\leqslant 1-\frac{1}{n}\quad(i=1,\cdots,n),$$

等号在何时达到?

(b) 在 6.2 节 6.2.3 段末尾处提到的断言:若 $X_1,X_2,\cdots$是一串实数,记$\bar{X}_n=(X_1+\cdots+X_n)/n$, $S_n^2=\sum\limits_{i=1}^{n}(X_i-\bar{X})^2$,则对任何固定的实数 a,有

$(a-\bar{X}_n)^2/S_n{}^2 \to 0\ (n\to\infty)$. 这个事实的统计意义已在6.2节6.2.3段中说明过了.

(c) 我们已证明:在模型(2.6)及假定(2.5)之下, $\mathrm{Var}(\hat{\beta}_1)=\sigma^2/S^2, S^2=\sum_{i=1}^{n}(X_i-\bar{X})^2$. 当然,方差愈小愈好. 故如限制试验点 X_i 只能取在某有限区间 $[A,B]$ 内,就有一个如何配置这些点,以使 S^2 达到最大的问题. 证明这个问题的解是:若 n 为偶数 $2m$,则取 $X_1,\cdots,X_n$ 中有 m 个 A 及 m 个 B;若 n 为奇数 $2m+1$,则取 $X_1,\cdots,X_n$ 中有 m 个 A(或 B), $m+1$ 个 B(或 A). 不过,在实用上,这个设计并不一定被采用,除非我们对回归函数为线性函数这一点绝无疑义. 因为这个设计只采用两个自变量值,它无法借助于观察数据去发现真实的回归函数与线性函数的可能的偏差.

7. 证明6.3节6.3.1段末尾处多元回归系数最小二乘估计的三个性质.

8. 设 $(X_1,Y_1),\cdots,(X_n,Y_n)$ 是从二维正态总体 $N(a,b,\sigma_1{}^2,\sigma_2{}^2,\rho)$ 中抽出的样本,以 r 记样本相关系数. 用以下的思路证明当 $\rho=0$ 时 $\sqrt{n-2}\,r/\sqrt{1-r^2}\sim t_{n-2}$:固定 $X_1,\cdots,X_n$,考虑 $Y_1,\cdots,Y_n$ 的条件分布,因为 $\rho=0$ 表示 X_i,Y_i 独立,故 $Y_1,\cdots,Y_n$ 的条件分布即是其无条件分布,即 $Y_1,\cdots,Y_n$ 独立,有公共分布 $N(b,\sigma_2{}^2)$. 这可写为回归模型

$$Y_i=b+\beta_1X_i+e_i\quad(i=1,\cdots,n),\tag{1}$$

回归系数 $\beta_1=0, e_i\sim N(0,\sigma^2), \sigma^2=\sigma_2{}^2$. 然后在这个模型中使用(2.26)式(记住 $\beta_1=0$). 证明(2.26)式左边正好就是 $\sqrt{n-2}\,r/\sqrt{1-r^2}$. 这样就证明了在给定 $X_1,\cdots,X_n$ 的条件下, $\sqrt{n-2}\,r/\sqrt{1-r^2}$ 的条件分布总是 t_{n-2},与 $X_1,\cdots,X_n$ 无关. 因此 $\sqrt{n-2}\,r/\sqrt{1-r^2}$ 的无条件分布就是 t_{n-2}. 其之所以要在给定 $X_1,\cdots,X_n$ 的条件下来考虑,是因为线性模型(1)有关的理论,特别是(2.26)式,都是在 X_i 为常数的情况下给出的.

9. 考虑下面的统计模型:样本 $X_1,\cdots,X_n,Y_1,\cdots,Y_n$ 独立, $X_i\sim N(d_i+a,\sigma^2), Y_i\sim N(d_i+b,\sigma^2)\ (i=1,\cdots,n)$. 这里, $d_1,\cdots,d_n$ 和 a,b,σ^2 都未知,要检验假设 H_0: $a=b$.

(a) 试通过使用 $Z_i=Y_i-X_i\ (i=1,\cdots,n)$,用 t 检验来处理这个问题;

(b) 说明:这个模型事实上是一个随机区组试验模型,共有 n 个区组,区组大小为2. 写出转化到这样一种模型的过程;

(c) 用随机区组模型的 F 检验来处理 H_0 的检验问题,证明它与用(a)中的方法得到的结果一致.

10. 验证一下,下面的表6.9是正交表.

表 6.9

行号 \ 列号	1	2	3	4	5	6	7
1	1	1	1	1	1	1	1
2	1	2	2	1	1	2	2
3	1	1	1	2	2	2	2
4	1	2	2	2	2	1	1
5	2	1	2	1	2	1	2
6	2	2	1	1	2	2	1
7	2	1	2	2	1	2	1
8	2	2	1	2	1	1	2

按正交表命名法,这个表的名称应是什么?它在用来安排试验时受到哪些限制?现如有3个2水平因子 A,B,C,共做8次试验,并分2个区组做,这个试验如何用这张表来安排?写出其方差分析表.

习题提示与解答

第1章

3. B.

4. 一种可能的表示法是

$$A_1+\cdots+A_n=A_1+(A_2-A_1)+[A_3-(A_1+A_2)]$$
$$+\cdots+[A_n-(A_1+\cdots+A_{n-1})].$$

5. 先把 $A+B+C$ 表为互斥事件之和：

$$A+B+C=A+(B-AB)+(C-AC-\bar{A}BC),$$

再证明 $P(B-AB)=P(B)-P(AB)$，$P(C-AC-\bar{A}BC)=P(C)-P(AC)-P(\bar{A}BC)$，及 $P(\bar{A}BC)=P(BC)-P(ABC)$，整理即得.

6. 充要条件是 $P(A)$，$P(B)$中至少有一个为0.

7. 不一定.成立的充要条件是 $P(B-A)=0$.

8. 反复利用以下两个重要公式：

$$\overline{A_1A_2\cdots A_n}=\sum_{i=1}^{n}\bar{A}_i,\quad \overline{A_1+A_2+\cdots+A_n}=\prod_{i=1}^{n}\bar{A}_i.$$

(这两个公式请自证一下.)

9. 考虑一个盒子内含有3个球，其上分别标有数字1，2，3.现从中随机抽出一个，记事件

$A=\{$抽出1或2球$\}$，　$B=\{$抽出2球$\}$，　$C=\{$抽出2或3球$\}$.

10. 第一问：直接计算 $P(C(A+B))=P(CA)+P(CB)$.第二问：仍计算 $P(C(A+B))$，但把 $A+B$ 表为 $A+B=(A-B)+AB+(B-A)$，设法去证明

$$P(C(A-B))=P(C)P(A-B),$$
$$P(C(B-A))=P(C)P(B-A).$$

前一式可由 $P(CA)=P(C)P(A)$，$P(C\cdot AB)=P(C)P(AB)$两边相减得到，

因 $CA-CAB=C(A-AB)=C(A-B)$，及 $P(A-B)=P(A)-P(AB)$.

11．例：一个盒子中有 12 个球，分别标有数字 1,2,…,12. 现从其中随机抽出一个，定义事件

$$A=\{\text{抽出 }1,2,3\text{ 号球之一}\},$$
$$B=\{\text{抽出 }2,3,4\text{ 号球之一}\},$$
$$C=\{\text{抽出 }2,3,5,6,7,8,9,10\text{ 号球之一}\}.$$

12．前一部分的证明与习题 10 的第二问类似，反例可用习题 11 的例子.

13．$A=A_1(A_2+A_3)(A_4A_5+A_5A_6+A_4A_6)$. 用乘法定理，注意

$$P(\overline{A_4A_5+A_5A_6+A_4A_6})=P(\overline{A_4}\ \overline{A_5}\ \overline{A_6})+P(A_4\overline{A_5}\ \overline{A_6})+P(\overline{A_4}A_5\overline{A_6})+P(\overline{A_4}\ \overline{A_5}A_6),$$

逐项用乘法定理，答案：320/729 = 0.439.

14．反例：一个盒子中有 5 个球，分别标上数字 1,2,…,5. 现从中随机抽出一个，定义事件

$$A=\{\text{抽出 1 或 2 球}\},\quad B=\{\text{抽出 2 或 3 球}\},\quad C=\{\text{抽出 1 或 3 球}\}.$$

16．需要证明

$$P(B_{i_1}B_{i_2}\cdots B_{i_r})=P(B_{i_1})P(B_{i_2})\cdots P(B_{i_r})\tag{1}$$

对任何满足条件 $2\leqslant r\leqslant n$ 的 r 及 $1\leqslant i_1<i_2<\cdots<i_r\leqslant n$ 成立. 以 k 记 $B_{i_1},\cdots,B_{i_r}$ 中 $B_{i_j}=\bar{A}_{i_j}$ 的 j 的个数. 对 k 实行归纳法. 若 $k=0$，则由独立性定义知(1)式成立. 现设 $k=m$ 时(1)式成立，来证明当 $k=m+1$ 时(1)式也成立. $B_{i_1},\cdots,B_{i_r}$ 中有 $m+1$ 个有“bar”的. 为方便计且不失普遍性，不妨设 $B_{i_1}=\bar{A}_{i_1}$. 有

$$B_{i_2}B_{i_3}\cdots B_{i_r}=B_{i_1}B_{i_2}\cdots B_{i_r}+A_{i_1}B_{i_2}\cdots B_{i_r}.$$

右边两事件互斥，故

$$P(B_{i_1}\cdots B_{i_r})=P(B_{i_2}\cdots B_{i_r})-P(A_{i_1}B_{i_2}\cdots B_{i_r}).\tag{2}$$

因为在 $B_{i_2},\cdots,B_{i_r}$ 中只有 m 个加“bar”的，$A_{i_1},B_{i_2},\cdots,B_{i_r}$ 中也只有 m 个加“bar”的，故由归纳假设，知

$$P(B_{i_2}\cdots B_{i_r})=P(B_{i_2})\cdots P(B_{i_r}),$$
$$P(A_{i_1}B_{i_2}\cdots B_{i_r})=P(A_{i_1})P(B_{i_2})\cdots P(B_{i_r}).$$

以此代入(2)式，并注意 $1-P(A_{i_1})=P(\bar{A}_{i_1})=P(B_{i_1})$，得

$$P(B_{i_1}\cdots B_{i_r}) = P(B_{i_1})\cdots P(B_{i_r}).$$

于是完成了归纳证明.

17. 总排列数为 $4!=24$. 分别计算放对1,2,4封的排列数为8,6和1. 答案：$9/24=3/8$.

18. 用全概率公式，对丙而言，分四种情况：$A_1=\{$甲抽中，乙抽中$\}$，$A_2=\{$甲中，乙不中$\}$，$A_3=\{$甲不中，乙中$\}$，$A_4=\{$甲、乙都不中$\}$. 答案：2/10，17/55，41/110. 以丙抽中的可能性最大.

19. $(n!)^p\Big/\dfrac{(np)!}{(p!)^n}=(n!)^p(p!)^n/(np)!$.

20. 再继续赌四局，排出一切可能情况，答案为 11∶5.

21. 答案为 30/91. 其之所以不同，原因在于，仔细一想可知：知道某特定骰子出幺，比知道至少出一个幺，要更有利于多出幺，因而更不利于得出大的和数.

22. 由对称性考虑，可让选定的一个男孩固定一个位置. 剩下的 $n+m-1$ 个小孩归结到直线排列的情况.

23. 第一个事件的对立事件为"每方各有一张 A"，其概率为 $4!\dfrac{48!}{(12!)^4}\Big/\dfrac{(52)!}{(13!)^4}$. 后一事件比较复杂，要分解为一些互斥事件之和，即如

{东方 $2A$，西、南各 $1A$}，共有 $4\times3=12$ 种；

{东、西方各 $2A$}，共有 6 种.

前一事件的概率为 $4!\dbinom{4}{2}\dfrac{48!}{11!(12!)^2 13!}\Big/\dfrac{52!}{(13!)^4}$，后一事件的概率为 $\dbinom{4}{2}\dbinom{4}{2}\dfrac{48!}{(11!)^2(13!)^2}\Big/\dfrac{52!}{(13!)^4}$，答案：0.719 135 654.

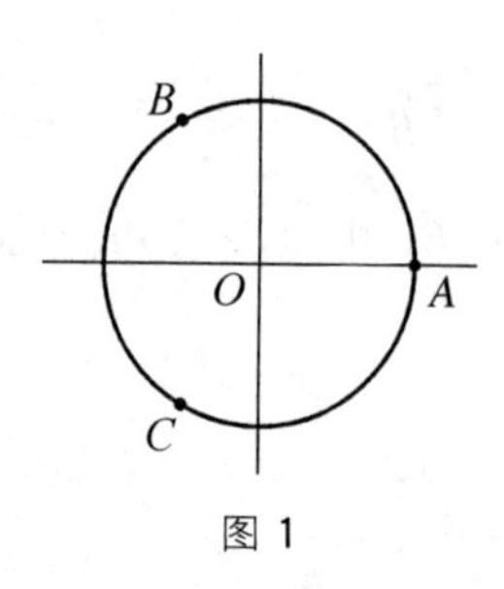

图 1

24. 最简单的做法如下：从对称性考虑出发，不妨把甲取的点定在图1中的 A 点处. 这时，为了使题中所说的事件发生，乙所选的点必须在图1中的 BAC 弧内，且 $\angle BOA$ 和 $\angle COA$ 都是 $120°$. 故概率为 2/3.

25. 做法大体上类似例 2.5. 答案为

$$\frac{7!}{2!1!1!3!}\cdot\frac{8!}{2!2!3!1!}\Big/7^8 = 0.122\,4.$$

27. (a) 所求概率为$(1-p_1)\cdots(1-p_n)$. 利用$1-x<e^{-x}(x>0)$.

(b) 所求概率不超过$\sum^* p_{i_1}\cdots p_{i_k}$, $\sum^*$ 求和的范围为$1\leqslant i_1<\cdots<i_k\leqslant n$. 但在$(p_1+\cdots+p_n)^k$的展开式中,每一个这样的项都出现$k!$次.

28. 不可以那样算,理由与习题 21 相同.

30. 甲胜的概率为(用全概率公式)

$$p=\sum_{n=1}^{\infty}\frac{1}{2^n(n+1)}.$$

不难证明 $p<1/2$,因为

$$\begin{aligned}p&=\frac{1}{4}+\frac{1}{12}+\sum_{n=3}^{\infty}\frac{1}{2^n(n+1)}\\&<\frac{1}{3}+\frac{1}{4}\sum_{n=3}^{\infty}\frac{1}{2^n}\\&=\frac{1}{3}+\frac{1}{4}\cdot\frac{1}{4}<1/2.\end{aligned}$$

因此这个规则对甲不利.

第 2 章

1. 用公式$\binom{n}{0}-\binom{n}{1}+\binom{n}{2}-\cdots+(-1)^n\binom{n}{n}=0$(见第 1 章 1.2 节).

2. 先用全概率公式得出 p_n 的逆推公式

$$p_n=p(1-p_{n-1})+(1-p)p_{n-1}.$$

此式推导如下:若第一次试验 A 发生(概率为 p),则剩下$n-1$次试验应出奇数个 A,概率等于$1-p_{n-1}$.若第一次试验中 A 不发生(概率为$1-p$),则剩下 $n-1$ 次试验应出偶数个 A,概率等于 p_{n-1}. 又当 $n=1$ 时 $p_n=p_1=1-p$,而 $\frac{1}{2}[1+(1-2p)^n]$当 $n=1$ 时也为$1-p$.故当 $n=1$ 时正确.设当 $n-1$ 时正确,

则 $p_{n-1}=\frac{1}{2}[1+(1-2p)^{n-1}]$. 以此代入上式，即得 $p_n=\frac{1}{2}[1+(1-2p)^n]$. 故当 n 时亦正确.

3. 答案为 $\binom{2n}{n}\Big/2^{2n}$. 用公式 $\sum_{i=0}^{n}\binom{n}{i}^2=\binom{2n}{n}$. 此式可由第 1 章(2.5)式中令 $m=k=n$，并注意 $\binom{n}{n-i}=\binom{n}{i}$ 而得到.

4. 赌博至多在 $2a-1$ 局结束，让二人赌 $2a-1$ 局，则只要甲胜 a 局或更多则甲胜，否则甲败，故甲胜的概率为 $\sum_{i=a}^{2a-1}b(i;2a-1,p)$. 当 $p=1/2$ 时，由 $b(i;2a-1,1/2)=b(2a-1-i;2a-1,1/2)$ 即知上式为 1/2. 另外，由二人赌技相同($p=1/2$)，及胜负规则对二人是公平的，知二人有相同的获胜概率，即 1/2.

5. 考察比值

$$\frac{b(k;n,p)}{b(k+1;n,p)}=\frac{k+1}{n-k}\frac{1-p}{p}.$$

如果 $p\leqslant(n+1)^{-1}$，则此比值总大于等于 1. 若 $p\geqslant n/(n+1)$，则此比值总小于等于 1. 若 $(n+1)^{-1}<p<n/(n+1)$，则当 k 小时大于 1，从某个 k 开始则小于等于 1，其转折处即为达到最大值的 k. 当 $(n+1)p$ 不为整数时，为 $[(n+1)p]$ ($[a]$ 表不超过 a 的最大整数)；当 $(n+1)p$ 为整数时，为 $(n+1)p$ 及 $(n+1)p-1$ (在这两个值处同时达到最大).

6. 以 p_{ij} 记"恰有第 i,j 盒不空，其余都空"的概率. 先证明所求概率 $p=\binom{12}{2}p_{12}$. 而后证明

$$p_{12}=\left(\frac{1}{6}\right)^{10}-2\left(\frac{1}{12}\right)^{10}$$

("全在 1,2 盒内"的概率 − "全在 1 盒内"的概率 = "全在 2 盒内"的概率).

7. (a) p 大了，X 取大值的概率上升而取小值的概率下降，故 $\{X\leqslant k\}$ 的概率当 p 上升时只能下降.

(b) 考察一个试验，有三个可能的结果：A_1,A_2,A_3，其概率分别为 p_1，p_2-p_1 和 $1-p_2$，记 $A=A_1+A_2$. 以 X_i 记 n 次试验中 A_i 发生的次数 ($i=1,2$)，则 $X_1\sim B(n,p_1)$，$X_1+X_2\sim B(n,p_2)$. 故

$$P(X_1\leqslant k)=\sum_{i=0}^{k}b(i;n,p_1),$$

$$P(X_1+X_2\leqslant k)=\sum_{i=0}^{k}b(i;n,p_2).$$

因为当 $X_1+X_2\leqslant k$ 时必有 $X_1\leqslant k$，故 $P(X_1+X_2\leqslant k)\leqslant P(X_1\leqslant k)$，即当 $p_1\leqslant p_2$ 时有

$$\sum_{i=0}^{k}b(i;n,p_2)\leqslant\sum_{i=0}^{k}b(i;n,p_1).$$

(c) 写出 $f(p)=\sum_{i=0}^{k}\binom{n}{i}p^i(1-p)^{n-i}$. 逐项求导数，注意

$$\begin{aligned}&\mathrm{d}\left[\binom{n}{i}p^i(1-p)^{n-i}\right]/\mathrm{d}p\\&\quad=i\binom{n}{i}p^{i-1}(1-p)^{n-i}-(n-i)\cdot\binom{n}{i}p^i(1-p)^{n-i-1},\end{aligned}$$

令 $i=0,1,\cdots,k$ 相加，只剩下一项 $-(n-k)\binom{n}{k}p^k(1-p)^{n-k-1}$，证明它与 $\dfrac{n!}{k!(n-k-1)!}\int_0^{1-p}t^k(1-t)^{n-k-1}\mathrm{d}t$ 的导数相同. 又当 $p=1$ 时此积分为0，而 $P(X\leqslant k)$ 也为0（因 $k<n$）. 故二者必相等.

8. 由于 $B(2,p)$ 有三个可能值 0,1,2，而 X_1,X_2 独立同分布，故 X_1,X_2 必都只有2个可能值（否则 X_1+X_2 可能会小于3或大于3）. 这两个可能值必为0和1. 因为设可能值为 $a,b,a<b$，则 $2a=0,2b=2;a+b=1$. 记 $p_1=P(X_1=1)$，则

$$p^2=P(X_1+X_2=2)=P(X_1=1)P(X_2=1)=p_1{}^2,$$

故 $p_1=p$. 如果 X_1,X_2 都只取0,1为值，且 $P(X_1=1)=p_1,P(X_2=1)=p_2$，则仿上推理，有

$$\begin{aligned}&p^2=p_1p_2,\quad(1-p)^2=(1-p_1)(1-p_2),\\&2p(1-p)=p_1(1-p_2)+(1-p_1)p_2.\end{aligned}$$

由此三式，不难解出 $p_1=p_2=p$.

10. (a) 设 $\lambda_1<\lambda_2$，X_1,X_2 独立，分别服从泊松分布 $P(\lambda_1)$ 和 $P(\lambda_2-\lambda_1)$，则 X_1+X_2 服从泊松分布 $P(\lambda_2)$. 再由 $P(X_1\leqslant k)\geqslant P(X_1+X_2\leqslant k)$ 即推出所要的结果.

(b) 写出 $P(X \leqslant k)=\sum_{i=0}^{k} \mathrm{e}^{-\lambda} \lambda^{i} / i!$，证明其导数等于 $-\mathrm{e}^{-\lambda} \lambda^{k} / k!$. 故 $\frac{1}{k!} \int_{\lambda}^{\infty} t^{k} \mathrm{e}^{-t} \mathrm{d} t-\sum_{i=0}^{k} \mathrm{e}^{-\lambda} \lambda^{i} / i!$ 为一常数 C（与 λ 无关）. 但当 $\lambda \rightarrow 0$ 时，它趋于 0，故 $C=0$.

11. 与习题 5 相似，考察比 $p_{\lambda}(k) / p_{\lambda}(k+1)$.

12. 直接计算：$P(E_1)=b(n;N,p')$ $(p'=p_1(1-p_2)+(1-p_1)p_2)$，$P(E_1E_2)=\frac{N!}{k!(n-k)!(N-n)!}(p_1(1-p_2))^k((1-p_1)p_2)^{n-k}(p'')^{N-n}$ $(p''=p_1p_2+(1-p_1)(1-p_2)$，是 $(A,B)+(\bar{A},\bar{B})$ 发生的概率). 再算出 $P(E_2|E_1)=P(E_1E_2)/P(E_1)$ 即得（注意 $p'+p''=1$）. 直接方法：注意 $P((A,\bar{B})|(A,\bar{B})+(\bar{A},B))=p$. 故在 E_1 发生的条件下，$(A,\bar{B})$ 出现的次数 X 的条件分布就是 $B(n,p)$.

13. 把负二项概率(1.11)式记为 $d(i;r,p)$. 所要证的结果当 $r=1$ 时成立. 设当 $r=k-1$ 时成立，则 $X_1+\cdots+X_{k-1}$ 服从分布 $b(i;k-1,p)$. 把 $X_1+\cdots+X_k$ 表为 $Y+X_k$，$Y=X_1+\cdots+X_{k-1}$. 按上述归纳假设，及 Y 与 X_k 独立，有

$$\begin{aligned} P(X_1+\cdots+X_k=i) &= \sum_{j=0}^{i} P(Y=j) P(X_k=i-j) \\ &= \sum_{j=0}^{i} d(j;k-1,p) p(1-p)^{i-j}. \end{aligned}$$

为证此式为 $d(i,k,p)$，只需证组合等式

$$\sum_{j=0}^{i}\binom{j+r-2}{r-2}=\binom{i+r-1}{r-1}.$$

但此式已在第 1 章例 2.4 中证过，那里写为形式

$$\sum_{r=0}^{m}\binom{n-1+r}{r}=\binom{n+m}{n},$$

令 $n-1=r-2$，$r=j$，$m=i$，并注意 $\binom{n-1+r}{r}=\binom{n-1+r}{n-1}$ 即得.

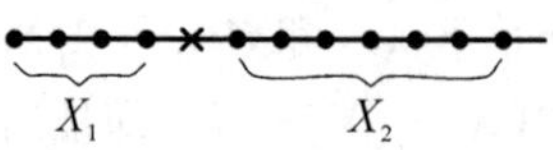

图 2

直观上很容易解释，以 $r=2$ 为例，如图 2 所示，∘表示 A 不发生，而×表示 A 发生. 在 A 发生

第 2 次时，∘ 的个数为 X_1+X_2. 由于各次试验独立，X_1，X_2 必独立，且都服从几何分布.

14. $p_1=\binom{i+r}{r}p^r(1-p)^i$，$p_2=\binom{i+r-1}{r-1}p^r(1-p)^i$. 因为有 $\binom{i+r}{r}>\binom{i+r-1}{r-1}$（除非 $i=0$），故总有 $p_1>p_2$. 理由很简单：计算 p_2 时多了一个限制：最后一次试验 A 必出现，而计算 p_1 时并无这个限制.

15. 用全概率公式易得

$$\begin{aligned}P(Y=k)&=\sum_{n=k}^{\infty}P(X=n)b(k;n,p)\\&=\sum_{n=k}^{\infty}(e^{-\lambda}\lambda^n/n!)\binom{n}{k}p^k(1-p)^{n-k}\\&=\frac{(\lambda p)^k e^{-\lambda}}{k!}\sum_{n=k}^{\infty}\frac{[\lambda(1-p)]^{n-k}}{(n-k)!},\end{aligned}$$

而式中的和等于 $e^{\lambda(1-p)}$.

16. 计算 $P(X+Y\leqslant u)$. 用全概率公式，并以 F 记 X 的分布函数，有

$$\begin{aligned}P(X+Y\leqslant u)&=P(Y=a_1)P(X+a_1\leqslant u)\\&\quad+P(Y=a_2)P(X+a_2\leqslant u)\\&=p_1F(u-a_1)+p_2F(u-a_2),\end{aligned}$$

对 u 求导数即得. 推广到多于两个值的情况显然.

17. 结果为 $\int_0^{\infty}f(w,z/w)w^{-1}\mathrm{d}w$.

18. 当 a_i 中有为 0 的时，不妨设 $a_1=0$. 这时

$$P(XY=0)\geqslant P(Y=0)=p_1>0,$$

故 XY 不能有密度函数（否则应有 $P(XY=0)=0$）. 如 a_i 都不为 0，则仿习题 16 做，只需注意

$$P(a_iX\leqslant u)=\begin{cases}F(u/a_i), & \text{当 } a_i>0 \text{ 时}\\1-F(u/a_i), & \text{当 } a_i<0 \text{ 时}\end{cases},$$

F 为 X 的分布函数，二者对 u 的导数都是 $\frac{1}{|a_i|}f\left(\frac{u}{a_i}\right)$.

19. 记 $F(x)=P(Y\leqslant x)$. 当 $x\leqslant 0$ 时, $F(x)=0$. 若 $x>0$, 则注意

$$\{Y\leqslant x\}=\{\ln Y\leqslant \ln x\}=\{(\ln Y-a)/\sigma\leqslant(\ln x-a)/\sigma\},$$

故 $F(x)=\Phi((\ln x-a)/\sigma)$. 对 x 求导即得 $f(x)$.

21. 记 $F(x)=P(Y\leqslant x)$, 则 $F(x)=0\ (x\leqslant -1)$, $F(x)=1\ (x\geqslant 1)$. 若 $|x|<1$, 则在基本周期 $[0,\ 2\pi)$ 内, 事件 $\{Y\leqslant x\}$ 等于 $\{\arccos x\leqslant X\leqslant 2\pi-\arccos x\}$, 其中 $\arccos x$ 在 $(0,\pi)$ 内, 故

$$\{Y\leqslant x\}=\sum_{i=-\infty}^{\infty}[2\pi i+\arccos x\leqslant X\leqslant 2\pi(i+1)-\arccos x].$$

于是

$$F(x)=\sum_{i=-\infty}^{\infty}\Phi(2\pi(i+1)+\arccos x)-\Phi(2\pi i-\arccos x)].$$

逐项对 x 求导, 即得 $f(x)$.

22. 注意 $\{Y\leqslant x\}=\prod_{i=1}^{n}\{X_i\leqslant x\}$, 于是得 Y 的分布函数为 $F^n(x)$. 对 Z, 注意 $\{Z\geqslant x\}=\prod_{i=1}^{n}\{X_i\geqslant x\}$, 于是 $P(Z\leqslant x)=1-P(Z\geqslant x)=1-(1-F(x))^n$. 对 x 求导, 即得密度函数.

23. 直接证明, 只需注意本题中 $F(x)=x/\theta\ (0\leqslant x\leqslant\theta)$, 而 $f(x)=1/\theta\ (0\leqslant x\leqslant\theta)$, 其外为 0. 直观看法: $\theta-\max(X_1,\cdots,X_n)$ 为 $X_1,\cdots,X_n$ 的最右点与边界 θ 的距离, 而 $\min(X_1,\cdots,X_n)$ 是 $X_1,\cdots,X_n$ 的最左点与边界 0 的距离, 二者性质一样, 只是看的方向不同. 由于均匀分布对区间内各处一视同仁, 这两个距离的概率分布应当一样.

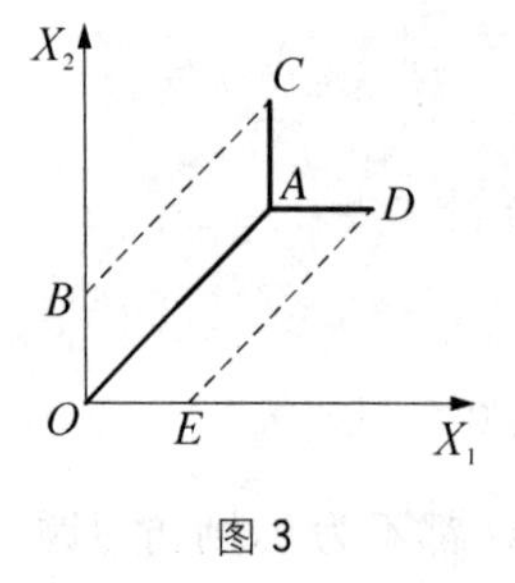

图 3

24. 考察事件 $\{Y_1\leqslant u,Y_2\leqslant v\}$. 看图 3, OA 为第一象限分角线, A 点的坐标为 (u,u), OB 和 OE 的长都为 v, 而 $OBCA$ 和 $OEDA$ 都是平行四边形, 稍加思考即不难发现

$$\{Y_1\leqslant u,Y_2\leqslant v\}=\{(X_1,X_2)\text{落在上述两个平行四边形内}\}.$$

故

$$P\{Y_1\leqslant u,Y_2\leqslant v\}=\iint\limits_{OBCA}\mathrm{e}^{-x_1-x_2}\mathrm{d}x_1\mathrm{d}x_2+\iint\limits_{OEDA}\mathrm{e}^{-x_1-x_2}\mathrm{d}x_1\mathrm{d}x_2.$$

由对称性,这两个积分的值相同.用累次积分法算第一个积分(先固定 x_1,对 x_2 积分),不难得出上述两个积分之和为$(1-e^{-2u})(1-e^{-v})$.由此证明了题中的所有结论.

25. 用归纳法.先肯定:当 $n=0$ 时,不论 $T>0$ 取什么值,$P(X=0)=e^{-\lambda T}$ 成立.这很明显,因为 $X=0$ 意味着最初那个元件的寿命 $\geqslant T$,其概率$\int_T^\infty \lambda e^{-\lambda t}dt = e^{-\lambda T}$.

现假定公式 $P(X=n)=e^{-\lambda T}(\lambda T)^n/n!$ 对 $n=k-1$ 成立,而计算 $P(X=k)$.以 x_1 记第一次替换发生的时刻,则在给定 X_1 的条件下,在时段(X_1,T)内要发生 $k-1$ 替换.这个时段的长为 $T-x_1$.按归纳假设,在这段时间内恰好替换 $k-1$ 次的概率为 $e^{-\lambda(T-x_1)}(\lambda(T-x_1))^{k-1}/(k-1)!$.由于 X_1 只能在$(0,T)$内,且其概率密度为 $\lambda e^{-\lambda x_1}$,故

$$P(X=k)=\int_0^T \lambda e^{-\lambda x_1} e^{-\lambda(T-x_1)}(\lambda(T-x_1))^{k-1}dx_1/(k-1)!.$$

易见此积分为 $e^{-\lambda T}(\lambda T)^k/k!$,于是证明了公式当 $n=k$ 时成立,而完成了归纳证明.

27. 先用公式(4.10)算出$(X+bY,X-bY)$的联合密度 $g(u,v)$,再决定 b,使这个联合密度可拆成两个函数 $g_1(u)$ 和 $g_2(v)$之积,答案:$b=\sigma_1/\sigma_2$.此题有其他简单方法,见第 3 章习题.

29. 设 $X_1,\cdots,X_k,Y_1,\cdots,Y_n$ 独立同分布,各服从标准正态分布$N(0,1)$.记

$$Z_1=\frac{1}{k}\sum_{i=1}^{k}X_i^2\Big/\left(\frac{1}{n}\sum_{i=1}^{n}Y_i^2\right),$$

$$Z_2=\sum_{i=1}^{k}X_i^2\Big/\left(\frac{1}{n}\sum_{i=1}^{n}Y_i^2\right),$$

$$Z_3=X_1^2\Big/\left(\frac{1}{n}\sum_{i=1}^{n}Y_i^2\right),$$

则 $Z_1\sim F_{k,n}$,$Z_3\sim F_{1,n}$,$Z_2\geqslant Z_3$.今有

$$P(Z_1\geqslant F_{k,n}(\alpha))=\alpha,$$

故有 $P(Z_2 \geqslant kF_{k,n}(\alpha)) = \alpha$. 另一方面，又有

$$P(Z_3 \geqslant F_{1,n}(\alpha)) = \alpha.$$

由这两式，及 $Z_2 \geqslant Z_3$，即得 $kF_{k,n}(\alpha) \geqslant F_{1,n}(\alpha)$.

30. 易见 $\iint\limits_{x^2+y^2\leqslant 1} xy\mathrm{d}x\mathrm{d}y = 0$. 故为证明 g 是密度函数，只需证明它非负. 但 $|xy|$ 在 $x^2 + y^2 \leqslant 1$ 内的最大值小于 1，而 $f(x,y)$ 在 $x^2 + y^2 \leqslant 1$ 内的最小值为 $c^{-1/2}/(2\pi) > 1/100$，故知 g 非负. 后一结论易证，因为对任何 $a > 0$，有 $\int_{-a}^{a} x\mathrm{d}x = 0$.

第 3 章

1. 不直接利用对数正态分布密度计算较方便. 按定义，若 X 为对数正态分布，则 $X = \mathrm{e}^Y$，$Y \sim N(a, \sigma^2)$. 于是可利用公式(1.18)，这涉及计算形如

$$\int_{-\infty}^{\infty} \mathrm{e}^{bx} \mathrm{e}^{\frac{-(x-a)^2}{2\sigma^2}} \mathrm{d}x$$

的积分，把 $bx - (x-a)^2/(2\sigma^2)$ 写为 $-(x-c)^2/(2\sigma^2) + d$ 的形式，其中 $c = a + b\sigma^2$，即不难算出上述积分.

2. 易见它只与区间的长 $b - a$ 有关(何故?). 记 $\theta = (b-a)/2$，可就 $R(-\theta, \theta)$ 的情况算，结果为 $9/5 - 3 = -6/5$.

3. 设 X 服从超几何分布(第 2 章例 1.4)，可把 X 表为 $X_1 + \cdots + X_n$，这是设想 n 个产品一件一件地抽出，$X_i = 0$ 或 1 视第 i 个产品为合格品或否而定. 先证明

$$P(X_i = 1) = M/N, \quad P(X_i = 0) = 1 - M/N \quad (i = 1, \cdots, n),$$

$$P(X_i = 1, X_j = 1) = M(M-1)/N(N-1) \quad (i \neq j),$$

$$\begin{aligned} P(X_i = 1, X_j = 0) &= P(X_i = 0, X_j = 1) \\ &= M(N-M)/N(N-1) \quad (i \neq j), \end{aligned}$$

$$P(X_i=0,X_j=0)=(N-M)(N-M-1)/N(N-1)\quad (i\neq j).$$

由此就不难算出 $E(X)=nM/N$ 及 $E(X^2)$（把 $X^2=(X_1+\cdots+X_n)^2$ 展开），从而算出 $\mathrm{Var}(X)=\frac{N-n}{N-1}\frac{M}{N}\left(1-\frac{M}{N}\right)n$.

4. 在不放回时，n 种情况（用 1 把，2 把，…，n 把）都是等可能，即 $P(X=i)=1/n\ (i=1,\cdots,n)$. 故

$$E(X)=\frac{1}{n}\sum_{i=1}^{n}i=\frac{1}{n}\frac{n(n+1)}{2}=\frac{n+1}{2}.$$

如有放回，则 X = 概率为 p 是 $1/n$ 的几何分布变量再加上 1. 按例 1.2，得

$$E(X)=1+\frac{1-p}{p}=1+n-1=n.$$

5. 做法与习题 3 相似（实际上，习题 3 为本题当 $a_i=0$ 或 1 时的特例）. 但此处 X_i 的分布为

$$P(X_i=a_j)=1/N\quad (j=1,\cdots,N;\ i=1,\cdots,n).$$

当 $i\neq j$ 时，(X_i,X_j) 的联合分布为

$$P(X_i=a_u,X_i=a_v)=1/N(N-1)\quad (u\neq v).\tag{1}$$

由此易算出 $E(\bar{X})=a$. 为计算 $\mathrm{Var}(\bar{X})$，要计算 $E(X_1+\cdots+X_n)^2$. 有 $E(X_i{}^2)=\sum_{j=1}^{N}a_j{}^2/N$，而由(1)式有

$$\begin{aligned}E(X_iX_j)&=\frac{1}{N(N-1)}\sum_{u\neq v}a_ua_v\\&=\frac{1}{N(N-1)}\left[\sum_{u,v=1}^{N}a_ua_v-\sum_{k=1}^{N}a_k{}^2\right]\\&=\frac{1}{N(N-1)}\left[(na)^2-\sum_{k=1}^{N}a_k{}^2\right].\end{aligned}$$

再经过简单的整理，可得

$$\mathrm{Var}(\bar{X})=\frac{N-n}{N-1}\frac{1}{nN}\sum_{i=1}^{N}(a_i-a)^2.$$

6. 分析 X 的构成，它等于 $X_1+\cdots+X_r$，其中 X_i 是已登记了 $i-1$ 个不同

数字的情况下，再抽到一个未登记的数字所需要抽的次数. 显然，$X_1=1$，对 $i>1$，$X_i=$一个概率 p 为 $1-\frac{i-1}{n}$ 的几何分布变量加上 1. 由此用例 1.2 算出 $E(X_i)=n/(n-i+1)$（此式对 $i=1$ 也对），故 $E(X)=\sum_{i=1}^{r} n/(n-i+1)$.

7. (a) 用全概率公式计算 $p_k(r+1,n)$：先把 r 个球随机放入 n 个盒中，如恰有 k 个空盒（概率为 $p_k(r,n)$），则剩下一球必须落在已有球的盒子（共 $n-k$ 个）中，其概率为 $(n-k)/n$；或者恰有 $k+1$ 个空盒（概率为 $p_{k+1}(r,n)$），则剩下一球必须落在无球的盒子里，其概率为 $(k+1)/n$. 由此得题中的(1)式.

(b) 把题中的(1)式两边乘以 k，再对 $k=0,1,\cdots,n-1$ 相加. 在化简右边时注意

$$\begin{aligned}\sum_{k=0}^{n-1} kp_{k+1}(r,n)(k+1) &= \sum_{k=0}^{n-1}(k+1)^2 p_{k+1}(r,n) - \sum_{k=0}^{n-1}(k+1)p_{k+1}(r,n)\\ &= \sum_{k=1}^{n} k^2 p_k(r,n) - \sum_{k=1}^{n} kp_k(r,n)\\ &= \sum_{k=0}^{n-1} k^2 p_k(r,n) - \sum_{k=0}^{n-1} kp_k(r,n),\end{aligned}$$

这样即得出右边之和为 $\left(1-\frac{1}{n}\right)m_r$. $m_0=n$ 显然，因为不投球时空盒数为 n.

8. 要定出 C，使 $C\int_{-\infty}^{\infty}(1+x^2)^{-n}\mathrm{d}x=1$. 令 $N=2n-1$，上式化为 $C\int_{-\infty}^{\infty}(1+x^2)^{-(N+1)/2}\mathrm{d}x=1$. 令 $x=y/\sqrt{N}$，上式化为 $\frac{C}{\sqrt{N}}\int_{-\infty}^{\infty}\left(1+\frac{y^2}{N}\right)^{-(N+1)/2}\mathrm{d}y=1$. 与自由度为 N 的 t 分布密度比较，即得 $\frac{C}{\sqrt{N}}=\Gamma\left(\frac{N+1}{2}\right)\Big/\left(\Gamma\left(\frac{N}{2}\right)\sqrt{N\pi}\right)$，故

$$C=\Gamma(n)\Big/\left(\Gamma\left(\frac{2n-1}{2}\right)\sqrt{\pi}\right).$$

此密度关于 0 对称，故其均值为 0，方差为 $C\int_{-\infty}^{\infty}x^2(1+x^2)^{-n}\mathrm{d}x=2C\int_0^{\infty}x^2(1+x^2)^{-n}\mathrm{d}x$. 这个积分经变量代换 $t=1/(1+x^2)$ $(x=\sqrt{(1-t)/t})$ 可化为 B 积分.

9. 由第 2 章习题 22 可知 Y_1 的密度函数为 $2\Phi(x)\varphi(x)$，这里 Φ,φ 分别是

$N(0,1)$的分布函数和密度函数,故

$$\begin{aligned}E(Y_1) &= 2\int_{-\infty}^{\infty} x\Phi(x)\varphi(x)\mathrm{d}x \\ &= 2\int_{-\infty}^{\infty} x\varphi(x)\left[\int_{-\infty}^{x}\varphi(y)\mathrm{d}y\right]\mathrm{d}x \\ &= 2\iint_{\{y<x\}} x\varphi(x)\varphi(y)\mathrm{d}x\mathrm{d}y \\ &= \frac{1}{\pi}\iint_{\{y<x\}} x\mathrm{e}^{-(x^2+y^2)/2}\mathrm{d}x\mathrm{d}y.\end{aligned}$$

积分区域在图 4 中直线 l 的下方,化成极坐标后,有

$$\begin{aligned}\iint_{\{y<x\}} x\mathrm{e}^{-(x^2+y^2)/2}\mathrm{d}x\mathrm{d}y &= \int_{-3\pi/4}^{\pi/4}\cos\theta\mathrm{d}\theta\int_0^{\infty} r^2\mathrm{e}^{-r^2/2}\mathrm{d}r \\ &= \sqrt{2}\cdot(\sqrt{2\pi}/2) = \sqrt{\pi},\end{aligned}$$

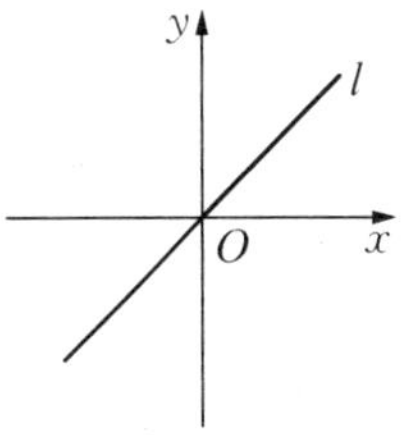

因而得 $E(Y_1) = 1/\sqrt{\pi}$. 由于 $Y_1 + Y_2 = X_1 + X_2$, 知 $E(Y_2) = -E(Y_1) = -1/\sqrt{\pi}$.

图 4

10. 卡方分布的方差为其均值的 2 倍,故若 X_1 和 X_2 分别服从卡方分布 χ_m^2 和 χ_n^2,则因 X_1,X_2 独立,将有

$$E(X_1 + bX_2) = m + bn,$$
$$\mathrm{Var}(X_1 + bX_2) = 2m + 2b^2 n.$$

要后一值为前者的 2 倍,只有在 $b=0$ 或 1 时才行.

11. 化为极坐标,则 Z 与 r 无关,而只是 θ 的函数,再利用第 2 章例 3.6 中得出的 $\theta \sim R(0,2\pi)$.

12. 先设 F 有密度 f,则 $F(x) = \int_0^x f(y)\mathrm{d}y$ (因 X 只取非负值,当 $y<0$ 时 $f(y)=0$). 故

$$\begin{aligned}\int_0^{\infty}[1 - F(x)]\mathrm{d}x &= \int_0^{\infty}\left[\int_0^{\infty} f(y)\mathrm{d}y - \int_0^x f(y)\mathrm{d}y\right]\mathrm{d}x \\ &= \int_0^{\infty}\int_x^{\infty} f(y)\mathrm{d}y\mathrm{d}x = \int_0^{\infty}\left[\int_0^y \mathrm{d}x\right]f(y)\mathrm{d}y \\ &= \int_0^{\infty} yf(y)\mathrm{d}y = E(X).\end{aligned}$$

若 $P(X=k)=p_k(k=0,1,2,\cdots)$，则当 $i<x<i+1$ 时，有 $F(x)=P(X\leqslant x)=P(X=0,1,\cdots,i)=\sum_{j=0}^{i}p_j$. 故 $1-F(x)=\sum_{j=i+1}^{\infty}p_j$. 因此

$$\begin{aligned}\int_0^{\infty}[1-F(x)]\mathrm{d}x &= \sum_{i=0}^{\infty}\int_i^{i+1}[1-F(x)]\mathrm{d}x=\sum_{i=0}^{\infty}\sum_{j=i+1}^{\infty}p_j\\ &=(p_1+p_2+\cdots)+(p_2+p_3+\cdots)+(p_3+\cdots)+\cdots\\ &=p_1+2\cdot p_2+3\cdot p_3+\cdots\\ &=E(X).\end{aligned}$$

13. 证明要用到重要的施瓦茨不等式

$$E(X^2)E(Y^2)\geqslant(E(XY))^2. \tag{2}$$

此实际上在定理 3.1 的 2°中已证明了：只需把(3.3)式中的 m_1,m_2 改为 0，则(3.4)式即成为此处的(2)式. 等号成立的条件为 X,Y 有线性关系，即存在常数 c，使 $Y=cX$ 或 $X=cY$.

现把(2)式用于 $X=\sqrt{X_2}$，$Y=1/\sqrt{X_2}$，即得 $E\left(\frac{1}{X_2}\right)\geqslant\frac{1}{E(X_2)}$. 等号当且仅当有常数 c，使 $\sqrt{X_2}=c/\sqrt{X_2}$，即 $X_2=$ 常数 c 时成立. 现因 X_1,X_2 独立，知 $X_1,1/X_2$ 独立，故

$$E(X_1/X_2)=E(X_1)E(1/X_2)\geqslant E(X_1)/E(X_2)=1$$

(因为 $E(X_1)=E(X_2)$)，等号只在 X_1,X_2 皆只取一个常数 c 为值时成立.

14. 令 $Y_i=X_i/(X_1+\cdots+X_n)$ $(i=1,\cdots,n)$，则因 $X_1,\cdots,X_n$ 独立同分布，易知 $Y_1,\cdots,Y_n$ 同分布(不独立). 故 $E(Y_1)=E(Y_2)=\cdots=E(Y_n)$. 但 $Y_1+\cdots+Y_n=1$，故 $E(Y_i)=1/n$.

15. 把次数 X 记为 $X_1+\cdots+X_n$，$X_i=1$ 或 0，视第 i 次试验中 A 发生与否而定. 则对两串试验而言，$X_1,\cdots,X_n$ 都独立，而分布为

第一串：$P(X_i=1)=p$，$P(X_i=0)=1-p$；

第二串：$P(X_i=1)=p_i$，$P(X_i=0)=1-p_i$.

对第一串有 $E(X)=p_1+\cdots+p_n=np$，对第二串也有 $E(X)=np$，二者相同. 对方差而言，则

第一串：为 $\sigma_1{}^2=np(1-p)$；

第二串：为 $\sigma_2{}^2=\sum_{i=1}^{n}p_i(1-p_i)$.

有

$$\sigma_1{}^2 - \sigma_2{}^2 = \sum_{i=1}^{n} p_i{}^2 - np^2 = \sum_{i=1}^{n} (p_i - p)^2 \geqslant 0,$$

等号当且仅当 $p_1 = \cdots = p_n = p$ 时成立.

直观上看这种结果的解释如下:如果 $p_1 + \cdots + p_n = np$, $p_1, \cdots p_n$ 不相同而较分散,则其中会有一些比 p 更接近 0 或 1. 而这导致方差的降低,因为 $p_i(1 - p_i)$ 当 $p_i \approx 0$ 或 1 时很小.

16. 因 $0 \leqslant X \leqslant 1$,故 $0 \leqslant E(X) \leqslant 1$,以及 $X^2 \leqslant X$. 故

$$\mathrm{Var}(X) = E(X^2) - E^2(X) \leqslant E(X) - E^2(X) = E(X)(1 - E(X)).$$

但函数 $x(1-x)$ 在 $0 \leqslant x \leqslant 1$ 内不超过 1/4,而 $0 \leqslant E(X) \leqslant 1$,故证明了 $\mathrm{Var}(X) \leqslant 1/4$.

从上面的推理可知,要成立等号,有两个条件要满足:$X^2 = X$,$E(X) = 1/2$. 前一条件决定了 X 只能取 0,1 为值. 后一条件决定了 $P(X = 0) = P(X = 1) = 1/2$. 这是唯一达到等号的情况.

对一般情况 $a \leqslant X \leqslant b$,可令 $Y = (X - a)/(b - a)$. 则 $0 \leqslant Y \leqslant 1$,因而 $\mathrm{Var}(Y) \leqslant 1/4$. 但 $\mathrm{Var}(X) = (b - a)^2 \mathrm{Var}(Y)$,故有 $\mathrm{Var}(X) \leqslant (b - a)^2/4$. 等号只在下述情况下成立:$P(X = a) = P(X = b) = 1/2$.

17. 分别以 X,Y 记二人到达的时间,则等的时间为 $|X - Y|$. 而平均等待时间为

$$\int_0^{60}\int_0^{60} |x - y| / 3\,600 \mathrm{d}x\mathrm{d}y = 20(\text{分钟}).$$

18. 在计算 $\int_0^{\infty} |x - m| f(x)\mathrm{d}x$ 时将其分为

$$\int_0^m (m - x) f(x)\mathrm{d}x + \int_m^{\infty} (x - m) f(x)\mathrm{d}x.$$

19. 任取 $a \neq m$,例如 $a < m$,则

$$\begin{aligned} E|X - a| - E|X - m| &= \int_{-\infty}^{\infty} [|x - a| - |x - m|] f(x)\mathrm{d}x \\ &= \int_{-\infty}^{m} [|x - a| - |x - m|] f(x)\mathrm{d}x \\ &\quad + \int_m^{\infty} [|x - a| - |x - m|] f(x)\mathrm{d}x. \end{aligned}$$

在 $-\infty < x \leqslant m$ 内有 $|x-a|-|x-m| \geqslant -m-a$，故

$$\text{第一积分} \geqslant -(m-a)\int_{-\infty}^{m} f(x)\mathrm{d}x \geqslant -\frac{1}{2}(m-a) \quad (m\text{ 的定义!}).$$

而在 $m < x < \infty$ 内有 $|x-a|-|x-m| = (m-a)$，故

$$\text{第二积分} = (m-a)\int_{m}^{\infty} f(x)\mathrm{d}x = \frac{1}{2}(m-a).$$

二者相加，得 $E|X-a|-E|X-m| \geqslant 0$. 对 $a>m$ 的情况也类似处理(请读者完成).

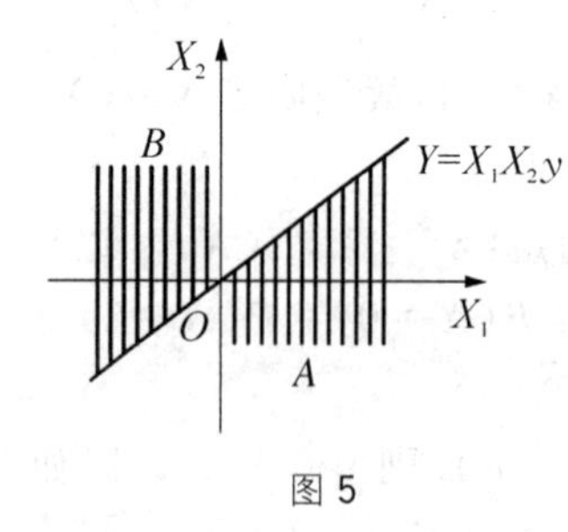

图 5

21. 计算 $Y=X_1X_2$ 的分布函数 $F(y)=P(Y\leqslant y)$. 事件$\{Y\leqslant y\}$相应于(X_1,X_2)落在图 5 中的区域 A 或 B 内，因此有

$$F(y) = \iint_A f(x_1)g(x_2)\mathrm{d}x_1\mathrm{d}x_2 + \iint_B f(x_1)g(x_2)\mathrm{d}x_1\mathrm{d}x_2.$$

固定 x_1，先对 x_2 积分，得

$$F(y) = \int_0^{\infty} f(x_1)\left[\int_{-\infty}^{y/x_1} g(x_2)\mathrm{d}x_2\right]\mathrm{d}x_1 + \int_{-\infty}^{0} f(x_1)\left[\int_{y/x_1}^{\infty} g(x_2)\mathrm{d}x_2\right]\mathrm{d}x_1,$$

两边对 y 求导，得 Y 的密度函数 $h(y)$ 为

$$h(y) = \int_0^{\infty} \frac{1}{x_1} f(x_1) g\left(\frac{y}{x_1}\right)\mathrm{d}x_1 - \int_{-\infty}^{0} \frac{1}{x_1} f(x_1) g\left(\frac{y}{x_1}\right)\mathrm{d}x_1.$$

计算 $E(Y)=\int_{-\infty}^{\infty} yh(y)\mathrm{d}y$. 注意当 $x_1>0$ 时有

$$\int_{-\infty}^{\infty} yg\left(\frac{y}{x_1}\right)\mathrm{d}y = x_1^2\int_{-\infty}^{\infty} yg(y)\mathrm{d}y = x_1^2 E(X_2),$$

而当 $x_1<0$ 时有

$$\int_{-\infty}^{\infty} yg\left(\frac{y}{x_1}\right)\mathrm{d}y = -x_1^2\int_{-\infty}^{\infty} yg(y)\mathrm{d}y = -x_1^2 E(X_2),$$

因此

$$
\begin{aligned}
E(Y) &= \int_{-\infty}^{\infty} yh(y)\mathrm{d}y \\
&= E(X_2)\left(\int_0^{\infty} x_1 f(x_1)\mathrm{d}x_1 + \int_{-\infty}^{0} x_1 f(x_1)\mathrm{d}x_1\right) \\
&= E(X_2)E(X_1).
\end{aligned}
$$

第 4 章

2. (a) 只需注意:若 $c_1 < c_2$,则 $g(a) = |c_1 - a| + |c_2 - a|$,当且仅当 $c_1 \leqslant a \leqslant c_2$ 时达到最小值 $c_2 - c_1$. 故如把 $a_1, \cdots, a_n$ 按由小到大排列为 $a_{(1)} \leqslant a_{(2)} \leqslant \cdots \leqslant a_{(n)}$,则将 $h(a)$ 写为 $\sum_{i=1}^{n} |a_{(i)} - a| = (|a_{(1)} - a| + |a_{(n)} - a|) + (|a_{(2)} - a| + |a_{(n-1)} - a|) + \cdots$ 后,可以看出:为使此式达到最小,a 必须落在下述这些区间的每一个之内:$[a_{(1)}, a_{(n)}]$,$[a_{(2)}, a_{(n-1)}]$,$[a_{(3)}, a_{(n-2)}]$,…. 如 n 为奇数,适合这个条件的唯一的 a 是 $a_{((n+1)/2)}$. 如 n 为偶数,则$[a_{(n/2)}, a_{(n/2+1)}]$中的任一数 a 都适合这个条件. 不论在何种情况下,样本中位数总在其列.

(b) 极大似然估计直接由(a)得出,为样本中位数,矩估计为 $\overline{X}$.

3. 总体均值为 $3\theta/2$,故矩估计为 $2\overline{X}/3$. 样本$(X_1, \cdots, X_n)$的似然函数为

$$
f(X_1, \cdots, X_n, \theta) = \begin{cases} \theta^{-n}, & \text{当 } \theta \leqslant \min(X_i) \leqslant \max(X_i) \leqslant 2\theta \text{ 时} \\ 0, & \text{其他情况} \end{cases},
$$

可看出极大似然估计为$\frac{1}{2}\max(X_1, \cdots, X_n)$.

4. 因为积分

$$
\int_{-\infty}^{\infty} \frac{1}{\sqrt{2\pi}\sigma}(x - a)^2 \exp\left(-\frac{1}{2\sigma^2}(x - a)^2\right)\mathrm{d}x
$$

是 $N(a, \sigma^2)$的方差,为 σ^2,故立即看出 $f(x; a, \sigma)$为概率密度函数. 由对称性知此分布的均值为 a,故 a 的矩估计为$\overline{X}$. 此分布的方差为 $3\sigma^2$,故得 σ^2的矩估计

为$\frac{1}{3(n-1)}\sum_{i=1}^{n}(X_i-\overline{X})^2$.

取似然函数的对数,分别对 a 和 σ 求偏导数,得到决定极大似然估计的方程组

$$2\sum_{i=1}^{n}\frac{1}{X_i-a}-\frac{n}{\sigma^2}(\overline{X}-a)=0, \tag{1}$$

$$\sigma^2=\frac{1}{3n}\sum_{i=1}^{n}(X_i-a)^2. \tag{2}$$

一个迭代解法是:先给定 a 的初始值 a_0(例如 $a_0=\overline{X}$,但必须$\overline{X}\neq X_i$($i=1,2,\cdots,n$)),由(1)式解出 σ^2的值 $\sigma_0{}^2$.以 $\sigma^2=\sigma_0{}^2$代入(2)式解出 a 的下一个值 a_1(这是一个 a 的二次方程),以 $a=a_1$ 代入(1)式解出 σ^2的下一个值 $\sigma_1{}^2$.继续下去,直到($a_n,\sigma_n{}^2$)与($a_{n+1},\sigma_{n+1}{}^2$)的差别小于指定界限为止.

5. 先算出

$$\int_0^{\infty}\mathrm{e}^{-\lambda}\cdot\mathrm{e}^{-\lambda}\lambda^X/X!\,\mathrm{d}\lambda=1/2^{X+1}\quad(X=0,1,2,\cdots).$$

即知 λ 的后验密度为 $2^{X+1}\mathrm{e}^{-2\lambda}\lambda^X/X!$,其均值,即$(X+1)/2$,为 λ 的贝叶斯估计.

λ 的 MVU 估计为 X.当 X 取大值(具体来说,$X\geqslant 2$)时,它大于贝叶斯估计$(X+1)/2$.请解释一下其原因.

6. 先算出样本($X_1,\cdots,X_n$)的边缘密度

$$\int_0^{\infty}\lambda\mathrm{e}^{-\lambda}\lambda^n\mathrm{e}^{-n\lambda X}\mathrm{d}\lambda=(n+1)!/(1+n\overline{X})^{n+2},$$

由此算出 λ 的后验密度的均值为

$$[(1+n\overline{X})^{n+2}/(n+1)!]\int_0^{\infty}\mathrm{e}^{-\lambda}\lambda^{n+2}\mathrm{e}^{-n\lambda\overline{X}}\mathrm{d}\lambda=(1+n\overline{X})/(n+2).$$

这就是 λ 的贝叶斯估计.你对这个估计与通常的估计$\overline{X}$比较,有何评述?

7. (a) 考虑 $N+1$ 个球,自左至右排成一列,如图 6 所示.现要从其中拿出$n+1$ 个,拿法有$\binom{N+1}{n+1}$种.将拿法做如下的分解:固定列中的第 $m+1$ 个

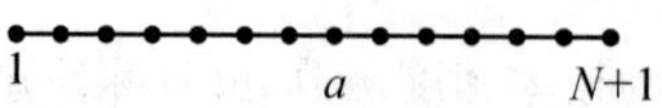

1 a N+1

图 6

球 a,将 a 拿出,并在 a 左边拿出 x 个$\Big($拿法有$\binom{m}{x}$种$\Big)$,在 a 右边拿出 $n-x$ 个$\Big($拿法有

$\binom{N-m}{n-x}$种). 因此,这样的拿法有$\binom{m}{x}\binom{N-m}{n-x}$种. 再让 a 由位置 1 流动到 $N+1$ (m 由 0 到 N). 所得出的拿法显然是无相重并无遗漏的. 由此得出所给的组合等式.

(b) 在所给先验分布之下,X 的边缘分布为

$$\begin{aligned} P(X=x) &= \sum_{k=0}^{N} P(M=k)P_k(X=x) \\ &= \left[(N+1)\binom{N}{n}\right]^{-1}\sum_{k=0}^{N}\binom{k}{x}\binom{M-k}{n-x} \\ &= \left[(N+1)\binom{N}{n}\right]^{-1}\binom{N+1}{n+1} \\ &= \frac{1}{n+1} \quad (x=0,1,\cdots,n). \end{aligned}$$

如此得到 M 的后验分布为

$$P(M=m \mid X) = \frac{n+1}{N+1}\binom{m}{x}\binom{N-m}{n-x}\Big/\binom{N}{n} \quad (m=0,1,\cdots,N).$$

此分布的均值,即

$$\hat{\theta}(X) = \frac{n+1}{N+1}\sum_{m=0}^{N} m\binom{m}{x}\binom{N-m}{n-x}\Big/\binom{N}{n}, \tag{3}$$

为 M 的贝叶斯估计. 上式中的和等于

$$\sum_{m=0}^{N}(m+1)\binom{m}{x}\binom{N-m}{n-x} - \sum_{m=0}^{N}\binom{m}{x}\binom{N-m}{n-x}. \tag{4}$$

第一项可化为$(x+1)\binom{m+1}{x+1}\binom{N+1-(m+1)}{n+1-(x+1)}$. 因此,由(a)中证明的组合公式,(4)中的两个和分别等于$\binom{N+2}{n+2}(x+1)$和$\binom{N+1}{n+1}$. 以此代入(3)式并化简,即得所要的结果.

8. 考虑先验密度 $p^a(1-p)^b$(可以是广义的),得到贝叶斯估计为$(x+a+1)/(n+a+b+2)$,取 $a=c-1, b=d-c-1$ 即可.

9. (a) $X(X-1)/[n(n-1)]$.

(b) 若$\hat{p}(X)$为 $g(p)$的无偏估计,则

$$g(p) = E_p \hat{p}(x) = \sum_{i=0}^{n} \hat{p}(i)\binom{n}{i}p^i(1-p)^{n-i},$$

而右边为 p 的不超过 n 阶的多项式.由此可知,像 e^{-p},$1/(1+p^2)$等,都没有无偏估计.还有一个有趣的事实:令 $g_1(p)=p$,$g_2(p)=p^n$, $g_3(p)=p^{n+1}$,则 $g_1(p)$,$g_2(p)$都有无偏估计(见(c)),但 $g_1(p)\cdot g_2(p)=g_2(p)$则没有.

(c) 只需证明:对任何自然数 $k\leqslant n$,p^k 有无偏估计.直接验证:p^k 的无偏估计就是$X(X-1)\cdots(X-k+1)/[n(n-1)\cdots(n-k+1)]$.因为

$$\begin{aligned}
&E\{X(X-1)\cdots(X-k+1)/[n(n-1)\cdots(n-k+1)]\}\\
&=\sum_{i=0}^{n}\{i(i-1)\cdots(i-k+1)/[n(n-1)\cdots(n-k+1)]\}\\
&\quad\cdot\binom{n}{i}p^i(1-p)^{n-i}\\
&=\sum_{i=0}^{n}\frac{(n-k)!}{(i-k)!(n-i)!}p^i(1-p)^{n-i}\\
&=p^k\sum_{i=0}^{n}\binom{n+k}{i-k}p^{i-k}(1-p)^{n-i},
\end{aligned}$$

令 $n-k=m$, $i-k=j$,上式即成为 $p^k\sum_{j=0}^{m}\binom{m}{j}p^j(1-p)^{m-j}=p^k$.

10. 由第 2 章习题 23,$\min(X_1,\cdots,X_n)$与 $\theta-\max(X_1,\cdots,X_n)$同分布,因此二者的均值相同,由此得

$$E[\min(X_1,\cdots,X_n)+\max(X_1,\cdots,X_n)]=\theta.$$

这证明了 (a).

又由第 2 章习题 22 知 $\min(X_1,\cdots,X_n)$ 的概率密度为$\frac{1}{\theta}n\left(1-\frac{x}{\theta}\right)^{n-1}$(当 $0<x<\theta$时,此外为 0),其均值为 $\theta/(n+1)$.由此可知,令 $c_n=n+1$,则 $c_n\min(X_1,\cdots,X_n)$ 为 θ 的无偏估计.这证明了(b).

为证(c),只需算出 $\mathrm{Var}(c_n\min(X_1,\cdots,X_n))=(n+1)^2\frac{n}{\theta}\int_0^{\theta}x^2\left(1-\frac{x}{\theta}\right)^{n-1}\mathrm{d}x-\theta^2=n\theta^2/(n+2)$.与例 3.5 比较即得.(问:由 $c_n\min(X_1,\cdots,X_n)$ 的方差表达式看出这个估计的不合理之处在什么地方?——n 愈大,其方差非但不下降,反而上升,即样本愈多,估计误差愈大了.)

11. (a) 有

$$E[\hat{\theta}(x)] = \sum_{i=0}^{\infty} \hat{\theta}(i) \frac{e^{-\lambda}}{i!}\lambda^i = e^{-2\lambda},$$

得

$$\sum_{i=0}^{\infty} \hat{\theta}(i) \frac{\lambda^i}{i!} = e^{-\lambda} = \sum_{i=0}^{\infty}(-1)^i \frac{\lambda^i}{i!},$$

因此$\hat{\theta}(i)=(-1)^i$.这个估计的不合理显然,一个合理的估计可取为e^{-2x}.

12. 利用$E(\chi_n^2)=n$,$\mathrm{Var}(\chi_n^2)=2n$.由于$(n-1)\hat{\theta}_1/\sigma^2\sim\chi_{n-1}^2$,知

$$\begin{aligned}E[\hat{\theta}_1 - \sigma^2]^2 &= (n-1)^{-2}\sigma^4 E[(n-1)\hat{\theta}_1/\sigma^2 - (n-1)]^2 \\ &= (n-1)^{-2}\sigma^4 \mathrm{Var}(\chi_{n-1}^2) \\ &= 2\sigma^4/(n-1).\end{aligned}$$

另一方面,有

$$\begin{aligned}E\left(\frac{n-1}{n+1}\hat{\theta} - \sigma^2\right)^2 &= \left(E\left(\frac{n-1}{n+1}\hat{\theta}\right) - \sigma^2\right)^2 + \mathrm{Var}\left(\frac{n-1}{n+1}\hat{\theta}\right) \\ &= \left(\frac{2}{n+1}\right)^2\sigma^4 + \left(\frac{n-1}{n+1}\right)^2 \mathrm{Var}(\hat{\theta}_1) \\ &= \left(\frac{2}{n+1}\right)^2\sigma^4 + \left(\frac{n-1}{n+1}\right)^2 \frac{2}{n-1}\sigma^4 \\ &= \frac{2}{n+1}\sigma^4.\end{aligned}$$

由此得出要证的结果.

13. 与习题 12 一样,用$\mathrm{Var}(\chi_n^2)=2n$,有

$$\mathrm{Var}(\hat{\theta}_3) = \frac{\sigma^4}{n^2}\mathrm{Var}(\chi_n^2) = \frac{2}{n}\sigma^4 < \mathrm{Var}(\hat{\theta}_1).$$

这证明了(a).

为证(b),要用克拉美—劳不等式,以σ^2作θ,$g(\theta)=\theta$,算出

$$I(\sigma^2) = E\left[\frac{1}{2\sigma^2} - \frac{1}{2\sigma^4}(X-a)^2\right]^2 = 1/(2\sigma^4).$$

于是σ^2的无偏估计的方差下界为

$$1/(nI(\sigma^2)) = 2\sigma^4/n,$$

与 $\mathrm{Var}(\hat{\theta}_3)$相同.由此证明了所要的结果.

注：若令$\hat{\theta}_4 = \frac{1}{n+2}\sum_{i=1}^{n}(X_i - a)^2$.由习题12的证法，$\hat{\theta}_4$的均方误差为$2\sigma^4/(n+2)$，比$\hat{\theta}_3$的均方误差(即$\mathrm{Var}(\hat{\theta}_3)$)小.由此例可知，MVU估计的均方误差不一定是最小的.

14.(a) 作变换 $x = \sqrt{y/\theta}$，可得

$$\begin{aligned}\int_0^{\infty} x^2 \mathrm{e}^{-\theta x^2}\mathrm{d}x &= \theta^{-3/2}\int_0^{\infty} y^{1/2}\mathrm{e}^{-y}/2\mathrm{d}y \\ &= \frac{1}{2}\theta^{-3/2}\Gamma(3/2) \\ &= \frac{1}{4}\sqrt{\pi}\theta^{-3/2},\end{aligned}$$

即知 $E(X_i^2)=\frac{1}{2\theta}$.故令 $C=2$ 即可.其次，算出

$$\mathrm{Var}\left(\frac{2}{n}\sum_{i=1}^{n} X_i^2\right) = \frac{4}{n}\mathrm{Var}(X_1^2) = 2/(n\theta^2).$$

再用克拉美—劳不等式，先算出

$$I(\theta) = E\left[\frac{1}{2\theta} - X^2\right]^2 = 1/(2\theta^2),$$

而 $g(\theta)=1/\theta$，故 $g'(\theta) = -1/\theta^2$，而

$$(g'(\theta))^2/nI(\theta) = \theta^{-4}\Big/\left(\frac{1}{2}n\theta^{-2}\right) = 2/(n\theta^2) = \mathrm{Var}\left(\frac{2}{n}\sum_{i=1}^{n} X_i^2\right).$$

于是证明了所要的结果.

15.(a) 用第3章定理3.1的2°，有

$$\begin{aligned}\mathrm{Var}\left(\frac{\hat{\theta}_1+\hat{\theta}_2}{2}\right) &= E\left[\frac{1}{2}(\hat{\theta}_1-\theta) + \frac{1}{2}(\hat{\theta}_2-\theta)\right]^2 \\ &= \frac{1}{4}[E(\hat{\theta}_1-\theta)^2 + E(\hat{\theta}_2-\theta)^2] + \frac{1}{2}E[(\hat{\theta}_1-\theta)(\hat{\theta}_2-\theta)] \\ &\leqslant \frac{1}{4}[E(\hat{\theta}_1-\theta)^2 + E(\hat{\theta}_2-\theta)^2] \\ &\quad + \frac{1}{2}[E(\hat{\theta}_1-\theta)^2 E(\hat{\theta}_2-\theta)^2]^{\frac{1}{2}}.\end{aligned}$$

由于 $\hat{\theta}_1$，$\hat{\theta}_2$ 都是 θ 的 MVU 估计，其方差相同，且都达到最小值 $c(\theta)$. 由上式得

$$\mathrm{Var}\left(\frac{\hat{\theta}_1+\hat{\theta}_2}{2}\right) \leqslant \frac{1}{4}[c(\theta)+c(\theta)]+\frac{1}{2}c(\theta)=c(\theta).$$

即无偏估计 $(\hat{\theta}_1+\hat{\theta}_2)/2$ 的方差不大于最小值 $c(\theta)$，因而它必为 MVU 估计.

(b) 用反证法. 若 $a\hat{\theta}+b$ 不为 $a\theta+b$ 的 MVU 估计，则可以找到 $a\theta+b$ 的一个无偏估计 $\hat{\theta}_1$，使至少对一个 θ 值 θ_0，有

$$\mathrm{Var}_{\theta_0}(\hat{\theta}_1) < \mathrm{Var}_{\theta_0}(a\hat{\theta}+b) = a^2\mathrm{Var}_{\theta_0}(\hat{\theta}).$$

令 $\hat{\theta}_2=(\hat{\theta}_1-b)/a$，则 $\hat{\theta}_2$ 为 θ 的无偏估计，且

$$\mathrm{Var}_{\theta_0}(\hat{\theta}_2) = \frac{1}{a^2}\mathrm{Var}_{\theta_0}(\hat{\theta}_1) < \frac{1}{a^2}a^2\mathrm{Var}_{\theta_0}(\theta) = \mathrm{Var}_{\theta_0}(\hat{\theta}).$$

即无偏估计 $\hat{\theta}_2$ 的方差当 $\theta=\theta_0$ 时比无偏估计 $\hat{\theta}$ 的方差还小. 这与 $\hat{\theta}$ 是 θ 的 MVU 估计矛盾.

16. $E\left(\sum_{i=1}^{n}c_iX_i\right)=\sum_{i=1}^{n}c_iE(X_i)=\theta\sum_{i=1}^{n}c_i=\theta$，故 $\sum_{i=1}^{k}c_iX_i$ 为无偏估计，其方差为 $(\sigma^2=\mathrm{Var}(X_i))$

$$\begin{aligned}\mathrm{Var}\left(\sum_{i=1}^{n}c_iX_i\right) &= \sum_{i=1}^{n}c_i^2\mathrm{Var}(X_i)=\sigma^2\sum_{i=1}^{k}c_i^2\\ &= \sigma^2\left[\sum_{i=1}^{n}(c_i-1/n)^2+1/n\right]\\ &\geqslant \sigma^2/n,\end{aligned}$$

等号当且仅当 $c_1=\cdots=c_n=1/n$ 时才成立.

17. 因为 $\max(X_1,\cdots,X_n)$（记为 $\hat{\theta}$）的密度函数为 nx^{n-1}/θ^n（当 $0<x<\theta$ 时，此外为 0），故

$$\begin{aligned}P_\theta(\hat{\theta}\leqslant\theta\leqslant c_n\hat{\theta}) &= P_\theta(\theta/c_n\leqslant\hat{\theta}\leqslant\theta)=\int_{\theta/c_n}^{\theta}nx^{n-1}\mathrm{d}x/\theta^n\\ &= (\theta^n-(\theta/c_n)^n)/\theta^n=1-c_n^{-n}.\end{aligned}$$

要此值等于 $1-\alpha$，只需取 $c_n=\left(\frac{1}{1-\alpha}\right)^{1/n}$ 即可.

18. (a) 只要 $c+d=1$，则 $c\bar{X}+d\bar{Y}$ 为 θ 的无偏估计，其方差为 $c^2\sigma_1^2/n+d^2\sigma_2^2/m$. 把此式在 $c+d=1$ 的约束下求最小值，结果为

$$c = (\sigma_2^2/m)/(\sigma_1^2/n + \sigma_2^2/m), \quad d = (\sigma_1^2/n)/(\sigma_1^2/n + \sigma_2^2/m).$$

对这个 c,d,有

$$(c\overline{X} + d\overline{Y} - \theta)/A \sim N(0,1),$$

其中 $A^2 = (\sigma_1^2/n \cdot \sigma_2^2/m)/(\sigma_1^2/n + \sigma_2^2/m)$. 于是得到 θ 的置信系数为 $1-\alpha$ 的区间估计为 $c\overline{X} + d\overline{Y} = Au_{\alpha/2}$.

19. 考虑

$$2\lambda_1 n\overline{X}/(2\lambda_2 m\overline{Y}) = Z,$$

分子、分母独立,分别服从卡方分布 χ_{2n}^2 和 χ_{2m}^2,故

$$P\left(F_{2n,2m}\left(1 - \frac{\alpha}{2}\right) \leqslant \frac{\lambda_1\overline{X}}{\lambda_2\overline{Y}} \leqslant F_{2n,2m}\left(\frac{\alpha}{2}\right)\right) = 1 - \alpha.$$

此式可改写为

$$P\left[\frac{\overline{X}}{\overline{Y}}/F_{2n,2m}\left(\frac{\alpha}{2}\right) \leqslant \frac{\lambda_2}{\lambda_1} \leqslant \frac{\overline{X}}{\overline{Y}}/F_{2n,2m}\left(1 - \frac{\alpha}{2}\right)\right] = 1 - \alpha,$$

即得 λ_2/λ_1 的置信区间.

20. (θ, X_1, X_2)的联合分布密度为

$$f(\theta, X_1, X_2) = e^{-\theta}e^{\theta - x_1}e^{\theta - x_2} \quad (0 < \theta \leqslant \min(X_1, X_2)).$$

由此得出 (X_1, X_2) 的边缘密度为 $\int_0^{\min(X_1,X_2)} e^{\theta}d\theta e^{-(X_1+X_2)} = e^{-(X_1+X_2)}[e^{\min(X_1,X_2)} - 1]$, 而 θ 的后验密度为

$$h(\theta \mid X_1, X_2) = e^{\theta}/[e^{\min(X_1,X_2)} - 1] \quad (0 < \theta \leqslant \min(X_1, X_2)),$$

此外为 0. 这个密度在上述区间内随 θ 上升而上升. 故要找一个最短的区间$[a, b]$,使$\int_a^b h(\theta \mid X_1, X_2)d\theta = 1 - \alpha$, b 必须取为 $\min(X_1, X_2)$. 因

$$\int_a^{\min(X_1,X_2)} e^{\theta}d\theta = e^{\min(X_1,X_2)} - e^a,$$

知 a 必须取为 $\ln[\alpha e^{\min(X_1,X_2)} + 1 - \alpha]$.

21. 由$(n-1)S^2/\sigma^2 \sim \chi_{n-1}^2$,从卡方分布密度的形式,不难算出 S/σ 的密度函数 $g(s)$为:$g(s) = 0\ (s \leqslant 0)$,而

$$g(s) = \frac{(n-1)^{(n-1)/2}}{2^{(n-3)/2}\Gamma\left(\frac{n-1}{2}\right)} e^{-\frac{(n-1)/s^2}{2}} s^{n-2} \quad (s > 0).$$

为计算 $E(S) = \sigma\int_0^\infty sg(s)\mathrm{d}s$，只需在积分

$$\int_0^\infty s^{n-1}\exp\left(-\frac{(n-1)s^2}{2}\right)\mathrm{d}s$$

中作变量代换 $t = (n-1)s^2/2$,以化为 Γ 积分即可.

22. 作代换 $Y_i = (X_i - \theta_1)/(\theta_2 - \theta_1)$ $(i = 1,\cdots,n)$,则 $Y_1,\cdots,Y_n$ 独立同分布,其公共分布为[0,1]上的均匀分布 $R(0,1)$,与 θ_1,θ_2 无关.故

$$E(S_Y) = E\sqrt{\sum_{i=1}^n (Y_i - \overline{Y})^2/(n-1)}$$

也与 θ_1,θ_2 无关,记为 d_n.有 $S = \sqrt{\sum_{i=1}^n (X_i - \overline{X})^2/(n-1)} = (\hat{\theta}_2 - \hat{\theta}_1)S_Y$,故 $E(S) = d_n(\theta_2 - \theta_1)$. 现有

$$E(\overline{X} - c_nS) = (\hat{\theta}_1 + \hat{\theta}_2)/2 - c_nd_n(\hat{\theta}_2 - \hat{\theta}_1),$$
$$E(\overline{X} + c_nS) = (\hat{\theta}_1 + \hat{\theta}_2)/2 + c_nd_n(\hat{\theta}_2 - \hat{\theta}_1),$$

取 $c_n = 1/(2d_n)$,此两式分别成为 $\hat{\theta}_1$ 和 $\hat{\theta}_2$.要求出 c_n,必须算出 $d_n = E(S_Y)$.这不容易.

23. 设此结论不对,则存在 θ 的无偏估计 T_n,使对于 (θ,σ^2) 的某个值 (θ_0,σ_0^2),有

$$\mathrm{Var}_{\theta_0,\sigma_0^2}(T_n) < \mathrm{Var}_{\theta_0,\sigma_0^2}(\overline{X}) = \sigma_0^2/n.$$

把 $X_1,\cdots,X_n$ 看做抽自正态总体 $N(\theta,\sigma_0^2)$ 的样本,θ 未知而 σ_0^2 已知.这时,$\overline{X}$ 和 T_n 仍然是 θ 的无偏估计.且因此处方差 σ_0^2 已知,$\overline{X}$ 是 θ 的 MVU 估计.因此,对一切 θ 应有

$$\mathrm{Var}_{\theta,\sigma_0^2}(T_n) \geqslant \mathrm{Var}_{\theta,\sigma_0^2}(\overline{X}) = \sigma_0^2/n.$$

令 $\theta = \theta_0$,即得到与前式矛盾的结果,这证明了 $\overline{X}$ 仍是 θ 的 MVU 估计.

第5章

1. 1° $\beta(\theta)=1-\left[\Phi\left(\frac{C_2-\theta}{\sigma}\right)-\Phi\left(\frac{C_1-\theta}{\sigma}\right)\right]$,$\Phi$ 为标准正态 $N(0,1)$ 的分布函数.

2° 这归结为方程组

$$\Phi\left(\frac{C_2-a}{\sigma}\right)-\Phi\left(\frac{C_1-a}{\sigma}\right)=1-\alpha, \tag{1}$$

$$\Phi\left(\frac{C_2-b}{\sigma}\right)-\Phi\left(\frac{C_1-b}{\sigma}\right)=1-\alpha. \tag{2}$$

这个方程组可以用如下的迭代方式,借助于正态分布表求解:指定 C_1 的一个初始值 C_1^0.由(1)式和(2)式分别决定出 C_2 的各一个值,若二者的差距不在容许范围内,以其算术平均值取为 C_2^0.以 C_2^0 代入(1)式和(2)式,分别解出两个 C_1 值,若二者的差距不在容许范围内,以其算术平均值取为 C_1 的下一个值 C_1^1.然后以 C_1^1 代入(1)式和(2)式中的 C_1,定出 C_2 的下一个值 C_2^1.这样继续,直到某次定出的两个值的差距在容许范围内为止.

3° 记 $\Phi'(x)=\varphi(x)=\frac{1}{\sqrt{2\pi}}\mathrm{e}^{-x^2/2}$,易见 $\beta(\theta)$ 的导数为

$$\beta'(\theta)=\frac{1}{\sigma}\left[\varphi\left(\frac{C_2-\theta}{\sigma}\right)-\varphi\left(\frac{C_1-\theta}{\sigma}\right)\right].$$

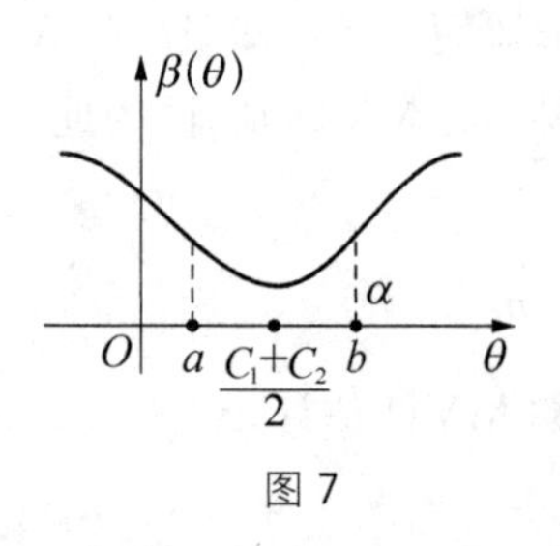

图 7

由 $\varphi(x)$ 的形式易看出:当 $\theta<\frac{C_1+C_2}{2}$ 时 $\beta'(\theta)<0$,当 $\theta>\frac{C_1+C_2}{2}$ 时 $\beta'(\theta)>0$,故 $\beta(\theta)$ 当 θ 由 $-\infty$ 变到 ∞ 时,先下降到 $(C_1+C_2)/2$ 点处达到最小值,然后上升(见图 7).由于 $\beta(a)=\beta(b)$,看出 $a<(C_1+C_2)/2<b$,而在 $[a,b]$ 区间内,$\beta(\theta)$ 的值不大于 α.

注：显然，$\beta(\theta)$的图形关于点$(C_1+C_2)/2$对称，由此可知，a，b与$(C_1+C_2)/2$有等距离，这说明必有$C_1+C_2=a+b$.这个事实提供了解方程组(1)和(2)的一种“try and error”的方法：取C_1的初始值$C_1^0<(a+b)/2$，由$C_2^0=(a+b)-C_1^0$定出C_2的初始值C_2^0.以这两个值代入(1)式和(2)式，若右边小于$1-\alpha$，说明C_1^0选得太大，否则就选得太小.经几步纠正达到接近相等为止.

4° 此由$\lim\limits_{x\to-\infty}\Phi(x)=0$及$\lim\limits_{x\to\infty}\Phi(x)=1$立即得出.表示当$\theta$的真值与原假设距离愈来愈远时，本检验以愈来愈确定的把握否定之.

2. 依直观考虑，检验取为“当$C_1\leqslant\overline{X}\leqslant C_2$时接受$H_0$，不然就否定$H_0$”.利用$2n\lambda\overline{X}\sim\chi_{2n}{}^2$，一切与习题1相似，在求解$C_1$，$C_2$时要用到精细的卡方分布表才行.

3. 令$T=\sqrt{\dfrac{mn}{m+n}}(\overline{X}-\overline{Y})/\sigma$.证明：当原假设成立时有$T\sim N(0,1)$.由此做出检验：当$|T|\leqslant u_{\alpha/2}$时接受$H_0$，不然就否定$H_0$.算出其功效函数为

$$\beta(a,b)=1-\left[\Phi\left(u_{\alpha/2}-\sqrt{\frac{mn}{m+n}}\frac{d}{\sigma}\right)-\Phi\left(-u_{\alpha/2}-\sqrt{\frac{mn}{m+n}}\frac{d}{\sigma}\right)\right],$$

其中$d=a-b$.令上式右端为$1-d_2$，解出d的值(有两个：$\pm d_1$)，其正解即所求的d_1.

4. $\overline{X}-c\overline{Y}\sim N\left(a-cb,\dfrac{m+nc^2}{mn}\sigma^2\right)$.仿照两样本$t$检验的得出过程，作统计量

$$T=\sqrt{\frac{mn(m+n-2)}{m+nc^2}}(\overline{X}-c\overline{Y})\Big/\sqrt{\sum_{i=1}^{n}(X_i-\overline{X})^2+\sum_{j=1}^{m}(Y_j-\overline{Y})^2},$$

而得出当H_0成立时$T\sim t_{m+n-2}$.由此得出检验：当$|T|\leqslant t_{m+n-2}(\alpha/2)$时接受$H_0$，不然就否定$H_0$.

5. 作变换$X_i{}'=cX_i(i=1,\cdots,n)$.考虑两组样本

$$X_1{}',\cdots,X_n{}' \quad 和 \quad Y_1,\cdots,Y_m, \tag{3}$$

它们都有正态分布，等方差$\sigma_2{}^2$，但$X_i{}'$的均值为$a'=ca$，Y_j的均值为b.故就样本(3)而言，原来的假设H_0转化为$a'=cb$，因而转化为习题4.

6. 利用$\lambda_1\overline{X}/(\lambda_2\overline{Y})\sim F_{2n,2m}$这个事实.

7. 记 $T=\max(X_1,\cdots,X_n)$. 从直观上看,θ 愈大,T 也愈倾向于取大值. 故一个合理的检验为:当 $T\leqslant C$ 时接受 H_0,不然就否定 H_0. 为定 C,计算其功效函数(这用到 T 的分布,参考第 2 章习题 22)

$$\beta(\theta)=P(T>C)=1-(C/\theta)^n.$$

它是 θ 的增函数,故为使 $\beta(\theta)\leqslant\alpha\ (\theta\leqslant\theta_0)$,只需使 $\beta(\theta_0)=\alpha$ 即可. 这定出 $C=(1-\alpha)^{1/n}\theta_0$.

注:有人可能这样想:θ 愈大,$T_1=\min(X_1,\cdots,X_n)$ 也倾向于取大值,为何不用基于 T_1 的检验? 理由在于:T_1 中所含 θ 的信息不如 T 多,这一点可参考第 4 章习题 10. 进一步可以证明:基于 T 的上述检验是 H_0 的一致最优检验. 这一点用附录 A 的方法不难证明.

8. 从 $f(x,\theta)$ 的图形(见图 8)看出:观察值 $X_1,\cdots,X_n$ 落在 θ 附近的可能性大,所以 $T=\min(X_1,\cdots,X_n)$ 接近 θ 且包含了 θ 较多的信息. 显然,当 θ 大时,T 倾向于大. 故 H_0 的一个直观上合理的检验是:当 $T\leqslant C$ 时接受 H_0,不然就否定 H_0. 为要根据水平 α 决定 C,要算出 T 的分布. 这可按第 2 章习题 22 解决,但下述观察简化了问题:令 $X_i'=X_i-\theta$ $(i=1,\cdots,n)$. 则易见 X_i' 有指数密度 e^{-x} ($x>0$;当 $x\leqslant 0$ 时为 0). 从此出发用第 2 章习题 22,易得 $T'=\min(X_1',\cdots,X_n')$ 的密度函数为 $n\mathrm{e}^{-nx}$ ($x>0$;当 $x\leqslant 0$ 时为 0). 由于 $T=T'+\theta$,得出 T 的密度函数 $g(x,\theta)$ 为

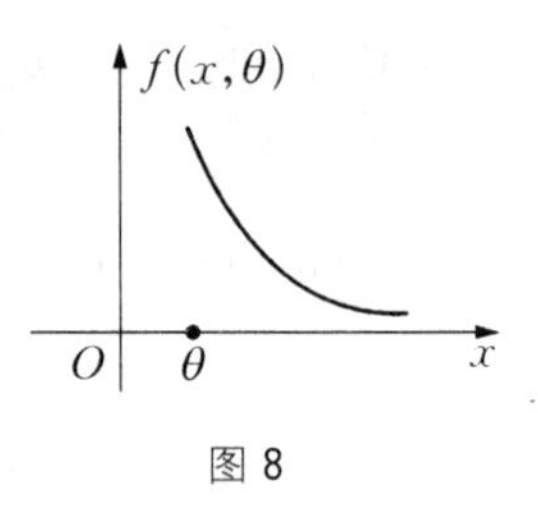

图 8

$$g(x,\theta)=\begin{cases} n\mathrm{e}^{-n(x-\theta)}, & \text{当 } x>\theta \text{ 时} \\ 0, & \text{当 } x\leqslant\theta \text{ 时} \end{cases}.$$

因此,上述检验的功效函数为

$$\beta(\theta)=P_\theta(T>C)=\int_{\max(C,\theta)}^{\infty} n\mathrm{e}^{-n(x-\theta)}\mathrm{d}x=\mathrm{e}^{-n(\max(C,\theta)-\theta)}.$$

此为 θ 的增函数(何故?),故为使 $\beta(\theta)\leqslant\alpha\ (\theta\leqslant\theta_0)$,只需使 $\beta(\theta_0)=\alpha$. 这定出 $C=\theta_0+\dfrac{1}{n}\ln\left(\dfrac{1}{\alpha}\right)$.

9. 从直观上易理解应取接受域为 $X>C$,其中 C 为整数. 因为 p 愈小,为出现 r 次事件 A 所需的总试验次数就倾向于大,上述检验的功效函数为

$$\beta(p) = \sum_{k=0}^{C} \binom{r+k-1}{r-1} p^r (1-p)^k.$$

需要证明它是 p 的非降函数.这用概率方法证最容易.如第 2 章习题 7(b)的做法,设想一个试验有三个互斥的结果 A_1, A_2, A_3,其概率分别为 $p_1, p_2 - p_1$ 和 $1 - p_2$,此处 $0 \leqslant p_1 < p_2 \leqslant 1$.令 $A = A_1 + A_2$,其概率为 p_2.以 X_1 记到事件 A_1 出现 r 次时的试验总次数,以 X_2 记到事件 A 出现 r 次时的试验总次数,则 $\beta(p_1) = P(X_1 - r \leqslant C)$, $\beta(p_2) = P(X_2 - r \leqslant C)$.由于总有 $X_1 \geqslant X_2$,故 $\{X_1 - r \leqslant C\} \subset \{X_2 - r \leqslant C\}$,因而 $\beta(p_1) \leqslant \beta(p_2)$.这证明了 $\beta(p)$ 的非降性.故为使 $\beta(p) \leqslant \alpha$ $(p \leqslant p_0)$,只需找 C,使

$$\beta(p_0) = \sum_{k=0}^{C} \binom{r+k-1}{r-1} {p_0}^r (1-p_0)^k = \alpha.$$

若不存在这样的整数 C,则找 C,使

$$\sum_{k=0}^{C} \binom{r+k-1}{r} {p_0}^r (1-p_0)^k < \alpha < \sum_{k=0}^{C+1} \binom{r+k-1}{r} {p_0}^r (1-p_0)^k.$$

把上式左、右两边分别记为 A, B,则准确达到水平 α 的随机化检验为:若 $X \leqslant C$,否定 H_0;若 $X \geqslant C+2$,接受 H_0;若 $X = C+1$,则以概率

$$\left(\alpha - \sum_{k=0}^{C} \binom{r+k-1}{r} {p_0}^r (1-p_0)^k\right) \Big/ (B - A)$$
$$= \left(\alpha - \sum_{k=0}^{C} \binom{r+k-1}{r} {p_0}^r (1-p_0)^k\right) \Big/ \left[\binom{r+C}{r} {p_0}^r (1-p_0)^{C+1}\right]$$

接受 H_0.

10. 在得到观察值 X 时,在所述先验分布之下,p 有后验密度

$$h(p \mid X) = \frac{1}{\mathrm{B}(r+1, X+1)} p^r (1-p)^X.$$

要计算积分 $\int_0^{p_0} p^r (1-p)^X \mathrm{d}p / \mathrm{B}(r+1, X+1)$,看是否超过1/2.此积分称为"不完全 B 积分",有表可查.

11. 因为样本$(X_1, \cdots, X_n)$的密度函数为

$$f(X_1, \cdots, X_n; \theta) = \begin{cases} \theta^{-n}, & \text{当} \max(X_1, \cdots, X_n) \equiv T \leqslant \theta \text{时}, \\ 0, & \text{其他情况} \end{cases}$$

故得在所述先验分布之下，$(X_1,\cdots,X_n)$的边缘密度函数为

$$h(X_1,\cdots,X_n)=\frac{1}{a}\int_T^a\theta^{-n}\mathrm{d}\theta=\frac{1}{(n-1)a}[T^{-(n-1)}-a^{-(n-1)}]$$

$(0\leqslant T\leqslant a$；其他处为 0$)$. 由此得 θ 的后验密度为

$$h(\theta\mid X_1,\cdots,X_n)=\begin{cases}(n-1)\theta^{-n}/(T^{-(n-1)}-a^{-(n-1)}), & \text{当 } T\leqslant\theta\leqslant a \text{ 时}\\ 0, & \text{其他情况}\end{cases},$$

然后计算

$$\int_0^{\theta_0}h(\theta\mid X_1,\cdots,X_n)\mathrm{d}\theta=\begin{cases}(T^{-(n-1)}-\theta_0^{-(n-1)})/(T^{-(n-1)}-a^{-(n-1)}), & \text{当 } \theta_0>T \text{ 时}\\ 0, & \text{当 } \theta_0\leqslant T \text{ 时}\end{cases},$$

视其值是否大于 1/2 而决定是否接受 H_0.

12. 按甲的做法，否定域为 $X\leqslant C$，X 为第 9 次出现 A 时$\bar{A}$出现的次数，其功效函数

$$\beta_1(p)=P_p(X\leqslant C)=\sum_{k=0}^{C}\binom{8+k}{k}p^9(1-p)^k,$$

为 p 的非降函数(习题 9). 为定 C，应使

$$\sum_{k=0}^{C}\binom{8+k}{k}\left(\frac{1}{2}\right)^{9+k}=\beta_1(1/2)=0.05.$$

当 $C=2$ 时上式为 0.033，当 $C=3$ 时上式为 0.073. 故如严格要求水平为 5%，则按习题 9，当 $C=3$(即甲的试验结果)时，应以概率$(0.05-0.033)/(0.073-0.033)=0.425$ 否定 H_0. 所以，按甲的结果，是否接受 H_0 还不一定.

按乙的做法，否定域为 $Y>C$，Y 为第 3 次$\bar{A}$出现时 A 出现的次数，其功效函数

$$\beta_2(p)=P_p(Y>C)=1-\sum_{k=0}^{C}\binom{2+k}{k}(1-p)^3p^k,$$

此为 p 的非降函数(何故?). 为定 C，应使

$$1-\sum_{k=0}^{C}\binom{2+k}{k}\left(\frac{1}{2}\right)^{3+k}=\beta_2(1/2)=0.05.$$

当 $C=8$ 时，此式的值为 0.032 7. 因此，否定域$\{Y>C\}$中的 C 值不能大于 8. 所

以,凡是大于 8 的 Y 值,都要否定 H_0.现乙的试验结果为 $Y=9$,故 H_0 必被否定.

本例有趣之处在于:表面上甲、乙二人试验结果完全一样,都是在 12 次试验中,A 出现 9 次,$\bar{A}$ 出现 3 次.但由于出发点不同,而导致模型有所不同,影响了检验结果.也有人把这类例子看成是现行统计方法的缺陷的证明,因为他们认为:同样的数据应导致同样的结果.

13. 当 n_1,n_2 充分大时,有 $(X-n_1p_1)/\sqrt{n_1p_1(1-p_1)}\sim N(0,1)$,$(Y-n_2p_2)/\sqrt{n_2p_2(1-p_2)}\sim N(0,1)$.故近似地有 $X/n_1\sim N(p_1,p_1(1-p_1)/n_1)$,$Y/n_2\sim N(p_2,p_2(1-p_2)/n_2)$,因而近似地也有

$$Z\equiv X/n_1-Y/n_2\sim N(p_1-p_2,\sigma^2),$$

其中 $\sigma^2=p_1(1-p_1)/n_1+p_2(1-p_2)/n_2$.如 σ^2 已知,则检验 $p_1-p_2=0$ 相当于检验正态变量 Z 的均值为 0.其否定域应取为 $|Z|>\sigma u_{\alpha/2}$.现 σ^2 未知,可以用

$$\hat{\sigma}^2=\hat{p}_1(1-\hat{p}_1)/n_1+\hat{p}_2(1-\hat{p}_2)/n_2$$

去估计,$\hat{p}_1=X/n_1$,$\hat{p}_2=Y/n_2$.最后得出 H_0:$p_1=p_2$ 的大样本检验的否定域为

$$|X/n_1-Y/n_2|>u_{\alpha/2}[(X/n_1)(1-X/n_1)+(Y/n_2)(1-Y/n_2)]^{1/2}.$$

14. (a) 先设 $\lambda=n$,n 为自然数,这时 $X\sim P(n)$ 可表为 $X=X_1+\cdots+X_n$,$X_1,\cdots,X_n$ 独立且各服从泊松分布 $P(1)$.因 X_i 的方差为 1,按中心极限定理,有 $(X_1+\cdots+X_n-n)/\sqrt{n}\to N(0,1)$,即 $(X-n)/\sqrt{n}\to N(0,1)$.当 λ 不为自然数时,设 $n<\lambda<n+1$.则按上面的表达式,有 $X_1+\cdots+X_n\leqslant X\leqslant X_1+\cdots+X_{n+1}$.有

$$\frac{X_1+\cdots+X_n-n-1}{\sqrt{\lambda}}\leqslant\frac{X-\lambda}{\sqrt{\lambda}}\leqslant\frac{X_1+\cdots+X_{n+1}-n}{\sqrt{\lambda}},\qquad(4)$$

但

$$\frac{X_1+\cdots+X_n-n-1}{\sqrt{\lambda}}=\sqrt{\frac{n}{\lambda}}\frac{X_1+\cdots+X_n-n}{\sqrt{n}}-\frac{1}{\sqrt{\lambda}}.$$

因为已证 $(X_1+\cdots+X_n-n)/\sqrt{n}\to N(0,1)$,又 $\sqrt{n/\lambda}\to 1$,而 $1/\sqrt{\lambda}\to 0$,知 $(X_1+\cdots+X_n-n-1)/\sqrt{\lambda}\to N(0,1)$.同理证明 $(X_1+\cdots+X_{n+1}-n)/\sqrt{\lambda}\to$

$N(0,1)$. 由此及(4)式,即证明了$(X-\lambda)/\sqrt{\lambda} \to N(0,1)$ $(\lambda \to \infty)$.

(b) 否定域可取为 $|X-\lambda_0|/\sqrt{\lambda_0} > u_{\alpha/2}$.

16. 记题中的公共比值为 θ,则易见

$$P(X=i)=\theta^{i-1}/(1+\theta+\theta^2+\theta^3) \quad (i=1,2,3,4).$$

于是得似然函数

$$L(\theta)=\prod_{i=1}^{4}[P(X=i)]^{n_i}=\theta^{n_2+2n_3+3n_4}(1+\theta+\theta^2+\theta^3)^{-n}.$$

由此得到决定 θ 值的方程 $\mathrm{d}(\ln L(\theta))/\mathrm{d}\theta=0$,即

$$(n_2+2n_3+3n_4)/\theta-n(1+2\theta+3\theta^2)/(1+\theta+\theta^2+\theta^3)=0.$$

遍乘 $\theta(1+\theta+\theta^2+\theta^3)$,得到 θ 的一个三次方程. 它有公式求解. 如有多于一个实根,还需逐一代入 $L(\theta)$ 中,看哪一个达到最大. 这一个就取为 θ 的估计值 $\hat{\theta}$. 因只有一个参数 θ,自由度应为 $4-1-1=2$.

17. 按指数分布,落入区间 I_i 内的概率为

$$p_i(\lambda)=\int_{(i-1)a}^{ia}\lambda \mathrm{e}^{-\lambda x}\mathrm{d}x=\mathrm{e}^{-\lambda(i-1)a}(1-\mathrm{e}^{-\lambda a}) \quad (i=1,\cdots,k),$$

$$p_{k+1}(\lambda)=\int_{ka}^{\infty}\lambda \mathrm{e}^{-\lambda x}\mathrm{d}x=\mathrm{e}^{-\lambda ka}.$$

暂记 $\theta=\mathrm{e}^{-\lambda a}$,得到似然函数

$$L(\theta)=\prod_{i=1}^{k+1}[p_i(\lambda)]^{n_i}=(1-\theta)^{n-n_{k+1}}\theta^{n_2+2n_3+\cdots+kn_{k+1}}.$$

使 $L(\theta)$ 达到最大的 θ 为

$$\hat{\theta}=(n_2+2n_3+\cdots+kn_{k+1})/(n_1+2n_2+\cdots+kn_k+kn_{k+1}).$$

相应地得出 λ 的估计

$$\hat{\lambda}=a^{-1}\ln(1/\hat{\theta}).$$

拟合优度统计量的自由度为 $(k+1)-1-1=k-1$.

19. 1° 只需注意 Z 的表达式(3.2)中,当原假设成立时,有 $v_i \sim B(n,p_i)$. 故 $E(np_i-v_i)^2$ 就是二项分布 $B(n,p_i)$ 的方差,即 $np_i(1-p_i)$. 故

$$E(Z)=\sum_{i=1}^{k}E(np_i-v_i)^2/(np_i)=\sum_{i=1}^{k}np_i(1-p_i)/(np_i)$$
$$=\sum_{i=1}^{k}(1-p_i)=k-\sum_{i=1}^{k}p_i=k-1.$$

2° 要算 $\mathrm{Var}(Z)$，需计算 $E(Z^2)$. 这涉及以下两种类型的量的计算，即 $E(np_1-v_1)^4$ 和 $E(np_1-v_1)^2(np_2-v_2)^2$. 前者较易，它归结到 $E(X^i)$ 的计算，$X\sim B(n,p)$. 这可以利用

$$E\{X(X-1)\cdots(X-i+1)/[n(n-1)\cdots(n-i+1)]\}=p^i$$

而得到(第 4 章习题 9). 第二种类型的量归结为形如

$$E[X_1(X_1-1)X_2(X_2-1)],\ E[X_1(X_1-1)X_2],\ E(X_1X_2),\ E(X_1)$$

等的计算，其中 (X_1,X_2,X_3) 服从多项式分布 $M(n;p_1,p_2,p_3)$(第 2 章例 2.2)，这可以仿照第 2 章例 4.1 的那种方式去处理，例如

$$E[X_1(X_1-1)X_2(X_2-1)]$$
$$=\sum{}^{*}\frac{n!}{i_1!i_2!(n-i_1-i_2)!}\cdot i_1(i_1-1)i_2(i_2-1)$$
$$\cdot p_1^{i_1}p_2^{i_2}(1-p_1-p_2)^{n-i_1-i_2},$$

$\sum^{*}$ 表示求和范围为：i_1,i_2 为非负整数，$i_1+i_2\leqslant n$. 上式可写为(记 $i_1'=i_1-2$，$i_2'=i_2-2$)

$$n(n-1)(n-2)(n-3)\cdot p_1^2p_2^2$$
$$\cdot\sum{}'\frac{(n-4)!}{i_1'!i_2'!(n-4-i_1'-i_2')!}p_1^{i_1'}p_2^{i_2'}(1-p_1-p_2)^{n-4-i_1'-i_2'},$$

$\sum'$ 表示求和范围为：i_1',i_2' 为非负整数，$i_1'+i_2'\leqslant n-4$. 上式中的和为 1，故得

$$E[X_1(X_1-1)X_2(X_2-1)]=n(n-1)(n-2)(n-3)p_1^2p_2^2.$$

其他量类似计算，最后经过整理，得到 Z 的方差(在原假设成立下)的表达式为

$$\mathrm{Var}(Z)=2(k-1)-(k^2+2k-2+\sum_{i=1}^{k}1/p_i)/n.$$

其极限(当 $n\to\infty$ 时)为 $2(k-1)$，即 χ_{k-1}^2 的方差.

20．方法与附录A中讲的完全一样．考虑1°．取定 $p_1>p_0$，考虑简单假设检验问题：

$$H_0:p=p_0;\quad H_1:p=p_1.$$

证明，(2.38)式定义的检验 φ 是此问题的一致最优检验．证明这一点的方法，按附录A，只是归结为验证：对否定域中的任一点 k 和接受域中的任一点 l，必有

$$\frac{\binom{n}{k}p_1{}^k(1-p_1)^{n-k}}{\binom{n}{k}p_0{}^k(1-p_0)^{n-k}}\geqslant\frac{\binom{n}{l}p_1{}^l(1-p_1)^{n-l}}{\binom{n}{l}p_0{}^l(1-p_0)^{n-l}}.$$

然后注意到检验 φ 与 p_1 无关，且 φ 作为 $p\leqslant p_0$ 的检验也有水平 α 即可．

第6章

1．记 $S^2=\sum_{i=1}^n(X_i-\overline{X})^2$，$S_1=\sum_{i=1}^n(X_i-\overline{X})Y_i$，则

$$\begin{aligned}&\sum_{i=1}^n[Y_i-\alpha_0-\alpha_1(X_i-\overline{X})]^2\\&\quad=S^2\alpha_1{}^2-2S_1\alpha_1+n\alpha_0{}^2-2n\overline{Y}\alpha_0+\sum_{i=1}^nY_i{}^2\\&\quad=(S\alpha_1-S_1/S)^2+n(\alpha_0-\overline{Y})^2+\sum_{i=1}^nY_i{}^2-n\overline{Y}^2-S_1{}^2/S^2.\end{aligned}$$

由此立即看出此平方和的最小值在 $\alpha_0=\overline{Y}=\hat{\beta}_0$ 和 $\alpha_1=S_1/S^2=\hat{\beta}_1$ 处达到，且最小值为

$$\begin{aligned}\sum_{i=1}^n\delta_i{}^2&=\sum_{i=1}^nY_i{}^2-n\overline{Y}^2-S_1{}^2/S^2\\&=\sum_{i=1}^n(Y_i-\overline{Y})^2-S_1{}^2/S^2\\&=\sum_{i=1}^n(Y_i-\overline{Y})^2-\hat{\beta}_1S_1,\end{aligned}$$

即(2.23)式.这个证明不仅简单,还有一个好处,即它确实肯定了达到最小值.用偏导数方法,理论上还有一个验证方程组(2.10)和(2.11)的解确实是最小值点的问题.

2. (a) 利用$\hat{\beta}_0,\hat{\beta}_1$的无偏性,因为

$$\begin{aligned}\delta_i &= Y_i - \hat{Y}_i = \beta_0 + \beta_1(X_i - \bar{X}) + e_i - (\hat{\beta}_0 + \hat{\beta}_1(X_i - \bar{X}))\\ &= (\beta_0 - \hat{\beta}_0) + (\beta_1 - \hat{\beta}_1)(X_i - \bar{X}) + e_i,\end{aligned}$$

且 $E(e_i)=0$,即得 $E(\delta_i)=0$.

(b) 这是因为,在(2.10)式中把 α_0,α_1 分别换成其解$\hat{\beta}_0,\hat{\beta}_1$,得到 $\delta_1+\cdots+\delta_n=0$. $\delta_1+\cdots+\delta_n$ 之间既然有这样一个函数关系,它们不可能是相互独立的.

(c) 在证明(2.21)式的过程中已得出

$$\delta_i = e_i - \bar{e} - t_i\sum_{j=1}^n t_j e_j/S^2 \quad \left(t_j = X_j - \bar{X},\ \bar{e} = \sum_{j=1}^n e_j/n\right). \qquad (1)$$

又由(a)有 $E(\delta_i)=0$ ($E(\delta_i)=0$ 也可直接由上式得出),故

$$\begin{aligned}\operatorname{Var}(\delta_i) &= E(\delta_i{}^2) = E(e_i - \bar{e})^2 + t_i{}^2 S^{-4} E\Big(\sum_{j=1}^n t_j e_j\Big)^2\\ &\quad - 2tS^{-2}E\Big(\sum_{j=1}^n t_j e_i e_j\Big) - 2t_i S^{-2} E\Big(\sum_{j=1}^n t_j \bar{e} e_j\Big). \qquad (2)\end{aligned}$$

注意到 $E(e_i-\bar{e})^2 = E(e_i{}^2)+E(\bar{e}^2)-2E(e_i\bar{e}) = \sigma^2+\sigma^2/n-2\sigma^2/n=\sigma^2-\sigma^2/n=(1-1/n)\sigma^2$,以及

$$E\Big(\sum_{j=1}^n t_j e_j\Big)^2 = \sigma^2\sum_{j=1}^n t_j{}^2 = \sigma^2 S^2,$$

$$E\Big(\sum_{j=1}^n t_j e_i e_j\Big) = t_i\sigma^2,$$

$$E\Big(\sum_{j=1}^n t_j \bar{e} e_j\Big) = \sum_{j=1}^n t_j\sigma^2/n = 0,$$

代入(2)式即得所要证的结果.

注:由这个结果,得

$$\begin{aligned}E\Big(\sum_{i=1}^n \delta_i{}^2\Big) = \sum_{i=1}^n E(\delta_i{}^2) &= \sum_{i=1}^n\left[1-\frac{1}{n}-(X_i-\bar{X})^2/S^2\right]\sigma^2\\ &= (n-2)\sigma^2.\end{aligned}$$

因而得到$\sum_{i=1}^{n}\delta_i{}^2/(n-2)$为$\sigma^2$的无偏估计的另一种证明.

(d) 与(1)式类似地写出δ_j的表达式,注意$\mathrm{Cov}(\delta_i,\delta_j)=E(\delta_i\delta_j)$,把两式相乘,逐项求均值,与(c)完全类似地得到所要的结果.

3. 考虑线性回归模型

$$Y=\alpha_0+\alpha_1 X+e \quad (\alpha_0=a,\ \alpha_1=b-a), \tag{3}$$

其中$e\sim N(0,\sigma^2)$.在$X=0$点重复观察n次,其Y值记为$X_1,\cdots,X_n$;在$X=1$点重复观察m次,其Y值记为$Y_1,\cdots,Y_m$.这样,按模型(3),$X_1,\cdots,X_n\sim N(a,\sigma^2)$,$Y_1,\cdots,Y_m\sim N(b,\sigma^2)$,如题中所设者.然自模型(3)观之,估计$b-a$相当于估计回归系数$a_1$,检验亦然,而此处的平方和(2.9)为$\sum_{i=1}^{n}(X_i-\alpha_0)^2+\sum_{j=1}^{m}(Y_j-\alpha_0-\alpha_1)^2$,直接得出$\alpha_0,\alpha_1$的最小二乘估计为$\overline{X}$和$\overline{Y}-\overline{X}$.后者即$b-a$的估计.残差平方和为$\sum_{i=1}^{n}(X_i-\overline{X})^2+\sum_{j=1}^{m}(Y_j-\overline{Y})$.自由度为$m+n-2$.又此处的$S^2$ (S即(2.26)式中的S_x)为(注意,自变量值中有n个0和m个1,其平均为$m/(n+m)$)

$$\begin{aligned}S^2&=n(0-m/(n+m))^2+m(1-m/(n+m))^2\\&=nm/(n+m).\end{aligned}$$

由此,按(2.26)式求$\alpha_1=b-a$的区间估计,所得结果与两样本t区间估计一致.

4. 将平方和$\sum_{i=1}^{n}(Y_i-bX_i)^2$按习题1的方式处理:

$$\begin{aligned}\sum_{i=1}^{n}(Y_i-bX_i)^2&=S_0{}^2b^2-2S_{01}b+\sum_{i=1}^{n}Y_i{}^2\\&=(S_0b-S_{01}/S_0)^2+\sum_{i=1}^{n}Y_i{}^2-S_{01}{}^2/S_0{}^2,\end{aligned}$$

此处$S_0{}^2=\sum_{i=1}^{n}X_i{}^2$, $S_{01}=\sum_{i=1}^{n}X_iY_i$.由此式立即得出$b$的最小二乘估计为

$$\hat{b}=S_{01}/S_0{}^2=\sum_{i=1}^{n}X_iY_i\Big/\sum_{i=1}^{n}X_i{}^2.$$

而残差平方和为 $\sum_{i=1}^{n} Y_i^2 - S_{01}^2/S_0^2$，暂记为 R. 由于

$$E(Y_i^2) = (EY_i)^2 + \mathrm{Var}(Y_i) = b^2X_i^2 + \sigma^2,$$

$$E(S_{01}^2) = (ES_{01})^2 + \mathrm{Var}(S_{01}) = \left(\sum_{i=1}^{n} bX_i^2\right)^2 + \sum_{i=1}^{n} X_i^2\sigma^2$$
$$= b^2S_0^4 + \sigma^2S_0^2,$$

得到

$$E(R) = \sum_{i=1}^{n}(b^2X_i^2 + \sigma^2) - (b^2S_0^4 + \sigma^2S_0^2)/S_0^2$$
$$= n\sigma^2 + b^2S_0^2 - b^2S_0^2 - \sigma^2 = (n-1)\sigma^2.$$

因而证明了 $R/(n-1)$是 σ^2的无偏估计.

(c) 只需作一个正交变换

$$\begin{pmatrix} Z_1 \\ \vdots \\ Z_n \end{pmatrix} = A\begin{pmatrix} Y_1 \\ \vdots \\ Y_n \end{pmatrix},$$

其中 A 为正交方阵，第一行是$(X_1/S_0,\cdots,X_n/S_0)$. 则 $R = Z_2^2 + \cdots + Z_n^2$，其中 $Z_2,\cdots,Z_n$ 独立同分布，且有公共分布 $N(0,\sigma^2)$.

5. 若 $c_1 = 0$，则因 b 的区间估计问题已解决了，c_2b 当然直接由其得出. 若 $c_1 \neq 0$，把 $c_1a + c_2b$ 表为$c_1(a + xb)$ $(x = c_2/c_1)$，即$c_1m(x)$. 因 $m(x)$的区间估计已在(2.27)式的基础上求得，故问题得到解决.

6. (a) 取 $i = 1$ 来讨论. 因为把 $X_1,\cdots,X_n$ 作线性变换$X_i = aX_i + b$ $(a \neq 0)$ 不影响$(X_1 - \overline{X})^2/\sum_{j=1}^{n}(X_j - \overline{X})^2$ 的值，不妨设$\overline{X} = 0$，$X_1 = 1$. 这时，为使上述比值最大，应在 $X_2 + \cdots + X_n = -1$ 的约束下，使 $X_2^2 + \cdots + X_n^2$ 达到最小. 但易知后者的最小值在 $X_2 = \cdots = X_n = -\dfrac{1}{n-1}$ 时达到，最小值为$\dfrac{1}{n-1}$. 故所述比值不能大于$1\Big/\left(1 + \dfrac{1}{n-1}\right) = 1 - \dfrac{1}{n}$，等号当且仅当对某个 i，有 $X_1 = \cdots = X_{i-1} = X_{i+1} = \cdots = X_n \neq X_i$ 时成立.

(b) 分两种情况：若$\overline{X}_n$ 保持有界，则因 $S_n^2 \to \infty$，就有$(a - \overline{X}_n)^2/S_n^2 \to 0$.

若$|\overline{X}_n|\to\infty$,则注意到

$$(a-\overline{X}_n)^2/S_n{}^2\leqslant(a-\overline{X}_n)^2\Big/\sum_{i=1}^{m}(X_i-\overline{X}_n)^2\quad(m\leqslant n),$$

固定 m,令 $n\to\infty$,因为$|\overline{X}_n|\to\infty$,上式右端有极限 $1/m$.因 m 可取得任意大,知$(a-\overline{X}_n)^2/S_n{}^2$ 的极限可任意小,故只能为 0.(若$|\overline{X}_n|$既不有界也不随 $n\to\infty$而趋于无穷,则通过抽取子序列的方法去讨论.)

(c) 先给出一个预备事实:在[0,1]上给出三个数 x, $c-x$ $(0\leqslant c\leqslant 1)$及 a,记 $I=(x-a)^2+(c-x-a)^2$,则总可以改变 x 的值以增大 I,使 $x,c-x$ 都仍在[0,1]上,且 x 及$c-x$ 中至少有一个为 0 或 1.如 x 和$c-x$ 分处a 的两边,这一点很清楚.若同在一边,例如 $0<x\leqslant c-x\leqslant a$,则 $\mathrm{d}I/\mathrm{d}x=4x-2c\leqslant 0$ (因 $x\leqslant c-x,2x\leqslant c$),故让 x 下降能增大 I.让 x 降为 0(这时 $c-x$ 升为c,仍在[0,1]上)即可.

现证明本题.不失普遍性,可设区间$[A,B]$为[0,1].证明分三段:

1° 为使 $S^2=\sum_{i=1}^{n}(X_i-\overline{X})^2$ 最大,诸 X_i 中至多只能有一个非 0 非 1.因为若有两个,例如 X_1,X_2,非 0 非 1.则据上述预备知识,可以在不改变 $X_3,\cdots,X_n$ 和$\overline{X}$的条件下,使 X_1,X_2 中至少有一个为 0 或 1,而$(X_1-\overline{X})^2+(X_2-\overline{X})^2$ 增大,即 S^2 增大.

2° 现设 $X_1,\cdots,X_n$ 中,有 n_0 个为 0,n_1 个为 1,还有一个为 a $(0\leqslant a\leqslant 1)$.证明:总可以把 a 改为 0 或 1,以增大 S^2.此时

$$S^2=n_0\left(0-\frac{n_1+a}{n}\right)^2+n_1\left(1-\frac{n_1+a}{n}\right)^2+\left(a-\frac{n_1+a}{n}\right)^2,$$

注意到 $n_0+n_1=n-1$,易算出

$$\mathrm{d}(S^2)/\mathrm{d}a=2(n-1)n^{-1}a+D,$$

D 与a 无关.若上式大于 0,则把 a 增至 1 可增大 S^2;若上式不大于 0,则把 a 减至 0 可以增大 S^2.总之,a 可改为 0 或 1,以增大 S^2.

3° 以上两步证明了:为使 S^2 最大,全部 X_i 必须只取 0,1 这两个值,设有 n_0 个 0,n_1 个 1.则

$$S^2=n_0\left(0-\frac{n_1}{n}\right)^2+n_1\left(1-\frac{n_1}{n}\right)=n_0n_1/n.$$

在 $n_0+n_1=n$ 的约束下，要使 S^2 最大，n_0 和 n_1 的差距应尽量小，若 $n=2m$，应取 $n_0=n_1=m$；若 $n=2m+1$，则 n_0,n_1 中应有一个为 m，另一个为 $m+1$.

7. (a) 由 $\hat{\beta}_0=\bar{Y}$ 易得出 $E(\hat{\beta}_0)=\beta_0$. 为证 $E(\hat{\beta})=\beta$，暂把 p 行 n 列矩阵 $L^{-1}X$ 记为

$$L^{-1}X=\begin{pmatrix} l_{11} & l_{12} & \cdots & l_{1n} \\ \vdots & \vdots & & \vdots \\ l_{p1} & l_{p2} & \cdots & l_{pn} \end{pmatrix}.$$

从 X 的每行元素之和为 0，可推出此矩阵每行元素之和为 0，即 $l_{i1}+\cdots+l_{in}=0$ $(i=1,\cdots,p)$. 现有

$$E(\hat{\beta}_j)=E\left(\sum_{i=1}^{n} l_{ji}Y_i\right)=\sum_{i=1}^{n} l_{ji}\beta_0+\sum_{k=1}^{p}\beta_k\sum_{i=1}^{k} l_{ji}X_{ki}.$$

据上述，β_0 的系数为 0，而 β_k 的系数正是两矩阵 $L^{-1}X$ 和 X' 之积的 (j,k) 元，因 $L^{-1}XX'=L^{-1}L=$ 单位阵 I，知只有当 $k=j$ 时此系数为 1，k 为其他值时为 0. 故证明了 $E(\hat{\beta}_j)=\beta_j\,(j=1,\cdots,p)$.

(b) 因为 $\hat{\beta}_0=\dfrac{1}{n}(Y_1+\cdots+Y_n)$，$\hat{\beta}_j=l_{j1}Y_1+\cdots+l_{jn}Y_n$，由 $(Y_1,\cdots,Y_n)$ 独立且由等方差，易知

$$\operatorname{Cov}(\hat{\beta}_0,\hat{\beta}_j)=\frac{1}{n}\sigma^2(l_{j1}+\cdots+l_{jn})=0\quad(j=1,\cdots,p).$$

(c) 与 (b) 相似，由 $\hat{\beta}_i=l_{i1}Y_1+\cdots+l_{in}Y_n$ 及 $\hat{\beta}_j=l_{j1}Y_1+\cdots+l_{jn}Y_n$，得知

$$\operatorname{Cov}(\hat{\beta}_i,\hat{\beta}_j)=\sigma^2(l_{i1}l_{j1}+\cdots+l_{in}l_{jn}).$$

右边括号内的量是矩阵 $L^{-1}X$ 及其转置之积的 (i,j) 元. 因 L 为对称方阵，故 L^{-1} 也是对称方阵，即 $(L^{-1})'=L^{-1}$. 故 $(L^{-1}X)\cdot(L^{-1}X)'=L^{-1}XX'L^{-1}=L^{-1}LL^{-1}=L^{-1}$. 因此，$\operatorname{Cov}(\hat{\beta}_i,\hat{\beta}_j)=\sigma^2\cdot L^{-1}$ 的 (i,j) 元. 当 $i=j$ 时，得到 $\hat{\beta}_i$ 的方差.

8. 有关的理论考虑在题中已说了. 现在只需计算一下 $r\sqrt{n-2}/\sqrt{1-r^2}$. 记 $S_x{}^2=\sum_{i=1}^{n}(X_i-\bar{X})^2$，并注意 $\sum_{i=1}^{n}(X_i-\bar{X})(Y_i-\bar{Y})=\sum_{i=1}^{n}(X_i-\bar{X})Y_i$，有

$$\frac{r\sqrt{n-2}}{\sqrt{1-r^2}}=\frac{\sqrt{n-2}\sum_{i=1}^{n}(X_i-\overline{X})Y_i\Big/\left(S_x\sqrt{\sum_{i=1}^{n}(Y_i-\overline{Y})^2}\right)}{\left(1-\sum_{i=1}^{n}(X_i-\overline{X})Y_i\right)^2\Big/\left(S_x{}^2\sum_{i=1}^{n}(Y_i-\overline{Y})^2\right)^{1/2}}$$

$$=\frac{\sqrt{n-2}\sum_{i=1}^{n}(X_i-\overline{X})Y_i/S_x}{\left(\sum_{i=1}^{n}(Y_i-\overline{Y})^2-\left(\sum_{i=1}^{n}(X_i-\overline{X})Y_i\right)^2\Big/S_x{}^2\right)^{1/2}}.$$

因为 $\hat{\sigma}=\left(\sum_{i=1}^{n}(Y_i-\overline{Y})^2-\left(\sum_{i=1}^{n}(X_i-\overline{X})Y_i\right)^2\Big/S_x{}^2\right)^{1/2}\Big/\sqrt{n-2}=\sigma$，而$\hat{\beta}_1=\sum_{i=1}^{n}(X_i-\overline{X})Y_i/S_x{}^2$，又 $\beta_1=0$，故即有

$$\frac{r\sqrt{n-2}}{\sqrt{1-r^2}}=(\hat{\beta}_1-\beta_1)/(\hat{\sigma}S_x{}^{-1}).$$

再用(2.26)式，即证得所要的结果.

9. (a) 令 $Z_i=Y_i-X_i(i=1,\cdots,n)$，则 $Z_1,\cdots Z_n$ 独立同分布，公共分布为$N(b-a,2\sigma^2)$. 而 H_0：$b=a$ 成为一个检验正态分布 $N(\theta,\sigma_1{}^2)$ ($\sigma_1{}^2=2\sigma^2$，$\theta=b-a$)中均值 $\theta=0$ 的问题，可用一样本 t 检验：当

$$\sqrt{n}\mid\overline{Z}\mid\Big/\left(\frac{1}{n-1}\sum_{i=1}^{n}(Z_i-\overline{Z})^2\right)^{1/2}>t_{n-1}(\alpha/2) \tag{4}$$

时否定 H_0.

注：这个模型叫做“成对比较模型”，意即 X_i,Y_i 这一对可以比较，但当 $i\neq j$ 时，X_i,Y_j 无法比较. 因为 $Y_j-X_i\sim N(b-a+d_j-d_i,\ 2\sigma^2)$，不只与 $b-a$ 有关，而 d_j-d_i 又不知道. 这与所谓“成组比较”不同：在成组比较模型中，$d_1=\cdots=d_n=0$. 这时任意的 X_i,Y_j 都可比较，而我们可使用两样本 t 检验去检验H_0，它有 $2n-2$ 个自由度. 而检验(4)只有 $n-1$ 个自由度，所损失的自由度，就是因为有了赘余参数 $d_1,\cdots,d_n$.

(b) 可以把 $X_1,\cdots,X_n$ 和 $Y_1,\cdots,Y_n$ 分别视为一个两水平因素在其水平 1 的 n 个观察值和水平 2 的 n 个观察值. d_j 为区组效应 ($j=1,\cdots,n$)，而 a,b 则分别是这两个水平的效应. 为把模型写成(5.13)式的形式，可令 $Y_{1j}=X_j$，$Y_{2j}=Y_j(j=1,\cdots,n)$，而

$$\mu = \overline{d} + (a+b)/2 \quad (\overline{d} = (d_1 + \cdots + d_n)/n),$$
$$a_1 = a - (a+b)/2, \quad a_2 = b - (a+b)/2,$$
$$b_j = d_j - \overline{d} \quad (j = 1, \cdots, n),$$

则有

$$Y_{ij} = \mu + a_i + b_j + e_{ij} \quad (i = 1,2;\ j = 1, \cdots, n). \tag{5}$$

这里,$e_{ij}(i=1,2;j=1,\cdots,n)$全体独立同分布,并有公共分布 $N(0,\sigma^2)$.模型(5)符合所要求的约束条件:

$$a_1 + a_2 = a - (a+b)/2 + b - (a+b)/2 = 0,$$
$$\sum_{j=1}^{n} b_j = \sum_{j=1}^{n} (d_j - \overline{d}) = 0.$$

原假设 H_0:$a=b$ 相应于检验(5)式中的因子效应为 0,即 $a_1 = a_2 = 0$.

(c) 就模型(5)按(5.23)式的分解式来计算 SS_A 和 SS_e:

$$\begin{aligned} SS_e &= \sum_{i=1}^{2} \sum_{j=1}^{n} (Y_{ij} - Y_{i\cdot} - Y_{\cdot j} + Y_{\cdot\cdot})^2 \\ &= \sum_{j=1}^{n} [X_j - \overline{X} - (X_j + Y_j)/2 + (\overline{X} + \overline{Y})/2]^2 \\ &\quad + \sum_{j=1}^{n} [Y_j - \overline{Y} - (X_j + Y_j)/2 + (\overline{X} + \overline{Y})/2]^2 \\ &= \sum_{j=1}^{n} [(X_j - Y_j)/2 - (\overline{X} - \overline{Y})/2]^2 \\ &\quad + \sum_{j=1}^{n} [(Y_j - X_j)/2 - (\overline{Y} - \overline{X})/2]^2 \\ &= \frac{1}{2} \sum_{j=1}^{n} (Z_j - \overline{Z})^2 \quad (Z_j = Y_j - X_j), \end{aligned}$$

自由度为$(2-1)(n-1) = n-1$.而

$$\begin{aligned} SS_A &= n \sum_{i=1}^{2} (Y_{i\cdot} - Y_{\cdot\cdot})^2 \\ &= n[(\overline{X} - (\overline{X} + \overline{Y})/2)^2 + (\overline{Y} - (\overline{X} + \overline{Y})/2)^2] \\ &= \frac{n}{2}(\overline{X} - \overline{Y})^2 = \frac{n}{2} \overline{Z}^2, \end{aligned}$$

自由度为 $2-1=1$.故 H_0: $a_1=a_2=0$,即 $a=b$ 的 F 检验为:当

$$\frac{n}{2}\overline{Z}^2\Big/\left[\left(\frac{1}{2}\sum_{j=1}^{n}(Z_i-\overline{Z})^2\right)/(n-1)\right]>F_{1,n-1}(\alpha)$$

时否定 H_0,即当

$$\sqrt{n}\mid\overline{Z}\mid\Big/\left(\frac{1}{n-1}\sum_{i=1}^{n}(Z_i-\overline{Z})^2\right)^{1/2}>\sqrt{F_{1,n-1}(\alpha)}$$

时否定 H_0.由于 ${t_{n-1}}^2(\alpha/2)=F_{1,n-1}(\alpha)$(这是因为,按定义,若 $X\sim t_{n-1}$,则 $X^2\sim F_{1,n-1}$),这个检验与(a)中得到的一致.

10. 这张正交表叫 $L_8(2^7)$正交表.它只能排 2 水平因子,至多 7 个,试验一定要做 8 次,不能多也不能少.

把因子 A,B,C 分别排在第 1,2,4 列头上,区组也视为一个因子 D 排在第 5 列头上,则得到如下的设计:

区组 1: $A_1B_1C_1$, $A_1B_2C_1$, $A_2B_1C_2$, $A_2B_2C_2$;

区组 2: $A_1B_1C_2$, $A_1B_2C_2$, $A_2B_1C_1$, $A_2B_2C_1$.

其中, $A_1B_2C_1$ 表示因子 A 取水平 1,B 取水平 2,C 取水平 1,其余类推.

之所以舍掉第 3 列不用,是为了避免某些组合做两次(如 $A_1B_1C_1$ 等),而某些组合($A_1B_2C_1$ 等)则不出现.按上述设计,则 8 种可能的组合各出现了一次.

此设计 A,B,C 及区组各占一个自由度,共 4 个自由度.全部自由度为 $8-1=7$,故误差平方和 SS_e 尚有 3 个自由度.

附　　表

1. 标准正态分布表

本表列出了标准正态分布函数 $\Phi(x) = (\sqrt{2\pi})^{-1}\int_{-\infty}^{x} e^{-t^2/2}dt$ 当 $0 \leqslant x \leqslant 2.98$ 时的值. 此范围内不能直接查出的值,可用线性插值法. 对 $x < 0$,可用 $\Phi(x) = 1 - \Phi(-x)$ 化为 $x > 0$ 的情况.

x	0.00	0.02	0.04	0.06	0.08
0.0	0.500 0	0.503 0	0.516 0	0.523 9	0.531 9
0.1	0.539 8	0.547 8	0.555 7	0.563 6	0.571 4
0.2	0.579 3	0.587 1	0.594 8	0.602 6	0.610 3
0.3	0.617 9	0.625 5	0.633 1	0.640 6	0.648 0
0.4	0.655 4	0.662 8	0.670 0	0.677 2	0.684 4
0.5	0.691 5	0.698 5	0.705 4	0.712 3	0.719 0
0.6	0.725 7	0.732 4	0.738 9	0.745 4	0.751 7
0.7	0.758 0	0.764 2	0.770 3	0.776 4	0.782 3
0.8	0.788 1	0.793 9	0.799 5	0.805 1	0.810 6
0.9	0.815 9	0.821 2	0.826 4	0.831 5	0.836 5
1.0	0.841 3	0.846 1	0.850 8	0.855 4	0.859 9
1.1	0.864 3	0.868 6	0.872 9	0.877 0	0.881 0
1.2	0.884 9	0.888 8	0.892 5	0.896 2	0.899 7
1.3	0.903 20	0.906 58	0.909 88	0.918 09	0.916 21
1.4	0.919 24	0.922 20	0.925 07	0.927 85	0.930 56
1.5	0.933 19	0.935 74	0.938 22	0.940 62	0.942 95
1.6	0.945 20	0.947 38	0.949 50	0.951 54	0.953 52
1.7	0.955 43	0.957 28	0.959 07	0.960 80	0.962 46
1.8	0.964 07	0.965 62	0.967 12	0.968 56	0.969 95
1.9	0.971 28	0.972 57	0.973 81	0.975 00	0.976 15
2.0	0.977 25	0.978 31	0.979 32	0.980 30	0.981 24
2.1	0.982 14	0.983 00	0.983 82	0.984 61	0.985 37

续 表

x	0.00	0.02	0.04	0.06	0.08
2.2	0.986 10	0.986 79	0.987 45	0.988 09	0.988 70
2.3	0.989 28	0.989 88	0.990 36	0.990 86	0.991 34
2.4	0.991 80	0.992 24	0.992 66	0.993 05	0.993 43
2.5	0.993 79	0.994 13	0.994 46	0.994 77	0.995 06
2.6	0.995 34	0.995 60	0.995 86	0.996 09	0.996 32
2.7	0.996 53	0.996 74	0.996 93	0.997 11	0.997 28
2.8	0.997 45	0.997 60	0.997 74	0.997 88	0.998 01
2.9	0.998 13	0.998 25	0.998 36	0.968 46	0.998 56

2. 标准正态分布双侧上分位点 $u_{\alpha/2}$ 表

本表列出了满足条件 $P(|X| \geqslant u_{\alpha/2}) = \alpha$ 的 $u_{\alpha/2}$，其中 X 服从标准正态分布.

α	0.0	0.1	0.2	0.3	0.4
0.00	—	1.644 9	1.281 6	1.036 4	0.841 6
0.01	2.575 8	1.598 2	1.253 6	1.015 2	0.823 9
0.02	2.326 8	1.554 8	1.226 5	0.994 5	0.806 4
0.03	2.170 1	1.514 1	1.200 4	0.974 1	0.789 2
0.04	2.053 7	1.475 8	1.175 0	0.954 2	0.772 2
0.05	1.960 0	1.439 5	1.150 3	0.934 6	0.755 4
0.06	1.880 8	1.405 1	1.126 4	0.915 4	0.738 8
0.07	1.811 9	1.372 2	1.103 1	0.896 5	0.722 5
0.08	1.750 7	1.340 8	1.080 8	0.877 9	0.706 3
0.09	1.695 4	1.310 6	1.058 1	0.859 6	0.690 3

3. t 分布上侧分位点 $t_n(\alpha)$ 表

设随机变量 X 服从自由度为 n 的 t 分布，本表列出了满足条件 $P(X>t_n(\alpha))=\alpha$ 的值 $t_n(\alpha)$.

n \ α	0.05	0.025	0.01	0.005	n \ α	0.05	0.025	0.01	0.005
1	6.314	12.706	31.821	63.657	16	1.746	2.120	2.583	2.921
2	2.970	4.303	6.965	9.925	17	1.740	2.110	2.567	2.898
3	2.353	3.182	4.541	5.841	18	1.734	2.101	2.552	2.878
4	2.132	2.776	3.747	4.604	19	1.729	2.093	2.539	2.861
5	2.015	2.571	3.365	4.032	20	1.725	2.086	2.528	2.845
6	1.943	2.447	3.143	3.701	21	1.721	2.080	2.518	2.831
7	1.895	2.365	2.998	3.499	22	1.717	2.074	2.508	2.819
8	1.860	2.306	2.896	3.355	23	1.714	2.069	2.500	2.807
9	1.833	2.262	2.821	3.250	24	1.711	2.064	2.492	2.797
10	1.812	2.208	2.764	3.169	25	1.708	2.060	2.485	2.787
11	1.796	2.201	2.718	3.106	26	1.706	2.056	2.479	2.779
12	1.782	2.179	2.861	3.055	27	1.703	2.052	2.473	2.771
13	1.771	2.160	2.650	3.012	28	1.701	2.048	2.467	2.763
14	1.761	2.145	2.624	2.977	29	1.699	2.045	2.462	2.756
15	1.753	2.131	2.602	2.947	30	1.697	2.042	2.457	2.750

4. 泊松分布表 $P(X=r)=\frac{\lambda^r}{r!}e^{-\lambda}$

r	λ							
	0.1	0.2	0.3	0.4	0.5	0.6	0.7	0.8
0	0.904 83	0.818 73	0.740 81	0.670 32	0.606 53	0.548 81	0.496 58	0.449 32
1	0.090 48	0.163 74	0.222 24	0.268 12	0.303 26	0.329 28	0.347 61	0.359 46
2	0.004 52	0.016 37	0.033 33	0.053 62	0.075 81	0.098 78	0.121 66	0.143 78
3	0.000 15	0.001 09	0.003 33	0.007 15	0.012 63	0.019 75	0.028 38	0.038 34
4	0.000 00	0.000 05	0.000 25	0.000 71	0.001 58	0.002 96	0.004 96	0.007 66
5		0.000 00	0.000 01	0.000 05	0.000 15	0.000 35	0.000 69	0.001 22
6			0.000 00	0.000 00	0.000 01	0.000 03	0.000 08	0.000 16
7					0.000 00	0.000 00	0.000 00	0.000 01
8							0.000 01	0.000 00

r	λ							
	0.9	1.0	1.5	2.0	2.5	3.0	3.5	4.0
0	0.406 57	0.367 87	0.223 13	0.135 33	0.082 08	0.049 78	0.030 19	0.018 31
1	0.365 91	0.367 87	0.334 69	0.270 67	0.205 21	0.149 36	0.105 69	0.073 26
2	0.164 66	0.183 94	0.251 02	0.270 67	0.256 51	0.224 04	0.184 95	0.146 52
3	0.049 39	0.061 31	0.125 51	0.180 44	0.213 76	0.224 04	0.215 78	0.195 36
4	0.011 11	0.015 32	0.047 06	0.090 22	0.133 60	0.168 03	0.188 81	0.195 36
5	0.002 00	0.003 06	0.014 12	0.036 08	0.066 80	0.100 81	0.132 16	0.156 29
6	0.000 30	0.000 51	0.003 53	0.012 03	0.027 83	0.050 40	0.077 09	0.104 19
7	0.000 03	0.000 07	0.000 75	0.003 43	0.009 94	0.021 60	0.038 54	0.059 54
8	0.000 00	0.000 00	0.000 14	0.000 85	0.003 10	0.008 10	0.016 86	0.029 77

续　表

r	λ							
	0.9	1.0	1.5	2.0	2.5	3.0	3.5	4.0
9		0.000 00	0.000 02	0.000 19	0.000 86	0.002 70	0.006 55	0.013 23
10			0.000 00	0.000 03	0.000 21	0.000 81	0.002 29	0.005 29
11				0.000 00	0.000 04	0.000 22	0.000 73	0.001 92
12				0.000 00	0.000 01	0.000 05	0.000 21	0.000 64
13					0.000 00	0.000 01	0.000 05	0.000 19
14						0.000 00	0.000 01	0.000 05
15						0.000 00	0.000 00	0.000 01
16							0.000 00	0.000 00
17								0.000 00

5. 卡方分布上侧分位点 $\chi_n^2(\alpha)$ 表

设随机变量 X 服从自由度为 n 的卡方分布，本表列出了满足条件 $P(X>\chi_n^2(\alpha))=\alpha$ 的值 $\chi_n^2(\alpha)$.

n \ α	0.995	0.99	0.975	0.95	0.90	0.75	0.50
1	—	0.000 2	0.001	0.004	0.016	0.102	0.455
2	0.010	0.020	0.051	0.103	0.211	0.575	1.386
3	0.072	0.115	0.216	0.352	0.584	1.213	2.366
4	0.207	0.297	0.484	0.711	1.064	1.923	3.357
5	0.412	0.554	0.831	1.145	1.610	2.675	4.351
6	0.676	0.872	1.237	1.635	2.204	3.455	5.348
7	0.989	1.239	1.690	2.167	2.833	4.255	6.346

续 表

n \ α	0.995	0.99	0.975	0.95	0.90	0.75	0.50
8	1.344	1.646	2.180	2.733	3.490	5.071	7.344
9	1.735	2.088	2.700	3.325	4.168	5.899	8.343
10	2.156	2.558	3.247	3.940	4.865	6.737	9.342
11	2.603	3.053	3.816	4.575	5.578	7.584	10.341
12	3.074	3.571	4.404	5.226	6.304	8.438	11.340
13	3.565	4.107	5.009	5.892	7.042	9.299	12.340
14	4.075	4.660	5.629	6.571	7.790	10.165	13.339
15	4.601	5.229	6.262	7.261	8.547	11.037	14.339
16	5.142	5.812	6.908	7.962	9.312	11.912	15.338
17	5.697	6.408	7.564	8.672	10.085	12.792	16.338
18	6.265	7.015	8.231	9.390	10.865	13.675	17.338
19	6.844	7.633	8.907	10.117	11.651	14.562	18.338
20	7.434	8.260	9.591	10.851	12.443	15.452	19.337
21	8.034	8.897	10.283	11.591	13.240	16.344	20.337
22	8.643	9.542	10.982	12.338	14.042	17.240	21.337
23	9.260	10.196	11.689	13.091	14.848	18.137	22.337
24	9.886	10.856	12.401	13.848	15.659	19.037	23.337
25	10.520	11.524	13.120	14.611	16.473	19.939	24.337
26	11.160	12.198	13.844	15.379	17.292	20.843	25.336
27	11.808	12.879	14.573	16.151	18.114	21.749	26.336
28	12.461	13.565	15.308	16.928	18.939	22.657	27.336
29	13.121	14.257	16.047	17.708	19.768	23.567	28.336
30	13.787	14.954	16.791	18.493	20.599	24.478	29.336

n \ α	0.30	0.25	0.10	0.05	0.025	0.01	0.005
1	1.074	1.323	2.706	3.841	5.024	6.635	7.879
2	2.408	2.773	4.605	5.991	7.378	9.210	10.597
3	3.665	4.108	6.251	7.815	9.348	11.345	12.838
4	4.878	5.385	7.779	9.488	11.143	13.277	14.860
5	6.064	6.626	9.236	11.071	12.833	15.086	16.750

续　表

n \ α	0.30	0.25	0.10	0.05	0.025	0.01	0.005
6	7.231	7.841	10.645	12.592	14.449	16.812	18.548
7	8.383	9.037	12.017	14.067	16.013	18.475	20.278
8	9.524	10.219	13.362	15.507	17.535	20.090	21.955
9	10.656	11.389	14.684	16.919	19.023	21.666	23.589
10	11.781	12.549	15.987	18.307	20.483	23.209	25.188
11	12.899	13.701	17.275	19.675	21.920	24.725	26.757
12	14.011	14.845	18.549	21.026	23.337	26.217	28.299
13	15.119	15.984	19.812	22.362	24.736	27.688	29.819
14	16.222	17.117	21.064	23.685	26.119	29.141	31.319
15	17.322	18.245	22.307	24.996	27.488	30.578	32.801
16	18.418	19.369	23.542	26.296	28.845	32.000	34.267
17	19.511	20.489	24.769	27.587	30.191	33.409	35.718
18	20.601	21.605	25.989	28.869	31.526	34.805	37.156
19	21.689	22.718	27.204	30.144	32.852	36.191	38.582
20	22.775	23.828	28.412	31.410	34.170	37.566	39.997
21	23.858	24.935	29.615	32.671	35.479	38.932	41.401
22	24.939	26.039	30.813	33.924	36.781	40.289	42.796
23	26.018	27.141	32.007	35.172	38.076	41.638	44.181
24	27.096	28.241	33.196	36.415	39.364	42.980	45.559
25	28.172	29.339	34.382	37.652	40.646	44.314	46.928
26	29.246	30.435	35.563	38.885	41.923	45.642	48.290
27	30.319	31.528	36.741	40.113	43.194	46.963	49.645
28	31.391	32.620	37.916	41.337	44.461	48.278	50.993
29	32.461	33.711	39.087	42.557	45.722	49.588	52.336
30	33.530	34.800	40.256	43.773	46.979	50.892	53.672

6. F 分布上侧分位数 $F_{m,n}(\alpha)$表

设随机变量 X 服从自由度为 m 和 n 的 F 分布，本表列出了满足条件 $P(X>F_{m,n}(\alpha))=\alpha$ 的值 $F_{m,n}(\alpha)$.

A. $\alpha=0.05$

n \ m	1	2	3	4	5	6	7	8
1	161	200	216	225	230	234	237	239
2	18.5	19.0	19.2	19.2	19.3	19.3	19.4	19.4
3	10.1	9.55	9.28	9.12	9.01	8.94	8.89	8.85
4	7.71	6.94	6.59	6.39	6.26	6.16	6.09	6.04
5	6.61	5.79	5.41	5.19	5.05	4.95	4.88	4.82
6	5.99	5.14	4.76	4.53	4.39	4.28	4.21	4.15
7	5.59	4.74	4.35	4.12	3.97	3.87	3.79	3.73
8	5.32	4.46	4.07	3.84	3.69	3.58	3.50	3.44
9	5.12	4.26	3.86	3.63	3.48	3.37	3.29	3.23
10	4.96	4.10	3.71	3.48	3.33	3.22	3.14	3.07
11	4.84	3.98	3.59	3.36	3.20	3.09	3.01	2.95
12	4.75	3.89	3.49	3.26	3.11	3.00	2.91	2.85
13	4.67	3.81	3.41	3.18	3.03	2.92	2.83	2.77
14	4.60	3.74	3.34	3.11	2.96	2.85	2.76	2.70
15	4.54	3.68	3.29	3.06	2.90	2.79	2.71	2.64
16	4.49	3.63	3.24	3.01	2.85	2.74	2.66	2.59
17	4.45	3.59	3.20	2.96	2.81	2.70	2.61	2.55
18	4.41	3.55	3.16	2.93	2.77	2.66	2.58	2.51
19	4.38	3.52	3.13	2.90	2.74	2.63	2.54	2.48

续　表

n \ m	1	2	3	4	5	6	7	8
20	4.35	3.49	3.10	2.87	2.71	2.60	2.51	2.45
21	4.32	3.47	3.07	2.84	2.68	2.57	2.49	2.42
22	4.30	3.44	3.05	2.82	2.66	2.55	2.46	2.40
23	4.28	3.42	3.03	2.80	2.64	2.53	2.44	2.37
24	4.26	3.40	3.01	2.78	2.62	2.51	2.42	2.36
25	4.24	3.39	2.99	2.76	2.60	2.49	2.40	2.34
26	4.23	3.37	2.98	2.74	2.59	2.47	2.39	2.32
27	4.21	3.35	2.96	2.73	2.57	2.46	2.37	2.31
28	4.20	3.34	2.95	2.71	2.56	2.45	2.36	2.29
29	4.18	3.33	2.93	2.70	2.55	2.43	2.35	2.28
30	4.17	3.32	2.92	2.69	2.53	2.42	2.33	2.27

B. $\alpha = 0.01$

n \ m	1	2	3	4	5	6	7	8
1	405	500	540	563	576	586	593	598
2	98.5	99.0	99.2	99.2	99.3	99.3	99.4	99.4
3	34.1	30.8	29.5	28.7	28.2	27.9	27.7	27.5
4	21.2	18.0	16.7	16.0	15.5	15.2	15.0	14.8
5	16.3	13.3	12.1	11.4	11.0	10.7	10.5	10.3
6	13.7	10.9	9.78	9.15	8.75	8.47	8.26	8.10
7	12.2	9.55	8.45	7.85	7.46	7.19	6.99	6.84
8	11.3	8.65	7.59	7.01	6.63	6.37	6.18	6.03
9	10.6	8.02	6.99	6.42	6.06	5.80	5.61	5.47
10	10.0	7.56	6.55	5.99	5.64	5.39	5.20	5.06
11	9.65	7.21	6.22	5.67	5.32	5.07	4.89	4.74
12	9.33	6.98	5.95	5.41	5.06	4.82	4.64	4.50
13	9.07	6.70	5.74	5.21	4.86	4.62	4.44	4.30

续　表

n \ m	1	2	3	4	5	6	7	8
14	8.86	6.51	5.56	5.04	4.70	4.46	4.23	4.14
15	8.68	6.36	5.42	4.89	4.56	4.32	4.14	4.00
16	8.53	6.23	5.29	4.77	4.44	4.20	4.03	3.89
17	8.40	6.11	5.18	4.67	4.34	4.10	3.93	3.79
18	8.29	6.01	5.09	4.58	4.25	4.01	3.84	3.71
19	8.18	5.93	5.01	4.50	4.17	3.94	3.77	3.63
20	8.10	5.83	4.94	4.43	4.10	3.87	3.70	3.56
21	8.02	5.78	4.87	4.37	4.04	3.81	3.64	3.51
22	7.95	5.72	4.82	4.31	3.99	3.76	3.59	3.45
23	7.88	5.66	4.76	4.26	3.94	3.71	3.54	3.41
24	7.82	5.61	4.72	4.22	3.90	3.67	3.50	3.36
25	7.77	5.57	4.68	4.18	3.86	3.63	3.46	3.32
26	7.72	5.53	4.64	4.14	3.82	3.59	3.42	3.29
27	7.68	5.49	4.60	4.11	3.78	3.56	3.39	3.26
28	7.64	5.45	4.57	4.07	3.75	3.53	3.36	3.23
29	7.60	5.42	4.54	4.04	3.73	3.50	3.33	3.20
30	7.56	5.39	4.51	4.02	3.70	3.47	3.30	3.17